高新纺织材料研究与应用丛书

苎麻材料

朱谱新　主　编

张　勇　副主编

中国纺织出版社有限公司

内 容 提 要

本书系统地介绍了苎麻植物的渊源,苎麻育种和栽培,苎麻纤维结构和性能特点,苎麻纺织品加工和服用性能,苎麻纤维新材料和苎麻的综合利用。并重点介绍了以苎麻纤维为原料的新材料在军事和高技术领域的应用,以及苎麻植物对水土保持、土壤修复的作用及其根茎叶的综合利用。

本书可供从事苎麻大产业的研究学者、工程技术人员阅读,也可供高等院校相关专业师生作为教材或参考书使用。

图书在版编目(CIP)数据

苎麻材料 / 朱谱新主编;张勇副主编. --北京:中国纺织出版社有限公司,2021.10
(高新纺织材料研究与应用丛书)
ISBN 978-7-5180-8894-2

Ⅰ.①苎… Ⅱ.①朱…②张… Ⅲ.①苎麻-纺织纤维-研究 Ⅳ.①TS102.2

中国版本图书馆 CIP 数据核字(2021)第 188972 号

责任编辑:朱利锋 特约编辑:符 芬
责任校对:楼旭红 责任印制:何 建

中国纺织出版社有限公司出版发行
地址:北京市朝阳区百子湾东里 A407 号楼 邮政编码:100124
销售电话:010—67004422 传真:010—87155801
http://www.c-textilep.com
中国纺织出版社天猫旗舰店
官方微博 http://weibo.com/2119887771
唐山玺诚印务有限公司印刷 各地新华书店经销
2021 年 10 月第 1 版第 1 次印刷
开本:710×1000 1/16 印张:20.5
字数:322 千字 定价:128.00 元

前　言

苎麻起源于中国,也主要在中国种植,是最具有中国特色的天然植物纤维之一。苎麻织物由于强度高、吸湿透气、抗菌抑菌和吸收紫外线等特性,在天然纤维中独树一帜。2009年2月5日,国家农业部(现农业农村部)和财政部联合启动了国家麻类产业技术体系建设,以提升我国麻业科技自主创新能力,实现农民增收和农业增效。在其建设内容中,利用中国苎麻资源优势发展苎麻产业,对于满足世界纺织品市场的需求及促进纺织行业技术进步具有重要意义。然而,与其他纺织业相比,苎麻纺织业的发展相对较慢。几千年的苎麻夏布面貌难改,几十年的纯麻和麻棉混纺布几乎一成不变,鲜见高质量的和新型的苎麻纺织品,苎麻服装也只是多见于粗犷风格的外衣和衬衣。苎麻纺织品始终未在国内市场打开销路,只能依赖国际市场狭窄的服装应用。从技术上来说,这主要是因为苎麻纺织业的技术创新受到纺织设备的限制。因为苎麻产业规模相对较小,受设备厂商的关注度低,缺少苎麻纺织机械新设备的技术支撑,特别是苎麻脱胶和苎麻纺织装备的技术比较落后;同时,苎麻收割和剥麻仍然依赖手工,效率低,致使原麻产量低而成本高,影响农民种麻的积极性和苎麻产品的性价比。由此可见,当前苎麻产业正面临原料种植面积萎缩、加工工艺设备滞后、产品研发不足、市场开拓不力等众多难题,新时期麻纺织业面临新的挑战。

为了改变这一现状,实现苎麻传统产业的振兴发展,笔者认为,需要认识苎麻的历史渊源,认知苎麻的价值,在育种和栽培上下足功夫,在充分了解苎麻的结构性能的基础上,分析苎麻纤维和纺织品加工的特点和不足,创新发展加工工艺,研发具有苎麻特色功能的、更舒适的苎麻纺织品和服装产品,满足国内巨大的内需市场,为传统纺织行业开拓新的经济增长点;同时,扩大苎麻纤维的应用领域,通过改性制备苎麻新材料,用于复合材料和特种纺织品,并加大苎麻根茎叶的综合利用,完善苎麻产业链。全面介绍这些苎麻产业技术正是本书作者的意图,也体现了本书的特色。

本书内容涉及工农业广泛的科技领域,包括植物种植、轻工、纺织、食品等工业,也涉及苎麻综合利用、复合材料和生物可降解材料等。为此,特邀作者来自大学、农业研究院和从事苎麻加工和贸易的企业,以利于知识结构互补。不同作者从多个角度阐述苎麻,丰富和完善苎麻材料及其产业技术的主题。

本书由四川大学轻工科学与工程学院朱谱新主编,张勇为副主编。全书共有八章。第一章为概论,由朱谱新和大竹县农业农村局李仁军高级农艺师编写;第二章介绍苎麻育种、栽培及收割,由达州市农业科学研究院杨燕研究员(第一节)和李萍高级农艺师(第二节和第三节)编写;第三章讨论苎麻纤维的结构和性能,由朱谱新和四川玉竹麻业有限公司张小祝高级工程师编写;第四章论述苎麻纺织品的加工,由四川玉竹麻业有限公司别晓东高级工程师(第一节和第二节)和朱谱新(第三节)编写;第五章介绍苎麻纺织品,由大竹五通农业开发有限公司张建秋总经理(第一~第三节)和四川大学轻工科学与工程学院程飞(第四节)编写;第六章介绍苎麻纺织品的服用性能,由程飞编写;第七章和第八章分别论述苎麻纤维材料和苎麻的综合利用,由张勇编写。全书由朱谱新统稿。本书的出版得到了中国工程科技发展战略四川研究院2019年度工程科技战略研究项目"苎麻新材料产业振兴战略咨询"(项目编号:2019JDR0149)的资助,在此一并表示衷心感谢!

由于国内有关苎麻的专著很少,本书的取材主要来自国内外权威期刊、学位论文、专利等信息资源,特别是近期科技资料蕴含的丰富的科技成果。作者去粗取精,去伪存真,力求新颖性、完整性和准确性。然而,由于苎麻新品种及其纺织新技术、新产品层出不穷,苎麻纺织加工工艺、苎麻增强复合材料和苎麻综合利用技术在不断进步和更新,同时,限于编者的知识结构和水平,书中难免会存在一些疏漏及不足之处,敬请读者批评指正。

编者

2021 年 5 月

目　　录

1

第一章　概论

第一节　麻类植物

人类使用植物来源的天然纤维已历经数千年的历史。由图1-1可知,植物纤维来源于植物的韧皮、叶子、种子、果实或茎秆(草和芦苇纤维),资源丰富。植物纤维属于可降解的再生资源,在注重健康和生态的现代社会中越来越受欢迎,它们被广泛应用于纺织、汽车、航空和家具工业,以及园艺、造纸、化妆品和食品工业,同时,也是建筑和绝缘材料的重要原料。麻类纤维和棉花是最常见的植物纤维。

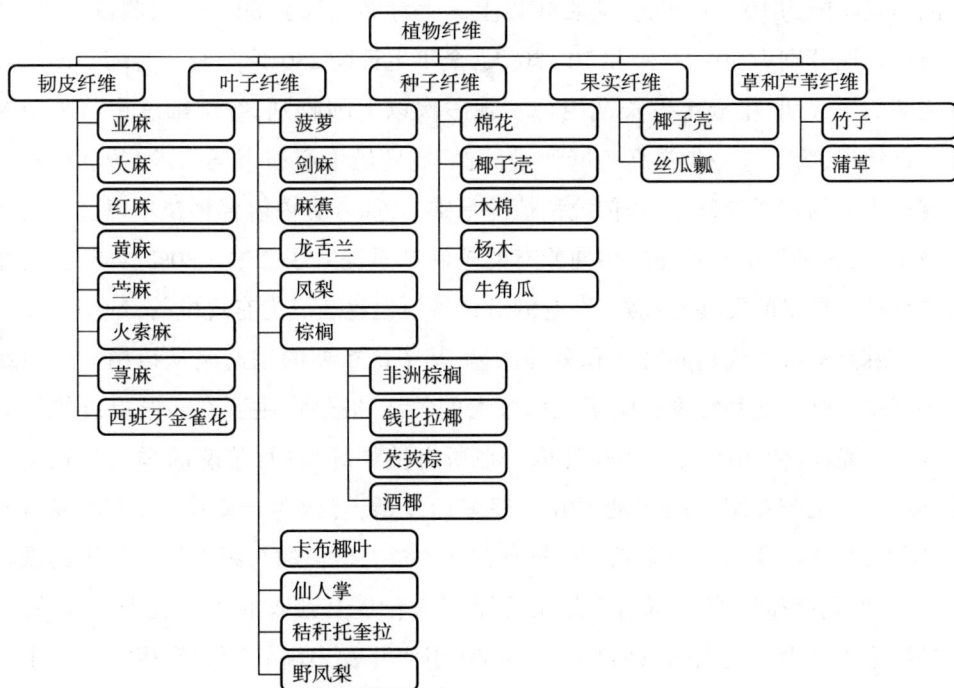

```
                        植物纤维
    ┌──────┬──────────┬──────────┬──────────┬──────────┐
  韧皮纤维   叶子纤维    种子纤维    果实纤维   草和芦苇纤维
    亚麻      菠萝       棉花       椰子壳      竹子
    大麻      剑麻       椰子壳     丝瓜瓤      蒲草
    红麻      麻蕉       木棉
    黄麻      龙舌兰      杨木
    苎麻      凤梨       牛角瓜
    火索麻     棕榈
    荨麻                非洲棕榈
  西班牙金雀花            钱比拉椰
                        茨荻棕
                        酒椰
            卡布椰叶
            仙人掌
           秸秆托奎拉
            野凤梨
```

图1-1　天然植物纤维的分类

麻类植物在我国有广泛分布,如亚麻、剑麻、大麻、苎麻及罗布麻等在我国均有种植。麻纤维具有许多优良特性,广泛应用于工业、军事和民用产品中。其中苎麻、亚麻、大麻纤维大量应用于服装面料生产。

一、苎麻

苎麻(ramie,拉丁学名 *Beohmeria nivea L.*),别称苧麻、野麻、野苎麻、家麻、苎仔、青麻、白麻。苎麻起源于我国的中西部地区,是中国特有的以纺织为主要用途的农作物。苎麻属于多年生无刺荨麻科,茎秆可高达 2.5m,很少或没有分枝。叶互生,呈圆形或心形,叶上深绿色,叶下白色。如果不割除茎让其成熟,绿色的茎秆通常会变为棕色,雌雄同株,在其顶部产生雄花和雌花的集群;如果在收割季节砍掉茎秆来制取纤维,则新的藤条又开始生长,并在适宜的条件下迅速成长,在一个收获季可以收获三次或四次。苎麻较适应温带和亚热带气候,主要产地分布在北纬 19°~39°,适宜于海拔 200~1700m 的山谷林边或草坡生长,一般种植在山区平地、缓坡地、丘陵地或平原冲击土上。土质可为砂壤到黏壤,但地下水位在 1m 以内或易淹水的土地不宜种植。茎高 0.33m(1 尺)以上若遇到降霜则危害严重。苎麻的宿根年限为 10~30 年,多至百年以上。生育期头麻在 80~90 天收割,二麻和三麻生长期分别为 50~60 天和 70~80 天,全年生长期 230 天左右。若缩短两次收割之间的生长期,在全年生长期内可实现三次以上的收割,纤维细度也将相应减小。近年来,为了进一步提高苎麻产量,更好地满足生产和市场需求,苎麻种植技术有了很大的创新和改变,在传统种植的基础上,加入了辐射育种技术以及无性繁殖技术等,先进种植技术的应用使原有的苎麻产量提升了 20%~30%。同时,随着自动化种植技术的发展与成熟,原有的散户种植也逐渐成为有规模的专业种植。

苎麻具有许多优良的特性和多种用途,其中最重要的用途是从该植物获得纺织用韧皮纤维。这种纤维吸引了人们极大的关注和投资,主要在于苎麻纤维所具有的美丽光泽、使用耐久性和高强度。在所有植物纤维中,苎麻的强度排在第一位。由于加工苎麻所需的劳动力和工序多而复杂,导致生产效率低,生产成本较高,所以,苎麻至今仍然未能成为一种具有高度贸易价值的纺织纤维。典型的低效率工序,如剥麻和脱胶。"剥麻"是指将原麻从麻茎上剥取下来的过程。以前,这个过程完全是手工完成的,直到 20 世纪 60 年代开发出高效的剥麻机。至今手工剥麻仍然在偏僻的农村盛行。剥麻后,用酸、碱或微生物处理,去除其细胞壁内外的黏性物质(果胶、半纤维素和木质素),此过程称为"脱胶"。这是一个劳动密集性和大量排放污水的生产过程,但是,也是在苎麻纤维纺纱之前必须进行的一个工序。苎麻纤维较低的生产效率影响这种作物的商业化加工。随着现代工农业生产科技的进步,机械剥麻和清洁脱胶技术得到快速发展。

二、亚麻

亚麻(flax,拉丁学名 *Linum usitatissimum*)为一年生草本植物,茎细长,高 30～120cm,多在上部分枝;叶子互生,披针形或条形;花浅蓝色,结球形蒴果。最初栽培发展利用的是纤维用亚麻,后来分化出纤维用、油用和兼用三种,现在纤维用亚麻的产量已占世界亚麻总产量的 80%。埃及出土文物中的亚麻布残片可追溯到公元前 4500 年,其中约公元前 4400 年的一件陶盘上刻画有最原始的亚麻卧式织机的图案。欧洲最早的纺织品是在瑞士发现的公元前 2500 年的亚麻布织品。稍晚两三百年的还有在西班牙穆谢拉戈斯(Murcielagos)发现的亚麻布衣物。古希腊人也主要穿着亚麻布服装。公元前 2 世纪罗马开始种植亚麻。公元 1 世纪,意大利北部迅速发展亚麻种植。以后逐渐扩展到中欧,15 世纪传到英国,17 世纪传到美洲,中世纪早期突厥人将亚麻传入俄国。17 世纪末,亚麻经中国传入日本。直到 18 世纪,亚麻一直是西方国家最重要的植物纤维。亚麻这种古老的作物在人类历史上发挥了重要作用。

亚麻的主要用途是用纤维纺制织物,是世界纺织工业领域应用历史最悠久、使用范围最广的麻类纤维。并且,作为复合材料中一种可循环利用的增强纤维,在汽车、建筑等行业得到了越来越多的应用。亚麻纤维具有高强度,良好吸湿、透气性,和较好的导热、防静电、防紫外线等性能。在全世界 20 多个种植亚麻的国家中,我国的亚麻种植面积位居第一。欧洲和中国两大亚麻纤维生产地利用亚麻基因修饰等多种生物技术手段来提高亚麻纤维的质量。其中,遗传工程技术支持下的传统育种方法可以提高新亚麻的选育效率,提高新亚麻的产量和品质。

三、大麻

大麻(hemp,拉丁学名 *Cannabis sativa*),又名线麻、白麻、汉麻,古称火麻。桑科,一年生草本。茎直立,高 1～3m,有纵沟,密生短柔毛,茎部韧皮富含纤维,作纺

3

织原料或造纸原料。雌雄异株，掌状复叶，小叶披针形，边缘有锯齿。花淡绿色，瘦果卵形，有棱。种子为深绿色，可榨油制油漆、涂料等。中医以果实(称火麻仁或大麻仁)入药，主治大便燥结。故大麻是一种多用途作物。变种印度大麻(拉丁学名 *Var. indica*)的雌株含大麻脂，制成卷烟吸用或吞服会影响中枢神经系统引起幻觉，为一种毒品原料。大麻原产地为中亚、黑海沿岸、西伯利亚西南部、吉尔吉斯草原。公元前2000年，波斯已有种植大麻的文字记载，公元前1500年前后传入欧洲，从希腊罗马时代起，西欧开始把大麻用作纺织原料织布制衣。在东方，公元前9世纪印度已开始将大麻药用，公元10~13世纪东南亚各国已有种植。15世纪以后，西班牙人把大麻传入美洲，1545年开始在智利种植。早在公元1世纪，大麻经中国、朝鲜传入日本。现在世界上纤维用大麻的主产国，以俄罗斯、中国、日本、智利、秘鲁等国为主，其次是意大利等;药用以印度为多。

大麻在中国已有悠久的栽培和纺织利用史，是一种传统种植的麻类作物，古代原称"麻"。从唐代开始，大麻生产更加普及，为了与其他麻类作物区别，才改称"大麻"。在汉代，各地生产大麻已很普遍，唐代北方少数民族地区显州(在今吉林省)出产的大麻布即"显州之布"远近闻名。20世纪50年代，我国开始大麻育种和种植的研究工作，但由于全球禁毒及禁种大麻协议的实施，导致多年来大麻的种植几乎为零。直至20世纪80年代初，无毒和低毒大麻品种的培育研究和大麻纤维产业化工作才陆续恢复。因为大麻纤维具有吸湿排汗性、抗菌保健性、柔软舒适性、抗紫外和独特的吸附性等，使其在服装产品中的应用日益增多。

四、黄麻

黄麻(jute，拉丁学名 *Corchorusspp.*)，也称络麻。属椴树科，一年生草本作物，高1~2m，无毛。喜温暖湿润、短日照的气候。黄麻纤维是最廉价的天然纤维之一，种植量和用途的广泛性都仅次于棉花，具有吸湿性能好、水分散失快等特点，主要用于纺织麻袋、粗麻布、地毯、造纸等。黄麻品种中，圆果黄麻原产于印度，而长果黄麻起源于中国，在中国长江以南广泛栽培。黄麻在我国有着上千年的种植历史，20世纪的黄麻种植高峰期，种植面积达到约500万亩。老百姓日常所用的麻袋最主要的原料就是黄麻。然而，随着近年来廉价化纤袋的冲击，麻袋需求量严重下滑，导致黄麻种植面积快速萎缩。

第二节 苎麻的种植和使用历史

苎麻是亚洲服用织物的主要植物纤维之一。在印度,苎麻古称"rhea",现在rhea专指印度生产的苎麻纤维。而"ramie"则为国际通用,这个名词在几种语言中都指定为一般的苎麻纤维,但是在国际商业上更多地称为"中国草(China Grass)",这是因为苎麻起源于中国,并且苎麻原麻的纤维较长,因天然胶质而僵硬,外观绿色到黄色,类似于草束而得名。苎麻织物具有吸湿、透气、排汗、抗菌等特性,深受国内外消费者的青睐,被行业公认为"天然植物纤维软黄金",具有十分广泛的用途和较好的市场前景。古代中国的原麻都是由手工剥制、清洗和干燥,去除这些天然胶质可获得丝绸般有光泽的精干麻纤维。

一、苎麻的国内发展史

《诗经·陈风》有"东门之池,可以沤纻(苎)"之句,可见中国苎麻的栽培历史至少在3000年以上。传说越王勾践复国后,西施和范蠡便"同泛五湖而去",但其实俩人是跑到位于洞庭湖中心的赤山岛苎萝山隐居种麻。所种之麻,名曰"苎萝山麻",简称苎麻。周代曾"以纻充赋",说明苎麻早已开始人工种植,据《华阳志·巴志》记载:西周康王初年(公元前1026年)便有苎麻种植,至今已有3000多年的历史,汉唐贡品"手工细麻布"出自四川大竹。苎麻纤维洁白、纤细,适于织成高质量的织物,是商周时期重要纺织纤维原料之一。苎麻分布地区虽不如大麻广泛,但在长江流域和黄河流域都可以看到其踪迹。考古出土年代最早的遗迹是浙江钱山漾新石器时代遗址的苎麻布和细麻绳,距今已有4700余年,实际利用苎麻的历史可以追溯到6000年以上。近年来,在陕西宝鸡和扶风多次发现西周的麻布,经分析都是苎麻织物。秦汉以来,河南、陕西等黄河流域的苎麻种植发展较快,西汉苎麻生产已能达到一年两收或三收,苎麻织品已成为广大民众的衣着原料。民间常用之衣裤、裙裾虽不足道,历朝历代官老爷们的"乌纱帽"皆是苎麻纤维所制,足见苎麻受到重视的程度。苎麻精品,如马王堆汉墓出土的辛追夫人的素纱禅衣,总重仅49g,薄如蝉翼,就是由苎麻织成。南北朝之后,苎麻的栽培技术传入南方,产量逐渐超过了北方;唐宋至清代,苎麻种植遍及长江、珠海和黄河流域,江南安宁、宁国、池州山地多有苎麻栽种,尤其以江西、湖南及闽粤为盛。宋元时期,虽然棉花已发展到长江流域,并向黄河流域推进,与麻类作物竞争,但在南方因天气温暖,苎麻布比棉布更适合穿着,所以,宋元时期,南方的苎麻生产仍有一定的发展。从明清至今,川、湘、赣、闽、粤一直是我国主要的苎麻集中产区,麻类植物纤维在纺、绩前的初加工技术有了迅速发展,沤麻工艺技术日趋完备。在公元 1300 年左右,宋元时期,棉花传入中国之前,麻是百姓最主要的衣料来源,在相当长时间内一直是平民百姓的主要衣料。由苎麻所绩出的麻线挺爽,织成的织物具有吸湿散湿快、清香速干、挺括舒适的性能。古时所谓的"布"主要是指麻类织物。由于布是庶民日常服用的布料,所以庶民也称为"布衣"。一直到棉花传入中国以后,麻类织物的主导地位才逐渐为棉布所取代。

因为苎麻的用途广泛,古代典籍对苎麻多有提及,种植和利用技术常见于农学史料中。清末安徽滁州人黄厚裕结合"当地宜麻,但麻利未兴"的实际,总结传统经验,撰成《栽苎麻法略》一书,是清代乃至整个古代仅有的几部苎麻专著之一,成就颇高。此书总结了苎麻自播种至收获技术 29 则,在苎麻营养繁殖、麻园管理和纤维收获方面多有创新。黄氏所陈述的"栽麻八利"见解亦深。此书曾对清末江西、浙江、河南等地的麻业发展产生重要影响,堪称传统种麻专著的代表之作。

现在,苎麻主要产于亚洲,特别是在我国的四川、湖南、湖北、云南、贵州、广西、广东、福建、江西、浙江、台湾以及甘肃、陕西、河南的南部等地均有广泛栽培。我国苎麻的种植面积和产量占全世界苎麻产量的 90%以上。

受市场和其他因素的影响,苎麻种植几度辉煌又几度衰落。1925~1936 年,中国苎麻平均年产量约为 10 万吨,第二次世界大战以后,苎麻产量一落千丈。新中国成立以后,苎麻生产逐渐恢复,20 世纪 60 年代,苎麻种植面积为 2 万公顷;改革开放以后,苎麻生产快速发展,1985 年增加至 8.60 万公顷,总产量 8.17 万吨,1987年达到鼎盛期,种植面积和产量分别高达 50 万公顷和 56.75 万吨;随后受到国际纺织品市场影响,产量直线下降,至 20 世纪 80 年代末又重新下降回到 1985 年的水平。90 年代末,随着中国加入世界贸易组织,苎麻种植面积随纺织品出口的快速增加而回升,2000 年达到 9.54 万公顷,然后稳步增长。但是,从 2006 年起全国加强了环保治理,很多苎麻脱胶企业不能达到废水排放标准而倒闭,加上 2008 年国际金融危机,中国出口纺织品受挫,农民种植积极性下降,至 2009 年种植面积仅为

8.57万公顷,苎麻产量从2008年的25.04万吨下降到2016年的10.30万吨。图1-2显示了全国苎麻产量1952~2016年的变化情况以及我国苎麻单产的变化。由于全国苎麻育种和栽培科技进步,培育高产优质多抗新品种以及优化栽培技术,苎麻单产逐渐提高,例如,1981年和2004年苎麻单产相继突破1000kg/hm²和2000kg/hm²。

根据智研咨询发布的《2020~2026年中国麻类种植产业运行动态及投资战略规划报告》数据显示,2019年和2018年中国麻类总产量分别为23.39万吨和20.31万吨,中国麻类主要有大麻、苎麻、亚麻、黄红麻等,其中大麻的产量最多,2018年占麻类总量比重52.29%,苎麻、亚麻和黄红麻产量占比分别是26.54%、14.08%和6.4%。据前瞻产业研究院统计,2017年,世界纤维总产量9371万吨,天然纤维占纤维总产量的27.1%,为2543万吨;而麻类纤维约占天然纤维的0.9%,只占纤维总产量的0.2%;苎麻的比例更少,分别约只占天然纤维和纤维总量的0.24%和0.06%。但是预计未来十年全球对麻类纤维织物的需求量将持续增加。这主要是因为人类追求麻类服饰的健康环保特性渐成时尚,也因为麻纤维用于增强复合材料、造纸和建筑材料,在生物材料、可降解麻地膜、麻塑产品、麻育秧膜等领域麻纤维多功能用途的不断开发,以及麻类植物用于食物、饲料、药用、土壤修复、水土保持等综合利用产业链的快速发展。

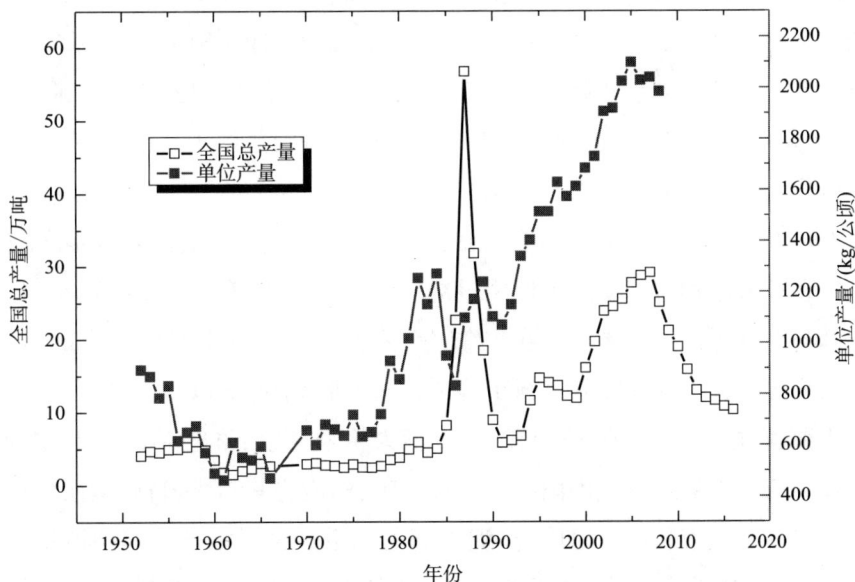

图1-2 1952~2016年中国苎麻总产量及单位产量

二、苎麻的国际发展史

苎麻起源于中国。在中国引入棉花(公元 1300 年左右)之前,苎麻是中国乃至亚洲用来织布的主要植物纤维之一。在这之后,苎麻才被棉花取代。从中世纪以来,中国苎麻连续传入日本、荷兰、法国、英国、意大利、美国、俄罗斯、韩国、巴西、澳大利亚、菲律宾等国,但是除了中国以外,均为分散零星种植。

中世纪早期,中国苎麻传入日本,日本也称为紵(カラムシ)。《日本书纪》持统天皇七年(公元 693 年)记载,当时的天皇曾下诏鼓励民众广种各种作物,其中便包括苎麻,所以苎麻在日本有广泛的栽培和利用。苎麻在日本被视为文化传统,每人都以拥有一套苎麻及其混纺织物的正装为荣,加上日本大地震后消费方式倾向于清凉商务需求等的影响,Blesisure 系列时装(由英文单词 Business 与 Leisure 组合派生出来的新名词)成为商务休闲的代表,夏季服装、装饰和床上用品等多见苎麻织物,满足人们对轻便、天然和休闲的心理需求。

在韩国,苎麻主要产自寒山县,该区域纬度较低,降雨量较大,温度较高,适宜苎麻生长,使得寒山县以苎麻闻名,一年可以收获三季苎麻。现在韩国种植两种苎麻,一种是土著苎麻,生长速度慢,茎秆细短;另一种是 20 世纪 60 年代从中国引进的杂交品种,生长速度快,因而被广泛种植。然而,土著苎麻植物有一个优点,其纤维比杂交苎麻的纤维层分裂得更细,可以生产更细的纱线来织造更细的织物,一些织工继续使用土著苎麻。在韩国大量墓葬出土的苎麻织物和服装可以证明,在古代韩国,苎麻织物受到上层阶级、皇室和学者喜爱,特别是用于夏季服装。目前,苎麻服装仍作为流行的夏季服装在韩国农村地区流行。

虽然苎麻在东方似乎早已为人所知,但是,欧洲、非洲和美洲直到很久以后才知道。尽管有人声称古代埃及人使用过这种纤维,但是没有发现真实的记录,可能是将亚麻与苎麻混淆的结果。早在 1737 年,欧洲著名植物学家林奈(Linnaeus)根据从中国采集的标本首次对其进行了描述,但直到一个世纪以后,苎麻作为一种纤维植物才被西方人认识。在 16 世纪,荷兰商人将未经加工的苎麻纤维和织物首次引进欧洲。荷兰人从印度或中国进口大量苎麻,然后将其制成织物,从而生产出非常精美的商品。但很长一段时间,欧洲人都不知道这种纤维是从哪种植物中提取出来的,一直到 18 世纪末和 19 世纪初,才确定苎麻纤维属于无刺的荨麻科植物。欧洲的荨麻植物韧皮虽然也含有纤维,但是其中所含纤维量太少而不值得提取。

1733 年,荷兰引入苎麻作为观赏作物;1844 年,法国军舰从中国带回苎麻种;1851年,英国旅行家将苎麻种子从中国带回英国;1888~1894 年,在欧洲北部,尤其是在法国和意大利进行了试验性种植,没有圆满成功。俄罗斯早期尝试培育苎麻也由于气候寒冷没有成功。在格鲁吉亚西部,1929 年种植苎麻 4500hm²,到 1939 年仅剩 1633hm²。19 世纪中叶,苎麻种植传入美国,很快在拉美、南美各国规模栽培。20 世纪,巴西开始有规模种植。美国的苎麻大田种植逐渐集中于佛罗里达州,20世纪 40 年代后期,该州的苎麻种植面积达到 5 万英亩。

我们现在所知的有关苎麻纤维的科学知识,很大程度上要归功于欧洲科学家早期孜孜不倦的研究。17 世纪,荷兰植物学家郎夫(Rumpf)第一次记录和描述了含纤维的荨麻,并命名为 Ramium majus,这与现代的 Ramie 名词很接近。伦敦国王学院的教授、植物学家约翰·福布斯·罗伊尔(John Forbes Royle)博士,在 1864 年出版了一部著作《Textile Fibres of India》,直到现在,对于植物纤维科学仍有重要价值。19 世纪初,东印度公司和印度政府对荨麻纤维植物的培养和纤维制造给予了极大的关注,并进行了大量试验。1810 年,由印度生产的苎麻纤维纱线具有的强力是相同纱支俄罗斯大麻纱线的 3 倍。19 世纪,英国从中国进口了苎麻,开始了这种纤维的纺纱、漂白、染色及其织物的生产,为苎麻纺织品加工积累了经验。

三、苎麻的供应国及市场

1936 年以前,中国是世界苎麻的主要供应国,由于第二次世界大战的影响,20 世纪 30 年代末,中国暂时停止苎麻出口,这一贸易限制刺激了菲律宾、中国台湾、印度尼西亚和日本的苎麻生产;同时也鼓励了巴西的商业苎麻生产,在那之前,巴西只供其国内消费。直到 20 世纪 50 年代,菲律宾才成为世界市场的重要供应国之一。1949 年以后,中国逐渐恢复了苎麻生产,但是由于西方国家的经济封锁,至 20 世纪70 年代早期,中国对世界的出口量仍很少。而巴西和菲律宾成为苎麻的主要供应国。

20 世纪 60 年代,世界对苎麻的兴趣日益浓厚,这种兴趣在 1970 年达到顶峰。一个原因是 20 世纪 70 年代,巴西将较大比例的苎麻供应转移到了国内市场,减少了出口量,这在很大程度上导致世界上苎麻纤维的短缺。从 1973 年开始,菲律宾的苎麻出口也停止增长或下降,导致 1973~1974 年世界市场出现了短暂的需求增长,然后逐步下降。而中国的苎麻出口从 1972 年到 1975 年增长了 10 倍,这是因为 1972 年中国和日本签署的交换备忘录促进了两国之间贸易的增加,而苎麻是该协议规定的商品之一。在接下来的 10 年里,为了应对巴西对世界出口的严格控制,韩国、中国台湾、日本和印度等国家和地区成为替代的供应来源,增加了苎麻原材料的生产。尽管日本、韩国、中国台湾和印度努力增加苎麻产量,中国大陆、巴西和菲律宾仍然是世界主要的苎麻原料供应地区。

自从 1979 年美国开放了与中国的贸易,中国、巴西和菲律宾成为美国苎麻纤维的三大主要来源国。其中,中国生产了世界上近 75% 的苎麻,巴西和菲律宾分别占 20% 和 5%。美国商务部统计表明,1983 年美国进口了 120 万打非多种纤维协定(MFA)服装。这个数字在 1984 年上升到 450 万打,在 1985 年上升到 920 万打,1986 年底增加到 1510 万打,主要从中国进口。因此,在很短的两年时间内,从中国进口增长了 600% 以上。虽然这些数字包括丝绸和植物纤维混纺品,但大多数是苎麻混纺服装。

在中国,人们逐步简化了苎麻收获方法,改进了加工技术。进入 20 世纪 80 年代,中国向远东服装生产地区也出口大量原材料,这些原料经加工成纱线或织物,用于服装生产。中国香港是一个很好的目标市场,因为中国香港没有苎麻原料。

自 20 世纪 60 年代以来,巴西苎麻出口总量有所下降,但巴西的苎麻高级纺织品的数量在世界贸易中不断增加,因而增加了其贸易的单位价值。1983~1984 年,巴西的苎麻原料产量为 1 万吨,60% 用于出口,其余用于国内消费。

1990 年,全球麻类纤维年需求量高达 600 万吨,但是年产量不足 470 万吨,缺口 100 多万吨。除了中国、巴西和菲律宾以外,其他国家也有生产苎麻的报告,但数量很少。欧洲苎麻生产主要是法国,北美主要是美国,拉丁美洲有巴西、哥伦比亚和墨西哥;而意大利、瑞士、德国和美国通常也是纱线的购买者。亚洲有中国(包括大陆和台湾)、印度、印尼、日本、菲律宾、韩国和越南。尽管韩国也生产苎麻原料,但韩国国内对加工原料的需求超过了本国原料的供应,也是中国苎麻产品的目标市场。日本的苎麻产品受到原料价格上涨的打击,无法与廉价的进口产品进行价格竞争。因此,日本的苎麻纱几乎全部从中国进口。

当今中国是世界上最大的苎麻生产国和加工商,世界苎麻纺织品原料几乎全部来自中国生产的苎麻。虽然中国的种植面积逐渐增加,但由于环保法规的加强使得水处理成本增加,脱胶企业在减少,原料价格也在上涨。加上中国和印度对麻的需求也在增长,这使得原料库存减少,纱线价格也顺势上涨。

在中国,由苎麻作物收获原麻,将苎麻原料加工成纤维,将纤维纺成纱线,然后将苎麻纱织造成织物,进而再加工成服装或其他制成品,已经形成了完整的全产业链。然而,中国国内的苎麻市场没有得到有效开拓,也缺少苎麻制品的设计和营销创新,因此,中国发展苎麻产业受到欧美市场的重大影响。

第三节　苎麻工业发展的瓶颈

苎麻是中国特有的天然植物纤维品种,被称为"天然纤维软黄金",中国各级政府和企业对苎麻产业倾注了大量的热情。然而,在其他纤维产业大发展的环境下,苎麻纤维及其相关产业并没有得到实质性发展。例如,夏布的国内市场还没有打开,如果没有国际市场,其生产将难以为继。苎麻产业的劣势和挑战主要表现在经济、技术、产品结构、市场和基础设施等问题上,严重影响了苎麻产业的发展。

一、经济问题

苎麻产业的经济问题表现为企业和从业者经济效益不高,因此,行业发展缺乏动力。首先是原麻价格问题,如图 1-3 所示。

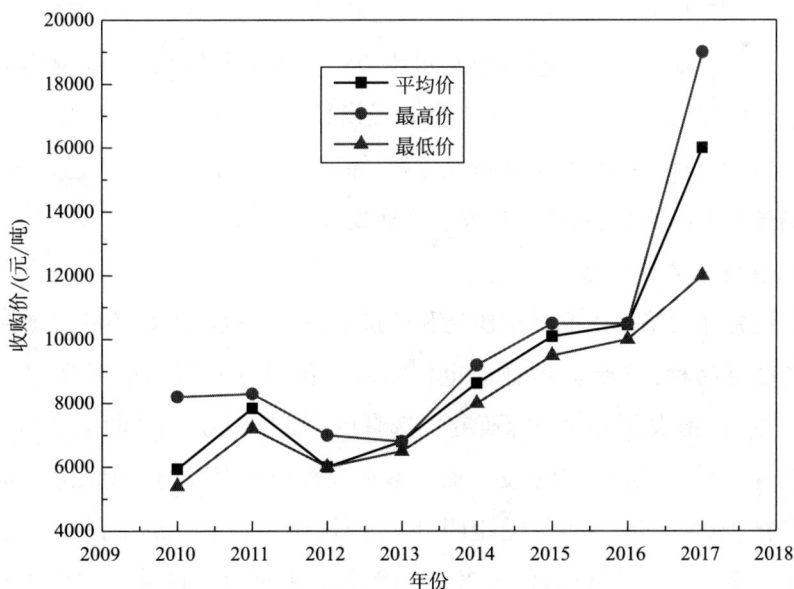

图 1-3　2010~2017 年苎麻原料收购价格

2010～2016年,原麻收购价在1万元/吨以下。在这个价格下,农民种麻不赚钱,因此没有积极性,导致苎麻总产量从2007年的29.13万吨的高位持续下降至2016年的10.30万吨,如图1-2所示。然而,2017年遇到国际市场行情好转,苎麻原料短缺造成原麻的平均价格急剧上涨,达到16000元/吨,比上年上涨了52.96%,目前仍呈上涨趋势。过高的苎麻原料价格增加了麻织品成本,进而影响苎麻产品的市场销售。

低效率生产方式也是现阶段原料价格高的原因之一。由于苎麻种植、收割和剥麻的生产成本持续升高,16000元/吨的原麻价格对于零星种植苎麻的麻农来说只达到了可以接受的盈亏点。如果继续采用人工剥麻将会亏损,而采用机器剥麻则可略有盈余。因此,现阶段对苎麻收剥机械化和规模化的要求呼声很高。

过高的苎麻原料价格增加了麻纺织品成本,进而影响苎麻产品的市场销售,导致内需市场拓展不足,而这又反过来影响了生产企业的经济效益。因此,只有提高麻纺织业的利润,才能更好地解决麻纺织业的一系列发展瓶颈问题。

二、技术问题

苎麻是一个特殊的纤维品种,其产业链和加工方式与其他纤维纺织品加工有很大的区别,需要特别的人才队伍和专门的机械设备,及特殊的工艺技术。然而,苎麻又是一个小众产品,行业规模小,很难吸引较大的研发投资,也制约了行业公共服务平台的建设和发展;一般生产企业规模较小,技术力量弱,整体技术装备水平仍然落后,产品档次低,自主创新能力差,导致苎麻加工模式和工艺几十年不变,直接影响苎麻产品质量、新产品研发和产业发展。

(一)良种选育和栽培

苎麻选育和栽培是苎麻纤维质量和产量的保证,目前,因为还缺乏适合市场需求的优质苎麻品种,苎麻栽培管理也较粗放。我国目前苎麻单纤维细度平均为1800支左右,湖南农业大学苎麻研究所选育的"湘苎3号"和"湘苎7号"为2000支,"多倍体2号"可达到2200支。而日本在马来西亚育成的苎麻品种"潘卜尔",纤维支数在2500支以上,可见差距明显。此外,国内现有苎麻新品种由于遗传背景多为高度杂合,种子繁殖后代分离变异严重,只有通过无性繁殖方法才能保持其优良性状,在生产上推广速度慢、成本高。

（二）机械剥麻

目前，我国苎麻的种植和收割工作很大部分仍靠手工完成，手工剥皮、刮麻器辅助去壳的方法原始简陋，用工多、劳动强度大，费工费时，致使原麻价格居高不下。而且苎麻的收获季节性十分强，只有短短的十天左右，往往由于手工收割和剥麻不及时而导致苎麻资源的大量浪费。近年来，小型动力剥麻机有一定的应用，剥麻成本可节省 50% 左右。但机械剥麻的原麻含胶质太多，质量比手工剥麻差，由机械剥麻生产的原麻，其收购价格比传统手工麻低 2~4 元/kg，不利于剥麻机的推广。因此，研发高效高质量的苎麻收割和剥麻机械已成为苎麻产业的重大需求。机械收割和剥麻可以改变几千年麻农手工剥麻的历史，减轻劳动强度，提高工作效率，实现机械化、规模化生产，由此大幅度降低苎麻种植成本，提高麻农种植效益，保护麻农利益，而且可集中收集麻叶、麻骨等副产物，以利于副产物的开发利用。

（三）苎麻脱胶

长期以来，传统苎麻脱胶依靠浓碱高温煮练，脱胶污水中的半纤维素、木质素和果胶严重污染环境，且用水量高达 300t 水/t 精干麻；处理这种污水使各项指标达到国家一级排放标准，需要较高的成本和较长的时间，脱胶企业有很大的环保压力，很多脱胶企业因不能满足污染治理的要求而处于停产或半停产状态。现有脱胶方式是化学脱胶、生物脱胶和生物—化学联合脱胶。其中具有较好环保前景的技术是采用生物脱胶方法，其技术的核心就是采用多种生物酶联合脱胶，从工程菌株、发酵工艺、脱胶工艺、脱胶机理和微生物菌剂制备等方面深入开展研究工作，以推动该技术在苎麻企业生产中的应用，加快苎麻脱胶工艺的革新。

（四）苎麻纺织

目前，大部分苎麻纺织企业设备陈旧，生产工艺相对落后；产品以初加工为主，多为精干麻、麻条、麻纱、坯布等初级产品，深加工产品和中高档产品较少，很难向高档次、高附加值方向发展，市场竞争力弱。美国、日本、韩国等国家每年从中国进口大量原料和半成品，生产出许多高档次的国际品牌，其产品价格是中国同类产品的 5~10 倍。因此，中国苎麻产业仍停留在资源优势上，亟待加速转化与提升。苎麻的纺纱、织造、印染后整理以及服装的生产技术都相对薄弱。苎麻纺织品的产业链还未完善，存在较大的发展空间，这是机遇同时也是极大的挑战。苎麻终端纺织品的技术含量和款式设计是加强外销、扩大内需、提高产品附加值的关键。大力加强苎麻混纺或交织产品研发，是改善苎麻产品性能、降低成本、扩大销售市场的重要措施。

(五)苎麻副产物综合利用

苎麻是中国的特色作物,苎麻的主要用途是提取韧皮纤维,作为服装用的纺织原料,这种纤维利用只占整个植株的 4% 左右,而近 96% 的苎麻副产物很少利用。大量的麻叶、麻骨及麻壳还田,只得到最低端的利用,造成资源的极大浪费。目前,我国还缺乏苎麻副产物的综合利用技术,产业化发展的基础还未形成。只有在多用途或生物质资源全面充分利用的基础上,实现苎麻价值链延伸,各环节互补和促进,提高全产业的附加值,才能实现苎麻行业的可持续发展。

第四节　苎麻植物综合应用

在人类发展的历史长河中,人们逐渐认识到苎麻全身都是宝,不仅纤维可以做服装和家用织物,麻叶富含蛋白质和其他营养物质,可以农用、药用和食用,用作饲料饲草喂养肉牛、肉羊、肉鹅等草食动物,还可以作为保健食品和药品供人食用。在苎麻综合利用方面,充分挖掘苎麻植物的价值,有许多工作等待人们去做。随着人们对天然材料、健康和绿色环保的关注,苎麻的综合利用倍受青睐。特别是苎麻在资源、纺织加工、废弃物处理及综合利用的整个生产、消费、再生产过程中具有明显的生态产业特征,有利于促进生态环境保护和循环经济发展。

一、麻骨副产物作为作物栽培基质

中国农业科学院麻类研究所在羊肚菌培养基质中加入了麻骨碎料,结合覆盖稻草进行保温保湿,使得羊肚菌菌丝长速快、生长个体大、品质好,其中,麻类副产品起到了补充营养的作用。在洞庭湖区滩地的杨树林下,套种的羊肚菌效果良好,据估算,改良后的羊肚菌亩产达到 150kg,收入约 3 万元/亩。以苎麻麻骨与棉籽壳按比例混合,在秋季栽培平菇,为平菇生产提供新的材料来源和技术支持,满足了高产、经济、实用和安全的栽培要求,也为麻骨综合利用开辟了新领域。

除了林下作物,麻类产品还被应用到水稻的栽培中。目前,全国水稻种植普遍采用机插秧的形式,而机插水稻要成功,育秧是关键。以麻纤维为主要原料,采用环保型黏合剂研制而成的麻育秧膜,可完全生物降解,具有良好的吸水透气性,将其垫铺于水稻机插育秧盘底面,具有增强盘根、保水保肥及均匀传导、透气增氧的作用,可在育秧土底层形成适合水稻根系生长发育的水肥气平衡环境,促进秧苗根系生长发育,显著提高秧苗素质。

二、苎麻茎叶作为动物口粮

青贮饲料是一个复杂的微生物共生体系,主要包括乳酸菌、酵母菌、芽孢杆菌、乙酸菌、梭状芽孢杆菌等,其中以乳酸菌的数量和种类最多,也是在青贮饲料发酵中起主要作用的微生物。将新鲜的青饲料经过以乳酸杆菌为代表的厌氧微生物发酵而制成的这种多汁饲料,是反刍动物最基本的粗饲料。饲用苎麻营养成分合理,饲用价值较高,青贮后可以较好保持苎麻嫩茎叶的营养特性;苎麻青贮不仅可以减少养分损失,而且适口性好,消化率高,便于长期保存。国内外学者在20世纪50年代就开始研究苎麻的营养成分。苎麻的营养成分与苜蓿相近,且结构合理,是一种很好的饲料作物,饲用苎麻嫩茎叶的粗蛋白质、粗脂肪含量略高于苜蓿。

三、苎麻农用地膜

苎麻地膜的主要特点如下:

①降解时间短,地表覆盖麻地膜,需要6~7个月就可以完全降解;埋入土壤中的麻地膜2个月内可以完全降解。

②麻地膜的降解受土壤肥力影响,高肥力有利于地表和土壤中麻地膜的降解。

③麻地膜降解受土壤pH的影响,在弱碱性土壤中放线菌的数量增多,有利于麻地膜的降解。

④麻地膜降解后,促进植株各生理指标的增长,可以明显增加植物生物产量。

⑤麻地膜覆盖不仅具有保水作用,还能让外界的降水进入垄体,不会使植物在旺长期发生水分亏缺,影响正常生长;若遇到连续降雨时还不会发生水渍,增加土壤通透性。降解后,有利于土壤含水量的提高,降低土壤容重达4%左右;提高土壤有机质、速效磷、速效钾的含量,对全氮、全磷、水解氮无影响,对全钾含量有一定的抑制作用,长期使用麻地膜可以改善土壤生态环境。

⑥麻地膜降解还可以促进土壤微生物的增长,麻地膜覆盖年限增多,土壤细菌增多;土壤真菌在前、中期有显著差异。麻地膜降解还能提高土壤部分酶的活性,包括土壤蔗糖酶、纤维素酶和酸性磷酸酶等。

四、苎麻根系的水土保持作用

苎麻植物根系膨大,可防止水土流失,有着十分显著的绿色生态效应,是典型的绿色环保作物。近年来,水利部水土保持植物开发管理中心(以下简称"水利部植物中心")在高效水土保持植物资源配置与开发利用方面,初步建立了全国高效水土保持植物资源配置体系;在全国重点水土流失区初步建立了一些示范点。北方沙棘、南方苎麻,力争成为新时代打造绿水青山的排头兵。南方坡耕地苎麻种植面积得到了有效维护,并稳中有升。2007年以来,水利部植物中心通过实施财政项目,推动四川、江西、湖南等毗邻省份苎麻的种植。据初步调查,全国苎麻种植面积已逐步恢复到13.33万公顷以上,苎麻种植区坡耕地的水土流失问题得到了有效遏制,农民收入也随之得到了稳步提升。

五、环保材料

麻类作物可以吸收重金属,因此可以修复被重金属污染的土地。这种生物修复法效率虽然不高,但具有环境友好、对土壤干扰少的特点,极具推广潜力,具有"标本兼治"作用,因而受到广泛关注。从对重金属镉(Cd)的提取量看,油葵、苎麻和油菜的提取量较高;从镉富集系数看,柳树、甜菜、苎麻和花生的镉富集系数较高;从耐受镉能力看,苎麻、柳树、油菜和蓖麻的耐镉性较高,能在镉含量为100mg/kg土壤中存活。综合来看,苎麻相对具有更好的修复效果。

六、苎麻药用

苎麻为荨麻科苎麻属植物,全世界约有120种,其中我国有31种12变种,遍布华南、西南、河北、辽宁等地,多数品种产自两广及云贵川等省区。苎麻根为苎麻的干燥根及根茎,又名苎根、野苎根、苎麻茹。苎麻根药用历史悠久,《本草纲目》中记载苎麻"甘、寒、无毒",具有凉血、止血、散瘀的功效,主治跌打瘀血、创伤出血等。民间还常用于安胎、蛇虫咬伤、乙型肝炎等,收载于《中国药典》1977年版。现代研究表明,苎麻根主要化学成分为有机酸类、黄酮类及三萜酸类,并具有止血、抗病毒、抑菌、保肝等多药理活性。我国具有丰富的苎麻资源,其产量占全世界总产量的90%以上,但苎麻根药用资源的开发利用却很薄弱,多局限于偏方验方,制成的成药较少。

七、苎麻增强复合材料

麻皮被收割后通过纺织工艺制成苎麻纤维,而麻秆(去除树皮的苎麻茎)、麻叶与麻根往往会被废弃。其麻秆具有坚硬、不易变形等特性,可用于制作家居用品、建材、纸材等。它还具备隔音、保温、轻便、清香的优势,将其与树脂结合制备复合材料,用于制作出差、旅行等移动情景下的耳塞、耳机等配饰产品,也是不错的选择。例如,采用苎麻纤维针刺非织造布为增强材料,以不饱和聚酯树脂(UP)为基体材料制备复合板材,具有较好的抗弯曲性能。将苎麻纤维废弃物应用于复合混凝土,对混凝土有耐久的增强作用,扩大了麻纤维的科学开发与综合利用。

参考文献

[1]KICIŃSKA-JAKUBOWSKA A,BOGACZ E,ZIMNIEWSKA M. Review of natural fibers:Part I:Vegetable fibers[J]. Journal of Natural Fibers,2012,9(3):150-167.

[2]KULMA A,ZUK M,LONG SH,et al. Biotechnology of fibrous flax in Europe and China[J]. Industrial Crops and Products,2015,68:50-59.

[3]张建春,张华,张华鹏,等.汉麻综合利用技术[M].北京:长城出版社,2006.

[4]张箭.论人类衣着材料的演变[J].武陵学刊,2019,44(4):115-128.

[5]SANSONE A. On China grass or rhea-ramie fibre[J]. Coloration Technology,2010,1(13):276-281.

[6]ROBINSON B B. Ramie fibre production[J]. Circular United States department of agriculture,1940,584:1-13.

[7]熊帝兵,黄厚裕.《栽苎麻法略》考述[J].滁州学院学报,2018,20(6):13-18.

[8]白玉超,李雪玲,黄敏升,等.50年来中国苎麻种植情况与前景展望[J].作物研究,2014,28(5):547-550.

[9]农作物产量:苎麻:全国_行业经济数据_前瞻数据库[OL]. https://d. qianzhan. com/xdata/details/50b5276d73ee02fa. html. [2020-09-06].

[10]2019年中国麻类行业产量及发展趋势分析[图][OL].中国产业信息网:http://www. chyxx. com/industry/202008/891675. html. [2020-09-06].

[11]蔡宝军,蒋敏,熊海鹰,等.2017年度湖南省苎麻精干麻质量分析[J].中国纤

检,2018(5):44-47.

[12] 2018 年世界主要纤维生产现状 化纤产量创历史最高[OL]. https://www. sohu. com/a/239235476_100186158. [2020-09-07].

[13] 郝冬梅,邱财生,龙松华,等. 麻类作物在重金属污染耕地修复中的应用研究进展[J]. 中国麻业科学,2019,41(1):36-41.

[14] HWANG M S. Morphological differences between ramie and hemp:How these characteristics developed different procedures in bast fiber producing industry[C]. Shanghai:Textile Society of America Symposium Proceedings,2010,23.

[15] HESTER S B, YUEN M L. Ramie:Patterns of world production and trade[J]. Journal of the Textile Institute,1989,80(4):493-505.

[16] 佚名. 麻纱进口关税降为零,日本国内生产企业仍面临考验[J]. 纺织服装周刊,2018,28:57.

[17] 揭雨成. 中国苎麻种质资源利用研究进展[J]. 作物研究,2011,25(6):630-633.

[18] 向伟,马兰,刘佳杰,等. 苎麻剥制加工技术与装备研究进展[J]. 中国麻业科学,2019,41(1):24-35.

[19] 杨琦,段盛文,彭源德. 苎麻微生物脱胶技术的研究进展[J]. 中国麻业科学,2018,40(1):36-42.

[20] 敖利民,李向红,马军. 绢/苎麻/竹原纤维混纺针织物的刺痒感研究[J]. 上海纺织科技,2008,36(9):54-55.

[21] 张兴,熊杵林,揭雨成. 机械剥制苎麻副产物栽培平菇的研究[J]. 作物研究,2013,27(5):457-460.

[22] 李杨红,李相才,郭曦隆,等. 苎麻麻骨代料栽培平菇的研究[J]. 湖北农业科学,2019,58(11):78-82.

[23] 王朝云,易永健,周晚来,等. 秧盘垫铺麻育秧膜对水稻机插秧苗根系发育及产量的影响[J]. 中国农机化学报,2013,34(6):84-88.

[24] 汪红武,付聪,熊伟,等. 饲用苎麻的营养成分及裹包青贮制作技术规程[J]. 粮食与饲料工业,2018(8):24-26.

[25] KIPRIOTIS E,HEPING X,VAFEIADAKIS T,et al. Ramie and kenaf as feed crops[J]. Industrial Crops and Products,2015,68:126-130.

[26]李亚玲,崔忠刚,唐朝霞,等.苎麻纤维地膜的创新利用价值[J].四川农业科技,2018(5):21-22.

[27]赵东晓.全国高效水土保持植物资源配置与开发利用工作的成效与展望[J].中国水土保持,2019(10):29-31.

[28]黄勇,盛浩,张亮,等.收益型植物修复镉污染耕地土壤的研究进展[J].中国麻业科学,2018,40(6):290-295.

[29]朱守晶,史文娟,揭雨成.不同苎麻品种对土壤中镉、铅富集的差异[J].江苏农业学报,2018,34(2):320-326.

[30]田静.苎麻根药材的生药学鉴定研究[J].亚太传统医药,2019,15(8):74-76.

[31]易章元,龙碧璇,邢彦蓉,等.针刺工艺对苎麻非织造物增强复合材料性能的影响[J].上海纺织科技,2019,47(2):53-60.

[32]张波.农业废弃物麻纤维在混凝土中的资源化利用[J].砖瓦,2019(7):78-81.

第二章　苎麻育种、栽培及收割

第一节　育种

一、苎麻育种研究概况

(一)苎麻资源

苎麻原产于我国,品种资源丰富,历年来,苎麻科研单位在苎麻资源(野生资源)的搜集、整理及评价方面做了大量工作。20 世纪 80 年代和 90 年代初,湖南、贵州、湖北、江西、四川、广西等省(区)科研单位对保存的资源材料进行系统的主要性状鉴定、研究与利用,1992 年出版了《中国苎麻品种志》,为苎麻育种奠定了良好的基础。

1995~2000 年,江西宜春农业科学研究院在滇、黔、桂、陕、川、渝、琼、粤、湘、鄂、皖、浙、闽、赣十四个省(区)的自然保护区共搜集到野生苎麻种质资源 222 份,建起中国野生苎麻种质资源圃,并出版《中国野生苎麻分类图谱》,为苎麻育种、转基因杂交苎麻研究及苎麻起源、生物科学及合理开发利用、发掘和保护野生资源,奠定了丰富的物质基础和科学依据。

目前,中国农业科学院麻类作物研究所建有国家苎麻种质资源圃,保存有从 14 个省(区)约 300 多个县搜集的农家品种及苎麻野生种 1027 份;四川省达州市农业科学研究院保存有云、贵、川、渝、陕五省(市)地方品种及国内选育品种、自育不育材料等 500 多份;贵州草业科学研究院保存有贵州苎麻种质资源 200 多份。

(二)苎麻育种发展历程

我国有悠久的苎麻种植传统,其栽培历史超过 4000 年,积累了丰富的种植和利用经验,然而,苎麻的遗传育种相比其他大田作物来说起步较晚,直到中华人民共和国成立后,才真正开始。喻春明 2007 年把中国苎麻育种划分为以下 4 个阶段。

第一阶段,地方品种鉴定和评选。20世纪50~60年代,在广泛搜集的基础上,我国对地方品种进行了评选、鉴定和引种试验。如广西壮族自治区评选出"黑皮蔸",湖南省评选出"黄壳早""芦竹青""黄壳麻""白脚麻""雅麻"等品种,湖北省评选出"细叶绿""大叶绿""青麻"等品种,江西省评选出"铜皮青""黄壳铜"等品种,四川省评选出"白麻""黄白麻""大竹线麻"等品种。这些品种都是当地主产麻区的主要推广品种,对促进我国苎麻生产的发展起了很重要的作用。

第二阶段为改良阶段。此阶段育种手段以引种、系选、杂交等常规手段为主;目标以提高产量为主。20世纪60年代和70年代初,中国农业科学院麻类研究所会同四川、贵州、湖南、湖北等省科研单位、院校相继开展了苎麻常规品种育种工作,通过系统育种、杂交育种和杂种优势利用等途径培育新品种。如四川达州市农业科学研究所在20世纪70年代就开展了苎麻雄性不育及杂种优势利用研究,育成了"青杂55"等;贵州省独山麻类科学研究所在"黄壳早"种子繁殖后代中选育出"黔苎1号";中国农业科学院麻类研究所在20世纪70年代从"黄壳早"的变异后代中选育出"湘苎1号"。这些新品种在当时生产上都发挥了一定的作用,但由于品质育种难度较大,品种大多是高产中质或高产低质品种,年均纤维细度大多在1700m/g以下,作为纺织中高档产品的原料还不够理想,推广面积都不大。但此阶段的育种工作积累了大量的种质资源和中间材料,为苎麻育种水平的提高奠定了扎实的基础。

第三阶段是高产、优质、多抗育种阶段。此阶段的主要特点是:育种手段仍以常规手段为主,同时开展了诱变育种和倍性育种;目标是优质与高产并重,同时兼顾抗性(主要为抗风、抗病等)。从20世纪80年代后期开始,中国农业科学院麻类研究所、华中农业大学、湖南农业大学、四川省达州市农业科学研究所、江西省苎麻研究所等育种单位以及全国苎麻劳模黄业菊等相继选育出了一批高产、优质、多抗新品种。如"湘苎2号"("圆叶青")、"湘苎3号"~"湘苎6号"、"华苎1号"~"华苎5号"、"川苎6号"~"川苎10号"、"赣杂1号"、"赣杂2号"、"牛耳青",这些品种一般比当地主栽品种增产10%以上;年均纤维细度均在1800m/g以上,大多数品种在1900m/g以上;一般抗花叶病、炭疽病能力强,大多数品种的抗倒伏性较强。一些品种在生产上得到了大面积推广,产生了极大的经济效益,如"湘苎2号""湘苎3号""川苎8号""川苎11""华苎4号"等。

第四阶段是品种多样性及生物技术辅助育种阶段。进入 21 世纪后,苎麻多用途开发利用,选育品种呈现多样化,选育目标除高产、优质、多抗以外,专用苎麻品种选育出现成果,选育出饲料专用苎麻品种如"川饲苎 1 号"～"川饲苎 3 号"、"中苎 2 号",可纺织高端布料的特优质苎麻新品种"川苎 12""川苎 15",开始适宜机械收获苎麻品种选育,同时开始生物技术辅助育种研究,如湖南农业大学开展了细胞融合研究;中国农业科学院麻类研究所、华中农业大学开展了无融合生殖研究、分子标记辅助育种研究;华中农业大学、中国农业科学院麻类研究所、湖南农业大学开始了转基因技术研究等。随着生物技术在苎麻育种中不断应用,我国苎麻育种水平将得到很大的提高,苎麻也将由单一的纤维用新品种选育向多用途、专用型新品种选育发展。

二、苎麻主要品种

我国苎麻分布广,各主产麻区生态环境不同,通过长期的自然选择,形成了各具特色的地方品种。这些地方品种曾经在生产上发挥重要作用,至今仍是育种上宝贵的种质基因源。

苎麻品种存在产量与品质的矛盾。20 世纪 60 年代以前,苎麻主要用于纺织中低档产品、拉线和绳索等,当时大面积推广栽培利用的品种以高产中质或低质类型为主,如湖南"黄壳早"、湖北"细叶绿"、江西"铜皮青"、四川"白麻"等。随着纺织水平的提高、用途的扩展,这些种植面积占主导地位的高产、中质或低质品种已不能适应纺织需求。到 20 世纪 70 年代中期,大面积推广应用的品种以产量较高、品质较好二者兼顾型为主,如湖南的"芦竹青"、广西的"黑皮蔸"、四川的"线麻"和江西的"黄壳铜"等,但农业上要求高产、麻纺业青睐优质的矛盾依然突出。20 世纪 90 年代以后,大面积推广应用的则以高产、优质新品种为主,如"圆叶青""湘苎 3 号""华苎 5 号"和"川苎 9 号";目前,大面积应用的品种均兼顾产量和品质,如"川苎 8 号""川苎 11 号""中苎 2 号"等。

(一)苎麻优良地方品种

下面主要介绍几个曾经大面积栽培、影响力较大的地方品种。可作为育种的亲本材料。

1. 黄壳早

该品种为深根丛生型。头麻苗期幼叶紫红色,成熟茎黄褐色,麻骨黄白色。叶片中等大,尖椭圆形,绿色,叶面皱纹少,有黄绿色花斑,叶缘锯齿小而浅。叶柄淡红色,着生角度大,叶脉、托叶中肋浅绿色,雌蕾淡红色。

在湖南省种植表现中熟,工艺成熟天数全年183天;雄蕾8月中旬现蕾,8月下旬开花;雌蕾9月中旬现蕾,9月下旬开花;种子成熟期为11月底。发蔸慢,分株力中等。苗期生长势强,生长稳健。麻株生长不够整齐,茎秆上下粗细不够匀。平均株高150cm,茎粗0.90cm,皮厚0.84mm,鲜皮出麻率为12%~13%,有效株率为82%,产量为1800kg/hm²,高产可达2600kg/hm²。原麻黄白色,手感粗硬,斑疵多,锈脚长,单纤维细度为1500m/g左右,强力为55.5g。耐旱性、耐瘠性强,抗风性中等,对炭疽病、立枯病有较强抗性,中感花叶病、根腐线虫病。适应性广,丘陵、山区、平原均可种植。

其种子繁殖后代变异分离大,是较为理想的育种种质资源,已从其变异后代中系统选育成功的新品种有"湘苎1号""牛耳青""黔苎1号"等。

2. 芦竹青

该品种产量、品质等综合性状优良,中根散生型。头麻出土时,幼叶红褐色,成熟茎绿褐色,麻骨绿白色。叶片小,卵圆形,绿色,叶面皱纹多,叶缘锯齿小而浅。叶柄短,微红色,着生角度小。叶脉微红色,托叶中肋浅绿色。雌蕾淡红色。发蔸快,分株力强。苗期生长势中等,生长稳健。麻株生长整齐,均匀度好。平均株高148cm,茎粗0.83cm,皮厚0.80cm,易剥制,鲜皮出麻率为12.5%,有效分株率为83%左右,平原种植产量为2000kg/hm²,丘陵山区种植产量1700kg/hm²,高产可达2600kg/hm²,单纤维细度为1700m/g左右,强力为45.28g,抗风性强,耐旱性中等,中感花叶病、根腐线虫病。区域适应性较广,增产潜力大,栽培上要求土壤肥沃,水肥充足,长江流域麻区种植既要做好排渍防涝工作,又要防旱、抗旱,否则,产量显著降低。各地种植表现中熟,工艺成熟天数全年为188天,雄花8月中旬现蕾,8月下旬开花,雌花9月中旬现蕾,9月下旬开花,种子成熟期为12月初。

1975年以后,该品种栽培面积逐渐扩大,至1987年苎麻生产高峰期,该品种已成为湘北麻区的主要品种,相继引种到湖北、江西、重庆、安徽等省(市)大面积栽培,优良性状稳定,成为全国当时覆盖率最大的地方品种。

该品种的种子繁殖后代劣变率较低,优良变异概率相对较高,是理想的育种亲本资源,新品种"华苎1号""华苎2号"是从该品种的优良变异后代中系统选育而成,也是"中苎1号"新品种的亲本(父本)。

3. 黄壳麻

该品种属浅根串生型。苗期幼叶黄褐色,茸毛较多。成熟茎黄褐色,麻骨黄白色。叶片中等大,尖椭圆形,绿色,叶面皱纹少,叶缘锯齿小而浅。叶背茸毛较多,叶柄深红色,着生角度大。叶脉、托叶中肋淡红色。雌蕾深红色。

在湘西山区栽培表现中熟,工艺成熟天数全年为 182 天,雄蕾 9 月上旬现蕾,雌蕾 9 月中旬现蕾;雄、雌花均在 9 月下旬开花。种子成熟期为 11 月底。发蔸快,分株力强,易满园。苗期生长势中等,麻株较细,生长较整齐,茎秆上下粗细较均匀,株高 105cm,茎粗 0.68cm,皮厚 0.62mm,鲜皮出麻率为 11% 左右,有效分株率为 63% 左右。湘西种植产量较稳定,平均产量为 1400kg/hm²,异地种植则产量下降。原麻绿白色,手感柔软,斑疵少,锈脚短。单纤维细度为 2200m/g,强力为 55.26g,纤维耐湿性强,纺织性能好。耐旱性、耐瘠性、抗风性弱,区域适应性差,中感根腐线虫病,重感花叶病。适宜种植在斜坡地或排水良好的山窝地中土质疏松的沙壤土中。排水不良的黄黏土易发生白纹羽病,宿根年代短。

该品种曾是湘西山地麻区的主要品种,是纺织高档产品的优质原料之一,1985年以后,因其产量较低,国内新育成一批高产、优质兼顾的新品种在该地区推广应用,其栽培面积逐渐下降。

4. 黑皮蔸(又名乌龙麻、青麻)

该品种遗传性较稳定,配合力较高,新品种"湘苎 3 号"和"湘杂苎 1 号",均从其后代中选育而成。深根丛生型。苗期幼叶紫绿色,成熟茎深褐色,麻骨绿白色。叶片大,卵圆形,深绿色,叶面纹多,叶缘锯齿大而深。叶柄长,紫红色,着生角度大。叶脉、托叶中肋紫红色。雌花紫红色。

黑皮蔸在广西壮族自治区种植表现中熟,工艺成熟天数全年为 172 天,雄蕾在 9 月上旬现蕾,9 月下旬开花,雌蕾 9 月中旬现蕾,9 月下旬开花,种子成熟期为 11 月底,种子产量和饱满度高。发蔸慢,分株力弱。苗期生长势强,麻株生长不够整齐。均匀度较差,株高 161.0cm,茎粗 1.05cm,皮厚 1.09mm,鲜皮出麻率为 12% 左右,有效分株率为 73.6%,产量为 1600kg/hm²。原麻绿色,手感较粗硬,含胶较重,无斑疵,锈脚短,单纤维细度为 1900m/g,强力为 27.97g。耐旱性强,抗风性较弱,轻感花叶病,高感根腐线虫病。

该品种曾是广西壮族自治区产量和品质兼顾的优良良种,也是纺织高档产品的主要原料之一,据 1980 年统计,其栽培面积约占广西全区苎麻总面积的 90%,目前仍是广西全区的主要品种。曾先后引种到湖南、江西、重庆等省（市）的丘陵山区栽培,其优良性状表现稳定,有一定的增产效果,但因抗风性较弱,不适宜在风害较大的滨湖平原种植。

5. 细叶绿

该品种属中根散生型。苗期幼叶红褐色,成熟茎黄褐色,麻骨绿白色,叶片卵圆形、深绿色,叶面皱纹较多,叶缘锯齿大而浅。叶柄微红色,着生角度小。叶脉、托叶中肋微红色。雌花淡红色。

湖北省种植表现中熟,工艺成熟天数全年为185天左右,雄花8月中旬现蕾,9月下旬开花,雌花9月中旬现蕾,9月下旬开花,种子成熟期为12月上旬。发蔸较快,分株力强,苗期生长较慢,中期生长较快,麻株生长整齐,株高151cm,茎粗0.90cm,皮厚0.76mm,鲜皮出麻率为13.5%,有效分株率为83%,产量为1800kg/hm^2。原麻绿白色,手感较软,斑疵少,锈脚短,单纤维细度为1700m/g左右,强力为45g。耐旱、耐渍性较强,抗风性、耐寒性中等,中感花叶病,高感根腐线虫病。

该品种是湖北省广为栽培的高产、中质、适应性较广的主要品种,据1980年统计,该品种的种植面积曾占全省苎麻总面积的80%以上。目前,该品种的种植面积在下降,但在老麻区仍占有一定比重。先后引种到江西、广西、贵州当地栽培,优良性状稳定,有增产效果。

6. 青麻

该品种属中根散生型。苗期幼叶微红色,成熟茎绿褐色,麻骨绿白色。叶片近圆形、深绿色,叶面皱纹多。叶柄微红较短,着生角度小,托叶中肋微红色。

湖北种植表现中熟,工艺成熟天数全年为180天,雄花8月下旬现蕾,9月下旬开花,雌花9月上旬现蕾,10月初开花,种子成熟为12月上旬。发蔸较快,麻株生长整齐,上下均匀,株高156cm,茎粗0.88cm,皮厚0.80mm,鲜皮出麻率为12.9%,有效株率为80%左右,一般产量为1600kg/hm^2,原麻绿白色,手感柔软,斑疵少,锈脚短,单纤维细度为1750m/g左右。耐旱性、耐渍性、抗风性中等,轻感花叶病,适应性广,丘陵山区、平原地区均适宜种植。

7. 白麻(白大叶胖)

该品种属深根丛生型,苗期幼叶黄绿色,茎基部略带微红,成熟茎绿褐色,麻骨黄白色。叶片卵圆形、黄绿色,叶脉托叶绿色,叶柄着生角度小而上举,雌花黄白色。

四川种植表现晚熟,工艺成熟天数全年为 195 天。雄花 9 月中旬现蕾,10 月初开花,雌花 9 月下旬现蕾,10 月上旬开花。发蔸慢,分株力弱,苗期生长慢,中期明显加快,植株生长整齐均匀,株高 150cm,茎粗 1.0cm 皮厚 0.74mm,鲜皮出麻率为 12%左右,一般产量为 2000kg/hm²,高产可达 3000kg/hm²。原麻黄白色,手感粗硬,含胶重,斑疵多,锈脚长,单纤维细度为 1000m/g 左右,强力为 65g,抗旱、抗风、耐瘠性强,抗立枯病,不耐渍,适应性广,丘陵、山区栽培均可获得较高产量。其高产、高抗特性的传递力较强,已从其种子繁殖的变异后代中系统选育成功"川苎 1号"和"川苎 3 号"高产新品种。

该品种曾是四川省达州地区的高产品种,据 1982 年统计,其栽培面积占当时全区苎麻面积的 30%左右,但因纤维较粗硬,纺织性能差,目前栽培面积日益减少。但该品种是高产、高抗基因型种质资源,可供育种利用。

8. 线麻(青白麻)

该品种属中根散生型。头麻出土时,幼叶紫红色,苗期心叶绿色,茎基部略带红色;成熟茎绿色,麻骨坚硬,绿白色。叶片尖椭圆形,绿色,叶薄、皱纹少。叶柄绿色,略带微红,着生角度小。托叶中肋微红色。雄蕾较多,雌蕾黄白色,花序短,结籽力中等。

在四川省达州种植表现晚熟,工艺成熟天数全年为 193 天,雄花 9 月中旬现蕾,雌花 9 月下旬初现蕾;开花期在 9 月下旬。种子成熟期为 12 月上旬。发蔸较快,分株力强,出苗早,苗期长势旺,麻株整齐、均匀,株高 155cm,茎粗 0.90cm,皮厚 0.76mm,鲜皮出麻率为 12%左右,有效分株率为 77.3%,产量为 1875kg/hm²。原麻绿白色,手感柔软,斑疵少,锈脚短,单纤维细度为 1600m/g,强力为 53.7g。耐旱性中等,抗风性较弱,轻感花叶病,重感立枯病。该品种适应性较广,适宜丘陵、山区栽培。是产量和品质兼顾的地方良种,1984 年列为四川省主要推广良种,以替代栽培面积占主导地位的高产、单纤维细度低的"白麻"。

9. 黄壳铜

该品种属深根丛生型。成熟茎黄褐色,叶片尖椭圆形,黄绿色,托叶微红,叶柄黄绿色,雌花黄白色。晚熟,工艺成熟天数全年为 209 天。雄花 8 月下旬现蕾,雌花 9 月中旬现蕾;雄花 9 月上旬开花、雌花 9 月中旬开花,种子成熟期为 11 月底。发蔸慢,分株力弱,生长整齐,株高 165cm,茎粗 1.2cm,皮厚 0.8mm,产量为 2000kg/hm²。原麻绿黄色,手感较硬,单纤维细度为 1600m/g,拉力为 44.84g。抗风性、耐旱性、耐渍性强,适应性广,丘陵、山区、平原均适宜种植。

该品种丰产性好,抗性强,适应性广。曾是江西宜春、分宜、上高等地的主要品种。但因纤维品质不理想,其栽培面积逐渐减少。

(二)新育成品种

中华人民共和国成立后,各有关单位相继开展了苎麻育种工作,先后选育成功一批优良新品种投入生产应用(表2-1),为发展苎麻生产、提高产量和品质发挥了积极作用。

表2-1 新育成苎麻品种简介

品种名称	育成时间/年	育种单位	亲本品种	根型	产量或茎叶鲜产/(kg/hm²)	细度/(m/g)或粗蛋白含量/%	抗旱性	抗风性
川麻2号	1965	四川达县地区农业科学研究所	黄白麻	深根丛生	1500	1000	强	强
川麻3号	1965	四川达县地区农业科学研究所	白麻	深根丛生	1800	1100	强	强
黔苎1号	1974	贵州省麻类科学研究所	黄壳早	深根丛生	2100	1400	强	弱
湘苎1号	1977	中国农业科学院麻类研究所	黄壳早	深根丛生	2100	1700	强	中
圆青5号	1978	贵州省麻类科学研究所	圆麻×青秆麻	中根散生	1540	1760	强	强
牛耳青	1983	全国麻劳模黄业菊	黄壳早	深根丛生	2000	2000	强	中
苎优1号	1984	贵州省麻类科学研究所	圆青5号×黔苎1号	深根丛生	2010	1850	弱	强
苎优2号	1984	贵州省麻类科学研究所	圆青5号×圆麻	中根散生	2025	1900	中	强
圆叶青(湘苎2号)	1987	中国农业科学院麻类研究所	湘苎1号 ^{60}Co~γ1 万伦琴	深根丛生	2450	1900	强	强
红皮小麻	1988	四川达县地区农业科学研究所	川南红皮小麻	中根散生	2070	2402	强	强
湘苎3号	1989	湖南农业大学苎麻研究所	黑皮蔸	深根丛生	2000	2000以上	强	较弱

续表

品种名称	育成时间/年	育种单位	亲本品种	根型	产量或茎叶鲜产/(kg/hm²)	细度/(m/g)或粗蛋白含量/%	抗旱性	抗风性
赣苎1号（杂交种）	1989	江西省麻类科学研究所	圆叶青×玉山麻	深根丛生	2050	2100	强	强
赣苎2号	1989	江西省麻类科学研究所	圆叶青×青壳子	深根丛生	2050	2000	较强	较强
华苎1号	1990	华中农业大学	芦竹青	中根散生	2000	2000	较强	较强
华苎2号	1990	华中农业大学	芦竹青	深根丛生	2100	2000	较强	较弱
湘苎4号	1991	湖南农业大学	雅麻	深根丛生	1800	1900	较强	中
湘苎5号	1990	中国农业科学院麻类研究所	湘苎1号 $^{60}Co-\gamma0.5$ 万伦琴	深根丛生	2500	2000	强	较弱
湘杂苎1号（杂交种）	1992	中国农业科学院麻类研究所	圆青5号×黑皮蔸	中根丛生	2250	1900	强	中
川苎4号	1992	四川达州地区苎麻所	大红皮	中根散生	1800	1900	强	较弱
湘苎6号	1993	中国农业科学院麻类研究所	黑皮蔸	深根丛生	2010	2100	强	较弱
鄂苎1号	1996	湖北省咸宁地区农业科学研究所	细叶绿	深根丛生	2000	1800	较强	较强
华苎3号	1998	华中农业大学	新余麻×稀节巴	中根散生	2000	2100	中	中
赣苎3号	1998	江西麻类研究所	赣苎2号×家麻	深根丛生	2200	2100	强	强
华苎4号	1999	华中农业大学	稀节巴	中根散生	2000	2150	较强	较强
川苎7号（杂交种）	1998	四川达州地区农业科学研究所	C13×B8	中根散生	2200	1900	较强	较强
Tri-1	2001	湖南农大苎麻研究所	湘苎3号秋水仙素诱导3倍体	深根丛生	2930	1900	强	强
Tri-2	2001	湖南农大苎麻研究所	湘苎3号秋水仙素诱导3倍体	深根丛生	2397	2200	强	中
川苎8号（杂交种）	2002	四川达州地区农业科学研究所	C26（C7×湘苎5号）×B8	中根散生	2070	1913	较强	较强

续表

品种名称	育成时间/年	育种单位	亲本品种	根型	产量或茎叶鲜产/（kg/hm²）	细度/（m/g）或粗蛋白含量/%	抗旱性	抗风性
川苎9号（杂交种）	2004	四川达州地区农业科学研究所	C4×B16	中根散生	2250	1900	强	强
中苎1号	2003	中国农业科学院麻类研究所	圆叶青×芦竹青	深根丛生	2600	1900	强	强
华苎5号	2004	华中农业大学	（黄荆皮×稀节巴）×（鸡骨白×大荭麻）	深根丛生	3000	2038	较强	强
赣苎4号	2005	江西麻类研究所	圆叶青	中根丛生	2600	1900	较强	较强
中饲苎1号	2005	中国农业科学院麻类研究所	湘杂苎1号×圆叶青5号S3	中根丛生	126000（嫩茎叶）	粗蛋白含量22%		
川苎10号	2006	四川达州地区农业科学研究所	达县黄麻	深根丛生	2457	2056	较强	强
川苎11（杂交种）	2007	达州市农业科学研究院	C9451×R7920	中根散生	2400	2174	强	强
中苎2号	2009	中国农业科学院麻类研究所	黑皮蔸S2×圆叶青S3	中根丛生	2790	2050	强	中
川苎12号	2009	达州市农业科学研究院	邻水薄皮麻×湘苎3号自交F₁	中根丛生	2580	2308	中	中
川饲苎1号	2012	达州市农业科学研究院	大竹线麻×广西黑皮蔸	中根丛生型	127500（嫩茎叶）	粗蛋白含量23.8%	较强	较弱
川苎13号（杂交种）	2012	达州市农业科学研究院	C38×9533	中根散生	2550	2000	较强	较强
川饲苎2号	2013	达州市农业科学研究院	（渠县青杠麻×大竹线麻）×黑皮蔸	中根丛生	128445（嫩茎叶）	粗蛋白含量20.1%	强	中
川苎14号	2013	达州市农业科学研究院	BD9726×川苎6号	中根散生	2295	2048	较强	较强
湘饲纤兼用苎1号	2013	湖南农业大学苎麻研究所	咸丰大叶绿	中根丛生	2599（原麻），131936（嫩茎叶）	2394（细度），25%粗蛋白		

续表

品种名称	育成时间/年	育种单位	亲本品种	根型	产量或茎叶鲜产/(kg/hm²)	细度/(m/g)或粗蛋白含量/%	抗旱性	抗风性
川苎15号	2013	达州市农业科学研究院	C38×红皮小麻	中根散生	2025	2349	强	强
川苎16号（杂交种）	2014	达州市农业科学研究院	T13×B2	中根散生	2625	2016	较强	较强
中苎3号	2014	中国农业科学院麻类研究所	厚皮种S2×玉山麻S2	中根丛生	2800	2084	较强	强
川苎17号	2015	达州市农业科学研究院	川苎8号、湘苎2号	中根散生	2767	2169	较强	中
闽饲苎1号	2016	福建农科院亚热带农业研究所	平和苎麻⁶⁰钴60-γ射线	中根丛生	138800（嫩茎叶）	粗蛋白含量19.72%		
湘饲苎2号	2017	湖南农业大学苎麻研究所	邵阳12号	中根丛生	123946（嫩茎叶）	粗蛋白含量21.92%	强	
川饲苎3号	2019	达州市农业科学研究院	（叙永白麻×川苎4号）×川苎10号	中根丛生	137250（嫩茎叶）	粗蛋白含量25.5%	较强	较强

从表2-1可以看出，我国苎麻育种目标已由20世纪60年代的以高产为主，变为70年代高产兼顾品质，80年代以后则转向高产优质育种。进入21世纪，育种目标多样化，育成了饲料专用苎麻新品种、特优质苎麻新品种、纤饲兼用苎麻新品种。这些新品种因其特性不同，育成及推广应用效果及其效益也各异，有的品种因品质问题在生产上已不采用，如"川麻2号""黔苎1号"仅作为种质资源保存，有的品种因产量、品质、抗性兼顾，继续产生显著的经济和社会效益，如"圆叶青"。现将曾经在生产上推广面积较大，对苎麻产业有过重大作用和影响，并将继续发挥作用的和正开始在生产上大面积应用、有着广阔发展前景的新品种分别介绍如下。

1. 圆叶青（湘苎2号）

国内外第一个苎麻辐照新品种，1987年通过湖南省品种审定，命名"湘苎2号"。1990年通过全国农作物品种审定，命名"圆叶青"，也是第一个国家级苎麻新品种。其集高产、优质、抗性强和区域适应性广等综合优良性状为一体，较好地缓解了产量与品质的矛盾。该品种具有遗传传递力强、配合力高的特点，是理想的育种亲本资源,已利用其为母本从其杂交后代中选育成功的新品种有"中苎 1 号""赣苎 3 号""赣苎 4 号""川苎 17 号",新杂优组合有"赣杂苎 1 号""赣杂苎 2 号"和"川苎 16 号"。

根型属深根丛生型,蔸型紧凑,成熟茎绿褐色,叶片圆形,深绿色,叶面皱纹较多,叶缘锯齿大而深,叶柄着生角度小,绿黄色,柄端略带微红,托叶、中肋浅绿色,雌花黄白色。发蔸慢,分株力弱。苗期生长势强,麻株高大、粗壮,生长整齐有序,茎秆上下粗细均匀,株高 170cm,茎粗 1.2cm,皮厚 0.90mm,鲜皮出麻率为 11.3%,有效分株率为 84%,平均产量为 2450kg/hm²,高产可达 3500kg/hm²。原麻绿色,细软,斑疵少,锈脚极短,单纤维细度为 1900m/g 左右,强力为 35.75g。原麻含胶低,仅为 26.5%。精干麻制成率高达 72% 左右,抗风、耐旱、耐低温霜害,兼抗根腐线虫病,轻感花叶病。吸肥力强,耐渍性较弱,栽培时应注意开沟排水,适当密植。收获时采用砍剥法代替扯剥法能有效防止缺蔸现象。

全国各地种植,表现偏晚熟,工艺成熟天数全年为 210 天。雄花 9 月上旬现蕾,雌花 9 月中旬现蕾;雄花 9 月中下旬开花,雌花 9 月下旬至 10 月上旬开花。种子成熟期为 11 月下旬至 12 月上旬,种子产量、饱满度和成熟度偏低。

该品种曾在湖南、湖北、江西、安徽、重庆、四川、山东、广东等省大面积推广应用,使种植业、麻纺加工业均取得显著的经济和社会效益,已成为我国发展苎麻生产的骨干品种。该品种的选育和推广先后获中国农业科学院、农业部(现"中华人民共和国农业农村部")和湖南省的科技进步奖。

2. 湘苎 3 号

该品种属深根丛生型,成熟茎绿褐色,麻骨绿白色。叶片卵圆形,绿色,叶面皱纹明显,叶柄、叶脉和托叶均为微红色。雌花红色。

湖南种植表现偏晚熟,全年工艺生长天数为 210 天,雄花 8 月下旬现蕾,9 月中旬开花,雌花 9 月上旬现蕾,下旬开花。发蔸力中等,蔸型紧凑,植株高大、粗壮,生长较整齐,株高 170cm 左右,茎粗 1.05cm,皮厚 0.86mm。鲜皮出麻率为 11%,有效分株率为 81.5%,平均产量为 2000kg/hm²,高产可达 3300kg/hm²。原麻绿白色,手感柔软,风斑少,锈脚短,单纤维细度为 2000m/g 以上,适宜纺织 16.7tex 以下(60 支以上)高支纱,精干麻织成率为 66% 以上,纺织性能优良。耐旱性、耐瘠性强,抗风性较弱,高抗花叶病,适宜山区、丘陵种植。注意开沟排水和防风,丘陵、山区栽培增产效果比滨湖平原区显著。

该品种曾在湖南省大面积生产应用,四川、江西、河南、云南等地也已引种试种和推广,较好地缓解了品种产量和品质的内在矛盾。

3. 华苎1号

该品种属中根散生型。苗期幼叶红色,成熟茎褐色,麻骨黄白色。叶片较大,近圆形,绿色,叶面皱纹少,叶缘锯齿较深。叶柄黄绿色,着生角度较小。叶脉、托叶中肋黄绿色。雌蕾淡红色。

在湖北省武昌种植表现晚熟,工艺成熟天数全年为195天,雄花9月上中旬现蕾,下旬开花;雌花9月中下旬现蕾,9月底10月初开花。发蔸较快,分株力强。整齐度高。株高167cm,茎粗0.87cm,皮厚0.80mm,鲜皮出麻率为13%,有效分株率为78%。产量为1950kg/hm²。原麻绿白色,斑疵少,锈脚短,单纤维细度为2000m/g,适宜纺织60支以上高支纱。抗风性、耐旱性、抗病性较强,曾在湖北省推广应用。

4. 湘苎5号(7469)

该品种属深根丛生型。成熟茎黄褐色,麻骨绿白色。叶片大,卵圆形,绿色,叶面皱纹较多,叶柄、叶脉、雌蕾微红色。在湖南省种植表现晚熟,工艺成熟天数全年为200天,雄花9月上旬现蕾,雌花9月下旬现蕾;雄花9月下旬开花,雌花10月初开花。种子成熟期为11月底至12月上旬。发蔸较快,分株力中等。麻株高大、粗壮,群体生长整齐、均匀。生长势强,株高175cm,茎粗1.10cm,皮厚0.85mm,鲜皮出麻率为12.2%,有效株率为84.5%,产量为2500kg/hm²,原麻绿白色,细软,斑疵少,锈脚短,单纤维细度为2000m/g,精干麻制成率为70%左右,纺织性能优良。具有较强的抗旱和抗根腐线虫病、炭疽病、花叶病特性,抗风性较弱。区域适应性广,长江流域麻区的山区、丘陵和平原均适宜种植,山区栽培,优良特性尤为突出,曾在湖南、重庆、安徽等山区推广应用,增产效果显著。该品种先后通过湖南、安徽、全国农作物品种审定委员会审定,命名为"湘苎5号""7469"。

5. 川苎4号

该品种属中根散生型,叶片近圆形,绿色,叶柄淡红色,伸展角度较大,雌花红色。在四川种植表现中熟,工艺成熟天数全年为190天,雄花9月上旬现蕾,雌花9月中旬现蕾,雌、雄花开花均在9月下旬。发蔸较快,分株力强,生长旺盛,群体整齐,综合经济性状优良,产量为1800kg/hm²,单纤维细度为2000m/g左右,强力为34g。抗旱、抗苎麻花叶病均较强。

该品种适应性较广,四川省的平原、丘陵、低山区均适宜种植,曾在四川省大面积推广应用,效益显著。

6. 赣苎 3 号

该品种属深根丛生型。叶片近圆形,绿色,叶柄、叶脉、托叶黄绿色,雌花褐红色。江西栽培表现中熟,全年工艺生长天数为 190 天,雄花 9 月上旬现蕾,中旬开花,雌花 9 月下旬现蕾,10 月上中旬开花。分株力中等,前期生长旺盛,株高 175cm,鲜皮出麻率 12%左右,有效株率为 82%。产量为 2200kg/hm²。原麻绿白色,手感柔软,斑疵少,锈脚极短。单纤维细度为 2100m/g,纺织性能优良。耐旱、抗风性强,高抗花叶病和根腐线虫病,中抗炭疽病。该品种曾在江西宜春、九江等地建立优质麻生产基地,取得显著经济效益。

7. 华苎 4 号

该品种属中根散生型。成熟茎黄褐色,麻骨黄白色。叶片卵圆形,绿色,叶脉淡绿色,叶柄、托叶中肋微红色。雌蕾红色。

湖北省武昌种植为晚熟,工艺成熟天数全年为 210 天左右。雄花 9 月上中旬现蕾,下旬开花,雌花 9 月中下旬现蕾,10 月初开花。发蔸快,分株力较强,群体生长整齐均匀,植株高大粗壮,出麻率高,产量为 2000kg/hm²。原麻黄白色,手感柔软,斑疵少,锈脚短,单纤维细度为 2150m/g 以上。抗旱、抗风性较强,高抗花叶病和炭疽病,但耐渍性较差,注意开沟排水。

8. 中苎 1 号

该品种属深根丛生型。株型紧凑,成熟茎黄褐色,麻骨绿白色。叶片圆形,深绿色,叶柄浅黄色,着生角度较小(40°~50°),雌花黄色。

湖南种植为中熟,全年工艺生长天数为 187 天左右,雄花 9 月上旬现蕾,9 月下旬开花,雌花 9 月中旬现蕾,月底开花。发蔸较快,分株力强,麻株高大、粗壮,生长整齐,株高 180cm,株粗 1.10cm,皮厚 0.89mm,鲜皮出麻率为 11%,有效分株率为 82%,平均产量为 2600kg/hm²,原麻绿色,柔软,斑疵少,锈脚短,纤维细度为 1900m/g 左右,纺织性能优良。耐旱、耐肥力强,抗倒伏,抗花叶病和根腐线虫病。适应区域广,全国各主产麻区的滨湖平原和丘陵山区均适宜种植。

9. 川苎 8 号(组合)

该品种属中根散生型,幼芽淡红色,生长茎褐色,托叶中肋、叶柄均为微红色,成熟茎绿褐色,叶片近圆形,绿色,皱纹较多,雄蕊黄色,雌蕊红色,麻骨绿白色,原麻绿白色,斑疵少。

四川省种植为中熟,全年工艺成熟期为 200 天。分株力强,发蔸快,群体整齐均匀。高抗花叶病,抗旱、抗风中等。纤维细度为 1913m/g,产量为 2070kg/hm²。已在四川、重庆大面积推广应用,增产效果显著。

10. 华苎 5 号

该品种属中熟深根型。叶片较大,深绿色,锯齿中等,有较多皱纹。叶柄较长,红色,上举,托叶黄白色。幼苗心叶红色,幼茎绿色。雌蕾黄白带粉红色,雌花量中等。

茎秆粗细均匀,整齐度高。全年工艺生长天数 215 天 (其中头麻 85 天,二麻 60 天,三麻 70 天)。对根腐线虫病、炭疽病抗性较强,不感花叶病。发蔸快,分株力较强,群体生长整齐均匀,植株高大粗壮,出麻率高,产量为 3000kg/hm² 左右。原麻黄白色,手感柔软,斑疵少,锈脚短,单纤维细度为 2000m/g 以上。

11. 赣苎 4 号

该品种属中根丛生型,叶片心脏形、较小,叶柄较短,着生角度较小,叶面皱纹深而多,托叶和叶柄黄绿至微红,雌蕾红色,群体麻茎大小一致,茎秆上下粗细均匀平滑,生长点下凹,成熟麻茎黄褐色,麻骨绿白色,原麻青白色。株高 150～200cm,茎粗 0.8～1.2cm,鲜皮厚 0.9mm 左右,原麻产量为 2600kg/hm² 左右,单纤维细度为 1900m/g 左右。中熟偏晚品种,全年三季工艺成熟天数 195 天左右,三麻籽少,抗病性强,抗风性较强。

12. 川苎 10 号

该品种属深根散生型,苗期幼叶红色,成熟茎褐色,麻骨黄白色,叶片大小中等,近圆形,淡绿色,叶面皱纹少,叶缘锯齿中,叶柄黄绿色,着生角度中等,叶脉淡绿色,托叶中肋黄红色,雌蕾淡黄色。中晚熟种,全年工艺成熟期为 200 天左右,9 月上旬现雄蕾,中旬开花,9 月中旬现雌蕾,下旬开花。分株力强,发蔸快,群体整齐均匀。肥水吸收能力强,抗旱性较好,耐渍性较弱,茎秆弹性好,抗风力强。产量为 2457kg/hm²,原麻绿白色,锈脚极短,单纤维细度为 2056m/g,纺织性能优良。

13. 苎优 1 号(组合)

该品种属深根丛生型。晚熟,成熟期茎黑褐色。叶片尖椭圆形,绿色,叶面皱纹少,雌花浅绿色,工艺成熟天数全年为 210 天,现蕾期 8 月上旬,开花期:雄花 8 月中旬,雌花 8 月下旬。种子成熟期为 11 月中旬。发蔸较快,分株力强,生长整齐,产量为 2010kg/hm²,单纤维细度为 1850m/g。抗风性强,耐旱性较强,中感花叶病。对各地气候较为敏感,在 400~600m 低海拔地区栽培,产量可达 3045kg/hm²,纤维细度为 1555m/g。而在 1000m 以上高海拔地区栽培,产量仅为 1400kg/hm²,单纤维细度则达 1800m/g 以上。适宜高海拔山区栽培。

14. 赣苎 1 号(组合)

该品种属深根丛生型,成熟茎黄褐色。叶片椭圆形,绿色,叶柄、托叶中肋黄红色,雌花粉红色。晚熟,工艺成熟天数全年为 195 天,雄花 8 月现蕾,9 月中旬开花,雌花 8 月中旬现蕾,下旬开花。种子成熟期为 12 月上旬。发蔸较慢,生长较整齐,江西栽培产量为 2100kg/hm²,原麻绿白色,柔软,斑疵少,锈脚短,单纤维细度为 2300m/g。

15. 湘杂苎 1 号(组合)

该品种属中根丛生型,成熟茎黄褐色,叶片宽,椭圆形,绿色,叶柄浅红,雌花多为粉红色。中熟,工艺成熟天数全年为 187 天,雄花 8 月下旬现蕾,9 月中旬开花,雌花 9 月上旬现蕾,下旬开花,种子成熟期为 11 月底。发蔸较快,分株力较强,植株高大,均匀,产量为 2250kg/hm²,原麻淡绿色,柔软,锈脚短,单纤维细度为 1900m/g。耐旱、抗风、耐瘠性均强。适应性广,平原、丘陵和山区均适宜种植,已在湖南、贵州推广应用。

16. 川苎 11(组合)

该品种属中根散生型,中晚熟品种,全年工艺成熟期为 200 天左右。根系发达,分株力强,生长势旺,生长整齐,叶绿色,叶片较大,近圆形;成熟茎绿褐色,株高 220~250cm,茎粗 1.0~1.2cm;原麻绿白色,手感比较柔软,锈脚短。抗旱、抗风性强,高抗苎麻花叶病和炭疽病。雄花黄白色,部分不育。雌花微红色。8 月底、9 月初现雄蕾,9 月上中旬现雌蕾。9 月中旬开雄花,9 月下旬开雌花。产量为 2400kg/hm²,单纤维细度为 2174m/g,纺织性能优良。已在四川、重庆大面积推广应用,效果显著。

17. 川苎 12

该品种属中根丛生型、中偏晚熟种,全年工艺成熟期为 200 天左右。分株力强,发蔸快,植株群体整齐均匀。株高 185.78cm,茎粗 1.15cm,鲜皮厚 0.89mm,无效株率为 13.04%,鲜皮出麻率为 12.93%。苗期幼叶淡绿色,成熟茎黄褐色,麻骨绿白色,叶片较大,近圆形、淡绿色、皱纹少,着生角度小,叶缘锯齿浅,叶柄淡红色,与主茎夹角小,叶脉淡绿色,托叶中肋黄红色;雄花蕾黄白色,可育,雄花序长 50~

100cm,雌花蕾黄白色,雌花序较短,8月底、9月初现雄蕾,9月上中旬现雌蕾,9月中下旬开花,12月初种子成熟。原麻绿白色,手感比较柔软,锈脚短。高抗苎麻花叶病、炭疽病、根腐线虫病;抗风性、抗渍性中,抗寒性较好。产量为 2580kg/hm²,单纤维细度为2308m/g,纤维强力为 32.62cN。属特优质苎麻,可纺织高档面料,已在四川、重庆大面积推广应用,效果显著。

18. 中苎2号

该品种属中根丛生苑型,中熟种,全年工艺成熟期为190天左右。株高一般190~220cm,茎粗1.0~1.2cm。分株能力强,无效株少,植株挺拔,茎秆粗壮,均匀一致,群体结构协调;叶片椭圆形,叶色深绿,叶柄浅黄色,夹角小,叶片分布均匀,冠层结构合理;无限花序,雌雄同株异花,雌花着生于顶部,淡红色,果穗长 8~15cm,种子黄褐色,千粒重 0.053g,结果量少。雄蕾现蕾期为9月上旬,雌蕾现蕾期为9月中下旬,种子11月下旬成熟。每季中后期生长旺盛,生长速度快,整齐度好。抗风性、抗渍性中,抗寒性较好。未发现花叶病和炭疽病病状,高抗根腐线虫病。产量为2790kg/hm²,单纤维细度为2050m/g。已在湖南、湖北、江西大面积推广应用,效果显著。

19. 川苎15

该品种属中根散生型,中熟品种。植株高大、粗壮,生长整齐,均匀度好;苗期叶色淡绿色,生长茎绿色,成熟茎绿褐色,叶片近圆形、深绿色,叶缘锯齿宽、深度中,叶脉、叶柄、托叶中肋均浅绿色,麻骨绿白色。雌蕾黄白色,雌雄花全部可育。一般株高200~220cm,茎粗1.0~1.2cm,有效株率为70%,鲜皮出麻率为11%左右;原麻绿白色,手感比较柔软,锈脚短,风、病斑少。高抗苎麻花叶病毒病、炭疽病,抗旱性较强。产量为 2025kg/hm²,单纤维细为度 2349m/g,断裂强度为6.86cN/dtex。特优质苎麻,可纺织高档面料,已在四川推广应用。

20. 中苎3号

该品种属中根丛生型,叶片椭圆形,叶色深绿,主叶脉红色,叶面皱纹多,叶柄红色,有托叶,微红,夹角小,叶片分布均匀,冠层结构合理。该品种分株能力中等,无效分株少,株型紧凑,植株挺拔,茎秆粗壮,上下均匀一致,群体结构整齐协调。麻皮与麻骨易分离,麻骨微红色;原麻青白色,锈脚少,含胶量低,品质优良。株高一般185~205cm,茎粗1.0~1.3cm。雌花红色,果穗长 10~15cm,种子黄褐色,千粒重0.052g,结实量较少。抗风性强,抗渍性、抗寒性较好,抗花叶病,中抗根腐线虫病。全年三季工艺成熟期为 190 天,在长江流域一般 3 月中上旬出苗,雄蕾 9 月上旬现蕾,雌蕾 9 月中下旬现蕾,种子 11 月下旬成熟。分蔸能力中等,生长速度中等,整齐度好。产量为 2800kg/hm²,单纤维平均细度为 2084m/g。适应性广,已在湖北、湖南大面积推广应用,效果显著。

21. 川苎 16(组合)

该组合为中根散生型,中熟品种,根系发达,分株力强,生长势旺,生长整齐,均匀度好;苗期叶色红褐色,生长茎绿色,成熟茎绿褐色。叶片近圆形、深绿色,叶缘锯齿窄、深度浅,叶脉微红色,叶柄微红色,托叶中肋微红色,麻骨绿白色。雌蕾淡红色,雄花部分不育。株高 220~250cm,茎粗 1.0~1.2cm,有效株率为 75%~80%,鲜皮出麻率为 12% 左右;原麻绿白色,手感比较柔软,锈脚短,风、病斑少。抗旱性及抗倒性较强,高抗苎麻花叶病和苎麻炭疽病。产量为 2625kg/hm²,单纤维平均细度为 2016m/g,断裂强度为 7.54cN/dtex。已在四川大面积推广应用,效果显著。

22. 川饲苎 2 号

该品种为中根丛生蔸型,生长旺盛,发蔸及再生能力强,年生物产量高;耐肥能力强,在高肥水条件下更能发挥其增产潜力;前期生长快,适宜一年多次收割,在长江流域年收割 7~9 次,生物鲜产达 128445kg/hm²。该品系叶片多、茎秆细、麻皮薄、叶茎比大,作为饲料的产量构成因素合理;苗期叶色淡绿色,生长茎浅绿色,叶片卵圆形、绿色,叶缘锯齿宽、深度浅,叶脉浅绿色,叶柄黄绿色,托叶中肋微红色,雌蕾桃红色,叶片夹角大。

经国家粮食局成都粮油食品饲料质量监督检验测试中心检测:"川饲苎 2 号"嫩茎叶粗蛋白质含量为 20.1%,粗脂肪含量为 2.7%,粗纤维素含量为 18.2%,粗灰分为 13.5%,钙为 4.34%,VB₂ 含量为 216.8mg/kg,氨基酸总量为 16.13%。高抗苎麻花叶病、炭疽病,抗旱性较强,抗倒力较弱,适应四川省麻区及相似生态区域种植。已在四川、重庆、云南、贵州、广西等地种植应用。

三、苎麻育种目标和育种技术

(一)苎麻育种目标

随着苎麻纺织业发展,苎麻育种目标也在不断发展及变化。20 世纪 50 年代初,苎麻主要用作原麻出口、手工纺织夏布以及绳索、拉线等,主要是产量和强力的要求。20 世纪 60 年代后,原麻主要用于纺织,其他用途逐渐减少。进入 21 世纪后,人们回归自然,喜爱天然面料,国内麻服装面料越来越受到欢迎,对纤维品质要求更高。

随着机械化程度提高,便于机械收获也成为育种目标之一。21世纪后,随着苎麻多用途研究的开展,苎麻的蛋白含量、生物产量也成为育种专家们关注的方面。

苎麻育种的任务一是要为满足加工需求,提供纤维品质优良的原麻,并降低加工成本;二是满足农民需求,高产、稳产、多抗,增加农民收益。综合来讲,有以下几个方面育种目标。

1. 原麻高产稳产

要求在区域试验或者多点试验中,比对照组增产5%以上。构成苎麻产量的因素有单位面积有效株数、株高、茎粗、皮厚等。选育出来的新品种要求根群发达,植株粗壮高大,生长整齐,有效株多,脚麻少,纤维层厚,出麻率高。

我国苎麻部分产区如湖南、湖北、江西、广东、广西等丘陵山区多红壤,土壤瘠薄,夏季多干旱,四川产区容易连绵阴雨,洞庭湖麻区雨季容易积水等。稳产需要品种适应性强,抗逆性、抗病性都应作为品种选育的重要指标。抗逆性主要包括抗风、抗旱、抗寒、抗虫、耐渍、耐瘠等,抗病性目前主要指抗炭疽病、花叶病、根腐线虫病等病害。

2. 纤维品质优良

纤维品质主要是指纤维的可纺性能,包括纤维细度、强力、长度、断裂长度、结晶度等指标。纤维细度是品质的主要指标,应根据纺织品的要求而定,如用于纺织粗犷型服装,要求中质(年均细度1400~1800m/g)即可,如用于纺织细薄的中、高档服装,则要求达到优质(年均细度1800m/g)以上,或特优质(年均细度2200m/g)以上。为满足一些纺织120支纱以上的需求,可选育超高质(年均细度2500m/g左右)专用新品种。

苎麻单纤维强力一般可达40cN以上,是棉花纤维的10倍左右,已远远超过目前纺织的要求,在无特殊要求情况下,一般不列入育种目标。苎麻纤维长度一般在60mm以上,长的可达600mm以上,超过纺织的要求,目前也未列入育种目标。纤维断裂伸长率主要用于表示纤维弹性,主要与纺织品的抗皱性有关,可逐步列入育种目标,应大于4%。纤维结晶度主要与纺织品的刺痒感和染色性能有关,随着纺织品档次的提高,应逐步列入育种目标,纤维结晶度应小于60%或比对照品种降低

5%以上。

3. 加工品质好

苎麻的加工品质包括农业加工品质和工业加工品质。农业加工品质主要是指有利于收获,包括成熟时皮骨易分离,皮和纤维层厚,剥制时成皮性好、不易折断等,为适应机械化收割,还需注意其机械剥制性能,需要大田生长整齐度好、麻茎粗细均匀、表皮易刮制不易折断(脱壳性好)等。工业加工品质主要是指有利于脱胶和提高纤维制成率,主要包括原麻含胶率、原麻半纤维素和木质素含量等,目前,育种目标中原麻含胶率应在28%以下,半纤维素含量应在14.5%以下,木质素含量应在1.2%以下。

4. 专(兼)用苎麻新品种选育

目前,主要包括饲用或纤饲兼用新品种选育,饲用的育种目标主要有叶片或幼株蛋白质含量、粗纤维含量、苗期生长速度、青饲料量、耐割性能等。纤饲兼用则既可达到纤维用品种的要求,同时可达饲用品种育种目标。由于产量、品质、抗性的矛盾,在一个品种中达到以上所有指标,目前很难实现,应在注重产量、纤维品质和抗性的基础上兼顾其他。实际上,单就抗性而言,同一个品种也很难具有所有的抗性,应根据病害的严重程度和主要的逆境选择一个至数个目标。

育种目标本身具有时间性和地域性,随着育种水平的提高和工业与农业需求的改变,育种目标可增减,具体指标可发生变化。在不同的生态地区,育种目标可能不一样,所以,在制订育种目标时还应因地制宜。

(二)苎麻育种方法及技术

1. 引种

把外地的优良品种引进当地试种鉴定,并在生产上示范推广和育种利用,称为引种。引种是育种的组成部分,也是一项充分利用已有研究成果,提高原麻产量、质量的有效措施,具有简便、易行、见效快的特点。引种过程中如忽略了品种的特征、特性及其适应的生态环境,则会因盲目引种,增产不显著甚至导致减产。所以,引种应当注意以下事项。

第一,根据当地自然生态环境条件和品种存在的问题及生产需要,确定引种目标,引进生态环境类同,适合本地生长的品种;第二,先引种试种,再生产示范,最后大面积推广;第三,去杂去劣,保持品种的典型性和纯一性,对优良变异则可作为育种材料,进一步鉴定。

2. 系统育种

从自然或人工变异中选择优良变异单蔸,用无性繁殖方法扩增形成一个系统(蔸系),通过各级试验鉴定,选优去劣,育成新品种。其变异单蔸主要来源:一是自交后代,二是自然异交后代,三是染色体突变(自然环境变化或者雷电辐射及物理化学诱变等),四是人为选择父母本配制杂交组合的后代。系统育种简单易行,是选育苎麻新品种的一个重要方法。

3. 苎麻杂交育种

杂交育种是通过品种间杂交创造新变异而选育新品种的方法。

作物的杂种优势大多突出表现在营养体方面,而苎麻恰好是以收获营养体的韧皮纤维为目的,因此,苎麻杂种 F_1 代在产量上表现出极强的杂种优势。

苎麻杂种优势利用途径,目前主要有 3 种方法:一是常规法,也是系统育种的一种,即利用两个或两个以上遗传性不同的亲本进行杂交,从中优选个体,利用苎麻无性繁殖的特性来固定和保持杂种优势。二是直接利用两个分离变异小的品种间杂种 F_1 代。由于苎麻是雌雄同株异花作物,雄花着生在中下部,雌花着生在上部,可以方便地对母本进行人工去雄,使苎麻杂种优势利用中品种间直接杂交利用成为可能,具有不受亲本限制、组合选配自如的特点。三是利用雄花不育的"两系法",苎麻雄性不育系可以从地方品种的天然变异株和品种自交或杂交后代中获得,其雄性不育性状可以通过无性繁殖固定保持,选育出优良的雄性不育系作母本与父本恢复系配制杂交组合,在隔离条件下大面积制种,既不需要去雄,又可以保证杂种的真实性,大幅节省人工成本。

4. 苎麻自交系的选育和自交系间杂种优势利用

苎麻是异花授粉作物,遗传基础非常复杂、丰富,进行强制自交后,遗传性强烈分离,连续自交结合个体选择,便可产生遗传基础纯合的自交系。利用生长正常、性状优良、遗传基础不同的两个自交系间进行杂交,杂种后代就能产生较强的杂种优势,而且所获得的杂种一代的特征是基本一致的,这就是苎麻自交系间杂种优势利用的基本原理。利用苎麻自交系间杂交和自交系与品种间杂交选育后代分离变异小、遗传基础较纯合的强优势杂交组合是苎麻自交系间杂种优势利用的主要目标。

5. 群体改良及轮回选择

苎麻是多年生的异花授粉作物,其基因型杂合度高,变异度大,以往育种工作者主要采用杂交育种、系统选择、辐射育种等方法,虽然在产量和品质改良方面取得了很大成绩,但因受育种亲本的遗传背景狭窄和所采用育种方法的限制,选育的品种或组合始终存在一些这样或那样的缺陷,要么增产不明显,要么纤维细度不高,要么产量品质都好但抗逆性差,种子繁殖后代分离变异程度大,不能种子繁殖。如果用高代自交系来配制杂交组合,这些缺点的表现会更加突出。因此,需要对育种亲本材料进行群体改良。一般的群体改良方法就是具有某一优良目标性状的亲本杂交,并进行多代连续回交和选择。由于苎麻具有基因型杂合的特点,采用多亲本合成群体轮回选择的方法更为有效,根据群体遗传学和轮回选择的理论,在目标性状较少(3~5)的情况下经过4轮轮回选择后,群体基本上能达到遗传平衡。

6. 苎麻诱变育种

苎麻诱变育种是指利用物理和化学的方法诱发苎麻产生突变,然后按照育种目标,在变异的后代中进行选择和培育,从而获得新品种的方法。物理诱变包括各种射线和微波、激光等,如 γ 射线、X 射线、中子、快中子、激光、太空辐射等为辐射源。化学诱变包括能引起作物变异的各种化学药剂(如 DNA 碱基类似物、烷化剂等),处理部位可以是种子、幼茎、地下茎、花器等。经过物理或化学诱变而产生的优良的变异可通过无性繁殖来保存、固定和传递,可把杂交育种和辐射育种结合起来。

第二节　栽培

一、杂交苎麻育苗技术

杂交苎麻育苗主要是利用苎麻种子进行育苗繁殖。苎麻种子很小,每千克种子约 2000 万粒,育苗后可栽植 $1hm^2$ 左右。种子育苗要注意如下几点。

1. 种子选择

目前,生产中推广的苎麻杂交种有达州市农科院选育的(川苎 8 号、川苎 11、川苎 16、川苎 18)等品种。

2. 育苗时间

春季育苗时,当土壤温度在 12℃ 以上时即可播种,最佳播种期为 2 月中下旬或 3 月初,也可在温度适宜的秋季播种育苗。秋季育苗时间为 8 月上旬至 9 月上旬,最迟不超过 9 月中旬。

3. 移栽

麻苗在精细管理条件下,出苗后 50~60 天可长到 8~10 片真叶,这时即可开始移栽(图 2-2)。10~12 片真叶期是适宜的移栽期。

二、苎麻新麻高产栽培技术

1. 种苗选择

苎麻种苗分为常规种(如川苎 12、川苎 15 等)与杂交种(川苎 8 号、川苎 11、川苎 16 等)两种,其种苗的繁殖方式各不相同。

2. 适时早栽、合理密植

杂交品种一般每亩栽 2300 窝左右比较适宜,可进行等行距(行距×窝距 = 60cm×50cm)移栽。常规品种以种蔸繁殖的,每窝栽 1~2 蔸,杂交品种以种子育苗的每窝栽 2~3 苗。

3. 科学管理

盖膜栽培时,若气温较高,可先将麻苗露出膜外,若遇低温寒潮,可用竹板将膜拱起,成活后用刀片等助苗穿孔而出,用土将膜四周压实,保温保湿,抑制杂草生长(图 2-1)。

图 2-1 麻苗盖膜

移栽成活后(图 2-2),应及时检查麻园,发现缺苗,及早选用壮苗补齐。根据植株长势,适当追施提苗肥,前期追肥不宜过多新栽麻地空间大,杂草容易滋生,大雨易使土壤板结,应勤中耕除草。

图 2-2　育苗移栽成活

4. 适时破秆

破秆时间一般在 6 月中、下旬可收破秆麻,苎麻植株的主茎黑秆 1/2 以上,大部分叶片脱落,麻蔸已长出催蔸芽时破秆为宜。新麻破秆时,因气温较高,为提高产量,破秆时要做到:快剥麻,快刮麻,快砍麻秆,快除草,快松土,快追肥提苗,并结合中耕揭去地膜。产栽麻破秆如图 2-3 所示。

图 2-3　新栽麻破秆

5. 其他管理

管理得当,新栽麻可收获原麻三季,8 月中旬可收获二麻,10 月下旬收获三麻。

每次收获原麻后,应及时追施足够的肥料,亩用尿素 10~15kg,并配施适量磷钾肥,并根据麻园情况中耕除草。

三、苎麻新栽麻施肥技术

苎麻新栽麻施肥技术是指向麻地科学施肥,使苎麻获得高产的技术。

1. 基肥施用技术要点

施用基肥时,农家肥料与化肥配合,以农家肥料为主,化肥为辅,一般在肥料用量较少的情况下条施、穴施为宜;在肥料用量较多的情况下,以混合施肥为宜,翻土时施入混合粗肥,栽前在行内或穴内施速效混合肥。基肥施用方法有穴施、条施,混合施肥等既能满足苗期需要,又能满足根、茎不断生长的需要,达到当年栽麻,当年受益。

施肥标准:基肥(底肥),每亩施腐熟肥料 750~1000kg,过磷酸钙 25kg,土杂肥 3500kg,复合肥 25kg。

2. 追肥施用

(1)早施安蔸肥。麻苗移栽后,施用安蔸肥每亩用尿素 1~2kg 对水浇苗,加一些人畜粪尿加水浇苗 1~2 次,促进麻苗根系发达,早安蔸,早返青,早发蔸。

(2)适时追施提苗肥。当苎麻长至 7~10cm 时,每亩用尿素 7~10kg 加水泼施,促进麻苗根系发达,早安蔸,早返青,早返蔸。

(3)合理追施壮秆肥。苗高 1m 时施壮秆肥,每亩用尿素 10kg。壮秆肥是决定新麻产量高低的关键措施,当苎麻长至 1m 左右时,必须合理追施壮秆肥。追肥时还要根据苎麻长势决定追肥数量,以天气状况决定追肥方法。如遇小雨,一般每亩撒施尿素 10kg;如遇连续晴天则要埋施,或者兑水泼施。

(4)早施孕芽肥。收获前 7 天施孕芽肥,每亩施尿素 4.5kg。促进麻蔸早孕芽,壮芽,收麻后能及时长出新麻,为下季麻高产打下良好基础。

(5)重施冬肥。冬培时应重施冬肥,深中耕,行间深、蔸边浅,不伤萝卜根;每亩施人畜粪 1500~1800kg,或土杂肥 7000kg,复合肥 45kg,培土厚度约 3cm,冬培麻园应做到"肥、碎、平"。

四、成龄麻园优质高产栽培技术

一般新麻栽后 2 年以上,苎麻进入壮龄期,地下茎与根系均十分发达,地上植株生长旺盛,茎秆高大粗壮,生长整齐,有效株多,麻蔸丰满,吸收水分和养分能力强,抗旱、抗风、抗寒能力相对较强。原麻产量高的麻园称为成龄麻园。进入成龄麻后,随着麻龄增长,麻蔸不断壮大,地下茎与根系串满麻园,土壤板结,肥力下降,地上植株因增多而密集,有效株减少,无效株增多,原麻产量下降,最终败蔸老化。成龄麻园产量的高低、高产持续能力和稳产期的长短取决于栽培管理技术水平的高低,所以必须根据成龄麻的生长特点和土壤环境条件,进行田间管理,确保麻园持续高产稳产,延长麻园寿命。

1. 搞好冬管

苎麻一年收三次,养分消耗较大,需要适当补充营养,一般在 12 月下旬至 1 月上旬进行冬管比较适宜,麻园冬管的主要田间作业有:

(1)深中耕。一般麻园冬管中耕深度为 20cm 左右,要求中耕时不伤龙头根、扁担根、萝卜根,注意丛生型品种宜深,浅根型散生品种稍浅,黏土深,沙土浅,行间深,蔸边浅。

(2)重施冬肥。一般冬肥用量占全年施肥量的 60% 左右,以有机肥为主,适当施用化肥。一般每亩施人畜粪水 1500kg,杂肥 1000kg 左右。冬肥施用方法有开穴深施、开沟深施和撒施,开穴和开沟深施可提高肥效,防止流失。

(3)培土理沟。培土对改良土壤、增厚土层、保护麻蔸、促进发蔸、增强麻株抗旱抗风力具有明显的效果,结合培土,培好边蔸,确保边蔸不露出土面,麻园厢面略呈龟背形,疏通麻园内水沟,达到沟沟排水畅通,雨后麻园无积水。

2. 合理施肥

苎麻生长期长,多次收获,生物产量较高,成龄麻园的施肥特别重要,在重施冬肥的基础上,还应注意追肥及时,营养元素配置合理,季季肥料充足,才能实现三季原麻产量平衡,品质稳定。一般追肥以氮、磷、钾为主,适当施用微肥,全年每亩施纯氮 25kg,磷 10~15kg,钾 15~20kg,头、二、三麻施肥量分别 40%、30% 和 30%。头麻麻苗出齐前后应及时施用提苗肥,弱苗、矮苗多施,壮苗、高苗少施或不施,促进植株生长整齐。苗高 30cm 左右时,重施一次壮苗肥,确保植株快速生长有足够的养分。二、三麻生长期间气温较高,苗期生长快,要求在上季麻收获后立即追肥一次,麻苗封行前再施肥一次。成龄麻要适量补充 Mn、Zn、Fe、Cu、B、Ca、Mg、S 等微量元素和植物生长调节剂,协调各养分元素的丰缺和适当比例关系,做到平衡施肥。可在苗期、封行期每亩施 0.1% 硼砂溶液 60kg,生长期每亩施硫酸锰、硫酸锌等 0.1%水溶液 60kg,或施用 30~40mg/kg 的"九二 ",酸性土壤可每亩施石灰 50kg。一般头麻中耕除草 2~3 次,二、三麻 1~2 次。中耕除草一般在麻苗出土前后进行,麻苗封行后停止,以免损伤麻根,擦伤麻茎、麻叶。中耕不宜过深,以铲除杂草、破松土壳为宜。

3. 抗旱防涝

苎麻虽有一定的耐旱能力,但干旱时间过长,会导致原麻产量明显下降。一般当麻园土壤含水量低于 18%时,要及时灌水;淹水 36~48h 易引起烂蔸死亡,故灌水时间不宜太长。在夏秋多雨季节,要经常清理麻园内排水沟,保持畅通,做到沟沟相通,雨停水干,厢沟内无积水,以免雨季田间积水过多,引起麻蔸腐烂而死亡。加强麻园冬季培土。

4. 适时收获

苎麻收获期对当季和下季原麻产量和品质均有一定的影响。麻茎 2/3 左右变为褐色,中下部叶片脱落,下季麻的催蔸芽已开始出土,试剥麻皮能到梢部,为最佳收获期。具体收获时间因品种和气候而异,四川麻区一般收获期为:头麻 5 月下旬至 6 月上旬,二麻在 7 月下旬至 8 月上旬,三麻 10 月中下旬。

第三节　收割

一、苎麻打剥

苎麻纤维的剥制加工是指从苎麻茎秆上剥取粗制纤维(原麻)的过程,包括剥皮、浸水、刮麻及干燥等环节。

(一)苎麻的收获

四川麻区,一般头麻在 6 月上旬、二麻在 8 月上旬、三麻在 10 月中下旬进行收获。麻茎生长到一定时期后,生长速度明显减慢,从上到下逐渐变褐,出现木栓化组织,当黑秆 1/2~2/3,且下部麻叶脱落,梢部手捏不断,麻蔸已经萌发"催蔸麻"时,即表明已达工艺成熟期,应及时开始抢收。如收获过迟,则腋芽发育成分枝,皮骨不易分离,造成剥麻困难,纤维粗硬,含胶重,而且木质素增加,影响当季麻纤维产量和纤维细度,纤维质量降低,而且还影响下季麻的生长和产量;若收获过早,纤维发育不良,麻皮薄,剥麻不能到顶,出麻率低,纤维强力低,也影响产量和质量。

在伏旱比较严重,而且灌溉条件不好的麻区,可以适当早收头麻,以促进二麻早发,使二麻早熟,然后二麻抓住季节收获,使三麻旺长期在高温的末伏和 8 月中下旬的雨季中,麻苗猛长,季季高产,三麻可以适当迟收一些,三麻收早了,不仅产量会减少,而且会影响麻兜的发育,对下季麻生产不利。

(二)剥皮

苎麻剥皮有扯剥法与砍剥法两种。我国大多数麻区采用扯剥法,它利用麻骨与麻皮间物理性质的不同。双手配合将麻骨与麻皮分离,直接在麻田完成剥皮过程(图 2-4)。剥好麻皮必须掌握以下几个环节。

图 2-4　在麻田手工剥麻

开好口。在开口的地方,麻皮不能粘有麻骨。避免粘麻骨的方法是在折断麻株开口时,大拇指和食指不能捏得太紧,大拇指往上一撇,食指稍微移动一下,随即大拇指往下一筑,食指伸入皮内,动作要快。

剥麻整齐成片,开口的麻桩高矮要一致,长麻短麻,一般都在离地面 2/5 的地方开口,麻皮要剥成宽窄均匀的两片。

不留叶柄,不留尾梢骨,剥麻株上半截的麻皮时,除食指和中指夹住麻皮外,无名指和小指必须与中指并拢托平,向后甩去,捏住麻皮时,麻皮外层的麻壳贴于手掌。

(三)浸水

剥下的麻皮要及时浸水(图 2-5),使麻壳变脆,促进麻壳与纤维分离,并浸洗掉麻皮上的污泥和部分浆汁,一般浸 1~2h 即可。

(四)刮麻

刮麻是指将纤维从麻皮分离出来的过程,四川苎麻多种植在山地和丘陵,打剥过程机械化程度极低。目前主要有几种刮麻方式。

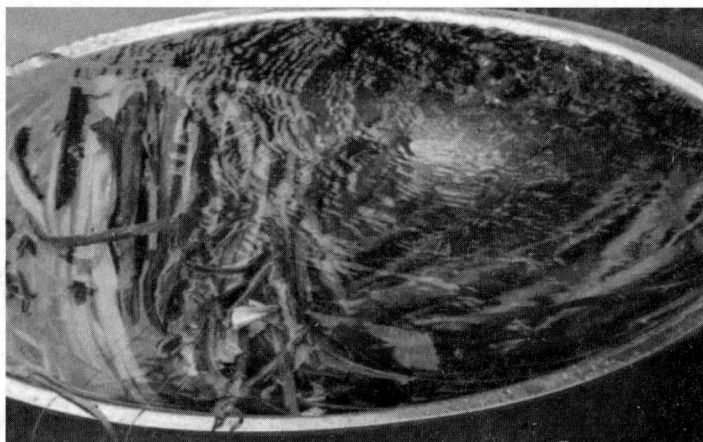

图 2-5　苎麻鲜皮浸水处理

1. 刮麻刀手工刮麻

取手工从麻株上剥下的麻皮,使用半圆形的刮麻刀,一手握刮麻皮,一手握刮麻刀,全靠双手悬空作业,十分劳累,工效较低(图 2-6)。一般老麻区每人每 8h 收干麻 5kg 左右。

图 2-6　刮麻刀刮麻

2. 器械刮麻

取手工从麻株上剥下的麻皮,采用 72 型刮麻器刮麻(图 2-7)。先将刮麻器固定于木架上,将鲜皮横放在木架上,麻头朝向刮麻刀,右手取鲜皮 1 片,留出麻头 12~15cm,麻壳朝外,插入左刮麻刀口,向后抽拉,将中部 30cm 的麻壳刮净,同时左手立即抓住已刮部分,右手顺势将麻头插入右刮麻刀口,左手再用力后拉,头尾两端连续一次刮净。刮满一手麻后，将麻中部挽在右手上分批插入左刮麻器的定刀与活动刀之间，左手协助压紧活动刀，刮麻时只能一片片刮，麻皮要分正、反，将麻头麻尾在刀口间重复梳刮1~2次，用以刮出部分浆汁。此方法较麻刀刮麻提高效率1倍以上。72型刮麻器，成本低，结构简单，刮麻质量较好，操作轻便易学，青年男女及老人都能使用，在巩固和发展苎麻生产中起了积极的作用，一般老麻区每人每8h收干麻7kg左右。

图2-7 用72型刮麻器刮麻

（五）干燥

刮好的湿麻要及时干燥，以防霉烂变质，影响强力和色泽。收剥最好选晴天进行，争取当天剥制的麻当天晒干，一般原麻含水量不要超过13%，晒麻要选择通风向阳的地方，雨天刮麻需及时烘烤。干燥前后的苎麻如图2-8所示。

二、苎麻机械收获

传统的苎麻收获方法一直是以手工收获为主，劳动强度大，劳动效率低，造成苎麻种植规模较小。苎麻剥麻机深受麻农欢迎，该机以去叶苎麻鲜茎为原料，采用人工反拉式，一次完成剥皮、刮制工序。使用该机剥麻有以下优点：一是获得的苎麻纤维稳定可靠，外观色泽好、含胶低；二是节约成本、工效高，可缩短苎麻收获期，提高苎麻的产量和质量。该机结构简单便于移动，特别适用于新扩麻区及种植集中地区。

苎麻机械收获技术是以苎麻鲜茎为原料，采用剥制机械，人工喂入及反拉（或一次喂入），经过剥麻滚筒的刮打，从苎麻鲜茎中分离出粗制纤维（原麻）的加工过

湿麻　　　　　　　　　　　　　　　　干麻

图 2-8　72 型刮麻器打剥后的湿麻和干麻

程。它是苎麻生产上一个重要的环节,对原麻产量和品质影响很大,良好的剥制加工技术表现在适时收获、保证剥麻质量、减少损耗、增加收益等方面。四川麻区的收获时间:头麻 6 月上旬,二麻 8 月上旬,三麻 10 月中下旬。

目前的机器刮麻采用的是科隆机械提供的打麻机,为反拉式刮麻机,通过不断改进,该机效率高、体积小、操作简单,可直接推到田间进行作业(图 2-9)。

图 2-9　苎麻机械打剥

机械打剥前应用快刀齐地砍割麻茎,砍后适当去叶,并按长短粗细分级。砍下的麻茎要及时加工,不宜堆放过久。打麻时,每次取鲜茎一把,粗茎秆取 3~4 根,中等茎秆取 5~6 根,细茎秆取 6~8 根,操作者握住麻茎基部约 15cm 处,将茎秆基部摊齐,不要交叉重叠,先将梢部从喂料口以较快的速度送入,一直送到握手位置,然后捏住一端喂入机器,利用滚筒打碎茎秆,使木质部与表皮分离,碎屑抛出,而后反向拉出纤维,再换另一端同样操作。从苎麻鲜茎中分离出粗制纤维(图 2-10),然后晾晒,多人联合作业,熟练配合,平均每人每 8h 可收干麻 50kg。

图 2-10　机械打剥的湿麻

手工打剥方式收获的原麻色泽白净、手感柔软,适宜夏布用原料。机械打剥方式收获的原麻色泽差、胶质高、杂质较多,一般收购价格比手工麻稍低。

市场上现有的苎麻打剥机是以小型剥麻器或剥麻机获取纤维,采用的是半机械化,不能自动复剥,投入的人力较多,而且打剥出的原麻含胶量较高,色泽较差,严重制约苎麻行业的发展。

参考文献

[1]中国农业科学院麻类研究所. 中国苎麻品种志[M].北京:农业出版社,1992:
　　1-13.

[2]赖占钧,潘其辉,孙学兵,等.中国野生苎麻分类图谱[M].南昌:江西科学技术
　　出版社,2000.

[3]喻春明.我国苎麻育种研究进展及发展趋势[J].中国麻业科学,2007,29(增刊):86-88,91.

[4]熊和平,王玉富,田玉杰.等.麻类作物育种学[M].北京:中国农业科学技术出版社,2008.

[5]杨瑞芳,崔国贤,郭清泉,等.苎麻三倍体新品种 Tri-1 和 Tri-2 选育报告[J].湖南农业科学,2007(2):29-30,33.

[6]熊和平,喻春明,王延周.饲料用苎麻新品种中饲苎1号的选育研究[J].中国麻业科学,2005,27(1):1-4.

[7]熊和平,喻春明,唐守伟,等.苎麻新品种"中苎2号"的选育[J].中国麻业科学,2010(2):69-72.

[8]邢虎成,揭雨成,周清明,等.苎麻新品种湘饲纤兼用苎1号选育[J].作物研究,2019,33(3):194-199.

[9]陈平,喻春明,熊和平,等.苎麻新品种中苎3号的选育[J].中国麻业科学,2017,39(1):1-6.

[10]姚运法,曾日秋,练冬梅,等.饲用苎麻新品种闽饲苎1号的选育[J].福建农业学报,2017,32(2):119-123.

[11]邢虎成,揭雨成,周清明,等.苎麻新品种"湘饲苎2号"选育报告[J].作物研究,2017(3):274-278.

[12]蒋金根,肖之平.苎麻杂种优势利用的初步研究[J].中国麻作,1981(4):28-32.

[13]熊和平,蒋金根,贺菊香.苎麻品种间杂交组合与其亲本遗传变异的比较研究[J].中国麻作,1987(4):16-21.

[14]熊和平,蒋金根,喻春明.苎麻杂种优势、遗传变异和获得高产优质组合的研究[J].中国农业科学,1992,25(1):14-21

[15]罗来尧.苎麻雄性不育性状及其杂种优势利用研究[J].遗传,1980(2):33-35.

[16]刘飞虎,梁雪妮.苎麻雄性不育系育性鉴定和遗传分析[J].中国麻作,2000(1):6-9.

[17]彭定祥.苎麻自交纯化的选择方法[J].华中农业大学学报,1993(10):106-111.

[18] 熊和平,蒋金根,喻春明,等.苎麻纯系培育和杂种优势预测的研究[J].中国农业科学,1995,28(5):54-64

[19] 朱校齐,郭安平.农作物及麻类作物诱变育种进展简况[J].中国麻作,1994,16(2):11-13.

[20] 龚有才,粟建光.麻类作物诱变育种的现状与进展[J].中国麻作,2002,24(4):14-17

[21] 罗素玉,唐守伟.苎麻核诱变育种技术及效果分析[J].核农学报,1998,12(6):337-341.

[22] 崔国贤,唐守伟,彭定祥,等.苎麻栽培与利用新技术[M].北京:金盾出版社,2012.

[23] 李宗道.现代苎麻高产栽培[M].上海:上海科技出版社,1997.

[24] 李宗道.苎麻高产栽培技术[M].长沙:湖南科学技术出版社,1986.

[25] 李宗道,周兆德,罗国兴,等.麻类作物施肥[M].北京:中国农业出版社,1989.

[26] 龙超海,吕江南,马兰,等.4BM-260 型苎麻剥麻机的研制[J].中国麻业科学,2011,33(2):76-78.

第三章　苎麻纤维的结构和性能

从植物中获得的纤维称为植物纤维,植物纤维包括韧皮纤维、叶子纤维和种子纤维。棉花是典型的种子纤维;而常见的麻纤维包括一年生或多年生草本双子叶植物皮层的韧皮纤维和单子叶植物的叶纤维,是指从各种麻类植物中取得的纤维的总称,典型的有苎麻、亚麻、黄麻、罗布麻、大麻等,麻纤维是人类最早利用的天然纤维之一。在农业上,麻类是继粮、棉、油、菜之后的第五大作物群。麻类纤维具有比其他纤维优越的三大特点:其一是吸湿好,放湿快,不易产生静电;其二是透气,散湿散热迅速,穿着凉爽,出汗后不贴身,透气舒爽;其三是防腐抑菌。因此,麻类纤维历来都是天然纤维中的重要大类纺织品原料之一,在现代社会中也大量用于轻工和建材,其纤维制品广泛应用于人类生产与生活的各个领域。苎麻是中国特有的麻类品种,其结构和性能尤其受到纺织界和市场的关注。本章主要介绍苎麻纤维的结构和性能,为了便于比较,也适当介绍其他天然纤维素纤维,如其他麻纤维和棉纤维的情况。

第一节　苎麻纤维的结构

一般来说,苎麻结构可分为三个层次:化学结构表现为纤维的分子层次,超分子结构表现大分子相互作用和排列堆砌的情况,形态结构表现苎麻纤维实体的外部形态、尺寸以及内部的孔隙结构。为了更清楚地认识苎麻结构,我们先了解苎麻的形态,然后介绍苎麻的化学结构和超分子结构。

一、形态结构

(一)一般韧皮纤维

1. 韧皮和纤维束

苎麻纤维存在于苎麻植物的韧皮,即苎麻茎秆的表皮内。茎秆表皮的主要作用是保护植物,防止水分蒸发。位于韧皮内部的纤维以束的形式出现,几根单纤维组成一个纤维束。新鲜的苎麻植物,叶子重量约为30%,茎秆重约70%。每100kg新鲜茎秆可产苎麻干纤维约3kg。苎麻纤维单产 $Y(kg/hm^2)$ 可以表示为:

$$Y = N_p \cdot N_c \cdot L_c \cdot W_c \tag{3-1}$$

式中: N_p 是单位面积内的有效株数(株/hm²), N_c 是单株纤维的细胞数(千个/株), L_c 是单个纤维细胞长度(m/个), W_c 是单位长度纤维的重量(即线密度,g/m)。

因此,韧皮部分单纤维细胞的直径、细胞总数和胞壁厚度是决定苎麻产量的关键因子,通过苎麻纤维细胞发育的定向调控,促进 N_p、N_c 和 L_c 的协调增长,可以增加苎麻纤维单位产量。对野生苎麻纤维细胞指标与农艺性状关联的研究也表明,苎麻茎秆横截面内纤维细胞直径、腔径、壁厚和细胞总数越大或越多,越能促进植株生长发育,原麻产量越高。

苎麻茎秆组织由表及里可明显地分为表皮层、韧皮部、形成层、木质部和髓部等,在新鲜茎秆中,以中苎1号为例,韧皮部分重量为7.43%。其中苎麻纤维是支撑韧皮部的传导细胞,并为茎秆提供硬度和强度,图3-1为麻植物茎秆的结构。

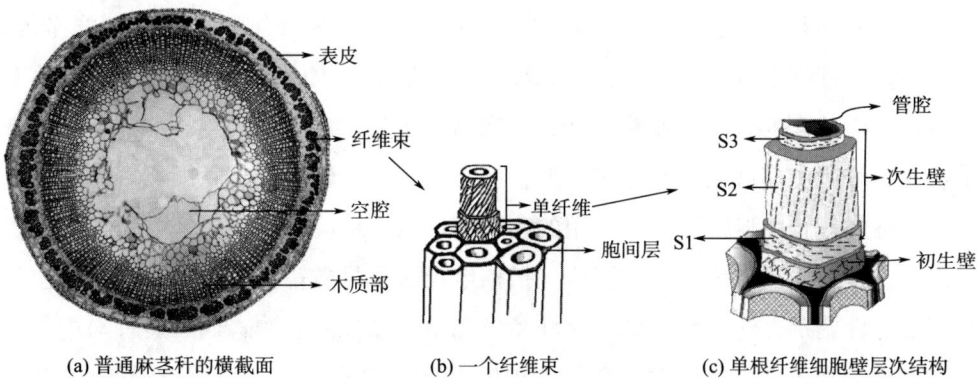

(a) 普通麻茎秆的横截面　　　(b) 一个纤维束　　　(c) 单根纤维细胞壁层次结构

图3-1　麻植物茎秆结构

2. 纤维束和单纤维

各种麻纤维的形态较为相似,传统定性鉴别的有效手段是显微镜观察。图3-2是几种麻纤维的显微镜照片。

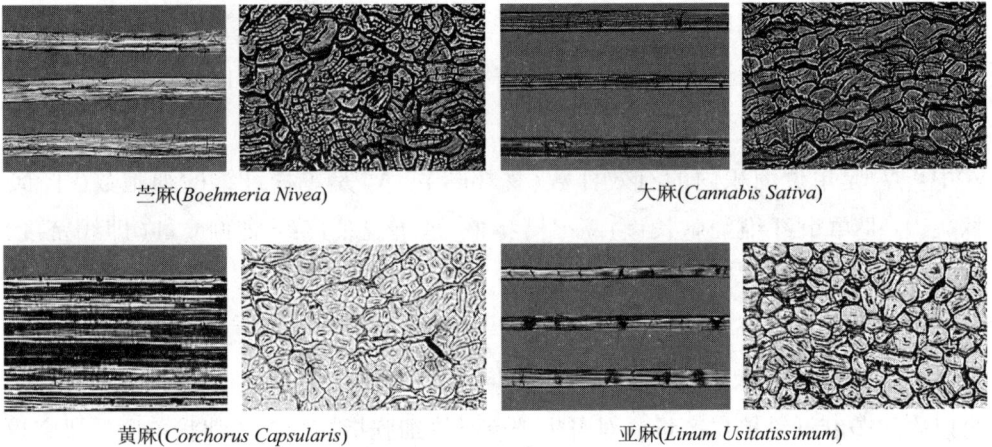

苎麻(*Boehmeria Nivea*)   大麻(*Cannabis Sativa*)

黄麻(*Corchorus Capsularis*)   亚麻(*Linum Usitatissimum*)

图 3-2　几种麻纤维的侧面和横截面形态结构

所有韧皮纤维的单纤维都为单细胞，外形细长，两端封闭，有胞腔，其胞壁厚度和长度因品种和成熟度不同而有差异，截面多呈椭圆或多角形，有明显的离散型特征，径向呈层状结构。除苎麻纤维是长纤维外，其他麻纤维都是长度很短的纤维。单根苎麻为单细胞纤维素纤维，横截面为不规则的多边形，表面有纵向不规则的裂纹，并带有横节。苎麻与黄麻在纵向和横向的形态区别比较明显，容易区分。亚麻和大麻相比较，侧面的区别表现为：亚麻纤维表面比较圆润平滑，光泽较好，纤维细度比较均匀；大麻纤维比较扁平，表面横纹较多，纤维细度粗细不均。横截面的区别：亚麻纤维的形态为多边形，偏圆，棱角不明显，中腔较小；大麻纤维的横截面形态为多角形，偏扁长，棱角较尖，中腔细长。

各种麻纤维的形态相似，常用的鉴别手段有纤维旋转方向法、着色法、红外光谱法、偏振光显微镜法、燃烧法、扫描电镜法、显微镜法、形状及尺寸法。这些都是定性鉴别方法，受到麻纤维样品形态多分散性的制约，而且多针对散纤维状态、纯纺和未染色的麻类，在很大程度上受到检测人员客观评价经验的限制，准确鉴别有一定的局限性。

3. 单纤维和微原纤

纤维束中的单纤维由胞间质连接，如图 3-1（b）所示，胞间质主要是半纤维素和木质素；苎麻和亚麻的胞间质主要成分是半纤维素和果胶。苎麻单纤维长度通常为 120~250mm，直径为 40~50μm；亚麻单纤维短而细，通常长度为 13~

40mm，直径为 17~20μm。单纤维有初生壁和次生壁两个主要组分。这些细胞壁环绕着一个管腔，有助于植物纤维细胞的吸水行为，如图 3-1(c)所示。管腔内可能有蛋白质和果胶填充。初生壁由随机取向的纤维素微原纤(microfibrils)、木质素和果胶构成；次生壁是一个同心的三层结构，外层(S1)、中层(S2)和内层(S3)，中间层(S2)是形成结晶性微原纤的主体部位，微原纤由木质素和半纤维素连接，70%~80%的单纤维质量来自这一层。因此，单纤维的特性主要由这一层的特性控制。单纤维的初生壁厚度小于次生壁。在初生壁和次生壁中，每一层的微原纤都有各自的螺旋角，这是纤维素微原纤与单纤维轴向形成的夹角，一般为 4°~10°，因植物纤维不同而异。纤维的力学性能与纤维素含量、微原纤角和聚合度有关。微原纤直径通常为 100~300nm，为纤维细胞提供机械强度。

4. 微原纤和基元纤

纤维素微原纤的结构直接关系纤维性能，因而引起了早期科学家的极大关注。1950 年，Rånby 和 Ribi 采用酸水解制备了纤维素纳米晶，在电子显微镜下观察这些棒状粒子的长度为 50~60nm，宽度为 5~10nm，由此可推测微原纤并不是基本结构单元，而是由许多微晶组成的，微晶之间被准晶和无定形区域分开。Vogel 将纯化的苎麻纤维机械裂解，在电镜下观察到比微原纤尺寸更小的条带状结构，平均宽度为 17.3~20.3nm，厚度约为 3nm。这些条带彼此横向聚集。瑞士科学家 Frey-Wyssling 将组成微原纤的这些条带结构称为基元纤(elementary fibrils 或 fibrils)，并提出这个条带基元纤的结晶平面一定平行于纤维素的(101)晶面，(101)晶面比(10$\bar{1}$)晶面更亲水。1964 年，加拿大麦吉尔大学 Manley 博士在电子显微镜下用背景染色技术对苎麻微纤维进行了研究。图 3-3(a)显示了一束苎麻基元纤(不平滑的白色点串)，类似于平行的珍珠串，其中单个基元纤的平均直径约为 3.5nm。Heyn 采用棉纤维裂离产物的背景染色技术和电子显微镜也观察到了同样结果，说明天然纤维素有相似的聚集态结构。1984 年，Manley 小组采用光学衍射技术和电子显微图像分析技术观察并分析了背景染色苎麻纤维素的基元纤。他们根据光学衍射图推导出的倒易晶格网格，印证了他早期观察到的白色点串，认为基元纤具有 6nm 左右重复周期的轴向织构。1986 年，该小组进一步将数字相关方法用于电子显微图像分析，通过背景染色技术观察到了平行排列纤维素基元纤，如图 3-3(b)中的白色纤维。利用该方法分析得出结论，平行排列的纤维素基元纤的平均横向周期约为 3.7nm，这是在微原纤中平行排列的一个基原纤中心到另一个基元纤中心

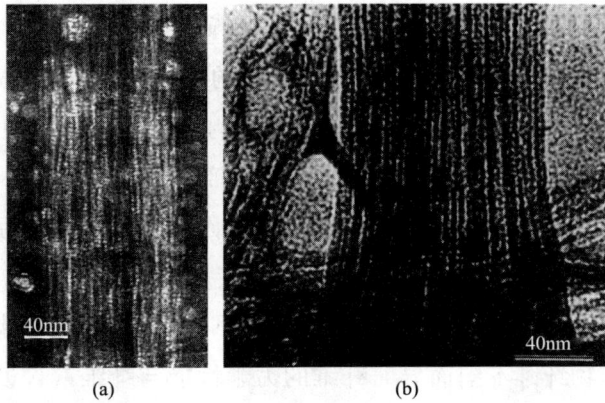

图 3-3　一束背景染色的苎麻纤维纤维素微原纤的电子显微镜照片

的平均距离；另外，用数字相关方法直接证明了基元纤中存在约 6nm 周期轴向结构，其相关的投影形态是带有锯齿状纹理的带状结构。

综上所述，植物韧皮纤维成束存在于韧皮中，尺寸为毫米级，由多个微米级的纤维细胞组成；一个细胞即一根单纤维，单纤维之间依靠胞间质相连；一根纤维包含一层初生壁和三层次生壁；在细胞壁中存在纤维素微原纤，其尺寸为微米级；一根微原纤中含有数根基元纤，由纤维素高分子伸直链构成，如图 3-4 所示。基元纤形态为扁平带状，宽度为 3~4nm，轴向具有锯齿型扁平带状，周期约为 6nm。基元纤是半结晶体，一个基元纤微晶中的纤维素高分子可以穿越无序或准晶的连接区域，进入基元纤的另一个微晶中。

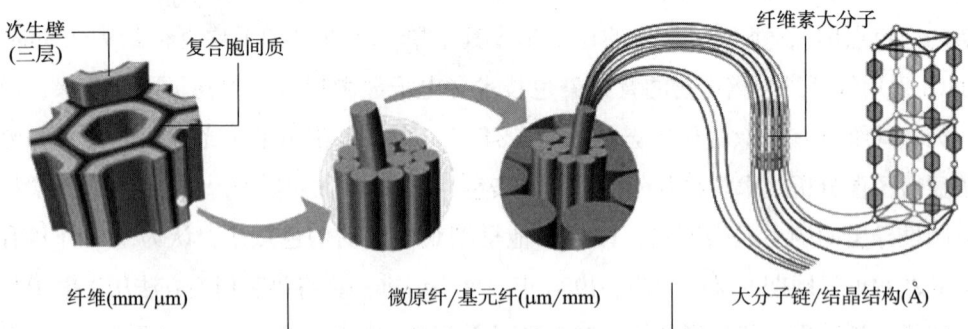

图 3-4　植物细胞壁中单纤维、微原纤、基元纤和纤维素大分子的系列组成

这个结构模式在纳米纤维素研究中得到证实。例如，采用 2,2,6,6-四甲基哌啶氧化物(TEMPO)体系,可在水分散液中选择性地将纤维素 C6 伯醇氧化成醛基和羧基;在一定的机械作用力下,商业纤维素纤维可以被分裂成宽度为 3~4nm、长度为数个微米的纳米纤维素纤维,其尺寸与上述基元纤相对应。图 3-5 表明,苎麻纤维和硬木漂白牛皮纸木浆经过裂离后,与基元纤的纳米尺寸相当。其中图 3-5(a)所示的苎麻基元纤整齐排列是因为 TEMPO 氧化后再经微波处理,没有施加机械搅拌,羧酸含量为 0.94mmol/g;而图 3-5(b)所示的木浆是商用硬木漂白牛皮纸纸浆经过 TEMPO 氧化后,分散液经过长时间搅拌处理,基元纤成为网状交叠,羧酸含量 0.90mmol/g。

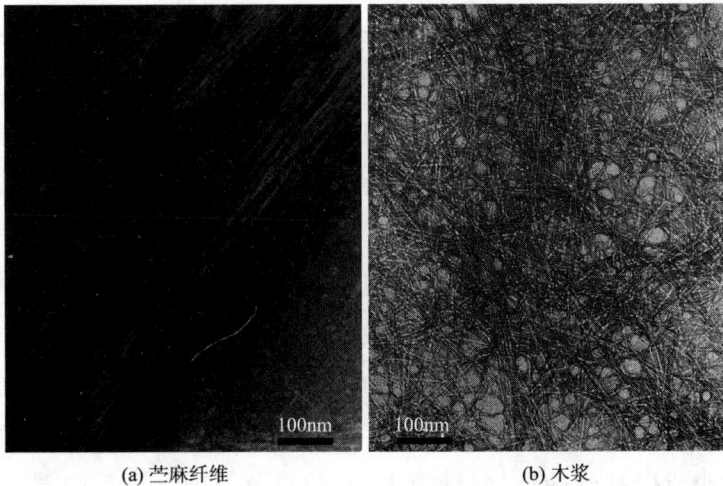

(a) 苎麻纤维　　　　　　　　　　　(b) 木浆

图 3-5　纤维素纳米纤维的 TEM 图像

(二)苎麻纤维的独特形态

晏春耕等对苎麻韧皮中单纤维进行组织离解,采用透射电子显微镜和光学显微镜研究苎麻纤维细胞的超微结构,观察到分布于苎麻茎韧皮层中的苎麻单纤维。苎麻纤维细胞截面为椭圆形、多边形等,中空,侧面有明显凸起和沟槽,局部有不同程度的扭曲或扁平带状,一端较钝圆,另一端较尖细,呈扁平和不规则的形状,并有分布不均的外突型、内陷型以及平滑型结节,在结节处伴有不同程度的裂隙;苎麻单纤维之间主要由半纤维素和果胶连接。在苎麻纤维的横截面可区分胞间层、初生壁、次生壁和细胞管腔。纤维细胞的次生壁由 Z 形微纤丝和 S 形微纤丝组成,具有结节,少数纤维具有明显的节状加厚现象,中央略大,两端尖削,或钝圆形、二叉状、火炬状等形态。一根苎麻单纤维是由若干个纤维细胞相互串联而成,两端细小,中央较粗;在纤维细胞之间,部分纤维细胞端壁解体而溶合,部分细胞端壁具有细胞膜和初生壁,部分具有次生壁。

图3-6(a)是苎麻纤维横截面光学显微镜照片,可见纤维细胞截面呈圆形、椭圆形、多边形和不规则形,胞壁厚薄较均匀,胞腔部分中空,部分边缘附着细胞质。图3-6(b)和(c)是苎麻纤维侧面的光学显微镜照片,由图可见,大部分纤维细胞为长方形,宽度变化不甚明显,少部分形态不规则。图3-6(d)~(f)是纤维横截面超薄切片的透射电子显微镜照片,图3-6(g)~(i)是纤维侧向的透射电镜照片,其形态结构呈现不规则和尺寸多分散性。图3-6(j)~(z)显示了离析出的单纤维结构的偏光显微镜照片,其中,图3-6(j)(k)显示单纤维中纤维素微原纤呈S形排列;图3-6(l)(m)显示纤维素微原纤呈Z形排列;图3-6(n)(p)显示单纤维结节和节状加厚现象;图3-6(q)显示单纤维的一个节间;图3-6(r)~(t)显示单纤维中部的形态,部分中空;图3-6(u)~(z)显示单纤维末端形状有尖削、钝圆形或不规则等各种形状。

苎麻细胞表面的凸起和沟槽,以及扭曲和结节影响表面光洁度和纤维强力,结节处的裂隙常导致纤维断裂。因此,较细的单纤维、较少的结节数和较长的节间长度是优质苎麻的特征。麻纤维的中腔、细长的孔洞和表面的裂纹决定了它具有优良的吸水性和导湿性。苎麻纤维素微纤丝的取向方向和取向度、细胞端壁融合区大小或微纤丝的连接,结节大小、数量及节间长度等因素具有多分散性,同时,也是影响苎麻纤维长度、强力、光泽和吸湿透湿性等品质因素的主要原因。

(三)苎麻纤维的尺寸特征

由以上讨论可知,苎麻纤维就是苎麻韧皮内细而长的细胞。苎麻细胞数量和体积决定了苎麻纤维的产量和质量。在苎麻生长期,细胞分裂发生于根、茎的尖端、叶芽和花芽等分生组织,增加细胞数量,产生细胞间隔膜。苎麻纤维新细胞不断增长,可持续生长几个月,最终可增至其单胞原有长度的250万倍,单细胞最长可达250mm;苎麻纤维细胞壁自下而上依次加厚,发育进程依细胞所在麻茎部位而异;纤维细胞壁各层次的巨原纤,在发育初期呈横向排列,随着纤维细胞的不断伸长和巨原纤的逐层积累,逐渐变厚,并依次被拉伸而趋向纤维轴向排

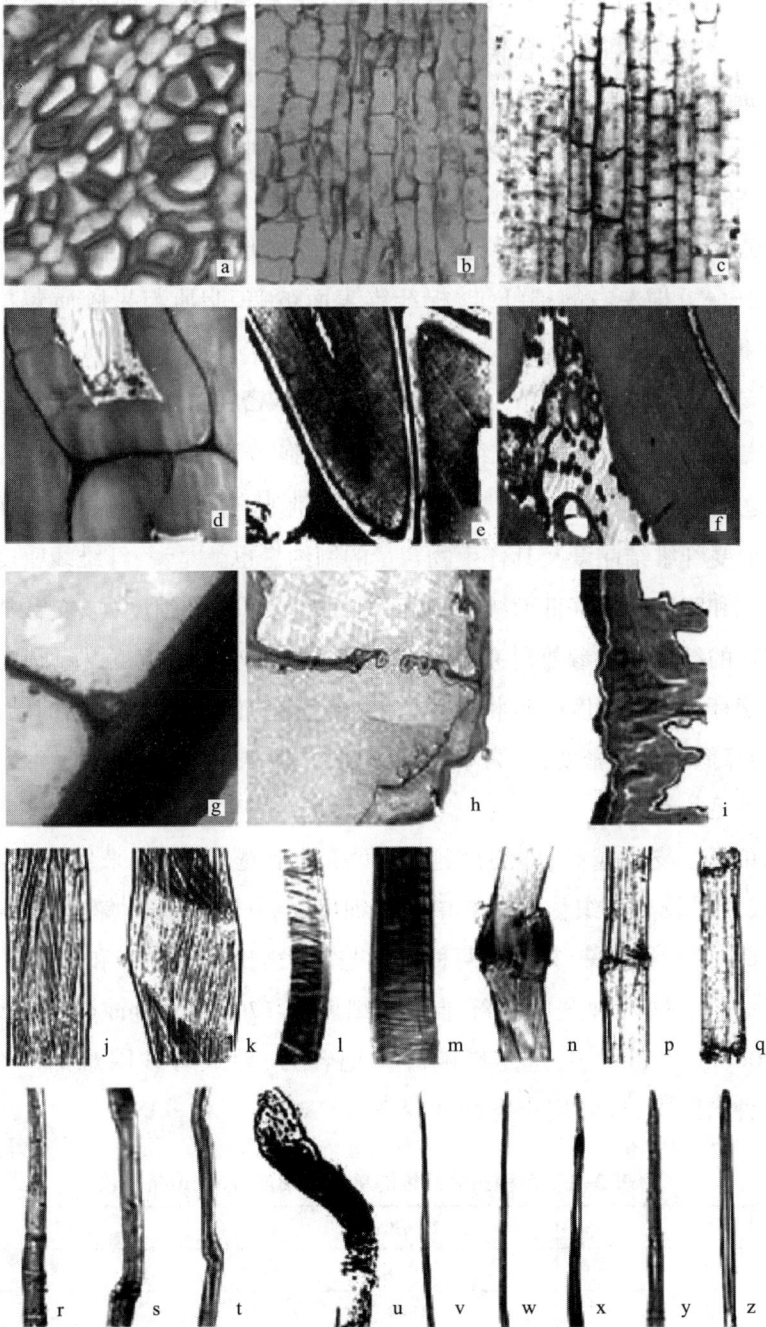

图 3-6　苎麻韧皮纤维结构

列。细胞之间除了初生壁以外,还有胞间质,这是两个细胞间的过渡区,在细胞生长期传递水分、养料和光合作用产物,还有少量微纤丝穿过该过渡区,连接相邻细胞的原生质体,这个过渡区逐渐发育成如图 3-6 所示的结节。苎麻纤维的节间距处于 33.1~198.3μm 区间或更大;野生种植苎麻的纤维细胞壁厚在 8.04~14.58μm,直径在 41.70~64.54μm,长度在 14.59~73.49mm,节间距在 370~670μm。与麻类对比,棉纤维是种子表皮细胞向外伸展而形成,每个种子上大约生长一万根左右的棉纤维,棉纤维表面被蜡、脂质与果胶质包覆,其细胞的胞间层不明显。

纤维支数(或单纤维细度 N_m,m/g)是纤维细胞线密度的倒数($N_m = 1/W_c$)。在胞腔内微量的残留物忽略不计时,纤维细胞线密度等于胞壁截面积(S_w,mm²)与其比重(D_w,mg/mm³)之乘积($W_c = S_w \cdot D_w$)。其中,胞壁截面积由纤维直径与壁厚来决定,胞壁比重则主要受纤维结晶度及其伴生物含量的制约。也就是说,纤维线密度 W_c 随着胞壁截面积和胞壁比重降低而减小,从而促使苎麻单纤维细度(或支数 N_m)增高。对野生苎麻的纤维细胞参数研究也证明,苎麻的纤维长度、宽度、壁厚和节间距都与纤维细度存在不同程度的负相关。此外,若苎麻加工能降低纤维的结晶度和取向度,也会降低纤维线密度,提高单纤维细度,并能从根本上解决苎麻纤维刚硬有余而弹性不足的问题。

苎麻单纤维支数越高,即细度越细,可纺性能越好,可用来纺出支数较高的细纱,织成质量较高的织物。苎麻单纤维细度受到苎麻生长过程的影响,呈现根部粗、梢部细的特征。表 3-1 是两种四川苎麻(达州红皮小麻和大竹青白麻)的纤度测试结果。这两种苎麻单纤维平均细度为 1700~1900m/g,比陆地棉纤维(4500~7000m/g)粗得多,这是影响纤维抱合力、导致纺纱困难的一个重要原因。这两种苎麻中,以红皮小麻细度较细。

表 3-1　两种苎麻纤维的单纤维细度(Nm,m/g)

部位	红皮小麻	青白麻
根部	1083.4	1286.0
中部	1849.1	1907.4
梢部	2665.3	2075.8
平均	1865.9	1723.1

几种韧皮单纤维的直径和长度见表 3-2。与此对比,棉单纤维的长度为 12～60mm,直径为 15～25μm。与其他韧皮纤维相比,苎麻单纤维的密度、直径和长度都最长,由此赋予苎麻独特的纺织特点和服用性能。这些密度值小于结晶纤维素的密度($1.59g/cm^3$),甚至小于或等于无定形纤维素的密度($1.55g/cm^3$),这必然是由于麻类纤维的孔洞以及无定形区和半结晶的无序纤维素造成的。苎麻纤维的刚度大,有刺痒感,以单纤维完全分离的状态纺纱可以得到质量较好的纱线。亚麻和大麻的纤维线密度水平相似,比苎麻细得多,但是长度较短,只能以纤维束的形式纺纱。虽然黄麻纤维具有较小的线密度,线密度范围较窄,但也是因为长度太短,不利于单纤维纺纱。

表 3-2　几种韧皮单纤维(细胞)的形貌尺寸特征

纤维	密度/(g/cm^3)	细度/(m/g)	长度/mm	直径/μm	壁厚/μm
苎麻	1.51～1.55	1800	120～250	40～60	3～5
亚麻	1.50	3460	13～40	17～20	5～10
大麻	1.48～1.49	3000	15～25	15～30	5～10
黄麻	1.44～1.49	4090	2～3	14～20	2～5

二、化学结构

韧皮纤维的化学成分随植物来源、树龄和提取工艺的不同而变化,主要成分是纤维素,其次是半纤维素,再次是木质素、果胶和少量的蜡和脂肪。半纤维素是纤维细胞的主要黏结成分,依靠氢键与纤维素结合,在纤维素微原纤维之间形成纤维素/半纤维素网络。而木质素则为疏水的黏合剂,可以与半纤维素之间以苯甲基醚的形式共价结合,增加纤维素/半纤维素复合材料的硬度。不同来源或不同品种的苎麻纤维杂质含量不同,也受到苎麻剥麻、脱胶和其他前处理的影响。例如,黄麻和洋麻含有大量木质素而果胶含量不多,被称为木质纤维素;亚麻和苎麻几乎不含木质素而含果胶,被称为果胶质纤维素;而大麻既含木质素也含果胶,被称为木质果胶质纤维素。苎麻纤维属于纤维素纤维,伴生有半纤维素和木质素等杂质,见表 3-3。纤维素的伴生杂质越少,则纤维品质越好。从文献中可以观察到,所提到的所有成分的总和可能不是100%,这些作者没有说明原因,也可能是对有些成分没有追踪到一个可测量的量。

表 3-3　几种植物纤维的化学组成(%)

纤维	纤维素	半纤维素	木质素	果胶	脂肪和蜡
苎麻	67~99	13~14	0.5~1.0	1.9~2.1	0.3
亚麻	64~84	16~18	0.6~5.0	1.8~2.0	1.5
黄麻	51~78	12~13	10.0~15.0	0.2~4.4	0.5
大麻	67~78	16~18	3.5~5.5	0.8	0.7
棉	88~96	3.8~4.3	0.7~1.2	6.0	0.4~1.0

纤维素是由 D-葡萄吡喃糖基以 1,4-β-苷键连接的线性聚合物,如图 3-7 所示。在 C2、C3 和 C6 的羟基有助于形成各种各样的分子间和分子内氢键。这些氢键的形成不仅对纤维素的溶解性、羟基反应性和结晶度等性质有很大影响,而且对纤维素的力学性质也有重要影响。纤维素是苎麻细胞壁的增强物质,纤维素分子内和分子间依靠羟基形成的氢键相连,产生一个结晶和非晶交替的超分子结构。采用傅里叶变换红外光谱(FTIR)可以测定苎麻的化学成分,也可以表征纤维素中的氢键。

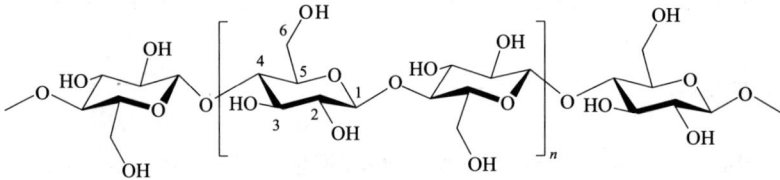

图 3-7　纤维素化学结构

在 FTIR 中,纤维素 OH 的拉伸区域(3660~3000cm^{-1})通常覆盖了 4 个子峰,可以通过分峰技术确定这些子峰谱带,与氢键缔合羟基的价振动(valence vibration)密切相关:即位于 3450cm^{-1} 的带 1 与分子内氢键 O(2)H—O 相关;带 2 在 3346cm^{-1} 处,与分子内氢键的 O(3)H—O 相关;带 3 涉及分子间氢键 O(6)H—O,位于 3262cm^{-1};而带 4 在 3161cm^{-1} 处,涉及 O—H 拉伸,如图 3-8 和图 3-9 所示。结构位错将引起羟基氢键拉伸振动峰的波数增加,羟基拉伸振动四个子峰位置分别为 3451cm^{-1}、3350cm^{-1}、3264cm^{-1} 和 3167cm^{-1},说明氢键结合强度降低;同时,位错区的吸光度远低于正常麻纤维羟基拉伸振动区的吸光度,这意味着根据比尔朗伯定律,位错区氢键的数目少于正常值。

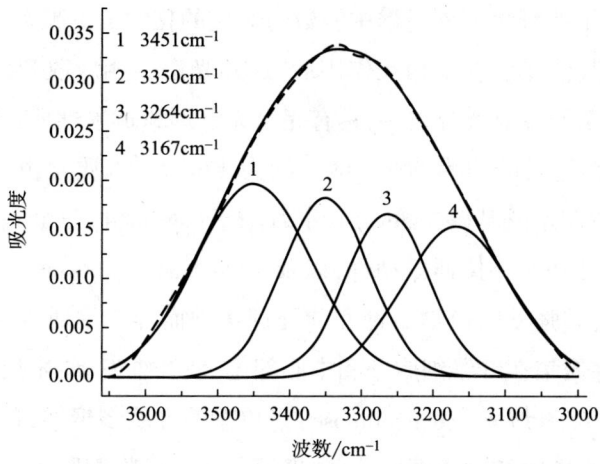

图 3-8　麻纤维素的羟基拉伸区域的 FTIR 光谱(实线为计算数据,虚线为实验数据)

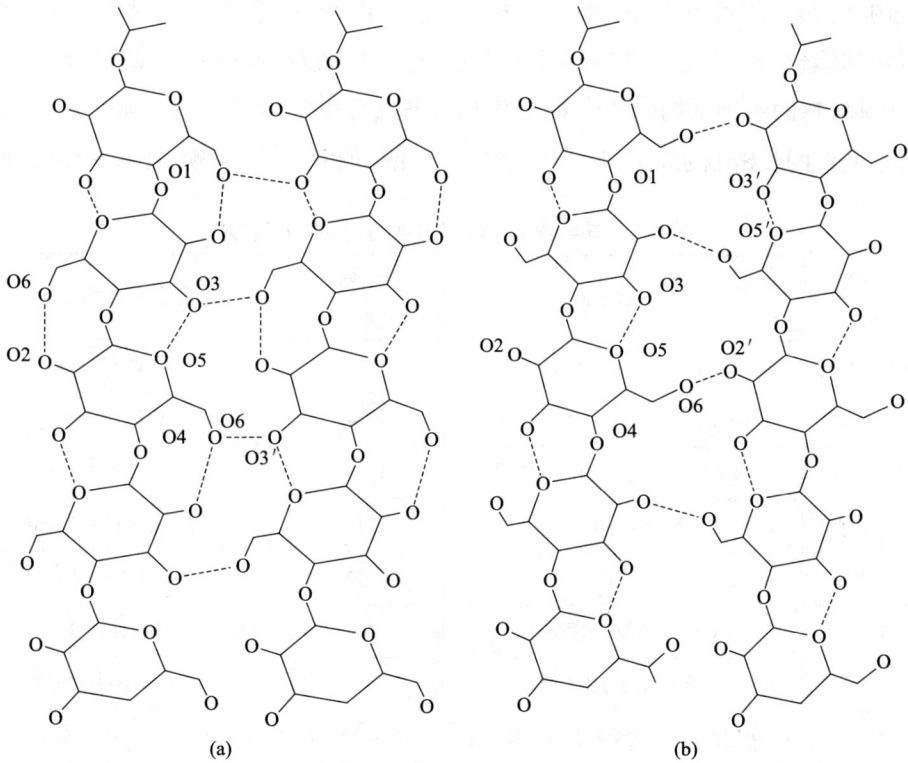

图 3-9　纤维素 Ⅰ 的 bc 平面(a)和纤维素 Ⅱ 中心链(b)的氢键网络

表 3-4 列出了麻纤维红外光谱中波数与对应的化学键的振动。当麻纤维经过化学改性或者与其他物质发生相互作用后,红外光谱会相应改变。木质素是麻纤维中与纤维素伴生的主要成分之一,具有完全无定形和疏水性质,被认为是一种热塑性聚合物,玻璃化温度约为 90℃,熔点约为 170℃。木质素由对羟基苯基(hydroxyl Phenyl)、愈创木酰基(guaiacyl)和丁香酚基(syringyl)三个基本单元组成,表 3-4 中列出来 G 环和 S 环拉伸振动峰,以及 1724 cm^{-1}、1506 cm^{-1}、1245 cm^{-1} 等处的伴生物吸收峰,其强度因植物品种和前处理条件而异。木质素借助半纤维素附着在纤维素外,并聚集在纤维细胞壁和中心部位,使纤维发硬;木质素耐酸,可溶于热碱,不耐氧化。半纤维素(hemicellulose)是单糖的异质多聚体,包括木聚糖、阿拉伯糖和半乳糖等五碳糖和六碳糖成分;木聚糖存在于植物细胞中,占植物细胞干重的 15%~35%,是半纤维素的主要成分,结合在纤维素微纤维的表面,并且与木质素紧密连接,作为纤维素与木质素的桥梁。果胶(pectin)存在于植物细胞次生壁和细胞内层,是一类酸性杂多糖,主要由聚半乳糖酸组成,它为植物提供了柔韧性。在植物细胞壁中,果胶主要与纤维素微原纤、半纤维素、木质素等结合,形成原果胶,它是植物的一种结构物质。果胶只有与碱部分中和后才能溶于水。大多数植物蜡是取代的长链脂肪烃的混合物,含有脂肪酸、伯醇和仲醇、酮、醛和其他成分。

表 3-4　麻纤维素 I 红外波数与对应的化学键

峰的波数 /(cm^{-1})	化学键的振动	峰的波数 /(cm^{-1})	化学键的振动
3405~3460	分子内 O(2)H—O(6)拉伸	1325	丁香酚基 S 环拉伸
3340~3375	分子内 O(3)H—O(5)拉伸	1314	C6 的 CH$_2$ 摇摆振动
3230~3310	分子间 O(6)H—O(3′)拉伸	1259	愈创木基 G 环拉伸
3161~3175	未缔合 O—H 拉伸	1245	C—C,C—O,C=O 拉伸
2883	C—H 对称拉伸	1232	C6 的 COH 弯曲
1724	C=O 拉伸(木质素)	1204	C—O—C 对称拉伸,OH 平面变形
1623	吸附水的 OH 弯曲	1152	C—O—C 不对称拉伸
1506	C=C 芳香族结构对称拉伸(木质素)	1046,1020,994	C—C,C—OH,C—H 环和侧基振动
1423	HCH 和 OCH 面内弯曲	895	COC,CCO 和 CCH 变形和拉伸
1368,1363	CH 面内弯曲(半纤维素)	662	COH 面外弯曲

三、聚集态结构

（一）结晶

由于分子内和分子间氢键,纤维素分子有规律地排列,形成从纤维素Ⅰ到纤维素Ⅳ的四种多态晶型结构。纤维素Ⅰ和纤维素Ⅱ分别是最稳定的分子平行和反平行排列。天然的纤维素Ⅰ包括两个分子内氢键和一个分子间氢键,如图3-9(a)所示;纤维素Ⅱ中的氢键包括三个分子内键:O(2)H—O(6)键、O(3)H—O(5)键和O(2)H—O(2)键,以及2个分子间键:O(6)H—O(2′)键和O(6′)H—O(2)键,如图3-9(b)所示。其他的亚稳态低能结构可能与纤维素Ⅲ和纤维素Ⅳ相对应,其晶体结构还有待进一步研究。Simon等提出了亚稳态平行链纤维素在丝光过程中向更稳定的反平行链纤维素转化,如图3-10所示。

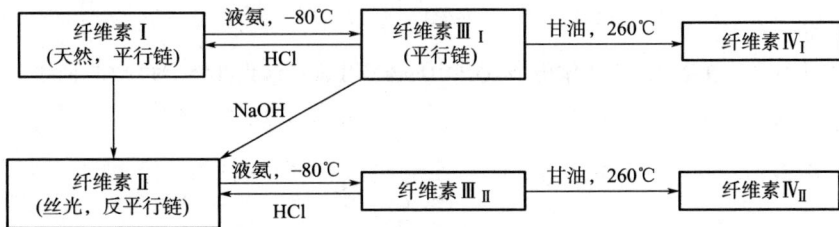

图3-10　不同形式的纤维素及其相互转化的条件

纤维素用NaOH溶液丝光处理,25℃下处理1h纤维素Ⅰ转化为纤维素Ⅱ,图3-11的广角X射线衍射分析(XRD)显示了这种晶型转换的变化。当NaOH浓度为15%~20%时,XRD曲线表明,纤维素Ⅰ的特征吸收峰$2\theta=14.7°$、$16.8°$和$22.7°$,转变到纤维素Ⅱ的特征吸收峰$2\theta=12.1°$、$20.0°$和$21.9°$;晶粒尺寸随着NaOH浓度增加下降,在15% NaOH的条件下,晶体尺寸减小到一个恒定值。

天然纤维素Ⅰ型结晶主要含有$Ⅰ_\alpha$和$Ⅰ_\beta$两种晶型,分别对应于单链三斜单元晶胞和单斜双链的单元晶胞,不同的晶型由不同的分子内或分子间的氢键模式决定。表征纤维素结晶结构的常用方法有X射线衍射和红外光谱,补充的表征方法如核磁共振可以进一步精确地反映纤维素的结晶结构。现在已经知道,所有天然纤维素以同样的方式结晶,因为它们的生物合成机制在所有植物体中可能是相同的。

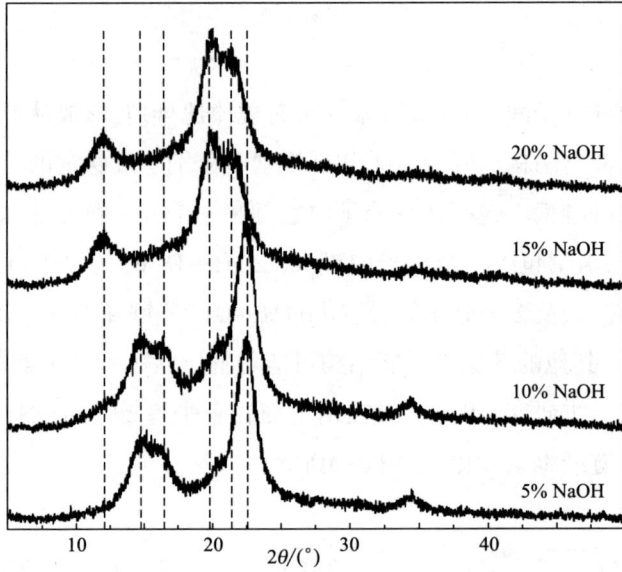

图 3-11　在 25℃ 的不同浓度 NaOH 中纤维素 Ⅰ 向纤维素 Ⅱ 转变的 XRD 曲线

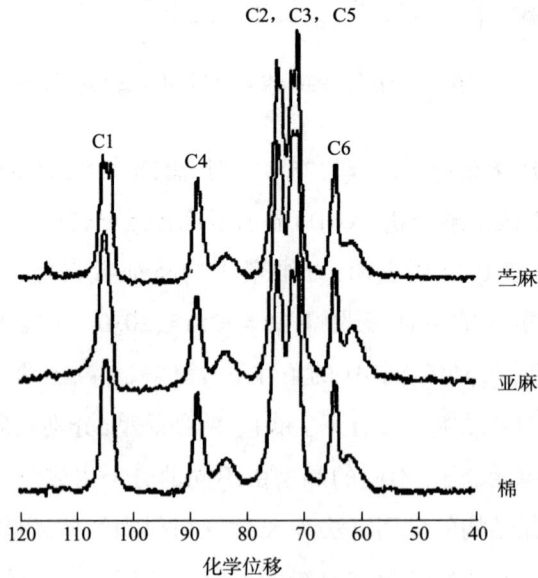

图 3-12　天然纤维素的核磁共振碳谱(^{13}C-CP/MAS)

图 3-12 显示了三种纤维素纤维的固态核磁共振碳谱。在核磁共振碳谱的高场往低场方向,化学位移在 60~70ppm[1] 的共振峰归属于 C6 羟基,70~81 的共振峰归属于葡萄糖环的 C2、C3 和 C5 的多峰重叠;81~93 的共振峰归属于 C4;而 102~108 的峰归属于 C1。由图可见,在这几种纤维素中,苎麻精干麻纤维的核磁共振碳谱的分辨率最高,特别是 C1 和 C2、C3、C5 的重叠峰,高分辨率意味着更完善的结晶结构,其次为棉和打成亚麻。

对化学位移 105 附近的纤维素 C1 共振区域分峰处理,苎麻与棉纤维素样品的图谱对比如图 3-13 所示。纤维素 I_α 在 105.2 处显示一个单一的共振峰,苎麻的纤维素 I_α 明显;而纤维素 I_β 显示的是 105.6 和 104.1 处分开的一对双峰;在 104.8 处的单峰归属于次晶,其有序性不如纤维素 I_α 和 I_β 的结晶结构,苎麻显示的次晶峰比棉小得多。

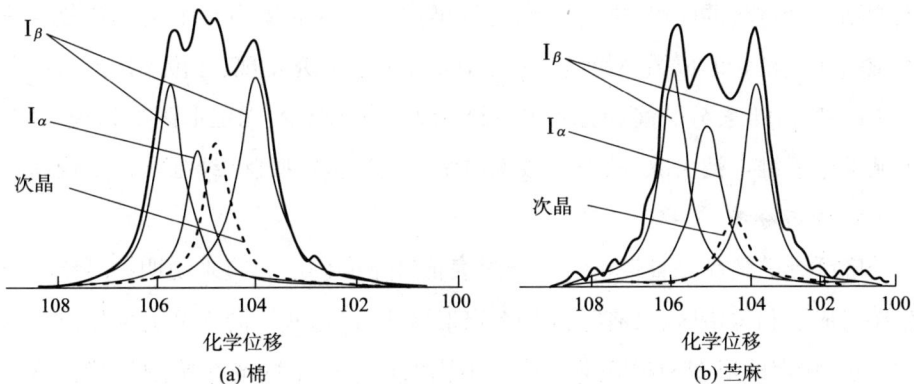

图 3-13　增强核磁共振碳谱 C1 分峰的结果

表 3-5 列出了几种纤维素分峰后计算的结晶数据。这些天然纤维素纤维均以 I_β 晶型为主,两种晶型的比例 I_α / I_β 值有区别。两种韧皮类纤维苎麻和亚麻具有相近的 I_α / I_β 值主体,高于其他纤维素。苎麻具有最高的结晶度、最大的晶粒尺寸和最高的 I_α 值,同时,有最低的次晶含量,表现出最好的分子规整性。对于亚麻,最高的 I_α / I_β 值是由于 I_β 晶型含量最低而次晶含量最高所致。这也可能成为鉴别苎麻和亚麻的一种潜在方法。

---

[1]　此处 ppm 指"$\times 10^{-6}$",为方便表述,一般不加 ppm,默认化学位移值是实际值$\times 10^6$ 的结果。

表 3-5 由 ^{13}C 核磁共振图谱计算的纤维素样品的结晶度和晶型含量

纤维	结晶度/%	晶粒尺寸/nm	晶型及含量/%			I_α / I_β
			I_α	I_β	次晶	
精干苎麻	71.30	6.60	28.46	60.66	10.88	0.47
打成亚麻	64.52	5.20	24.38	48.47	27.15	0.51
棉	62.11	4.80	17.03	63.08	19.89	0.26
竹浆粕	53.80	4.35	22.13	59.35	18.52	0.25
硬木浆粕	49.70	3.93	17.17	67.52	15.31	0.23

根据弱链理论,材料是由连接在一起的较小的元素组成的,当这些元素中任何一个或其连接失效时,材料就会整体失效。结构错位的缺陷,或纤维直径较小的区域可能是天然纤维的薄弱之处。例如,苎麻的结节、裂缝等位错区。位错对纤维力学性能的负面影响不仅导致单纤维的拉伸强度和性能下降,而且还会影响织物或纤维增强复合材料的强度,因为在麻类纤维位错附近的应力集中是导致复合材料中纤维基体脱粘和形成微裂纹的位点。Dai 和 Fan 研究发现,在位错区麻纤维的形态结构改变:纤维素分子间和分子内氢键较弱,数目减少,无定形区的特征增强;位错区域的半纤维素被去除,从而导致木质素失去连接而脱除,纤维素含量较高。

(二)侧序分布

苎麻纤维的结晶完整性也可以通过表征纤维的侧序分布来说明。纤维素纤维中存在组成层和位错区,又有晶区和无定形区之分,这些不同区域的侧序度分布不同,形成了特定的形态和超分子结构。不同的试剂在不同的介质中只能深入纤维中某种侧序度以下的区域(称为可及区),而不能到达侧序度更高的区域(称为非可及区)。一般条件下,水能进入纤维素的无定形区,但不能进入其晶区。纤维素在氢氧化钠溶液中会发生溶胀,溶胀后纤维解晶,纤维素分子间力减弱,趋向于无规取向,因而宏观长度缩短。随着 NaOH 溶液浓度增加,其溶胀程度初期增加,由纤维素 I 变成碱纤维素,在 20℃下棉纤维于 130~140g/L 氢氧化钠溶液中将完全转变为碱纤维素;随后继续增加 NaOH 浓度将促进碱纤维素结晶,长度收缩反而减小,如图 3-14(a)纤维侧序积分曲线所示。结晶度高的纤维达到长度收缩最大值所需要 NaOH 的浓度较高,因此,不同的纤维素纤维对某一浓度 NaOH 溶液的长度收缩率,能指示出纤维素的结晶度相对大小:红皮小麻>青白麻>棉。结晶完整性可以用侧序分布微分曲线表示,如图 3-14(b)所示。苎麻在 NaOH

浓度为130g/L附近发生剧烈的长度收缩,而棉的最大收缩率出现在NaOH浓度为170g/L左右,表明苎麻的结晶完整性低于棉,两种苎麻中红皮小麻的结晶完整性低于青白麻。

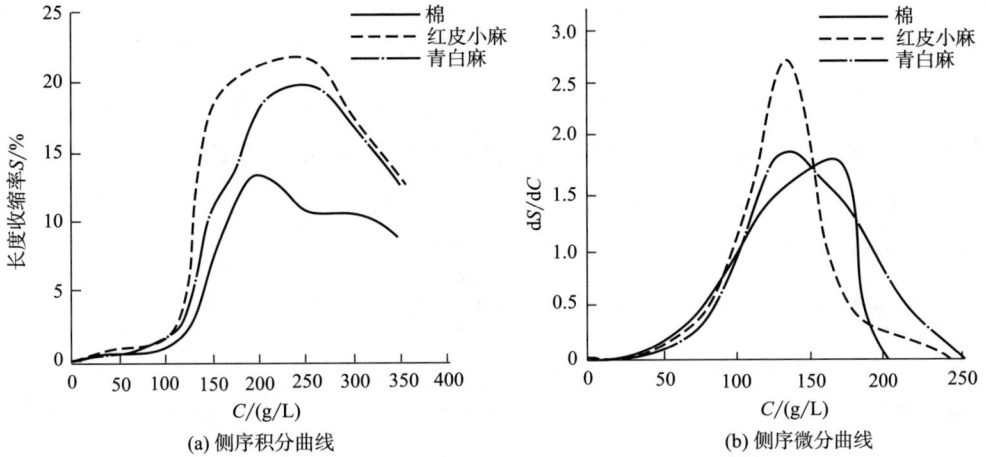

图3-14　苎麻与棉的侧序分布曲线

(三)取向结构

分子取向是影响大分子体系物理性质的重要参数之一。植物初生细胞壁中纤维素分子沿着细胞生长的方向取向,在细胞扩展过程中形成微纤维,红外光谱测定表明,在拉伸模式下,纤维素的C—O—C与分子链平行。细胞生长产生的应力沿分子链分布将导致新生的纤维素β-葡聚糖链结晶为I_α相,并具有较高的结晶度和取向度,以生长速度较快的二麻(即每年第二次收获的苎麻)较高;苎麻生长期间的昼夜温差,导致微原纤聚集体积累密度的相应变化,胞壁横截面出现疏密相间的日轮;苎麻纤维发育存在着与麻株生长的协同性、明显的时空差异性和发育阶段性,细胞壁加厚生长主要是在生育后期进行的。苎麻纤维的聚合度、结晶度、取向度、纤维细度,以及力学性能等均存在明显的地域差异;苎麻品种间半纤维素、木质素含量存在明显差异,即使同一品种也不尽相同。

采用偏光显微镜和阿贝折光仪测得两种苎麻纤维的折射率,可以求出纤维的光学取向度和平均取向角,与棉纤维对比的结果见表3-6。纤维的光学取向越高,微胞与纤维轴向的倾斜角就会越小,纤维结构越致密。由表3-6可见苎麻纤维的取向度高于棉,苎麻纤维品种之间也有差别。

表 3-6　苎麻与棉的取向度对比

纤维	折射率 Δn	光学取向因数	高分子链的平均取向角/(°)
红皮小麻精干麻	0.0637	0.8972	15.18
青白麻精干麻	0.0570	0.8028	21.26
棉	0.0420	0.5915	31.46

由图 3-1(c)可知,在单纤维 S2 层中的微原纤呈螺旋状缠绕。纤维素微原纤与单纤维轴之间的夹角(microfibril angle,MFA)依植物不同,在 2°~10° 的范围内变化,见表 3-7。化学成分对纤维的 MFA 有影响。MFA 随木质素和果胶比例的增加而增加,随纤维素和半纤维素含量增加而降低。MFA 与纤维素、半纤维素、木质素、果胶和蜡的相关系数分别为 -0.487、-0.94、0.82、0.63 和 -0.074。

表 3-7　几种韧皮纤维素微原纤的特征

纤维	纤维束宽度/nm	微原纤宽度/nm	MFA/(°)
苎麻	40~100	3~12	7.5
亚麻	30~80	3~18	5~10
大麻	25~80	3~18	2~6.2
黄麻	40~90	3~12	8.0

由以上讨论可知,以植物为基础的天然纤维的单纤维都由若干细胞组成。这些细胞是由纤维素为基础的半结晶微原纤形成的,这些微原纤由非晶态木质素和半纤维素连接到一个完整的层。在一个细胞初生壁和三个次生壁中,这样的层多次叠合黏合在一起形成多层复合材料。纤维强度随纤维素含量的增加和纤维轴螺旋角的减小而增大。

第二节　苎麻纤维的性能

植物单纤维本身是由纤维素、半纤维素、木质素、果胶、少量脂质物和其他杂质等组成的复合材料,是一种三维生物高聚物。天然纤维的性能取决于其化学成分和物理结构等几个因素。例如,植物纤维的微纤角与杨氏模量之间存在很强的相关性。天然纤维的性能变化很大,甚至从同一种植物的不同部位提取的纤维也表现出不同的性能。最常见的服用麻类纤维是苎麻和亚麻,最近也频见大麻织物,黄麻织物则少见。传统的"夏布"是以未脱胶或半脱胶的苎麻原麻经过手工绩纱和织布而成,挺爽透气,夏天穿着不黏身;随着穿着和洗涤,果胶和半纤维素等杂质逐渐脱除,夏布会逐渐变得柔软。在现代麻类纺织品加工中采用半脱胶工艺的还有亚麻、大麻和黄麻等普通麻类纤维,因为其单纤维的长度较短(表3-2)不便纺纱,常采用半脱胶加工法,残存天然果胶等杂质将几根单纤维粘并成束增加表观长度,这种麻束称为工艺纤维(technical fiber),以工艺纤维的形式经加捻成纱,织造成布。虽然残存的胶质可以在织物印染之前通过煮练漂白工序除去,但是以麻束纺纱的条感较差,常为竹节状,这也成为麻竹节纱的一大风格特色。由于苎麻的单纤维很长,不必要用麻束纺纱,一般采用单纤维纺纱,容易满足开松梳理的工艺要求;其纱线中若有纤维并丝将影响织物外观和手感。麻织物的手感是很重要的服用性能之一。几种服用麻纤维的共同特点是结实耐用、挺括、有凉爽感、吸湿散湿性强、抗菌。

　　麻纤维中的纤维素、半纤维素、木质素和蜡质的综合作用决定了纤维的整体特性。麻纤维最重要的力学性能是其拉伸强度,这是纺织和制造复合材料的主要指标。密度、杨氏模量、伸长率和刚度是在特定工业应用时必须考虑的其他重要性能。麻纤维是很好的热、声、电绝缘体。它们是可生物降解的,易于燃烧。

　　苎麻被世界誉为"中国草""天然纤维之王",是一种重要的纺织纤维作物。苎麻单纤维在所有植物纤维中最长,强度最大,热传导性能好,吸湿透气;湿态强度高于干态;抑菌抗霉,抗虫耐腐。脱胶后苎麻洁白,光泽度最好,可以纯纺,也可和其他纤维混纺。同时,由于苎麻纤维较长,可以纺得高支纱织造成轻薄光洁的织物,具有轻如蚕丝的触感和优雅、干爽、不贴身的质地,适合于夏季服饰;若用苎麻纤维织造厚重织物,则具有挺括自然风格和保暖性,穿着舒适。但是,由于苎麻纤维比其他麻类纤维粗,使得苎麻纱线较硬,不耐磨,回弹性差,手感发涩,湿态变硬,其纺织品常常表现出对人体的刺痒感。苎麻比大多数其他天然纤维具有更高的化学稳定性,上染性良好;对染料的吸附效果好,吸收速度快。但是,苎麻纺织加工前,原麻必须经过工艺烦琐和成本高的脱胶工艺过程。

　　亚麻单纤维长度较短,只能用工艺纤维纺中粗支纱线,或者和棉、涤纶、黏胶等纤维混纺,织造出的面料一般比较厚重。但是,亚麻纤维比苎麻纤维细得多,亚麻织物具有柔软、保暖的特性,对人体皮肤无刺激作用。大麻纤维在我国也有悠久的种植和服用历史,流传至今仍可见粗质大麻布孝服,也用作包装材料;脱胶精练后的麻布具有优异的卫生保健性能和独特风格。近年来,大麻纤维采用新的脱胶技术和纺织加工,能纺织较细的纱线,作为防晒服装、太阳伞、露营帐篷、各种特殊需要的工作服和室内装饰面料。

织物的服用性能常采用感官评价,带有较强的主观意识。而在科学研究、产品研发以及商业活动中常需要科学评价织物的服用性能,确定相应的定量指标。

韧皮纤维的重要用途是被梳理成条,制备纱线,用于制造绳索、结网和织物。除了服用以外,韧皮纤维在工业上也具有广阔的应用前景。例如,隔热、生物基复合材料和土工织物。韧皮纤维原料可直接用于保温、流体密封、室内装饰和复合材料的增强,也可以将这些纤维制成非织造布或纺纱织布,用于隔热或土工布,或者应用于复合材料。苎麻纤维的独特性能受制于其结构,又影响其应用。

一、力学性能

优异的力学性能是苎麻纤维综合利用的基础。对苎麻纤维力学性质及其影响因素进行系统研究,不仅可以为苎麻纤维的服装及工业利用,为先进复合材料研究和开发提供应用基础和数据支持,还能深刻理解苎麻纤维结构与性能的对应关系。纤维力学性能的重要内在因素是纤维的化学成分和超分子结构。

(一)力学性能与纤维化学成分的关系

韧皮纤维的化学成分与拉伸性能的关系通过它们之间的相关系数反映,见表3-8。相关系数是反映变量之间相关关系和线性相关程度的统计指标,表达了变量之间的非确定关系。纤维素对拉伸强度、比强度和比杨氏模量有显著的正影响,即强度和模量随纤维素含量增加而增高。其中,比强度和比模量是分别用纤维的拉伸强度和模量除以其密度得到的。然而,纤维素与破坏应变呈负相关关系,即纤维素含量越高,其破坏应变越低。半纤维素和蜡质对于比强度和比杨氏模量的影响有直接关系。蜡质对于比强度的影响比其他组分更显著。木质素和果胶与比杨氏模量负相关,但与破坏应变呈正相关。

表3-8　天然纤维素纤维化学成分与力学性能的相关系数

成分	拉伸强度相关系数	比强度相关系数	比杨氏模量相关系数	破坏应变相关系数
纤维素	+0.596	+0.385	+0.366	−0.183
半纤维素	−0.114	+0.501	+0.691	−0.446
木质素	−0.555	−0.546	−0.355	+0.641
果胶	−0.065	+0.102	−0.499	+0.391
蜡质	−0.144	+0.907	+0.322	−0.439

（二）力学性能与纤维结构的关系

表3-9给出了苎麻及其他几种韧皮纤维的重要力学性能。由于韧皮纤维的比重较小，用于复合材料的增强时需要的比强度和比模量相当于或高于玻璃纤维，如图3-15所示，当用于汽车和航空航天时，韧皮纤维增强复合材料可直接减少燃料消耗和排放。

表3-9　几种韧皮纤维的力学性能

纤维	拉伸强度/MPa	韧性/（cN/tex）	断裂伸长率/%	杨氏模量/GPa
苎麻	560	0.64	1.5~5.0	24.5
亚麻	345~1035	0.53	1.5~4.1	27.6
大麻	690	0.57	1.5~4.2	70
黄麻	393~773	0.35	0.8~3.0	26.5

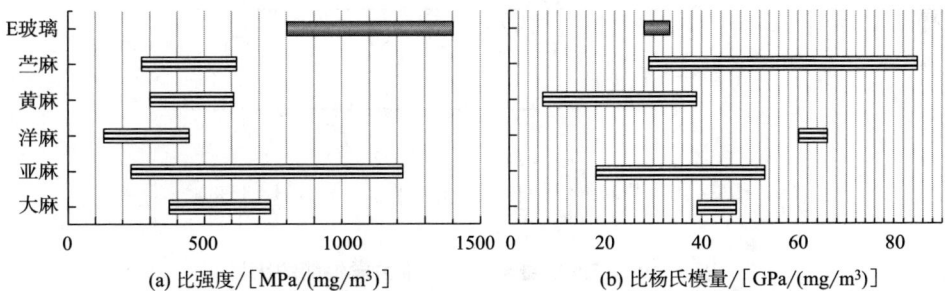

图3-15　普通韧皮纤维与玻璃纤维拉伸性能的比较

从表3-9可见，苎麻的拉伸强度和杨氏模量在麻类纤维中都不是最高的。这主要是因为随着纤维直径的增大，纤维中缺陷增多，影响了苎麻纤维的强度和模量，同样的道理，亚麻和黄麻纤维的离散度高，其拉伸强度有很宽的范围，受其纤维尺寸的较大影响。

韧皮纤维是植物的基本骨架,微原纤维又沿纤维径向呈层状结构分布,有较高的结晶度和取向度,因此,在天然纤维中,韧皮纤维的强度最高,模量最大,断裂伸长最低。其中,苎麻单纤维的直径较粗,呈典型的高强低伸型特征,如图 3-16 所示。苎麻精干麻单纤维强度为 592.70MPa,强度不匀率为 42.51%,模量为 18.23GPa,模量不匀率为 47.73%。曹双平等测定了毛竹、杉木、洋麻和苎麻四种单纤维的力学性能,这四种纤维的应力—应变曲线均表现出明显的线弹性行为;断裂强度分别为(1710±293)MPa、(1258±287)MPa、(1019±188)MPa 和(1001±153)MPa;弹性模量分别为(27.10±5.00)GPa、(19.90±4.50)GPa、(30.80±5.13)GPa 和(11.40±1.92)GPa,伸长率分别为 7.00%±1.15%、6.60%±1.18%、3.20%±0.58% 和 8.90%±1.59%。陈东生等研究莲(荷秆)纤维的力学性能,也比较了包括苎麻在内的几种纤维的力学性能,见表 3-10。结果表明,在苎麻、棉、羊毛、蚕丝和莲纤维中,苎麻的初始模量和断裂强度都为最高,断裂伸长率最低,表现出较强的刚性特点。

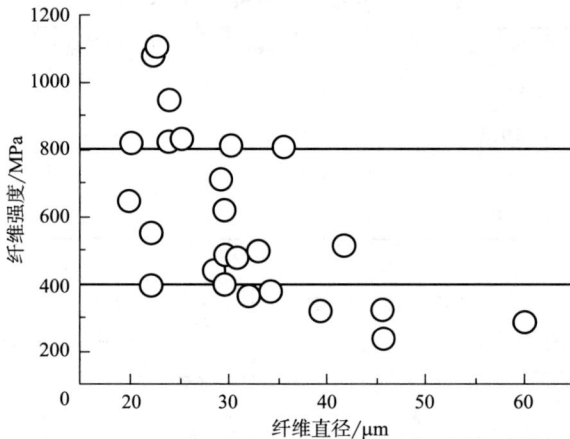

图 3-16　苎麻纤维拉伸强度分布图(22℃,RH=35%)

表 3-10　苎麻纤维与其他纤维力学性能的比较

纤维	初始模量/(cN/dtex)	断裂强度/(cN/dtex)	断裂伸长率/%
苎麻	176~220	4.9~5.7	1.5~2.3
棉	68~93	3.0~4.9	3~7
羊毛	11~25	1.0~1.7	25~35
蚕丝	50~100	3.0~4.0	15~25
莲纤维	146.81	3.44	2.75

由于天然纤维本质上具有结构的多分散性,其结构也因产地、品种、收获季节等因素影响而不同,导致了不同研究者测定力学性能的差异。因此,在各种资料或研究报告中可见到这类数据的明显差异。

王琨琳和李长龙研究了苎麻、亚麻、罗布麻、棉及其混纺织物的力学性能。在麻织物中,苎麻织物的断裂强力最大,亚麻次之,罗布麻最小;三者断裂伸长率较为接近。麻织物的断裂强力大于棉织物和麻棉混纺织物,断裂伸长率小于棉织物和麻棉混纺织物。这主要是因为苎麻纤维结晶度和取向度较高,微晶排列紧密,相互间的结合力较大;此外,苎麻纤维长度较长,强力利用率较高。与罗布麻比较,亚麻纤维的结晶度较高,长度不匀率较低,纱条条干均匀度较高,强力弱环相对较少,因此,亚麻织物强力要略大于罗布麻织物强力。

在撕裂性能方面,织物的撕裂强力与纱线强力成近似正比关系,与撕裂时受力三角区的大小也有密切关系。结果表明,罗布麻织物的撕裂强力略大,苎麻织物与亚麻织物撕裂性能较为接近,棉织物的撕裂强力最小。这是因为罗布麻纱线断裂伸长率相对较大,纤维摩擦系数也相对较小,因此,罗布麻织物在拉伸过程中的受力三角区较大,受力的纱线根数较多,撕裂强力略有提高。

织物的顶破性能受到经纬向结构差异的影响,其实质为织物中的纱线伸长至断裂而被顶破。因此,一般情况下,织物经纬向拉伸强力越大,顶破强力也越大。当经纬纱的断裂伸长率和密度接近时,经纬两个方向的纱线同时分担负荷,顶破强力较大;反之,织物首先在伸长能力差的方向断裂,因而顶破强力较小。三种麻织物中,苎麻织物拉伸强力最大,罗布麻织物强力最小,而棉织物的拉伸断裂强力比所有麻织物都小,顶破性能试验也同样是这一顺序。

在耐磨性方面,棉织物的耐磨性能优于麻织物;在麻织物中,苎麻织物耐磨性最好,罗布麻次之,亚麻织物最差;混纺织物中,苎麻/棉织物耐磨性相对较好,罗布麻/棉次之,亚麻/棉织物最差。在织物组织和纱线结构一致的情况下,纤维的长度、细度、截面形态等对织物的耐磨性能均有影响。由于苎麻纤维较长,纤维间抱合力较大,同时,苎麻纤维强度较大,截面多呈腰圆形,纱线结构较为紧密,摩擦过程中纤维不易从纱线中抽出,因此,苎麻织物的耐磨性能相对较好。

二、刺痒感

纤维对人体刺痒感是纤维或织物表面毛羽与人体皮肤接触,对皮肤刺扎、划拉和摩擦产生的综合感觉,通常含有毛类或麻类等粗硬纤维的织物表面会对皮肤产生刺痒感,属于纤维或服装与人体皮肤接触舒适性的一个重要指标。刺痒感是皮肤表皮下层神经末梢对纤维的机械刺激产生的生理反应,采用单纤维压缩弯曲性能表征是评价刺痒感的有效的和客观的评价方法。在常见纤维中,苎麻纤维的抗弯刚度最大,见表3-11。由于苎麻纤维特数较大(支数较低),抗弯刚度大,抱合力差,在纺纱时容易伸出细纱表面而形成端毛羽,导致苎麻织物对人体的刺痒感。通常采用纤维混纺、针织,或者对苎麻进行酶减量处理或化学改性等方法减少或消除刺痒感。

表3-11　几种纤维弯曲性能比较

纤维	临界载荷/($\times 10^{-5}$N)	等效弯曲模量/GPa	抗弯刚度/($\times 10^{-6}$cN/cm^2)
苎麻	22.40~523.30	3.829	10.4600
Lyocell	97.44~351.68	9.840	5.1040
羊毛	32.90~303.50	1.363	0.3534
腈纶	16.38~103.18	2.190	0.5075

三、湿热舒适性

湿热舒适性是指通过服用织物的湿传递和热传递作用,使人体在变化的环境中能获得舒适满意的感觉。一般认为,在衣服内环境中,人体感觉舒适范围为:温度(32 ± 1)℃,相对湿度50%±10%,气流速度(25 ± 15)cm/s。因此,服装织物应该具有热传递性能(隔热、保温、导热和散热)和湿传递性能(透湿、透水和透气等),根据外界环境和人体温湿度适时调节服装内环境的温度和湿度,可以通过吸湿率、透气性、透湿性、保暖性等几个方面进行测试、分析和评估。

(一)吸湿性

韧皮纤维从环境吸收或吸附水分直到达到平衡,纤维对水分的吸附平衡值,即吸湿率,取决于纤维本性和环境的温湿度。亲水性纤维的服装使人体有舒适感;但是,亲水性纤维如果用于增强高分子复合材料,其吸湿性会对复合材料的技术性能产生不利影响,因为用于复合材料的高分子树脂通常是疏水性的,亲水纤维与疏水的基体树脂之间缺乏相容性。

在21℃和65%相对湿度下,棉的吸湿率为8.5%,亚麻为7%,苎麻和大麻为

9%,而黄麻高达12%。天然纤维的吸湿特性是由其化学成分和超分子结构决定的。Komuraiah等发现,纤维吸湿率与纤维中纤维素(-0.197)和果胶(-0.538)的比例呈负相关关系,而与半纤维素、木质素和蜡质的比例呈正相关关系,相关系数分别为+0.42、+0.35和+0.166。纤维素中含有大量的羟基,无定形区的纤维素羟基可吸水;但是,纤维素含量高意味着含杂质低,纤维内纤维素大分子之间氢键结合紧密,因此,显示出吸湿率与纤维素呈现弱的负相关。果胶是单纤维胞间质的主要成分,包裹在成熟单纤维外表面,因为其亲水性小于纤维素,所以,果胶含量与纤维吸湿率出现强的负相关关系。半纤维素含分支结构并有羟基和乙酰基,属短链多糖,本身无定形而存在于微原纤之间,因此,半纤维素与纤维吸湿率表现为强的正相关关系。木质素是一种非晶结构的三维芳香烃聚合物,分子量高,虽然木质素比纤维素的极性小,但是木质素和半纤维素黏结在微原纤之间,破坏纤维的紧密度,促使纤维素大分子与水分接触,因而木质素含量高会增加纤维的吸湿率。这也解释了黄麻吸湿率较高的原因:黄麻的含杂率较高,特别是木质素含量比其他纤维素纤维高,见表3-3。

织物的吸湿性是重要的服用性能之一。亲水性纤维可消除织物上的静电,有亲肤感而具有穿着舒适性,也为苎麻织物吸湿快干性能提供了亲水的前提条件。对于苎麻增强聚合物复合材料,建议去除苎麻纤维中的非纤维素部分,以便降低复合材料的吸湿行为。因为麻纤维的吸湿性往往导致苎麻纤维与疏水性聚合物基质之间的相容性较差。也因为苎麻的吸湿性,在复合材料中增加麻纤维含量,将提高复合材料在水中的膨胀性,引发复合材料基质中的微裂纹,进而水分子通过毛细作用机制,沿纤维/基质相的界面扩散,导致纤维和基质的脱粘,增加复合材料的变形,并降低复合材料的力学性能。

(二)透气性

透气性能是指通过织物在人体与外界之间进行空气交换的能力。织物的透气性主要影响人们对织物的通透爽快感觉,透气量大小影响织物的透湿性和隔热保暖性,是织物的基本服用性能之一。织物透气性良好有利于透湿,但是不利于保暖。不同季节穿着的服装对于透气性的要求不同,春夏服装面料对于织物的透气性要求较高,秋冬服装面料对于织物的保暖性要求较高。织物透气性常用透气量来表示,透气量是指织物两面在规定的压差下,单位时间内流过织物单位面积的空气体积。气体透过以织物经纬纱线交织的大孔隙通过为主,并以穿过纱线中纤维之间的小缝隙为辅。因此,织物透气性主要取决于织物的空隙大小和数量,并与纤维性状及后整理等因素有关。这涉及织物组织结构、织物紧度及经纬纱的线密度。

李焰测定了苎麻平纹织物的透气量,并与相似织物紧度的大麻、亚麻和纯棉织物对比,结果见表3-12,纯棉织物的总紧度比麻织物仅大9%~20%,但是,其透气量仅为麻织物的1/4~1/10,说明麻类织物的透气性优于棉织物。在苎麻、大麻和亚麻三种纯纺麻织物中,尽管苎麻织物的紧度较大,但透气性仍是最好的;同样规格的织物在相同条件下比较,苎麻织物的透气量是大麻织物的189%;在织物紧度接近时,苎/亚麻交织织物的透气性明显高于纯亚麻织物。

表3-12　几种纤维的平纹织物的透气量

织物	经纬线密度/tex	经纬密度/（根/10cm）	织物总紧度/%	透气量/[L/(m²·s)]
苎麻布	27.8/27.8	248×248	73.4	858.8±17.7
苎麻半漂布	27.8/27.8	205×228	66.7	1117.2±47.1
大麻布	27.8/27.8	205×228	66.7	590.6±30.2
亚麻布	41.6/41.6	202×186	71.2	470.8±19.2
苎/亚交织布	27.8/41.6	236×197	71.4	772.2±19.3
纯棉布	14.5/14.5	464×310	80.5	109.8±4.0

麻纤维横截面呈椭圆形、腰圆形、扁平形等,内有沟状空腔,细胞壁有环形层状结构,呈现大小不等的裂纹,使得纤维与纤维之间形成较大的空间,保证了良好的透气性。这也是几种麻纤维的透气性优于棉纤维的主要原因。苎麻纤维织物的透气性高于亚麻和大麻织物,主要是因为苎麻纤维直径大于亚麻和大麻,纤维比表面积相应较小,纤维之间有更大的空隙。

黄绍石分析了织物透气性的影响因素,发现织物厚度和孔隙度是影响织物透气性的主要因素。苎麻织物透气性优于蚕丝、羊毛、涤纶、腈纶和棉织物是因为苎麻纱线含有不规则的粗细纱,在织物上形成粗犷自然的风格可以增加孔隙度;普通纤维与苎麻混纺以后,织物的透气性也得到改善。针织物透气性优于机织物,是由于在针织物组织中纱线具有更大的活动余地,浮线较长,孔隙度较大。

（三）透湿性

服装面料在湿态时释放水分的性能称为放湿性,放湿和吸湿都是面料的重要性能。面料的吸湿—放湿循环时间快慢,即吸湿—放湿速率,可用于评价其吸湿—

放湿性。一般来说,合成纤维吸湿性弱而放湿性强,因为合成纤维具有疏水性;反之,吸湿性强的天然纤维放湿性较弱,因为被纤维直接吸附的水分结合力较强,不容易从纤维中逸出。纤维或织物的物理结构也会影响吸湿和放湿,其机理是纤维、纱线和织物依靠毛细管效应传导水分,这些水分属于被纤维间接吸附,结合力比较弱,容易在毛细管中传导并从纤维中逸出,使织物放湿速率加快。纱线粗细或紧度不同或面料的织法不同,吸湿性也有不同程度的变化。例如,纱线线密度越细(支数越高)则放湿速率越快,这是由于支数高的织物相对较薄,水分从织物内逸出的路径更短,因而使得水分散失更快。

苎麻是单细胞纤维,纤维素分子排列致密,结晶度高,可容纳水分子的无定形区相对较少,被纤维直接吸附的水分不多;苎麻纤维有较多的裂缝和结节,以及较大的胞腔,形成丰富的毛细管网络,有利于水分快速逸出。苎麻本身已具有良好的导湿快干性能,若能对含苎麻纤维的织物再经过亲水整理,则可将苎麻纤维潜在的高吸湿放湿转化成为显性的高导湿和快速放湿。

(四)保暖性

隔热保暖是冬季纺织品及某些产业用纺织品的重要性能。织物的热传递系数小,具有保暖性;反之,热传递系数大则感觉织物凉爽。不同麻棉混纺面料的保暖性能测试数据见表3-13。可以看出,纯棉织物的保暖性能最好,最适合作为冬季服装。罗布麻/棉(30/70)的保暖性能最差,这是由于罗布麻/棉(30/70)织物的透气性最优,所以,适合用作夏季服装。对比罗布麻/棉(30/70)和亚麻/棉(30/70),苎麻/棉(30/70)织物的保暖性能最优。由于韧皮纤维内部的管腔和裂缝使其结构多孔且密度低,当韧皮纤维织物较厚时,织物、纱线和纤维中会保留相当多的空气。因此,较厚的麻织物也会有较好的保暖性。

表3-13　几种织物的保暖性能

织物	保暖率/%	热传递系数/[W/(m² · ℃)]
罗布麻/棉(30/70)	14.74	92.58
亚麻/棉(30/70)	16.74	90.11
苎麻/棉(30/70)	17.81	81.96
棉	24.77	66.36

四、抑菌性能

苎麻为荨麻科苎麻属植物,早在 16 世纪就有记载苎麻根和叶的药用。我国人民传统上用苎麻根和叶的煎剂治疗感冒发烧、麻疹高热、尿路感染、肾炎水肿,用于外科治疗跌打损伤、骨折、疮肿痛毒等。湖南农学院盛忠梅等于 20 世纪 80 年代采用试管法和圆形滤纸层析法,鉴定出苎麻根含有生物碱类、有机酸类、黄酮类和酚类物质等。采用溶剂法从每 100g 苎麻根干粉中提取有机酸盐结晶 0.47～0.62g,生物碱结晶 0.39~0.48g,酚类物质 0.37g,黄酮类 0.36g。经体外抑菌试验证明,苎麻根所含的有机酸和生物碱对革兰氏阳性菌和阴性菌均有抑制作用。其中,对有机酸盐高度敏感的病菌有溶血性链球菌、肺炎球菌、大肠杆菌、炭疽杆菌等;对生物碱高度敏感的有沙门氏杆菌。田静用薄层色谱分离了苎麻根中的黄酮类、酚类及蒽醌类的多种药效成分,如绿原酸、金丝桃苷、槲皮苷、儿茶素等,以绿原酸为主,其余 3 个成分含量极低。闵勇等采用气相色谱—质谱联用的方法对水苎麻叶中的挥发性成分进行研究,从中鉴别出 20 个组分,酸类化合物 6 种、酮类 4 种、酯类 4 种、甾醇类 3 种等,这些挥发性成分对大肠杆菌、酿酒酵母菌、金黄色葡萄球菌和枯草芽孢杆菌具有一定的抑制和杀灭作用。

苎麻韧皮纤维在纺织加工过程中虽然经过脱胶、煮练和漂白等化学加工,在纤维中仍然保留一部分有益抗菌的化学成分,与纤维素、半纤维素、木质素和果胶伴生。正是这些有机酸、酯、酮、甾醇和生物碱等,对致病菌有一定的杀灭和抑制作用。邢声远等按照标准测定了苎麻和几种纤维的抗菌性(表 3-14),表明苎麻、亚麻和竹原纤维均具有较强的广谱抗菌作用。而周衡书等测定出苎麻织物对金黄色葡萄球菌和大肠杆菌的抗菌性分别为 29.5%、40.6%,竹原纤维织物对这两种细菌的抗菌性分别为 28.7%、42.0%,发现并不具有很强的抗菌抑菌性。究其原因,可能因为苎麻织物和竹原纤维织物经过前处理,含杂很少,而表 3-14 中苎麻和亚麻纤维没有标明是原麻还是精干麻。由此可见,麻纤维的抗菌性与纤维含杂有很大的关系。

表 3-14　几种纤维的杀菌测试结果(抑菌率,%)

细菌	苎麻纤维	亚麻纤维	竹原纤维	棉纤维
金黄色葡萄球菌	98.7	93.9	99.0	—
芽孢菌	98.3	99.8	99.7	—
白色念珠球菌	99.8	99.6	94.1	40.1

席丽霞和覃道春以棉纤维为对照材料,以大肠杆菌、金黄色葡萄球菌和白色念珠菌为代表菌株,参照测试标准 GB/T 20944.3—2008 采用振荡法测试,比较了苎麻、黄麻、亚麻三种麻纤维和竹纤维以及竹浆黏胶纤维的抑菌率,发现苎麻对测试菌种的抑制作用相对较强,且对金黄色葡萄球菌的抑菌效果最好。李焰的研究采用经过前处理去杂以后的三种麻织物,证实麻织物确实具有天然的抗菌抑菌性能,尤其是对金黄色葡萄球菌和大肠杆菌,见表 3-15。与表 3-14 对比可知,麻织物经过染整前处理后,抗菌效果很有限,并且随着织物水洗次数增加,抗菌作用进一步降低。若要求达到良好和耐久的抗菌效果,还需要进一步对麻织物进行抗菌后整理。

表 3-15　三种麻织物的抑菌率(%)

试样	水洗次数	金黄色葡萄球菌	大肠杆菌	白色念珠菌
水洗棉布对照	0	0	0	0
苎麻漂白布	0	53.5	43.9	28.3
	10	45.8	30.1	—
	30	36.2	—	—
大麻米黄色布	0	50.4	37.2	—
	10	41.5	24.3	—
	30	32.6	—	—
亚麻色织布	0	61.5	57.5	34.3
	10	51.7	23.2	27.1
	30	42.7	—	—

五、热性能

苎麻纤维作为增强材料时,在复合材料制备过程中需经历高温过程,因此,确定纤维的降解行为是至关重要的。当天然纤维用于隔热材料时,纤维的耐热性也很重要。与通常的合成高聚物相比,麻纤维素高分子不具有热塑性,耐热稳定性也较低。例如,黄麻和亚麻纤维在 170℃ 以下韧性保持不变,而高于 170℃ 其韧性发生显著变化。图 3-17 是天然纤维的典型热重分析曲线。在 100~200℃ 低温下,由于水分损失,纤维质量略有下降。在 200~400℃ 高温下,由于半纤维素、纤维素和木质素的陆续热分解,会损失高达 70% 的纤维质量。其中半纤维素的降解温度为 200~350℃,其无定形结构成为最先分解的化学成分。纤维素和木质素的降解温

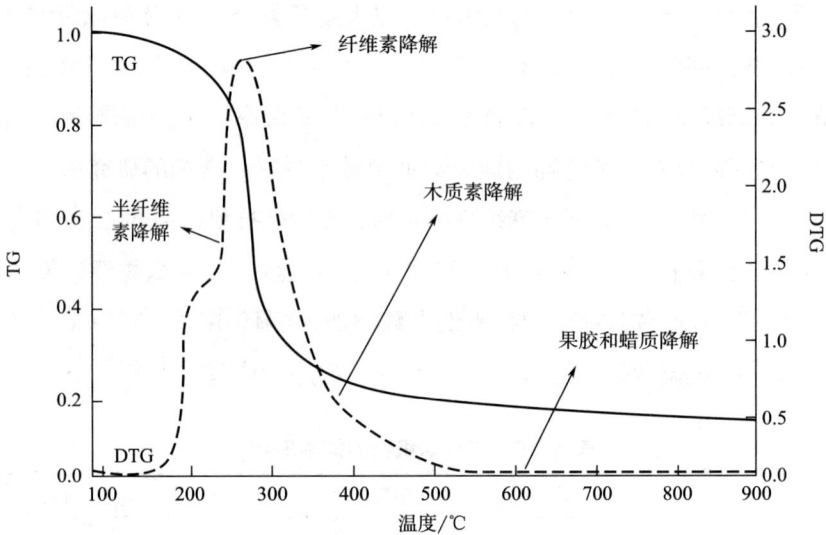

图 3-17   天然纤维的典型的失重曲线(TG)及其微分曲线(DTG)

度在 300~500℃。一旦半纤维素完全分解,纤维素就开始降解;木质素为纤维植物提供刚性支撑,是在高温条件下分解的第三种成分。最后降解的是其他纤维成分,包括果胶和蜡质。如果将韧皮纤维用于复合材料,其力学性能将受到高温的影响。因此,应根据不同的情况,合理制订复合材料制备条件。

苎麻的其他热性能见表 3-16,这些性能在苎麻纤维或织物,以及苎麻增强有机复合材料的加工和使用中都显示出重要性。此外,纤维在受热环境下的挥发性有机物(VOC)也是重要的考虑因素。对苎麻纤维的 VOC 含量测试表明,苎麻纤维热分解时几乎无苯类物质释放,但醛类物质含量较高,甲醛和乙醛的释放量分别为 218.8μg/m³ 和 2352.8μg/m³。这主要是因为苯类物质来自木质素的分解产物,醛类物质主要来自半纤维素单糖的分解产物。而苎麻中的木质素含量很低,但是半纤维素含量较高(表 3-3)。因此,若苎麻及其复合物在高温下使用,需要注意醛类物质的释放,做好必要的防护措施。

表 3-16   苎麻的热性能

参数	性能值	参数	性能值
比热容/[J/(kg·K)]	$1.36×10^3$	燃点/℃	193
导热系数/[mW/(m·K)]	427.3	润湿热/Cal	18.2
燃烧热/(J/g)	17.5		

六、抗紫外性能

紫外线是电磁波谱中波长在 100~400nm，人眼无法直接观察到的光波。紫外光分为 UVA、UVB 和 UVC 三种，波长范围分别为 400~315nm、315~280nm 和 280~100nm，其中 UVC 和部分的 UVB 会被臭氧层吸收而无法到达地面。紫外线具有一定的杀菌作用，可以帮助人体合成维生素 D。但是，高能紫外线可以穿透人体皮肤，对人体造成一定程度的损害，例如，造成黑色素的堆积，加快皮肤的老化速度，使皮肤丧失原有的弹性，甚至会引发多种皮肤疾病，产生红斑、灼伤和水泡。衣服是抵抗紫外线的有效屏障。当紫外线照射到织物表面时，一部分会在织物表面形成反射，一部分会被织物材料所吸收，最后还有一部分紫外线将会穿透织物，接触到皮肤。若能增强织物材料的反射率，或者提高织物材料对紫外光的吸收率，都能减少穿透织物的紫外线量，从而提升织物的抗紫外线性能。纤维和织物本身的结构特点将影响织物的抗紫外线性能。表面光滑、圆形截面和线密度大的纤维，以及缎纹织物有利于光的反射，可减少紫外光的透射量。异形截面、粗糙表面和线密度大的纤维，以及覆盖紧度高、厚重织物则有利于吸收紫外线，也将减少紫外光的透射量。现代纺织品多利用紫外线屏蔽剂（如陶瓷粉和金属氧化物粉末）和紫外线吸收剂有机物，通过共混纺丝或印染后整理添加在纤维或织物中以增强抗紫外性能。

俞春华等比较了相同组织结构的苎麻、亚麻和大麻织物的抗紫外性能，发现大麻织物抗紫外线性能最好，亚麻次之，苎麻再次之，织物 UVA 透过率分别为 15.94%、31.54% 和 41.93%。他们将其归因于大麻的纤维素含量最低，杂质含量高于亚麻和苎麻，尤其是木质素含量较高，约为苎麻的 6 倍。木质素有很强的紫外线吸收能力，对波长在 250~450nm 的紫外可见光波有良好吸收。其中最大吸收峰 280~290nm 源于木质素愈创木基 G 中的非共轭酚羟基；而波长在 260nm 处的吸收峰则为木质素苯环的特征吸收峰。正是由于木质素对紫外线的强吸收作用，使麻类织物具有优异的抗紫外线性能。

郁崇文团队对苎麻、亚麻和大麻的精干麻及麻织物的抗紫外性能也进行了研究，结果表明，大麻和亚麻精干麻对紫外线透过率曲线相近，对 UVA 波段（315~400nm）紫外防护性大小顺序：大麻>亚麻>苎麻>涤纶，如图 3-18(a) 所示。其原因主要是大麻和亚麻为束纤维，含有的木质素等杂质高于苎麻。

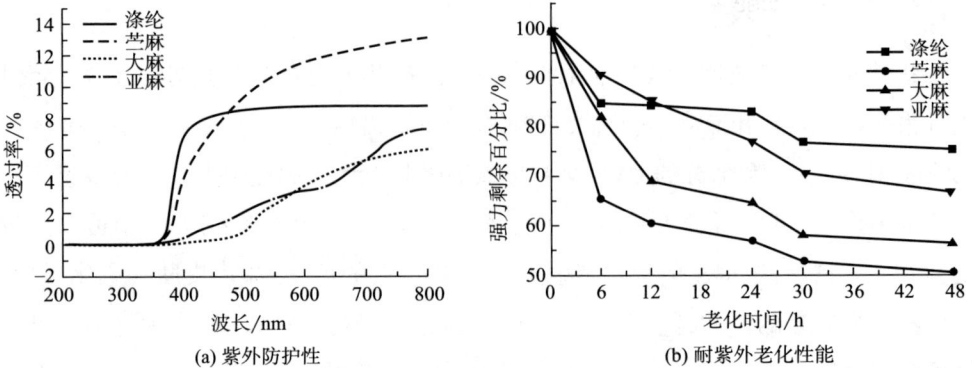

(a) 紫外防护性 (b) 耐紫外老化性能

图 3-18 精干麻纤维的抗紫外性能

高能辐射的紫外光照射木材或竹材表面后,将使其纤维组织和薄壁组织降解。由图 3-18(b)可知,在耐紫外老化方面,通过氙灯老化箱对几种纤维进行人工加速老化,涤纶具有最优的耐紫外老化性能。亚麻在三种麻纤维中耐紫外老化性能最好:在老化 6h 时,亚麻纤维的强力下降 10% 左右,而苎麻纤维的强力下降 25% 左右;当老化 48h 后,亚麻、汉麻和苎麻的剩余强力分别为初始强力的 66.69%、56.21% 和 50.60%。这可能也与麻纤维所含杂质种类和含量有关。

七、其他性能

(一)纤维表面摩擦系数

纤维之间摩擦,纤维与金属或非金属之间的摩擦在纺织加工中随处可见。在麻纺过程中,这些摩擦作用在很大程度上影响着牵伸和梳麻工艺的实施,对于控制纱线的强力、纺织机械导纱件的磨损等有重要影响,甚至对织物的手感和服用性能等亦有一定关系。因此,摩擦系数是纤维的基本性能之一。周岩和姜繁昌的研究表明,在一定载荷和牵引速度下,全脱脂苎麻纤维之间的静摩擦系数为 0.50~0.85;纤维上乳化油后急剧下降,当乳化液率加至 10%~15% 时,静摩擦系数下降至低谷,为 0.32~0.61;然后随着乳化油的继续增加,静摩擦系数再度缓慢增加。全脱脂苎麻纤维的动摩擦系数为 0.45~0.72;纤维上乳化油后急剧下降,当乳化液率加至 30%~40% 时,动摩擦系数下降至低谷,为 0.23~0.54,并趋于稳定。从扫描电镜照片可见,苎麻纤维的横节、裂缝和毛绒造成纱线表面粗糙,纤维间的摩擦系数较大,施加乳化油后覆盖了凹凸不平的表面,因而,纤维之间摩擦被摩擦系数较低的纤维—乳化油之间的摩擦所代替。在载荷为 150g 和牵引速度为 0.12m/min 条件下,苎麻纤维束与金属材料之间的静摩擦系数和动摩擦系数分别为 0.15～0.17 和 0.13～0.15,乳化油影响不大;苎麻纤维束与非金属材料(如牛皮、丁腈橡胶、有机玻璃等)之间的静摩擦系数(0.30～0.61)和动摩擦系数(0.19～0.43),比苎麻与金属材料之间要大得多,而且乳化油的影响较大。载荷在 100g 以上时,纤维间的摩擦开始出现"黏—滑"现象,且随着载荷的增加,黏滑现象更加明显;载荷在 100g 以下时,摩擦力曲线呈"波动"现象,且随着载荷的增加,粘滑频率逐渐减少。这些结果表明,当苎麻纯纺或者与合成纤维混纺,用金属梳针梳理时,苎麻纤维之间或苎麻与合成纤维之间具有良好的抱合力,苎麻黏滑现象不明显,有利于纤维分梳和纤网均匀性。

(二)纤维的极性

在苎麻成分中,纤维素和半纤维素大分子存在大量的羟基,表现为良好的亲水性,果胶也为极性,亲水性弱的成分有含芳环的木质素(含量很少),蜡质疏水但是在脱胶时已去除,因此,苎麻是亲水纤维。Schellbach 等测量了苎麻、大麻、黄麻等天然纤维的接触角,见表 3-17。他们发现,天然纤维的接触角基本都在 40°～50°。通常其后退接触角比前进接触角小几度,其差异称为接触角的滞后,是由于天然纤维的表面粗糙度和表面化学成分的非均匀性引起的。苎麻纤维表面的亲水性是苎麻织物吸湿性的来源。若苎麻纤维被用于增强材料制备亲水聚合物(如聚乙烯醇)复合材料时,可期望纤维与聚合物基体有良好的相容性;然而若苎麻纤维用于增强非极性树脂基体材料时,如聚丙烯、聚乳酸、环氧树脂、不饱和聚酯树脂等,基体树脂与苎麻纤维之间相容性差,需要对苎麻纤维的表面进行改性。李姗等用硅烷偶联剂 KH550 处理苎麻织物,增强不饱和聚酯树脂,当偶联剂质量分数为 1%时,苎麻表面的水接触角提高了 11.85%,不饱和聚酯复合材料的抗弯曲强度提高 39.95%。苎麻纤维的中空管腔、表面缝隙和结节,使其表面粗糙且不均匀,并在复合材料结构中增加与树脂的机械锚固,从而有利于增强纤维与基体树脂的附着力。

表 3-17　水在几种天然纤维上接触的前进角和后退角

纤维	前进角/(°)	后退角/(°)	纤维	前进角/(°)	后退角/(°)
苎麻	42±2	35±3	剑麻	41±3	30±3
大麻	50±7	43±4	锦纶66(对照)	71±3	52±5
黄麻	39±3	38±3			

(三)介电性能

材料的介电特性,例如,电导率、电阻率、介电常数和损耗因子,决定了它们是否适合用于导电产品或绝缘产品。电导率表示一种材料的导电能力,与电阻率互为倒数。介质损耗因子又称损耗角正切,指的是绝缘体在电场作用下由于介质电导和介质极化的滞后效应,在其内部引起的能量损耗;也称为介质损失,简称介损。介电常数表示在外加电场作用下材料储存电能的能力,是材料成分的极化程度的函数。通常,极性物质的相对介电常数大于 3.6;弱极性物质的相对介电常数在 2.8~3.6;非极性物质的相对介电常数小于 2.8。植物纤维的化学成分,特别是纤维素中存在的羟基,极大地影响其介电常数。Bora 等研究了几种纤维在 1~20kHz 音频范围和 23~307℃ 温度范围内的介电性能。在中段温度下,苎麻的介电常数为 5.18,黄麻为 4.46,棉为 4.23,聚酯为 4.22,介电常数随频率的增加而减少。在室温下,苎麻、黄麻、棉和聚酯纤维样品的直流电导率分别为 $3.3×10^{-14}$、$1.9×10^{-13}$、$8.4×10^{-14}$ 和 $8.6×10^{-14}$ S/cm。该电导率从室温到47℃左右基本保持不变,然后随着温度的升高而升高。增加纤维的含水率会增加电导率,降低电阻率。秦辉等以苎麻原麻和苎麻布对环氧封装材料增强,苎麻原麻和环氧树脂质量比为 3∶5,加入不同含量的纳米 $Sn(OH)_4$ 和 $Al(OH)_3$,采用模压成型法制备苎麻/纳米颗粒增强环氧封装材料。结果表明,封装材料的介电常数和介电损耗随着纳米氢氧化物比表面积增加而增大,同时,也随着纳米粒子含量的增加而增大。说明亲水性苎麻纤维和纳米氢氧化物的加入提高疏水性环氧树脂封装材料的介电性能。

参考文献

[1]ANGELINI L. G.,LAZZERI A.,LEVITA G.,et al. Ramie（Boehmeria nivea（L.）Gaud.）and spanish broom（Spartium junceum L.）fibres for composite materials:agronomical aspects,morphology and mechanical properties[J]. Industrial Crops &

Products,2000,11:145-161.

[2]孙焕良,周清明,郭清泉.苎麻韧皮纤维农艺变性刍论[J].中国麻业科学,2002
(4):21-25.

[3]孟桂元,伍波,周静,等.苎麻属野生植物纤维细胞形态结构与其经济性状和物
理性能的关系[J].西北植物学报,2013(4):712-719.

[4]钟军,伍波,王坤,等.苎麻野生种质资源纤维细胞形态结构与理化特性研究
[J].作物研究,2009,23(1):38-41.

[5]SADRMANESH V,CHEN Y. Bast fibres:structure,processing,properties,and appli-
cations[J]. International Materials Reviews,2019,64(7):384-406.

[6]张光霞,郭荣幸.使用不同显微镜对常见麻纤维定性鉴别的研究[J].中国纤
检,2018(6):88-91.

[7]KICIŃSKA-JAKUBOWSKA A,BOGACZ E & ZIMNIEWSKA M. Review of natural
fibers. Part I-Vegetable fibers[J]. Journal of Natural Fibers,2012,9(3):150-167.

[8]易姣,张世全.国内外服用麻类纤维鉴别研究综论[J].质量技术监督研究,
2018(1):44-46.

[9]RÅNBY B G. , RIBI E. Über den feinbau der zellulose[J]. Experientia,1950,6:
12-14.

[10]VOGEL V A. Zur feinstruktur von ramie[J]. Die Makromolekulare Chemie,1953,
11(1):111-130.

[11]FREY-WYSSLING A. The fine structure of cellulose microfibrils[J]. Science,
1954,119(3081):80-82.

[12]MANLEY R S J. Fine structure of native cellulose microfibrils[J]. Nature,1964,
4964:1155-1157.

[13]HEYN A N J. Observations on the size and shape of the cellulose microcrystallite in
cotton fiber by electron staining[J]. Journal of Applied Physics,1965,36:2088.

[14]TSUJI M,MANLEY R S J. Image analysis in the electron microscopy of cellulose
protofibrils[J]. Colloid & Polymer Science,1984,262:236-244.

[15]TSUJI M,FRANK J,MANLEY R S J. Image analysis in the electron microscopy of
cellulose protofibrils II. Digital correlation methods[J]. Colloid & Polymer Sci-
ence,1986,264:89-96.

［16］THOMAS S,PAUl S. A,POTHAN L. A,et al. Natural fibres：structure,properties and applications//. In：Kalia S. ,Kaith B. ,Kaur I. (eds) Cellulose fibers：bio-and nano-polymer composites［M］. Berlin：Springer,2011.

［17］SAITO T,OKITA Y,NGE T T,et al. TEMPO-mediated oxidation of native cellulose：Microscopic analysis of fibrous fractions in the oxidized products［J］. Carbohydrate Polymers,2006,65(4):435-440.

［18］SAITO T, KIMURA S, NISHIYAMA Y, et al. Cellulose nanofibers prepared by TEMPO-mediated oxidation of native cellulose［J］. Biomacromolecules,2007,8(8):2485.

［19］晏春耕,曹瑞芳. 苎麻韧皮纤维三维结构与生长发育特性的研究［J］. 南方农业学报,2006,37(3):224-227.

［20］晏春耕. 苎麻韧皮纤维超微结构的研究［J］. 湖南农业大学学报(自然科学版),2000,26(1):31-33.

［21］晏春耕,曹瑞芳,申素芳,等. 苎麻韧皮纤维超微结构的观察［J］. 安徽农业科学,2012,40(8):4488-4489,4491.

［22］王越平,高绪珊,邢声远,等. 几种天然纤维素纤维的结构研究［J］. 棉纺织技术,2006(2):12-16.

［23］朱谱新,杨昌美,杨声发,等. 四川优质苎麻的结构和性能研究［J］. 成都科技大学学报,1994,75(1):25-30.

［24］ZIMNIEWSKA M,WLADYKA-PRZYBYLAK M,MANKOWSKI J. Cellulosic bast fibers,their structure and properties suitable for composite application//In：Kalia S. ,Kaith B. ,Kaur I. (eds) Cellulose fibers：bio- and nano-polymer composites ［M］. Berlin：Springer,2011,97-119.

［25］KOZASOWSKI R M,MACKIEWICZ-TALARCZYK M,ALLAM A M. Handbook of natural fibres,(5) Bast fibres：flax［M］. Cambridge：Woodhead Publishing Limited,2012.

［26］DOCHIA M. ,SIRGHIE C. ,ROSKWITALSKI Z. Handbook of natural fibres：Cotton fibres［M］. Cambridge：Woodhead Publishing Limited,2012.

［27］HINTERSTOISSER,B. & SALMÉN,L. Two-dimensional step-scan FTIR：a tool to unravel the OH-valency-range of the spectrum of cellulose I［J］. Cellulose,

1999,6(3):251-263.

[28]FAN M,DAI D,HUANG B. Fourier transform infrared spectroscopy for natural fi-bres:Fourier transform - Materials analysis[M]. InTech,2012.

[29]WOODCOCK C,SARKO A. Packing analysis of carbohydrates and polysaccha-rides:Molecular and crystal structure of native ramie cellulose[J]. Macromole-cules,1980,13(5):1183-1187.

[30]STIPANOVIC A J,SARKO A. Packing analysis of carbohydrates and polysaccha-rides:Molecular and crystal structure of regenerated cellulose II[J]. Macromole-cules,1976,9(5):851-857.

[31]SIMON I,GLASSER L,SCHERAGA H A,et al. Structure of cellulose.:Low-ener-gy crystalline arrangements[J]. Macromolecules,1988,21(4):990-998.

[32]OH S Y,YOO D I,SHIN Y,et al. Crystalline structure analysis of cellulose treated with sodium hydroxide and carbon dioxide by means of X-ray diffraction and FTIR spectroscopy[J]. Carbohydrate Research,2005,340(15):2376-2391.

[33]何建新,王善元. 天然纤维素的核磁共振碳谱表征[J]. 纺织学报,2008,29(5):1-5.

[34]DAI D,FAN M. Investigation of the dislocation of natural fibres by Fourier-trans-form infrared spectroscopy[J]. Vibrational Spectroscopy,2011,55(2):300-306.

[35]范文正,贺文婷,任子龙,等. 苎麻纤维物理、力学及 VOC 性能分析[J]. 中国纤检,2014(1):80-83.

[36]曹双平,王戈,余雁,等. 几种植物单根纤维力学性能对比[J]. 南京林业大学学报(自然科学版),2010,34(5):87-90.

[37]陈东生,甘应进,王建刚,等. 莲纤维的力学性能[J]. 纺织学报,2009,30(3):18-21.

[38]王琨琳,李长龙. 麻织物力学性能探讨[J]. 安徽工程大学学报,2014,29(1):77-80.

[39]苏旭中,顾秦榕,赵超,等. 麻织物服用性能探讨[J]. 上海纺织科技,2018,46(9):14-15,62.

[40]戚媛,于伟东. 织物刺痒感的认识和评价[J]. 青岛大学学报(工程技术版),2005,20(2):44-49.

[41] 胡睿敏,董倩,蒲青霞,等. 消除苎麻织物刺痒感的研究进展[J]. 纺织导报, 2017(2):70-73.

[42] 顾和华. 论服装的湿热舒适性与凉爽性[J]. 上海纺织科技,1996(4):54-57.

[43] KOMURAIAH A. ,KUMAR N. S. ,PRASAD B. D. Chemical composition of natural fibers and its influence on their mechanical properties[J]. Mechanics of Composite Materials,2014,50(3):359-376.

[44] 李英华,朱威. 高分子果胶与改性果胶的吸湿性能比较研究[J]. 天然产物研究与开发,2014,26:93-95.

[45] 吴济宏,张尚勇,郭亚星. 苎麻导湿凉爽针织面料的研究[J]. 上海纺织科技, 2006,34(11):58-60.

[46] 李焰,徐海林. 竹原纤维与苎麻纤维织物吸放湿性能的比较研究[J]. 广西纺织科技,2006,35(2):33-35.

[47] 李焰. 麻织物透气性能的研究[J]. 湖南工程学院学报,2005,15(2):88-90.

[48] 黄绍石. 苎麻织物透气性能的分析与探讨[J]. 纺织学报,1992,13(5): 27-30.

[49] 盛忠梅,朱天倬,倪淑春,等. 苎麻根化学成分及抗菌作用研究[J]. 中国兽医杂志,1984,(5):38-40.

[50] 田静. 苎麻根药材的生药学鉴定研究[J]. 亚太传统医药,2019,15(8): 74-76.

[51] 闵勇,张薇,王洪,等. 水苎麻叶挥发性成分分析及其抗菌活性研究[J]. 食品工业科技,2011,32(7):86-87+90.

[52] 邢声远,刘政,周湘祁. 竹原纤维的性能及其产品开发[J]. 纺织导报,2004 (4):43-48.

[53] 周衡书,伍建国,钟文燕. 竹原纤维织物与苎麻纤维织物的抗菌整理与性能研究[J]. 纺织科学研究,2005(4):16-22.

[54] 席丽霞,覃道春. 几种纺织纤维的天然抗菌性[J]. 上海纺织科技,2011,39 (5):9-11.

[55] 李焰. 麻织物的舒适性和抗菌性研究[D]. 苏州:苏州大学,2004.

[56] ROY S. ,LUTFAR L B. Handbook of Natural Fibres:Bast fibres:Ramie[M]. Cambridge:Woodhead Publishing Limited,2012.

[57]陈亿.浅析织物的抗紫外线性能[J].中国科技纵横,2019(4):247-248.

[58]俞春华,乔鹏娟,袁利华,等.大麻织物的抗紫外线性能及其影响因素[J].上海纺织科技,2011,39(2):4-6.

[59]程芳,朱瀛奎,钟超,等.利用四甲基氢氧化铵提取小麦秸秆木质素及其结构表征[J].生物加工过程,2019,17(4):418-423,429.

[60]毕雪蓉,张微,罗建光,等.麻纤维制品抗紫外性能的研究[J].上海纺织科技,2019,47(4):28-31.

[61]魏学智,贺新强,胡玉熹,等.紫外线照射对毛竹茎秆细胞壁超微结构及色泽变化的研究[J].林业科学,2003,39(2):137-139.

[62]周岩,姜繁昌.苎麻纤维摩擦系数的测试和研究[J].麻纺织技术,1984,2:18-30.

[63]龚中良.界面摩擦过程黏滑行为特征研究[J].润滑与密封,2011,36(6):1-3.

[64]SCHELLBACH S L.,MONTEIRO S N.,DRENCH J W. A novel method for contact angle measurements on natural fibers [J]. Materials Letters, 2016, 164:599-604.

[65]李姗,李冬松,王春红,等.苎麻/UPR 复合材料的制备及其弯曲性能[J].天津工业大学学报,2012,31(5):14-17,24.

[66]BORA M. N.,BARUAH G C,TALUKDAR C L. Studies on the dielectric properties of some natural(plant)and synthetic fibres in audio frequency-range and their DC conductivity at elevated temperature[J]. Thermochimica Acta,1993,218(2):435-443.

[67]秦辉,王俊勃,杨敏鸽,等.苎麻/纳米颗粒增强环氧封装材料的介电性能[J].化工新型材料,2013,41(1):130-132.

第四章　苎麻的加工

苎麻的最大价值是纤维的服用和工业应用。夏布是中国最古老的苎麻布料，其制作过程包括剥麻、绩纱、织布和漂白染色后处理。在当代多作为手工艺品存在。夏布的生产工艺为世界纺织业的启蒙曾经做出了重要的贡献；其制作技艺以及服用演变历史也是中华古代文明的重要组成部分。随着时代的进步和科学的发展，现代苎麻纺织品加工已经融入各种天然纤维和合成纤维纺织品加工的庞大技术体系中，借助于相关行业的科技进步，苎麻纺织的工艺技术和设备已从古代夏布技艺中脱胎换骨。然而，相对于其他纤维纺织品的加工，我国苎麻纺织产业的加工技术仍然存在很多问题，尤其是落后的苎麻脱胶和梳纺部分，从 20 世纪 70 年代基本定型以来，没有得到根本改变。苎麻脱胶的低效高耗和高污染，以及苎麻梳纺工艺流程长、用工多、机械设备落后、产品质量差、成本高等，成为长期未解决的老大难问题，严重阻碍了我国苎麻纺织工业的发展。因此，目前需要充分整合苎麻全行业的技术资源，重点攻克苎麻纺织工业技术装备落后的难题，实现行业的产业升级。

第一节　苎麻脱胶

在麻类植物的韧皮中，除含有纤维素外，还含有一些胶质杂质，主要是半纤维素、果胶物质和木质素等。这些胶质大都包围在纤维的外表，使纤维胶结在一起而呈现出坚固的条片状物质，即通称的原麻。显然，这是不能直接用来纺纱的。此外，在麻类作物的生长过程中，有时常受到病、虫等自然灾害的破坏，而在韧皮上留下各种疵点，如病斑、风瘫等。由于收获、剥制工作的不良使一些麻屑、麻壳等留存在苎麻的韧皮之中，这些癍疵的存在非常不利于纺纱过程的加工，因而在纺纱之前必须将韧皮中的胶质去除,并使苎麻单纤维相互分离,这一过程就称"脱胶"。现代化苎麻纺纱均是单产品纺纱,赋予苎麻产品优良的力学性能及穿着服用性能。

一、脱胶的基本原理

(一)麻脱胶的要求

苎麻单纤维长度很长,平均长度在 60mm 以上;纤维强度是天然纤维中最高的,因此苎麻的长度和强度足以满足纺纱加工的要求。为了纺制线密度小、均匀度好的苎麻纱线,苎麻脱胶时应全部脱去胶质而获得单纤维,即采用全脱胶的方法。苎麻纤维单细胞在韧皮中相互疏松排列结构,也使苎麻全脱胶成为可能。在脱胶过程中,在尽量减少纤维损伤的前提下,要获得尽可能高的制成率。亚麻、大麻(汉麻)是以工艺纤维作为纺纱原料,纤维之间需依赖胶质将纤维成束,一般只需采用半脱胶工艺加工即可。

(二)脱胶的方法及原理

麻脱胶有化学脱胶、微生物(细菌)脱胶、生物化学联合脱胶以及最新研究的氧化脱胶、有机溶剂脱胶等几种加工方法。

化学脱胶是根据原麻中纤维素和胶质的成分化学性质的差异,以化学处理为主去除胶质的脱胶方法。化学脱胶采用以碱液煮练为主,其他化学药剂处理,如烧碱、酸、双氧水、次氯酸漂液等,以及用拷麻等机械物理方法处理,是获得优良品质精干麻的辅助手段。化学脱胶可以较快较好地去除原麻中的绝大部分胶质,达到全脱胶的要求。所以,目前国内外苎麻工业脱胶基本上采用化学脱胶为主的方法。

微生物脱胶是利用微生物分解胶质,主要有两种途径。一种途径是将某些脱胶细菌加在原麻上,细菌利用麻中的胶质作为营养源而大量繁殖,在繁殖过程中分泌出一种酶来分解胶质。酶是由生物产生的一种蛋白质,能加速体内各种生物化学反应,被称为生物催化剂。酶的生物作用具有专一性,例如,果胶酶只能水解果胶,半纤维素酶只能水解半纤维素。脱胶菌在繁殖过程中产生的酶可以分解胶质,使高分子量的果胶及半纤维素等物质分解为低分子量的组分而溶于水中。另一种途径是将能脱胶的细菌培养到细菌的衰老期后产生大量的粗酶液,粗酶液可用来浸渍麻,也可将其提纯浓缩为液剂或粉剂,再将酶剂稀释在水中,浸渍麻来进行脱胶。一般经微生物脱胶的麻还含有胶质,主要原因是菌种的酶活力还不够高以及胶质的种类很复杂。在工厂中一般采用微生物脱胶与化学脱胶联合脱胶的方法进行大规模加工生产。

二、脱胶工艺

现有脱胶方式主要有常规碱脱胶、生物酶脱胶、细菌脱胶、氧化脱胶和有机溶剂脱胶。

(一)常规碱脱胶

常规碱脱胶原理是先浸酸去除原麻中的半纤维素,再用氢氧化钠煮练。纤维素耐碱性强,果胶能在氢氧化钠作用下水解生成易溶于碱液的物质,木质素和部分杂质也能和氢氧化钠反应而被除去。常规碱脱胶制备的纤维性能好,但脱胶流程长,耗时、耗能,脱胶废水污染严重。常规碱处理脱胶工艺为:

浸酸→水洗→一次煮练→水洗→二次煮练→打纤及漂酸洗→给油→脱油、脱水→烘干

孟超然使用常规碱脱胶工艺对苎麻纤维进行脱胶试验,脱胶后苎麻纤维的断裂强度为8cN/dtex。反应过程为,浸酸工艺:2g/L H_2SO_4,50℃,60min,浴比1∶10。一煮:5g/L NaOH,2g/L Na_2SiO_3,2.5g/L Na_2SO_3,100℃,120min,浴比1∶10。二煮:15g/L NaOH,2.5g/L Na_2SiO_3,2g/L $Na_5P_3O_{10}$,100℃,120min,浴比1∶10。

(二)生物酶脱胶

生物酶脱胶的原理,是使用果胶酶、半纤维素酶等去除麻纤维中的果胶及半纤维素等非纤维素类物质。生物酶脱胶的环保性比较好,但现有的脱胶酶作用单一、价格昂贵;由于胶质成分结构复杂,单独的生物酶处理难以实现对麻纤维的提取,需在生物酶处理后辅以后续化学试剂处理才能完成彻底脱胶。其常规酶脱胶工艺为:

原麻→酶处理→沥水堆置→水洗→氢氧化钠煮练→水洗→打纤→氧漂→水洗→烘干

余秀艳采用诺维信公司生产的复合酶SCOURZYME301对苎麻纤维进行脱胶试验,得出苎麻生物酶脱胶的最佳工艺条件:SCOURZYME301用量为15%,温度为50℃,浸酶时间为2h,堆置时间为16h。脱胶后苎麻的性能指标:残胶率为2.4%,单纤断裂强度为6.23CN/dtex,柔软度为73.4捻/10cm,白度为55.6%。

（三）细菌脱胶

细菌脱胶是把具有脱胶性能的菌株接种至原麻上，菌株以原麻上的非纤维类胶质为营养，大量生长繁殖，同时，分泌酶类物质分解胶质部分，使麻纤维得以分散，可概括为"胶养菌—菌产酶—酶脱胶"。细菌脱胶绿色环保，但存在菌株筛选和控制难度高的问题。酶制剂生产工艺流程：

菌种选育→菌种培养→菌种产酶→三级发酵→粗酶液提取

常规酶脱胶生产工艺流程：

原麻扎把装笼→浸酶处理→洗麻→拷麻→漂洗→给油→脱水烘干

MAO 采用 RAMCD407 作为有效的苎麻脱胶微生物菌群对苎麻脱胶，苎麻原料5kg，自来水 40L，接种剂 10L。然后在 42℃下反应 56h，再使用 0.2% 的 NaOH 处理完成脱胶。最终纤维的残胶含量为 2.84%，断裂强度为 5.2cN/dtex。

（四）氧化脱胶

1. 过碳酸钠氧化脱胶

过氧化物脱胶主要是利用过氧化物的氧化性来去除苎麻原麻中的胶质成分，并利用过氧化物的漂白性质对苎麻纤维进行漂白处理。过碳酸钠也称过氧化碳酸钠或过氧水合碳酸钠，是新型的环境友好型过氧化物，一种强氧化剂。过碳酸钠具有碳酸钠和双氧水的双重性质，具有很强的漂白、杀菌能力。脱胶工艺为：

原麻→过碳酸钠脱胶→洗麻→脱水→给油→脱水→烘干

刘国亮使用过碳酸钠对苎麻进行脱胶处理，研究温度、时间、过碳酸钠浓度等因素对苎麻脱胶效果的影响。实验结果表明，过碳酸钠脱胶的最优工艺：煮练温度为 95℃，煮练时间为 150min，过碳酸钠浓度为 18%，螯合剂（EDTA）含量为 2%，三聚磷酸钠为 2%，耐碱渗透剂为 2%，浴比为 1∶12。结果表明，精干麻纤维的断裂强度基本能够达到传统化学脱胶（"二煮一漂"）工艺的水平。而且，过碳酸钠脱胶的精干麻并丝情况也优于传统化学脱胶。

2. 过氧化氢氧化脱胶

过氧化氢在碱性条件下会发生分解产生 HOO—、O_2—、HO·、HOO·、O_2 等物质和基团自由基。其中自由基、氧气在碱性条件下具有强氧化性，可以氧化去除原麻中的半纤维素；HOO—是一种强亲核物质，可以消除木素中的共轭羰基达到漂白作用。但过氧化氢在碱性条件下迅速分解，在氧化胶质的同时，也氧化了纤维素，使纤维素的大分子链断裂,聚合度降低,纤维性能下降。因此,过氧化氢氧化工艺中添加过氧化氢稳定剂,可以缓解过氧化氢的分解,降低对纤维素的氧化降解。过氧化氢脱胶工艺为:

氧化煮练→水洗→还原剂煮练→水洗→给油→脱油、脱水→烘干

杨涛讨论了双氧水浓度、烧碱浓度、煮练温度和煮练时间等工艺参数对苎麻脱胶效果的影响,通过正交试验确定最佳工艺条件:双氧水为8%,烧碱为3.5%,温度为85℃,时间为135min。试验结果表明,氧化脱胶法的精干麻强度比传统工艺稍低,并丝率和传统工艺相近,细度、制成率、白度均明显高于传统工艺,更重要的是,煮液的污染程度明显低于传统工艺。

刘凤鸣研究了五种过氧化氢稳定剂 YZ-1126,EDDHANa,FY107,SW15 和CN-215 对苎麻氧化脱胶的影响,同时,分别对苎麻氧化脱胶的工艺(即稳定剂用量、氢氧化钠用量、氧化脱胶时间)进行优化。试验表明,与其他过氧化氢稳定剂相比,FY107 在苎麻氧化脱胶中的效果最明显,其优化的工艺条件:稳定剂 FY107 用量为1%,氢氧化钠用量为4%,氧化脱胶时间为50min。使用过氧化氢用量为6%,多聚磷酸钠用量为4%,螯合剂用量为2%,保护剂用量为1%,还原剂用量为5%,煮练液的浴比为1:10。

李召岭对纤维素受氧化程度与苎麻纤维强伸性能的关系进行了研究,结果表明,纤维中羧基、醛基含量越高,纤维断裂强度、断裂伸长率越低;当纤维中醛基和羧基含量分别处于 $20\sim35\mu mol/g$ 和 $140\sim180\mu mol/g$ 时,脱胶效果比较理想,而纤维中醛基和羧基生成量是可以通过调节脱胶参数调控的。另外,使用还原剂溶剂处理氧化脱胶后的苎麻纤维可以使其大分子链上生成的醛基、羧基等氧化性基团重新还原成羟基,这不仅可以提高纤维的力学性能,还可以弥补氧化脱胶纤维发脆、手感发硬的缺点。

3. 过氧化氢缓释碱氧化脱胶

氢氧化镁具有微溶的特性,缓释型碱源可以随着脱胶液碱性的消耗缓慢释放到脱胶体系中,将脱胶液的 pH 控制在恒定范围内,从而控制脱胶液的氧化性,避免 pH 过高导致氧化剧烈、纤维素大量降解的问题。其脱胶工艺为:

氧化煮练→水洗→还原剂煮练→水洗→给油→脱油、脱水→烘干

Meng 等以可控释放碱源为载体,在碱性过氧化氢体系中提取苎麻纤维。将 20g 原麻加入由 H_2O_2、NaOH、$Mg(OH)_2$、HEDP 等组成的脱胶液中,升温至85℃保

温 1h;再将脱胶液升温至 125℃ 保温 1h。取出苎麻并洗涤后浸入 200mL 浓度为 5g/L 的亚硫酸氢钠的溶液中,在 90℃ 下保温 50min,制得脱胶纤维。再将脱胶后纤维在苎麻给油专用油剂中浸泡 1h 后,取出烘干待用。脱胶后纤维的断裂强度为 7.8cN/dtex。

4. TEMPO、次氯酸钠氧化脱胶

TEMPO 是四甲基六氢吡啶氧化物(2,2,6,6-Tetramethyl-1-piperidinyloxy)的英文缩写。它具有捕获自由基、猝灭单线态氧和选择性氧化等功能。TEMPO 被次溴酸根氧化后形成亚硝鎓离子,亚硝鎓离子只氧化纤维素 C6 位上的伯羟基,而对其他位的羟基没有影响,不会引起纤维素降解。脱胶工艺为:

氧化脱胶→水洗→还原剂煮练→氢氧化钠煮炼→水洗→给油→脱油、脱水→烘干

Xiang 将麻纤维原料(25g 干纤维)浸泡在含漆酶(6.0g)、半纤维素酶(0.3g)和 TEMPO(0.3g)的醋酸—醋酸钠缓冲溶液(0.2M,pH=5)中,在 50℃ 条件下脱胶 8h,每小时搅拌 1min,脱胶液与粗麻纤维的浴比为 20∶1。脱胶纤维的残胶率为 15%,线密度为 9.00dtex,拉伸强度为 5.1cN/dtex。

5. Feton 氧化脱胶

Fenton 试剂中的 Fe^{2+} 在酸性环境下会催化过氧化氢产生具有氧化性的物质,从而快速降解胶质。其脱胶工艺:

H_2O_2 氧化→碱煮→水洗→还原→水洗→上油→烘干

周佳佳和郁崇文利用 Feton 试剂作为氧化剂对苎麻进行脱胶。氧化工艺:反应温度为 50~90℃,反应时间 90min,浴比为 1∶15,H_2O_2 质量分数为 5%~9%,$FeSO_4 \cdot 7H_2O$ 质量分数为 0.25%~1.25%,蒽醌质量分数为 1.5%,pH 为 2.0~6.0。还原工艺:反应温度为 90℃,反应时间为 60min,$NaHSO_3$ 质量分数为 5%,浴比为 1∶10。碱煮工艺:NaOH 质量分数为 7%,反应时间为 90min,反应温度为 100℃,浴比为 1∶10。脱胶纤维的断裂强度为 4.77cN/dtex,残胶率为 7.70%,线密度为 6.17dtex,断裂伸长率为 4.5%。

(五)有机溶剂脱胶

果胶分子之间有 α-醚键和氢键,在相对高温和有机溶剂作用下,果胶分子间氢键断裂,同时,有机溶剂分子之间容易发生强烈的极性碰撞,产生热量,导致果胶分子间化学键断裂,大幅加快脱胶速度。醋酸和乙二醇是溶解果胶的有效溶剂,果

胶和木质素的黏性组分具有相对较低的聚合度,容易被酸溶解。醋酸还可以分解半纤维素链,将其转化为单糖。因此,醋酸是去除果胶、木质素和半纤维素的一种最常用的有机酸,而纤维素的分子间氢键结合强,结晶度高,不容易被醋酸溶解。Qu 等将 20g 预处理纤维浸泡在不同比例的乙二醇与乙酸混合有机溶剂中,浴比为1:15。其脱胶工艺为:

有机溶剂处理→水洗→给油→脱油、脱水→烘干

反应温度在 15min 内由 25℃提高到 130℃,保温 6h,采用回流冷凝装置控制溶剂在超过沸点时的挥发。处理后的苎麻纤维用快速流水洗涤约 10min,去除纤维表面的黏性残留物,最后在 105℃的烤箱中干燥 2h。结果表明,乙二醇/醋酸混合质量比为 50/50 时,溶剂处理的脱胶效果最好。精干麻的半纤维素和木质素含量与苎麻原麻相比,分别降低了 44.81%和 54.12%,但残胶含量仍不能满足纺纱工艺的要求,而且与原麻相比,纤维素分子量降低了高达 35.7%。考虑有机酸在高温下会降低纤维的聚合度,仅用乙二醇溶剂处理。经 200℃处理 80min 后,纤维的断裂强度、线密度和非纤维素组分比例分别为 6.53cN/dtex、6.58dtex 和 5.78%,满足工业纺纱生产的要求,而且用乙二醇处理的纤维素水解很少,其收率(77.1%)远高于常规碱法处理的苎麻收率(62.4%)。

(六)化学脱胶

苎麻胶质伴随着纤维细胞的生长一起形成,不同品种、不同产地、不同收获期的原麻的胶质中,各种成分含量也不相同。苎麻化学脱胶的原理虽然比较简单,但是要完成苎麻全脱胶,按目前的技术水平,还需要多道工序和较长的加工时间才能完成。

苎麻化学脱胶最重要的工序是碱煮。一般将碱煮前的工序称为预处理工艺,碱煮之后的工艺称为后处理工艺。目前,我国主要采用以碱煮法为主的脱胶工艺,能满足生产不同品质要求的精干麻生产方法主要有二煮法、二煮一练法和二煮一练一漂法等。

1. 二煮法

二煮法工艺流程较短,生产的精干麻质量不高,一般只适用于纺低支纱线。工艺流程如下:

拆包扎把→浸酸→水洗→一煮→水洗→二煮→打纤→酸洗→水洗→脱水→给油→脱水→抖麻→烘干

2. 二煮一练法

二煮一练法生产的精干麻质量较好,适用于纺中、高支纱线。工艺流程如下:

拆包扎把→浸酸→水洗→一煮→水洗→二煮→打纤→酸洗→水洗→脱水→精练→水洗→脱水→给油→脱水→抖麻→烘干

3. 二煮一漂法

二煮一漂法工艺生产的精干麻质量较好,适用于纺中、高支纱线,漂白与精练工艺相比,掌握工艺参数要求较高,但可以大幅节约处理时间。工艺流程如下:

拆包扎把→浸酸→水洗→一煮→水洗→二煮→打纤→酸洗→水洗→漂白→酸洗→水洗→脱水→给油→脱水→抖麻→烘干

4. 二煮一漂一练法

二煮一漂一练法工艺生产的精干麻质量好,适于纺低线密度纱,但工艺流程长,生产成本较高。工艺流程如下:

拆包扎把→浸酸→水洗→一煮→水洗→二煮→打纤→漂白→酸洗→水洗→精练→水洗→脱水→给油→脱水→抖麻→烘干

除了以上工艺外,有时工厂为了进一步提高精干麻的质量,降低精干麻残胶率,还采取二煮二练以及二次打纤等工艺。一般来讲,只要采用的工艺条件掌握恰当,采用的工序越多,精干麻质量越好。但过长的工艺流程,无疑增加了生产成本,降低了生产效率。选择工艺的原则,应根据原麻的品质和对精干麻的质量要求而定,生产工厂还应根据设备条件来选定具体条件。

三、精干麻品质评定

原麻经过脱胶处理之后得到的苎麻纤维称为精干麻,影响精干麻质量的因素除脱胶外,还涉及苎麻自身品质方面诸多原因,如品种、栽培的生态地理环境及技术、收获季节和剥制技术等。精干麻的质量包括内在品质和外观品质两个方面。

内在品质包括苎麻纤维的粗细、强度、白度、回潮率、残胶率和含油率等指标。

外观品质包括精干麻长度、色泽、气味、手感和疵点。精干麻要求色泽一致,无异味,手感柔软、松散。造成纤维松散度及色泽差的主要原因发生在煮练和拷麻工序,应当对这两道脱胶重要工序充分重视。精干麻疵点主要有附壳、斑麻、病斑、虫斑等,生产中应当尽量杜绝。苎麻精干麻技术要求见表4-1。

表4-1 苎麻精干麻技术要求(GB/T 20793—2015)

	项目	普通品	优级品	特优品
内在品质	纤维线密度/dtex(Nm)	≤7.69(≥1300)	≤6.25(≥1600)	≤5.56(≥1800)
	束纤维断裂强度/(cN/dtex)	≥3.53	≥3.53	≥3.97
	白度/度	≥50	≥55	≥60
	残胶率/%	≤4.0	≤3.0	≤2.0
	含油率/%	0.8~2.0	0.8~2.0	0.8~2.0
	回潮率/%	≤9.0	≤9.0	≤9.0
外观品质	精干麻长度/mm	≥700		
	色泽、气味、手感	色泽一致,无异味,手感柔软、松散		

四、我国苎麻脱胶加工技术的现状与发展趋势

随着国家对环保的进一步严格要求,苎麻纺织企业脱胶厂都必须达到国标 GB 28938—2012 麻纺工业水污染物排放标准。传统的苎麻脱胶加工方法已严重制约了苎麻行业的发展。但国内苎麻纺织行业基本上仍采用化学脱胶工艺,脱胶设备相当落后,工厂仍普遍采用落后的大浴比立式高压煮锅、半机械化拷麻水洗设备,能耗高、化工辅料用量多,用水多,苎麻废水多,废水难处理等一系列问题严重制约了苎麻行业的健康发展。

国内研究苎麻脱胶加工工艺(方法)的较多,单纯的生物酶(菌)脱胶还存在煮练麻色泽差、残胶率高等严重缺陷,还必须辅助于后道工序进一步的化学处理。氧化脱胶、有机溶剂脱胶、气爆脱胶等新型脱胶工艺很多还一直处于试验室阶段,还无法进入大生产应用,必须尽快结合传统化学脱胶、生物酶(菌)脱胶、氧化脱胶、新型快速高效助剂等开展研究应用。特别是国内对苎麻煮练设备、机械打麻、漂酸洗连续化加工设备研究较少,必须借用先进的印染加工工艺设备,采用小浴比节能节水节气工艺、新型高效助剂等,减少用工,实现苎麻脱胶的自动化生产,我国苎麻脱胶加工技术才能迎来快速健康的发展,走在世界苎麻脱胶加工技术的前列。

第二节　苎麻纺纱

一、苎麻纺纱系统

我国的苎麻纺织现代化工业生产始于 20 世纪 60 年代初期,至 20 世纪 80 年代末期发展到最高峰,达到 100 多万纱锭规模。苎麻纺纱系统一直以来参考借用精梳毛纺或绢纺系统,只是在毛纺专纺设备上做了局部改进,加工设备和工艺基本上同毛纺类似。

经过脱胶加工的精干麻纺纱工艺流程如图 4-1 所示,切断苎麻,苎麻短纤维一般采用棉纺纱系统进行加工。

苎麻纺纱系统:苎麻纺纱主要分为梳理前纺工程和纺纱后纺工程。

苎麻梳理工程:主要分为梳理前的准备工程和梳理工程。

纺纱工程:主要为粗纱工程和细纱工程。

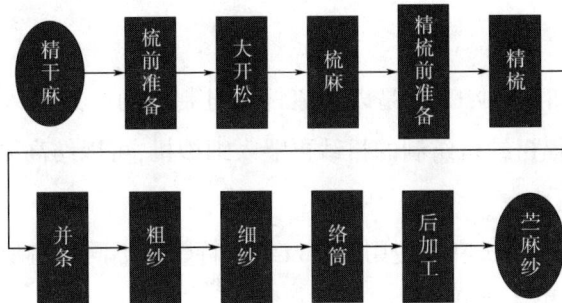

图 4-1　苎麻长纤维纺纱系统流程图

(一) 苎麻长纤维纺纱的工艺流程

1. 准备工艺

苎麻经脱胶后仍残留有一定量的胶质,经烘燥后胶质硬化,使纤维粘和在一起,纤维板结、粗糙、混乱;同时纤维的回潮率较低。如果直接梳理和纺纱,纤维会在加工过程中大量损伤,造成制成率大幅下降及麻粒显著增加,严重影响梳纺加工和成纱质量。为了增加纤维的回潮率、柔软度及松散度等,精干麻在进行梳理之前,必须经过机械软麻、乳化液喷湿堆仓等准备工程。

2. 梳理工艺

精干麻经过准备工艺处理以后,仍然不能适应纺纱工艺的要求,必须通过开松、梳理使之呈现出具有一定长度的单纤维状态。目前苎麻长麻纺梳理工艺主要有毛纺式(即所谓"新工艺")和绢纺式(即所谓"老工艺")

(1)毛纺式梳理工艺。主要采用开松机、梳麻机和精梳机来完成梳理任务。精干麻经过预处理后喂入开松机,得到初步的松解和梳理,制成具有一定长度和重量的麻卷(麻饼),梳麻机再将麻卷中的纤维分梳成单纤维状态并制成麻条。这种梳麻麻条短纤维多,纤维平行伸直度差,还需要经过预并针梳理条、精梳排除不可纺的短纤维和麻粒、杂质等,才能获得符合纺纱要求的麻条。

(2)绢纺式梳理工艺。采用大切机(中切)、小切机和园梳机来完成梳理任务。精干麻经过多道切麻、圆梳可以得到不同长度的头纤、二纤、三纤麻纤维。根据产品品种和质量要求的不同,来决定梳理道数,再经过练麻、磅麻、延展、制条、并条等工序,然后供纺纱使用。绢纺式梳理工艺由于采用手工操作较多,用工多,劳动强度大,生产效率低,容易发生工伤事故。因此已被毛纺式梳理工艺所取代。

3. 纺纱工艺

国内的常规长麻纺纱工艺,是以末道针梳机制成的并条喂入苎麻粗纱机。国产 B465(FZ)型单程粗纱机纺制的粗纱再喂入细纱机,可以纺高、中、低特纱。

(二)梳纺工艺流程

梳纺工艺流程根据长麻纺使用原料及纺纱特数的不同而有所区别。现将常用梳纺工艺流程列于表4-2中。

表4-2 梳纺工艺流程

工序	主机设备	纯麻高特纱	纯麻中低特纱	麻涤混纺纱	
				麻	涤
准备	CZ141 软麻机	√	√	√	
堆仓	麻仓	√	√	√	
开松	C111B、FZ001 开松机	√	√	√	
梳麻	CZ191 型梳麻机	√	√	√	
预并(1)	BR221 型并条机	√	√	√	

工序	主机设备	纯麻 高特纱	纯麻 中低特纱	麻涤混纺纱	
				麻	涤
预并(2)	CZ304 型苎麻针梳机	√	√	√	
精梳机	B311C(CZ)型精梳机 F1603 型精梳机	√	√	√	
麻条预并	CZ304A 型针梳机			√	
涤预并	CZ304A 型针梳机				√
并条(1)	CZ304A 针梳机	√	√	√	
并条(2)	CZ423 型针梳机(匀整)	√	√	√	
并条(3)	CZ304A 型针梳机	√	√	√	
并条(4)	CZ304B 型针梳机	√	√	√	
粗纱	B465(FZ)粗纱机	√	√	√	
细纱	FZ501(或 EJ519)型细纱机	√	√	√	
络筒	1332MD 络筒机 AX5、SAVIO 型自动络筒机	√	√	√	

注　"√"表示有此道工艺。

二、梳理前的准备工程

苎麻长纤纺的梳前准备工程主要由下列工序组成:机械软麻→给湿加油→梳理→堆仓。

(一)机械软麻

(1)机械软麻是依靠软麻机上一定数量的沟槽罗拉,将纤维反复弯曲搓揉,从而增加纤维的柔软度和松散度,有利于乳化液的渗透,也有利于后工序梳麻、纺纱工程的进行。

软麻机主要是采用往复式直型软麻机,也有往复式圆型软麻机。一般工厂采用 CZ141 往复式直型软麻机,软麻罗拉用耐磨铸铁制成。为了逐渐加强对纤维的搓揉强度,减少纤维的损伤,软麻罗拉的沟槽数逐渐增加,如 CZ141 软麻机。在一般情况下,精干麻只经过一次软麻。也有工厂采用二道软麻工艺。

(2)影响软麻作用的主要因素是精干麻上的受力情况,即单位重量精干麻上作用的沟槽齿数起作用。

在生产中,应根据精干麻的质量现状和成品的要求,对精干麻的软麻程度进行调整。可以调整的工艺参数一般为罗拉的压力、单位时间精干麻的喂入量、软麻的次数。

(二)给湿加油

在梳理之前进行给湿加油是非常必要的。给湿主要使精干麻达到一定的回潮率,减少梳纺时的静电现象;同时加油可以增加纤维的柔软性,改善纤维的表面性能。软麻油乳化液的用量(对精干麻重量比)一般为5%~9%,根据精干麻回潮和季节而定。给油后精干麻含油率控制在1.3%~1.5%,精梳后麻条含油率控制在1%~1.2%纺纱效果最佳。乳化油质量对纺纱质量有着显著影响。软麻油乳化液配方见表4-3。

表4-3 软麻油乳化液配方

配方	软麻用油	渗透剂	水	乳化剂
1	动物油1% 煤油10% 油酸1%		87.33%	中性皂和 三乙醇胺0.67%
2	植物油5.43% 煤油10.83%		83%	NaOH:0.74%
3	茶油1.5%(对精干麻重量比)	JFC 1%	96.9%	NaOH:0.6%

(三)梳理

苎麻梳理工程主要是开松与梳麻。开松的目的是将长纤维拉断成合适的纤维长度,使纤维初步松解,制成麻卷以适应梳麻机的喂入要求。

开松机国内工厂基本上沿用C111B黄麻回丝开松机。但C111B开松机主要存在机器庞大、梳理质量差、落麻多等缺点。小于4cm纤维的短纤维率较高,在35%以上,落麻率在2%左右。

梳麻主要利用CZ191型梳麻机把开松麻卷进一步梳理成单纤维,并清除其中的麻皮、尘屑等杂质,梳理的核心是在不损伤纤维强力的前提下,减少并丝。

苎麻梳理工程是苎麻纺纱的最核心的工序,它对整个纺纱生产和成本控制有着最直接的关系。提高梳麻麻条质量的主要途径如下。

(1)合理选择梳麻机的工艺参数

梳麻机的主要工艺参数为喂入定量、牵伸倍数、锡林与工作罗拉之间的隔距和速比等。其中以梳麻机的锡林与工作罗拉之间的隔距、牵伸倍数(速比)、喂入重量(即纤维负荷量)对麻粒质量影响较大。

①隔距。工作机件的隔距是梳麻机的重要工艺参数之一。根据喂入原料的不同性状,适当调整工作罗拉与锡林之间的隔距。

②速比。工作机件的速度,对梳麻机的产量和质量有重大影响。锡林速度通常在160~180r/min,一般不调整锡林的速度;重点调整喂入针辊与分梳罗拉的速比,一般在20~60。

③纤维的负荷量。锡林负荷量是指工作机件单位面积针面上所负荷的纤维量,其数量的多少对梳理质量有很大的影响。CZ191型梳麻机的出条速度在30~45m/min,麻条定量在6~8g/m,锡林的表面速度在600m/min,锡林的工作宽度在1m。一般纺苎麻纱锡林负荷量在0.4~0.5g/m²,对减少麻粒较为有利。

(2)整顿机械状态,提高分梳质量。优选高强度、耐磨金属针布,随时保持梳麻机分梳机件针齿尖锋利,保持隔距适当和准确。经常保持针布清洁,加强锡林、道夫的抄针。

(3)加强操作管理,做好清洁卫生。

三、苎麻精梳

精梳工程是苎麻纺纱中最重要的工序之一,它对细纱品质和产品成本具有直接的影响。精梳的三大主要任务是:清除麻条中不能适应纺纱要求的短纤维(4cm或4.5cm以下),提高纤维整齐度和平均长度;清除麻条中的严重影响纺纱质量的麻粒和杂质疵点;提高麻条中纤维伸直平行度。

目前国内工厂基本上采用国产B311C(CZ)圆型精梳机,锡林速度110r/mim(较慢),台时产量4~5kg(很低)。目前国内部分工厂采用进口毛纺F1603和F1605系列精梳机梳理苎麻,效果较好,台时产量可以达到7~8kg。

(一)精梳工艺设计

苎麻加工中使用的精梳设备与毛纺基本相同,需设计的主要参数为拔取隔距、喂给长度、喂入定量及须丛的搭接长度等。

1. 拔取隔距

拔取隔距是控制精梳麻条质量和落麻率的重要工艺参数,它对麻条质量和落麻率的影响较为灵敏,且调整方便。因此在生产上调整拔取隔距是达到精梳麻条

质量的手段之一。一般拔取隔距头道精梳掌握在 30~35mm,复精梳在 38~43mm
为宜。

2. 喂给长度

喂给长度对精梳麻条的质量和落麻率有一定关系,因此在纺制不同线密度细纱
时,由于品质不同,喂给长度也应做调整,纺不同线密度细纱时的喂给长度见表4-4。

表4-4 纺不同线密度纱时的喂给长度

细纱线密度	细	中	粗
喂给棘轮/齿	19~21	17~19	15~17
喂给长度/mm	7~6.4	7.8~7	8.9~7.8

3. 喂入定量

喂入定量过重,锡林纤维负荷过大。则梳理力增加,易造成梳针损伤、断针或
弯针,引起麻条中麻粒及硬条增加,且纤维易梳断,造成梳成率下降。在喂入麻条
根数不超过设计最大根数的前提下,最大喂入定量不超过 200g/m。一般情况下,
应根据纺纱线密度的不同而相应调整喂入定量。纺不同线密度细纱时的喂入定量
见表4-5。

表4-5 纺不同线密度细纱时的喂入定量

细纱线密度	粗	中	细
喂入根数/根	24~26	24~26	24~26
每根麻条定量/(g/m)	6~7	5.5~6.5	4~5
喂入定量/(g/m)	144~182	132~156	96~130

4. 须丛的搭接长度

须丛的搭接长度对麻条条干均匀度有较大影响。须丛的搭接长度是靠小扇形
齿轮与大扇形齿轮的相对位置来调节,生产上以改变传动拔取罗拉顺时针方向转
动的齿数来加以控制。根据实际生产情况,一般拔取罗拉顺时针方向转动的齿数
与逆时针方向转动的齿数之比略大于1/3 为宜。

(二)精梳麻条质量指标

精梳麻条质量指标主要指麻条中麻粒、硬条、短纤维含量、纤维平均长度以及
麻条重量偏差和重量不匀率等,具体内容见表4-6。

表 4-6 精梳麻条质量指标

细纱线密度	细	中	粗
麻条重量偏差/%	±1.5	±1.5	±1.5
麻条重量不匀率/%	3	4	4.5
4cm 以下短纤维率/%	5	8	15
麻粒/(粒/g)	6~8	8~12	15~25
硬条/(根/100g)	1500	2500	3600

四、纺纱工程

(一)前纺针梳工艺设计

1. 前纺针梳的工艺流程

(1)27.8tex(R36Nm)纯麻纱。

复精梳麻条→并条(CZ304A)(Ⅰ)→并条(CZ423)(Ⅱ)→并条(CZ304A)(Ⅲ)→并条(CZ304B)(Ⅳ)→粗纱[B465A(FZ)]→细纱(FZ501)

(2)133.3tex(7.5Nm)纯麻纱。

精梳麻条→并条(CZ304A)(Ⅰ)→并条(CZ423)(Ⅱ)→并条(CZ304B)(Ⅲ)→粗纱[B465A(FZ)]→细纱(FZ501)

(3)18.5tex(54Nm)涤麻混纺纱。

精梳条→预并(CZ404A)
涤纶条→预并(CZ304A)]→混并(CZ304A)→混并(CZ423)→混并(CZ304B)→粗纱[B465A(FZ)]→细纱(FZ501)

2. 针梳机的工艺参数

(1)麻条定量。苎麻喂入重量过重,会造成针板中纤维负荷过重,牵伸不开,产生麻粒。一般纺低特纱,针梳机喂入总重量控制在100g/m 以内。

(2)牵伸倍数与并和根数。并和可以降低麻条中的长片段不匀,但牵伸却要增加麻条的短片段不匀。从试验结果分析,并合数以 8 根或 10 根为好,牵伸倍数相应以 8~10 倍为宜。这样麻条的不匀率低。

(3)纤维回潮与温湿度控制。纤维回潮率对针梳工序有较大影响,回潮过低,麻条变蓬松,并易绕皮辊;回潮过高,会产生绕罗拉和牵伸不开等现象。针梳工艺条件见表 4-7。

表 4-7　针梳工艺条件

工序	回潮率/%	温度/℃	相对湿度/%
预并针梳	6.5~7.5(纯麻)	不低于 22(冬季)	55~65(冬季)
末道针梳	6.5~7.5(纯麻) 2.8~3.8(涤 65/麻 35)	不高于 33(夏季)	60~70(夏季)

3. 针梳工艺设计

苎麻长纤纺同毛纺工艺一样,也采用针梳机。其工艺设计要点与毛纺针梳工艺基本相同。纺制 41.7tex(R24Nm)以下细纱时,采用四道针梳加工工艺,并且基本上在第二道采用自调匀整,而在纺制 41.7tex(R24Nm)以上细纱时,采用三道针梳加工工艺。

4. 针梳麻条质量指标

在表 4-8 中列出了麻条质量指标。在针梳工序中减少麻粒的最有效措施是适当降低定量,一般可降低 10~15%。随时保证机械状态完好,牵伸梳箱装置针板无弯针、缺针、断针;牵伸皮辊表面光洁、无皂垢,同时加强牵伸机构的清洁工作,安装吸尘装置,均能减少麻条中的麻粒。

表 4-8　针梳麻条质量指标

指标	重量偏差/%	重量不匀/%	条干不匀率/%	麻粒/(粒/g)
细特数	2	<3.3	<18	<5
中特数	2	<3.3	<18	<8
粗特数	2.5	<3.5	<18	<15

(二)粗纱工艺设计

在苎麻长纤纺中,粗纱机的牵伸机构主要有针板式(CZ411 型)、多罗拉轻木质辊式(CZ421 型)以及双胶圈滑溜槽式[B465(FZ)]三大类。三种机型比较之下,双胶圈滑溜槽式牵伸装置对浮游纤维的控制区域较广,作用均匀、柔和,能使控制点更向前罗拉靠近,并且摩擦力界分布均匀,基本符合理论要求。因此,控制纤维运动比较完善,能防止须条中纤维横向扩散,增加了对纤维控制效果。由于双胶圈滑溜槽式牵伸控制长度长,并采用了滑溜牵伸,故能更适应纤维长度不匀率较大的苎麻纤维,因此目前在实际生产中多采用这类粗纱机。它的工艺设计要点与毛纺翼锭式粗纱机完全相同。

1. 粗纱工艺参数设计

（1）罗拉中心距。末道针梳机中苎麻纤维平均长度一般在 70~80mm，交叉长度一般在 240mm，还有少量超过 240mm 的超长纤维，并且整齐度较差。因此，选择罗拉中心距非常重要，对粗纱质量有较大影响。

在 B465A（FZ）型粗纱机上，前后罗拉的中心距应大于纤维的交叉长度，选用 260~270mm，而前中罗拉的中心距应接近于苎麻纤维的主体长度，故选用约 112mm 为宜，并可缩小无控制区的距离。

（2）滑溜槽深度。B465A（FZ）型粗纱机的牵伸是三罗拉双皮圈滑溜槽牵伸，滑溜槽深度影响到中间摩擦力界强度的大小，对控制牵伸区中纤维运动影响较大。纺细特纱时，滑溜槽深度一般采用 1.2mm；纺中特纱时，一般选用 1.5mm。

（3）总牵伸倍数。粗纱机的总牵伸倍数主要根据细纱线密度和末道针梳机定量而定。B465A（FZ）粗纱机的总牵伸倍数一般采用 9~14 倍。

（4）皮圈前钳口隔距块。皮圈前钳口隔距块的选择原则是：当所纺粗纱线密度降低时，隔距块厚度减少；在所纺粗纱线密度不变的情况下，喂入条子定量减少，则隔距块厚度也应减少，反之则增加。目前，B465A（FZ）型粗纱机隔距块有 8mm、9mm、11mm、13mm 等多种档次，以适应不同线密度纱的需求。

（5）前罗拉加压。B465A（FZ）型粗纱机上纺中特纱时，前罗拉加压一般为 490N/双锭；纺粗特纱时，前罗拉加压一般为 540N/双锭。

（6）粗纱捻系数。粗纱捻系数的选择原则是在满足粗纱退绕张力要求的前提下，宜小不宜大。在具体选用时，还应考虑喂入麻条品质、工艺条件、细纱牵伸机构、车间温湿度等。当纤维长度长或线密度细、柔软度好及粗纱定量较重时，可选用较低的捻系数；反之，应选用较高的捻系数。目前，常用的粗纱捻系数范围：纯麻纱为 23~26；涤麻纱和麻维纱为 18~20。

2. 粗纱质量指标

苎麻长纤纺粗纱的具体质量指标见表 4-9。

表 4-9　苎麻长纤纺粗纱的质量指标

评定标准	控制范围
重量偏差/%	1 以下
重量不匀率/%	2 以下
条干不匀率/%	头道粗纱 30 以下；二道粗纱 35 以下

(三)细纱工艺设计

苎麻长纤纺使用的细纱工艺及工艺设计要点与精梳毛纺细纱机相似。细纱工艺参数设计注意点包括:

1. 后区张力牵伸倍数

苎麻细纱机采用双皮圈牵伸装置,虽然有二个牵伸区,但中罗拉与皮圈罗拉所组成的钳口是滑溜钳口,因而后区牵伸只是张力牵伸,它的作用是伸直纤维和增加纱条紧密度,为主牵伸区创造一个合适的牵伸条件。苎麻纺细纱机的张力牵伸一般为 1.1~1.25 倍。

2. 隔距块

钳口隔距是指上下胶圈间的最小距离(或称销子开口)。钳口隔距对胶圈前钳口摩擦力界强度影响较大,其大小应与四个因素相配合,即喂入粗纱线密度、中部摩擦力界、前罗拉钳口握持力、所纺细纱线密度。

上下胶圈销的原始隔距,一般采用隔距块来确定,不同的成纱线密度,应采用不同的原始钳口隔距,即使用不同规格的隔距块。具体内容见表4-10。

表4-10 适纺细纱线密度的原始钳口隔距

颜色	隔距块半径/mm	原始钳口隔距/mm	适纺细纱线密度/tex
蓝色	5.5	1.4	12~17
黄色	6.0	2.0	18~28
红色	7.6	4.0	40~80
白色	9.0	6.0	100~110
黑色	9.5	7.0	130

3. 罗拉中心距

罗拉中心距对细纱条干均匀度有较大影响,一般前罗拉与中罗拉中心距为115~130mm,前罗拉与后罗拉中心距以260~280mm 为宜。

4. 细纱捻系数

在实际生产过程中,细纱捻度的确定取决于捻系数的选择。一般应根据纱线用途、所纺纱线密度及纤维性能综合考虑。

(1)纱线用途。

① 机织用纱。从织造工艺来看,经纱要有较高的强度和一定弹性,其捻系数

可适当大一些,纬纱其捻系数可适当小些;从产品风格来看,薄型织物的细纱捻系数应适当大些。

② 针织用纱。苎麻针织品要求柔软丰满,细纱捻系数可适当小些。

③ 工业用纱。总的来讲,工业用纱应比衣着织物用纱的捻系数大些,但按具体要求,也有所不同。

(2)细纱线密度。细纱线密度降低,其相应的捻系数应适当大些。

纤维线密度小、长度长、长度整齐度好,其细纱捻系数用适当偏低些;反之,细纱捻系数应适当偏高些。

(3)加捻程度对细纱光泽和手感的影响。细纱捻系数增加,则光泽差,色泽暗淡;反之,光泽就较好。细纱捻系数大,手感较坚硬;反之,则手感柔软。但是当细纱捻度太少时,纱条手感松烂,易发毛,毛羽大幅增加。

目前,实际生产中所采用的捻系数,大多超过临界捻系数。其主要目的是为了减少细纱毛羽和降低细纱断头率。常用细纱捻系数范围见表 4-11。

表 4-11　常用细纱捻系数选用范围

细纱线密度/tex	105~133	27.8~31	20.8	16.7~18.5	14
捻系数	268.6~300.2	284.4~331.8	316~379.2	347.6~379.2	331.8~347.6

5. 纲领及钢丝圈的选配

纲领和钢丝圈对纺纱张力、毛羽、断头等均有很大的影响。合理选择钢丝圈型号对稳定纺纱过程、提高成纱质量起到关键作用。钢丝圈的型号用来表示钢丝圈的几何形状和重量。目前,钢丝圈大体上分为以下三个系列。

G 型钢丝圈,如 G、GO 型;O 型钢丝圈,如 O、CO 及 OSS 型;GS 型钢丝圈,如 6802、6903 及 FO 型。

五、苎麻新型纺纱技术

现代苎麻纺纱技术通过多年的发展积累,苎麻纺织加工水平有了比较大的进步。一些大中型苎麻纺织企业率先进行设备升级换代,采用国际先进的纺纱设备成功取代了国产落后的纺纱设备,取得了较好的产品质量和经济效益。进口毛精梳机、OKK 针梳机、紧密纺细纱机、自动络筒机逐渐在苎麻纺织企业推广开来。相对于棉纺化纤行业技术发展,苎麻纺织在设备自动化、智能化、纺织工艺加工技术研究等诸多方面存在较大差距。研究新型苎麻纺纱技术及设备是我国苎麻纺织行业走出困境的唯一出路。

近年来,苎麻长纤牵切纺、苎麻紧密纺新技术受到越来越多的关注,牵切纺纱、紧密纺纱也在不断地完善和推广应用。

(一)苎麻长纤牵切纺

苎麻长纤维的牵切是指利用多对罗拉皮辊将精干麻握持,牵伸拉成一定长度的纤维,并且在牵伸拉断过程中,精干麻中并结的束状纤维被分离成单纤维状态。因此,牵切可以实现对精干麻的拉断和初步分离作用,即牵切工序可以取代现有苎麻纺纱加工过程中的开松和梳麻工序。

苎麻牵切纺纱工艺流程如下:

精干麻→软麻→牵切工序(1~2道)预并工序(1道)→精梳工序→针梳工序(3~4道)→粗纱工序→细纱工序

采用苎麻牵切工艺,可以使苎麻的加工工艺路线合理化,充分利用精干麻伸直的特点。同时,对其进行牵切,一方面使苎麻纤维长度达到所需的规格;另一方面也使纤维进一步伸直平行,利于后道加工。牵切条与现有的精梳条比较,麻粒减少30%以上,超长纤维率减少50%以上,制成率提高5%~10%。采用牵切条纺出的苎麻纱,其条干均匀度较现有的苎麻纱提高10%。同时,纱的毛羽和强力也有改善。总之,苎麻采用牵切纺纱技术后,不仅可以大大提高成纱质量,还可简化苎麻加工流程,减少用工。因此,苎麻牵切的纺纱工艺前景广阔。

(二)苎麻紧密纺

1. 紧密纺纱技术

紧密纺纱技术是基于消除传统环锭纺纱加捻三角区的缺陷而研发出的新型环锭纺纱技术,其原始设想是为了减少或消除纱线毛羽。纤维须条(粗纱)在经过环锭纺的牵伸区后,在进入加捻之前,利用气流或机械的集聚作用使输出的较松散的、偏平带状的纤维须条向纱干中心集中,使之变为集中、平行、集聚状态的须条,减少甚至消除加捻三角区,这样能尽最大可能把全部纤维捻入纱体中,从而可大幅度提高纤维在纱体中的利用率,减少毛羽,降低飞花。

紧密纺纱技术是创新性地在细纱机上增设一套完整系统或机构(紧密纺纱装置)来彻底解决环锭纺加捻三角区的问题,是全面综合性地改善和提高成纱质量的新技术。

在国内,张秀风研究了实用新型紧密纺纱装置以及 D 型牵伸系统的应用,讨论了紧密纺纱技术在苎麻纺纱中应用的可行性。

陆世麟研究了苎麻气流槽聚型紧密纺工艺,通过正交试验分析,得出纺27.8tex 苎麻纱最优试验方案:细纱锭速 6100r/min,钢丝圈号数 22#,气流负压 30kPa。

张成伟研究了苎麻紧密纺相关工艺参数与苎麻纱性能之间的关系,通过采用最优二次通用旋转组合设计和随机方向搜索法对细纱捻系数、后区牵伸倍数和细纱锭速三个主要参数进行优化试验,得出纺制 36 公支苎麻纱的最佳紧密纺工艺配置为:细纱捻系数 97.4,后区牵伸 1.08 倍,细纱锭速 6233r/min。

2. 紧密纺纱技术的优势

(1)纺纱原料的选择。在保持与传统环锭纺纱品质相当的情况下,采用紧密纺纱技术后,选用的原料可以适当降低等级。

(2)提高制成率,减少吨纱用纤维量。精梳落麻降低 5%~10%,仍可保持紧密纱线的质量。

(3)提高纺纱效率。在相同的工艺条件下,纱线的断裂强力、断裂伸长、纱线弹性都有所改善。在保证达到与环锭纺纱相同的强力时,紧密纺纱可以降低 15%~20% 捻度,大幅度提高细纱生产效率,降低劳动强度。

(4)全面改善苎麻纱品质。纱线强力比传统环锭纺纱提高 15%~20%,伸长率增加 2%。毛羽减少 50%~60%,耐磨性也明显提高。细纱捻度可以比常规增加 15%左右,并且捻度分布均匀,纱线松软。紧密纺纱比传统环锭纺纱条干更均匀,纱疵少。紧密纺纱条干 CV 值一般可以降低 2%。

第三节 苎麻织物染整

苎麻是我国的特产,作为纺织纤维,有强力高、光泽好、吸湿散热和不易霉烂等优点。苎麻织物穿着凉爽、透气、舒适,有特殊的外观和手感,在国内外都有很大的市场,是纺织市场的高档品。但是,由于苎麻纤维粗、硬、结构紧密,使其织物手感粗糙、易皱,穿着有刺痒感,而且染色性能不佳,影响了产品质量,也极大地影响了苎麻纺织品的生产和销售。

一、印染前处理

苎麻混纺织物的前处理对改善织物染色性能和服用性能具有重要意义。对于苎麻纤维来说,前处理的目的一是去杂,在退浆、煮练、漂白工序中完成;二是解晶,并使其尺寸稳定,在丝光工序中完成。

(一)退煮漂

苎麻纤维含有果胶、木质素、半纤维素、蜡质等杂质,纤维素含量为 61% 左右。经过脱胶后的精干麻仍然含有约 3% 的杂质。在纺纱前的给油工序施加植物油或矿物油 0.8% ~ 2%,经纱织造前上浆 2% ~ 10%。由此可见,苎麻及其混纺织物的前处理时,针对苎麻纤维不必采取苛刻的去杂条件。苎麻的形态结构与棉不同,其纤维截面成多角形,壁厚,内有胞腔。侧面或横截面都有微细裂缝贯穿,从表面直通胞腔。前处理过程中化学处理条件将增加或扩大这些裂缝,使纤维强力下降。这也决定了苎麻及其混纺织物的前处理不能采取太剧烈的条件。此外,苎麻的很多特性,如抑菌、抗紫外等都与苎麻未脱除的果胶、半纤维素和木质素有关。因此,对于苎麻及其混纺织物的前处理,不应以脱除全部伴生杂质为最优目标。

从以上分析可以看出,苎麻混纺织物的前处理条件不应高于棉及棉混纺织物,工艺设计的着眼点在于褪除浆料和油剂,着重于保持织物强力。在纺纱之前的精干麻已经经过了充分煮练,因此纯苎麻织物可以省略煮练工序,对于麻棉混纺织物,考虑到棉组分,可以经过一定程度的煮练处理。苎麻及其混纺织物退煮漂的工艺流程为:

织物→退浆→水洗→煮练→水洗→漂白→水洗→烘干

在苎麻织物实际生产中,考虑到成本和加工效率,针对苎麻及其混纺织物具体情况,还可以采用以下几个工艺流程方案:

方案一:坯布→退浆→煮练→水洗→烘干

方案二:坯布→退煮合一→水洗→烘干

方案三:坯布→退浆→煮练漂白→水洗→烘干

在方案一中,退浆和煮练分开进行,适合于用淀粉上浆的织物,采用淀粉酶退浆工艺,可得到较好的退浆效果和良好的织物手感;也适合于配棉比较高的深色坯麻棉混纺或交织织物,可以用较高浓度的浆液煮练,得到毛效较高的织物。对纯麻织物,煮练用 NaOH 8 ~ 10g/L,煮练剂 3g/L;对于麻棉混纺或交织物,NaOH 30 ~

35g/L,煮练剂 3~4g/L。

在方案二中,采用中低浓度 NaOH 退浆和煮练同时进行,适合于较低上浆率的低支纱织物,和棉含量不高的麻/棉织物。配用阴/非离子表面活性剂(煮练剂),具有比单独的非离子或阴离子表面活性剂更好的润湿、渗透和分散性能,对硬水稳定,可防止浆料和其他污物对织物再沾污。对纯麻织物,退煮合一工艺用 NaOH 15~20g/L,煮练剂 4g/L;对于麻棉混纺或交织物,NaOH 30~35g/L,煮练剂 5g/L。

在方案三中,退浆工艺与方案一相同;煮漂合一的工艺要求低浓度的碱液与双氧水配合,添加合适的双氧水稳定剂和表面活性剂。该工艺适合白色和浅色织物和印花织物。对纯麻织物,煮漂合一工艺用 NaOH 10~15g/L,H_2O_2 2~3g/L,非硅稳定剂适量,煮练剂 3g/L;对于麻棉混纺或交织物,NaOH 20~25g/L,H_2O_2 2~3g/L,非硅稳定剂适量,煮练剂 3g/L。

(二)丝光和软化加工

苎麻纤维结晶度和取向度高,纤维粗,初始模量较大,穿着苎麻面料时人体会有刺痒感;同时,染色不深不鲜艳,因为染料只能进入纤维无定形区,高结晶度不利于着色。因此,对于苎麻及其混纺或交织物常常需要一种特殊的印染前处理工艺,即苎麻织物丝光或纤维软化技术。其原理是利用苎麻纤维的特殊膨化剂,在一定条件下破坏苎麻纤维的结晶,增加纤维的无定形区比例。

1. 丝光

(1)氢氧化钠丝光。丝光是指棉制品(纱线或织物)在有张力的条件下用浓的氢氧化钠(烧碱)溶液处理,然后在张力下洗去烧碱的处理过程。浓烧碱可以使棉纤维溶胀,若同时施加张力则可提高棉的光泽;若棉制品在松弛的状态下用浓烧碱液处理,棉制品溶胀而收缩,然后洗去烧碱,该过程称为碱缩,也称无张力丝光。丝光或碱缩主要用于棉针织品的加工。由于苎麻和棉同属于天然纤维素,麻织品也沿用棉丝光的工艺。但是,苎麻纤维本身已具有较好的光泽,丝光的目的主要是松弛纤维的结构。

陈建波和范嘉骐研究了丝光工艺中烧碱浓度对苎麻织物性能的影响。结果表明,用密度梯度法测定的苎麻纤维密度随丝光碱浓度增加而逐步降低,如图 4-2 所示,意味着纤维结晶度逐步下降。该图中也显示了锡利桃红和刚果红两种染料吸附值的变化。这两种染料在烧碱浓度 180~210g/L 下丝光苎麻织物的吸附达到最大值,远远高于未丝光苎麻织物。

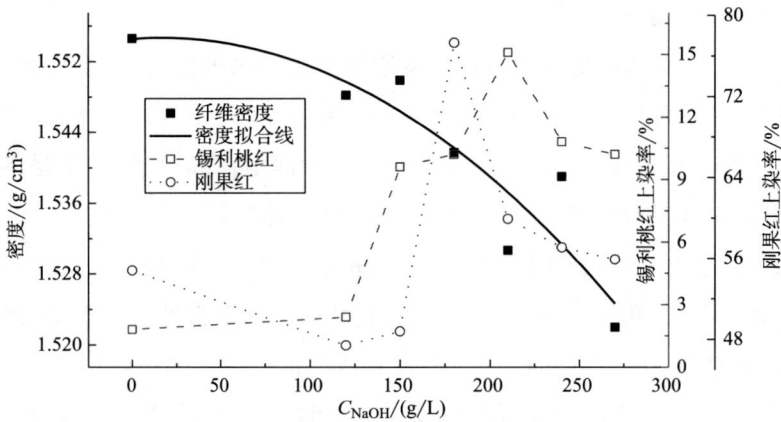

图 4-2 经不同浓度碱处理后苎麻纤维的密度及其 60℃
染料吸附平衡值的变化(根据参考文献[18]数据绘图)

苎麻的力学性能如图 4-3 所示,纱线强力随烧碱浓度增加而增加,直到 120g/L 达到最大值,这是由于氢氧化钠对纤维的溶胀作用,纤维素大分子链的内旋转作用消除了纤维的内应力;然而在碱液浓度超过 150g/L 以后强力又急剧下降,可能是高浓度的碱液极大地破坏了苎麻纤维的结晶度并导致纤维在强碱性条件下水解。纬纱的断裂伸长率随着碱浓度提高初期不变,当烧碱浓度达到 120g/L 以后随着烧碱浓度增加而增加,直到烧碱浓度达到 180g/L 以后变化不明显,显然这是由于纬纱无张力发生碱缩,导致苎麻纤维素分子解晶所引起的。苎麻织物经过丝光以后弹性提高,特别是缓弹性能提高较大,如图 4-4 所示。这是因为丝光后苎麻纤维的内应力消散,均匀性提高,同时苎麻制品的伸长率提高,增加了纤维形变回复能力。综上所述,苎麻织物在碱浓度为 180~210g/L 丝光后能得到较好的综合性能。

由于苎麻是小众纤维,国内染整加工一般多沿用棉型印染设备和工艺。实际上,苎麻纤维由于结晶度高,纤维较粗而比表面积小,染整时染料和化学试剂渗透难,影响织物染整质量。特别是丝光加工时,苎麻纤维与烧碱作用后产生溶胀使织物结构变得紧密,阻碍了烧碱进一步向纤维内部渗透,对粗厚苎麻织物渗透更难,导致丝光不良或称表面丝光。赵学付认为,苎麻和麻/棉织物丝光不宜沿用棉织物工艺;在碱浓度为 210~250g/L 下,采用超喂量 5%~8% 的丝光工艺,有利于纬向扩幅,并可显著地提高纤维的丝光钡值和织物经向断裂伸长率,解决苎麻织物的染色困难问题。

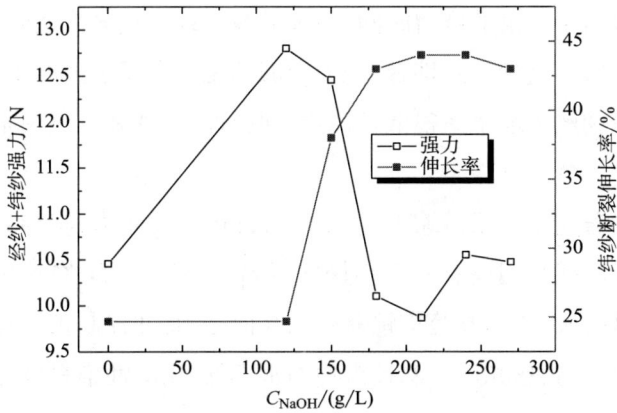

图4-3　苎麻平布27.8tex×27.8tex(36公支×36公支)力学
性能随丝光碱浓度的变化(根据参考文献[18]数据绘图)

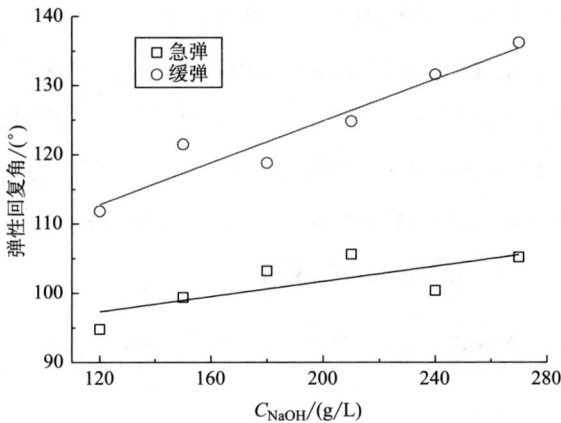

图4-4　丝光苎麻织物弹性(经+纬)与丝光碱浓度的关系

为解决苎麻丝光碱液的渗透问题,湖南汨罗纺织印染厂设计研发了适用于苎麻粗厚织物丝光加工的直辊松式堆置丝光工艺和设备。其工艺流程为:

进布→直辊浸碱槽→三辊浸碱槽1#→松式J形容布箱→三辊浸碱槽2#→松式绷布辊6只→热淡碱预洗槽→布铗扩幅(5冲5吸)→直辊去碱槽→去碱长蒸箱两格→高效水洗槽两格→落布、进布→浸渍槽(轧车)→烘干→落布

织物浸轧的碱液浓度由淡到浓,多浸多轧,有利于碱液向纤维内部渗透扩散。苎麻织物先浸入直辊浸碱槽,再分别经过三辊浸碱槽1#和2#膨化,在J形容布箱和

松式绷布辊阶段给予一定的停留时间,保证碱液被纤维充分渗透吸收;然后在布铗扩幅期间水洗脱碱。这种松式堆置、张力脱碱的工艺实现了苎麻织物的透芯丝光,丝光后的苎麻织物经向缩水率很低且稳定,回弹性、手感和染色性都优于常规张力丝光工艺。

苎麻针织物若完全采用碱缩工艺,由于经纬向均无张力,将导致碱缩不均匀引起染色条花。黄国强采用苎麻针织物松式浸碱,在圆筒针织物丝光机的浸碱透风至热水喷淋脱碱阶段,采用圆筒扩幅器施加纬向张力,并控制扩幅器之间的速度调节针织物的经向张力,丝光后苎麻针织物缩水率低,用活性染料染色的上染率提高50%。其丝光工艺流程为:

坯布烧毛→室温浸碱(260~280g/L)→轧碱→透风→热水→喷淋→水洗→出布

(2)液氨丝光。张华等用液氨对苎麻织物在张力下浸渍1min,热水洗涤脱氨,去张力后进一步洗涤脱氨,干燥;用20%烧碱溶液和同样的工艺,对苎麻织物丝光,样品作为对照样。结果表明,液氨和烧碱处理都没有改变苎麻纤维素的化学组成,但是都增加了纤维的无定形区。未丝光前苎麻为纤维素Ⅰ型结晶,烧碱丝光后苎麻出现纤维素Ⅱ晶型,液氨丝光后苎麻的XRD在衍射角2θ为12.1°和20.6°处出现了纤维素Ⅲ的特征峰,说明液氨丝光后结晶度降低,降低幅度低于烧碱丝光苎麻。表4-12中列出了丝光苎麻的性能对比。

表4-12 液氨处理和碱处理苎麻的结构和性能

苎麻织物		未处理	液氨丝光	烧碱丝光
结晶度/%		84.48	76.43	66.30
吸湿率/%		7.18	9.48	10.27
保水率/%		51.95	42.96	48.53
固色率/%		75.91	80.97	88.08
K/S 值		14.98	20.23	20.00
抗弯刚度/ (cN·cm)	经	0.4069	0.7289	5.4148
	纬	0.4339	0.5475	0.8960
折皱回复角/(°)	经	38.7	69.2	38
	纬	39.7	57.3	38
缩水率/%	经	-4.4	-4.1	-3.1
	纬	-1.3	-0.7	-1.3

续表

苎麻织物		未处理	液氨丝光	烧碱丝光
撕破强力/N	经	18.23	17.34	17.34
	纬	20.00	15.56	11.12
拉伸强力/N	经	454.83	512.62	497.51
	纬	522.00	481.95	471.72

由于丝光增加了苎麻纤维的无定形区比例,因此丝光苎麻的吸湿率较未处理时有明显提高。另外,丝光处理导致纤维内部空腔变小,表面光滑,裂痕变小或消失,不利于对水的物理吸附,导致织物保水率下降。与未处理苎麻织物相比,液氨处理苎麻织物对活性染料固色率有了一定的提高,染色织物的 K/S 值有明显的增加。力学性能方面,烧碱丝光苎麻的抗弯刚度明显大于液氨处理或未处理苎麻,因此烧碱丝光苎麻织物更加刚硬;相对于烧碱,液氨处理可明显改善苎麻织物的弹性;液氨和烧碱丝光苎麻织物的撕破强力均有下降,而经向拉伸强力有一定程度的增加。

戴春芬等详细研究了几种麻织物经过液氨松式处理 10min 后的透气透湿性能,结果见表 4-13。液氨处理使麻织物的透气率和透湿量增加,织物液态水动态传递综合指数(OMMC)增加,但是经纬芯吸效应减小。这是因为经过液氨处理后,纤维结晶度降低,麻纤维表面的纵向条痕和裂痕明显减小或消失,纤维和纱线表面光滑,气体和液体传输通道变得通畅。OMMC 是一项反映织物液态水综合传递能力的指数,通过计算,可以得到织物上下表面浸湿时间、上下表面吸水速率、上下表面最大浸湿半径、上下表面液态水扩散速度、单向传递指数、液态水动态传递综合指数等 10 个指数。表 4-13 中数据表明,液氨处理后麻织物的透气透湿性能都得到提高。但是液氨处理后麻织物结构变得更加紧密,不利于水在毛细管中的扩散,经纬向芯吸效应都相应变差。

表 4-13 液氨处理前后的结构和透气透湿性能

织物	苎麻		大麻		亚麻	
	处理前	处理后	处理前	处理后	处理前	处理后
结晶度/%	81.7	66.7	75.8	72.9	73.7	67.5
透气率/(m/s)	4.06	4.93	4.13	5.23	3.95	4.50
透湿量/[g/(m² · d)]	4313	4452	4374	4705	4293	4418

织物	苎麻		大麻		亚麻	
	处理前	处理后	处理前	处理后	处理前	处理后
OMMC	0.5518	0.6586	0.5657	0.7173	0.5927	0.6691
经向芯吸效应/cm	9.03	7.37	7.10	5.07	9.97	6.63
纬向芯吸效应/cm	9.47	7.07	6.30	4.83	9.53	6.40

2. 柔软化加工

苎麻在无张力下的碱缩和液氨处理,其本质都是降低纤维的结晶度,使纤维更柔软。近年来在烧碱和液氨处理的基础上发展了多种方法软化苎麻。

(1)碱/尿素处理。张丽娜研究小组 2005 年研发了纤维素的新溶剂:在预冷至 $-10℃$ 的 7% NaOH/12%尿素水溶液中,黏均分子量为 $1.14×10^5$ 的棉短绒纤维素能在 2min 内快速溶解,其机理是 NaOH/尿素水溶液作为非反应溶剂,可以破坏纤维素分子内和分子间氢键,并阻止纤维素分子之间的紧密聚集,导致纤维素在低温下快速溶解。受到这个研究的启发,国内出现很多研究,采用碱/尿素处理苎麻纤维,改变碱/尿素的浓度或者温度,仅对苎麻有限溶胀,达到降低苎麻结晶度、软化苎麻纤维的目的,并由此减少苎麻织物的刺痒感,提高苎麻的染色性能。

程浩南对苎麻纤维采用 7%氢氧化钠、12%尿素、3%四硼酸钠(10 水)和 5%甘油混合溶液,在 $-10℃$ 处理 10min。经过低温柔化处理后,苎麻纤维的结晶度下降了 19.1%,拉伸强度降低了 36.9%,初始模量降低了 64.6%,面料表面较粗的纤维末端被分成了很多的柔软原纤化纤维,面料的弯曲长度下降了 10.7%,有效降低了苎麻面料的刺痒感;同时,低温柔化处理还有效提高苎麻面料的染色性能。

(2)溶剂水溶液处理。纤维素在某些有机溶剂中也可以溶解或溶胀,这些有机溶剂的水溶液在适宜的条件下也可以降低苎麻的结晶度,提高纤维柔性和染色性。李梦珍等采用 15%N-甲基吡咯烷酮在 80℃条件下处理苎麻 60min,苎麻纤维的结晶度从 80.37%降至 70.19%,纤维的综合性能较好,柔软性指标和断裂伸长率较处理前分别增加了 69.78%和 17.54%;溶胀时,纤维表面由于残胶被去除而变得光滑,随后由于剧烈溶胀,纤维劈裂且表面变粗糙。

二甲基亚砜/四乙基氯化铵的混合溶液被用于处理苎麻纤维。随着处理温度、时间以及二甲基亚砜和四乙基氯化铵质量分数的增加,苎麻纤维的断裂强度呈下降趋势;断裂伸长率随着二甲基亚砜质量分数增加而逐渐增加。最优的处理条件是:30%二甲基亚砜/4%四乙基氯化铵混合溶液,温度60℃,时间30min。乙二胺和尿素都是纤维素的强溶胀剂,金圣姬等将乙二胺、尿素和水按质量比71.7/5.66/22.64配成混合溶液,将苎麻织物在30℃、浴比为1∶20的条件下浸泡1.5h,然后洗净、干燥。改性后苎麻纤维发生了明显的溶胀现象,胞壁变厚,中腔变小,苎麻纤维的结晶度由原来的68.00%下降为46.88%;苎麻纤维的强力、柔韧性和吸水毛效提高;改性后的苎麻织物用活性染料染色,上染率和固色率较未改性苎麻织物提高明显,耐干/湿摩擦色牢度也有所改善。

(3)离子液体处理。松弛苎麻物理结构,就可以软化苎麻纤维。在众多可选方案中,离子液体不可或缺。离子液体由一种有机阳离子和一种阴离子组成,是一种在室温到100℃呈液态的离子化合物,具有低挥发、不易燃、溶解能力强、低毒以及易回收等特点,是一种全新的“绿色溶剂”。袁久刚等通过在氯代1-丁基-3-甲基咪唑([BMIM]Cl)离子液体中加入少量的水来解决纯离子液体溶胀体系黏度高的问题,促进传热和传质。在90℃左右处理苎麻纤维或织物,处理后的苎麻出现了纤维素Ⅱ的信号峰,结晶度下降。这是因为[BMIM]Cl离子液体中极性较强的Cl^-可以与纤维素大分子链间的羟基形成新的氢键,从而导致原有的纤维素大分子链间的氢键被逐渐拆散,结晶区遭到破坏。经过含水5%的离子液体处理20min,纤维中的部分半纤维素和果胶被去除,减量率可以达到5.3%。这种物理结构上的改性,导致苎麻润湿性能和染色性能都有一定程度的提高,但是对纱线的强力造成了一定损伤。

李强林等合成了溴化N-乙基-N-苄基咪唑(BM[imi]Br)离子液体,将带张力的苎麻织物在200g/L离子液体中,以1∶30浴比常温处理3min,90℃预烘3min,110℃处理1min,然后热水洗、冷水洗、晾干。苎麻经离子液体处理改性后,其吸湿率和上染率均有明显提高。但是,这种离子液体处理与同样条件下同样浓度NaOH丝光处理的苎麻织物比较得到有意义的结果:烧碱丝光能够明显提高苎麻纤维的吸水率,由32.46%增加到46.87%;而离子液体处理后纤维的吸水率23.65%,却有明显降低。作者将其原因归结于离子液体使苎麻纤维的小孔穴增多,而大孔穴减少,最后使苎麻纤维内部孔径分布趋于均匀,尺寸分布变窄,因而纤维大分子链的排列趋于紧密,引起大分子链间吸附的自由水分减少。

(4)纤维素酶处理。苎麻纤维素分子是由β-D-葡萄糖通过β-1,4-苷键结合而成的高聚物。纤维素酶处理苎麻织物,其实质是催化苎麻纤维中的纤维素水解,生成葡萄糖的反应。如图4-5所示,经过纤维素酶处理后,苎麻纤维表面被部分剥蚀,纤维纵向裂纹加深,并有裂缝和微孔产生,使得纤维刚性有所降低,织物手感有所改善,刺痒感也随之减轻。

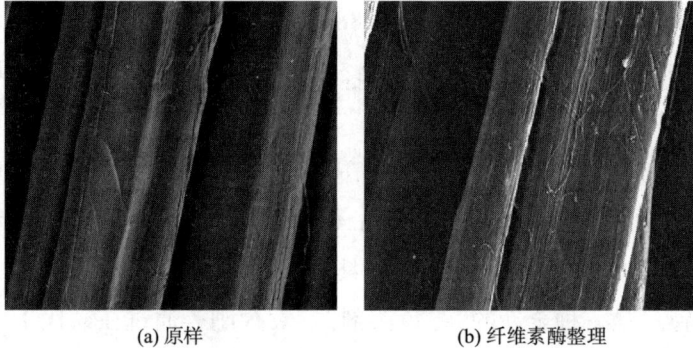

(a) 原样   (b) 纤维素酶整理

图4-5　纤维素酶整理前后苎麻纤维纵向形态结构电镜照片(×1000)

使用纤维素酶软化苎麻纤维和织物,重要的工艺条件是酶的浓度、酶处理的温度、时间和pH。例如,用诺维信(中国)投资有限公司的纤维素酶b939处理苎麻织物时,温度和pH的影响较大,最佳工艺条件为:浴比1∶25,酶浓度1mL/L,酶处理pH 5,时间40min,温度60℃。酶处理以后,减量率5.2%~6.2%,苎麻织物悬垂性得到改善,透气性进一步提高,但是织物的力学性能有一定的损伤。

(5)化学改性。对苎麻的化学改性能减少纤维的结晶度,提高纤维柔性。例如,苎麻纤维的乙酸酯化使苎麻纤维结构变得更加疏松,结晶度降低。李平平等针对苎麻织物的刺痒感,采用碱处理与环氧交联复合改性的方法有效地降低苎麻的杨氏模量,提高苎麻的断裂伸长和折皱回复性能,使苎麻织物具有毛型织物的柔软性和弹性。他们首先将苎麻织物浸泡在17%的NaOH溶液中,处理7min后用清水将苎麻织物洗净烘干,将碱处理苎麻织物浸入交联剂溶液,浸轧烘干后焙烘交联。结果表明,交联剂浓度为5%~7%(质量分数),焙烘温度为120~130℃时织物的折皱旧复性增加值可达76.3%,断裂强力和伸长率得到极大的改善,苎麻纤维从刚性断裂改善为韧性断裂,从而改善了苎麻织物的柔软性。其机理在于,苎麻经碱处理之后纤维素结晶度降低,交联剂以单分子的形式在纤维素无定形区的分子键间生成共价交联,从而使苎麻纤维柔软,同时提高了纤维的强度、伸长率和折皱回复能力。

朱谱新等采用乙烯基单体丙烯腈、丙烯酸乙酯和丙烯酸混合体系对苎麻纤维接枝共聚,随着接枝率增加,苎麻纤维直径增大,棱角钝化,胞腔缩小,由表面接枝过渡到体积接枝,织物厚度增加;苎麻结晶度降低,晶粒尺寸变小。接枝共聚使苎麻纤维的强力下降,柔性和弹性增强,耐磨性提高;所用三种单体对纤维性能各有不同功能:在接枝物中,较低玻璃化温度的支链与较高玻璃化温度的支链相比,降强较小,且前者使接枝苎麻的断裂延伸率增加,后者使断裂延伸率减小。丙烯腈单体对接枝苎麻的弹性值和热定形性贡献较大,丙烯酸乙酯对接枝苎麻的悬垂性贡献大,而丙烯酸支链对接枝苎麻的吸湿性贡献大。苎麻采用疏水单体丙烯腈和丙烯酸乙酯接枝改性,增加了纤维的疏水性,为分散染料染色打下基础,而丙烯酸单体为接枝苎麻增加了阴离子基团,可实现接枝改性苎麻用阳离子染料染色。

二、染色加工

相对于棉纤维,苎麻是小众纤维,人们对苎麻的染色性远没有对棉了解得清楚。在苎麻染整技术领域,人们确实感觉到了这两种纤维之间存在的差别,即苎麻与棉在同等条件下染色比较,苎麻常常表现为颜色浅淡。引起这个结果的原因一般归结为苎麻纤维比棉纤维有较高的结晶度和取向度,以及高光泽;除此原因以外,纤维的微隙结构与其染色性能也有很紧密的关系。

(一)纤维微隙结构与染色

孙中良采用反相尺寸排阻色谱法研究了棉、苎麻和黏胶等纤维素纤维的微隙结构,用孔隙尺寸及分布表示;定义并测定了纤维中直径为 D_i 的孔隙所占有的体积为微分可及孔隙体积 V_i,如图 4-6 所示。在讨论纤维被化学试剂可及的微隙结构时,将孔径小于 10Å 的孔隙称为微孔,10~20Å 的孔隙为小孔,20~60Å 的孔隙称为中孔,大于 60Å 的孔隙为大孔隙。

由图 4-6 可知,所测纤维中大孔的微分可及体积数值较小,多集中在 16.5~56.7Å 的中小孔隙,这也是一般染料可上染的纤维孔隙尺寸。在这三种纤维中,黏胶纤维的中小孔隙的微分可及孔隙体积明显高于棉和苎麻,说明黏胶纤维的结构不紧密,上染率高于棉和苎麻纤维;苎麻纤维内孔隙的微分可及体积分布与棉相似,但略低于棉。假设纤维中某染料可及的最小孔隙直径为 D_x,则纤维内孔径不小于 D_x 孔隙的累积可及体积都可被此染料触及,将影响染料的上染量。这三种纤维累积可及体积的差异以小孔隙最为明显,例如,对于小孔隙 $D_i = 25.2$Å,黏胶纤维

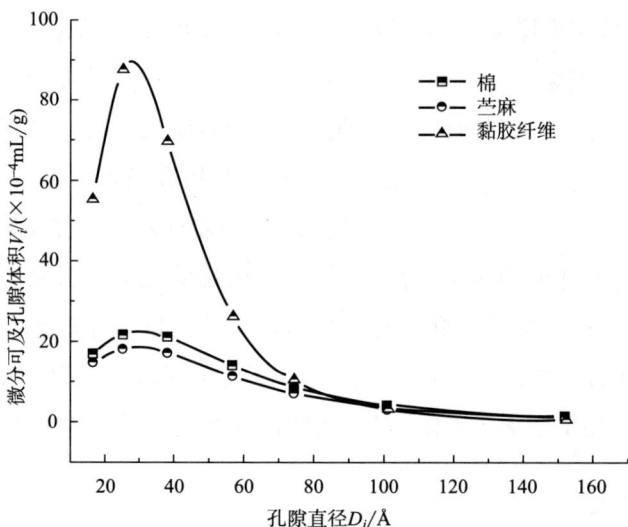

图 4-6　棉、苎麻和粘胶纤维微分可及孔隙体积与孔隙尺寸的关系

的累积可及体积约为棉纤维的 2.5 倍,而苎麻的累积可及体积约为棉纤维的 88%。染色实验以棉纤维为基准,C. I. 活性橙 16 和 C. I. 活性红 23(分子量 600~700)在苎麻上的染料固色率比棉少 15% 左右,与苎麻和棉纤维在小孔隙的累积可及体积大致匹配;这两种染料在黏胶纤维上的固色率分别比棉高 66% 和 97.4%。但是对于大于 60Å 的大孔隙,黏胶纤维的累积可及体积约为棉的 1.17 倍,因此对于分子量 1000~1700 的 C. I. 活性黑 5、C. I. 活性红 120 和 C. I. 活性红 243,在黏胶纤维上固色率比棉高 15% 左右。用还原染料染色的结果也与活性染料类似。此外,图 4-6 显示出三种纤维在大孔隙直径方向,微分可及孔隙体积趋于一致。这表示,对于黏胶纤维与棉或与苎麻混纺或交织织物染色时,筛选大分子量的染料染色更易于获得相近的颜色。这些现象将纤维的微隙结构与纤维的可染性很好地对应起来,说明纤维对染料的吸附和扩散受到纤维的孔隙率和总内表面积的重要影响。

(二)常规染料对苎麻纤维的染色性

苎麻和棉都是纤维素纤维,能够染棉纤维的染料一般也能对苎麻染色。但是由于苎麻与棉的物理结构有较大差别,例如,苎麻光泽强,结晶度和取向度高,用同一染料染色时两种纤维在染色速率、饱和吸附值、染品颜色特征等方面不同,苎麻的表观色深值会低于棉纤维。此外,由图 4-6 可知,苎麻与棉纤维相比,在可染纤维 16.5~56.7Å 的中小孔隙区间,苎麻的微分可及孔隙体积都低于纯棉。这意味着用大多数染料染色,苎麻纤维的得色量可能都会低于棉纤维。在苎麻印染工业,解决苎麻及其混纺织物的染色性,特别是麻棉混纺织物和交织物的均一染色问题,是印染的基本问题之一。

1. 硫化染料

生产硫化染料的原料是芳烃的胺类或酚类化合物,与硫黄或多硫化物在高温下反应而成,分子中含有两个或多个硫原子组成的硫键。反应产物很多,甚至连主反应的分子式也不易确定。由于产物是一些结构相似的同分异构体及其他副产物,每种产物的颜色相近,但色光不同,对总颜色均有贡献,对上染纤维的性能和色牢度也相近,因此上染纤维后,破坏了染料吸收光谱的单色性,决定了硫化染料不可能有鲜艳的颜色。表 4-14 列出了硫化染料在苎麻纤维和棉纤维染色织物上的颜色对比。

表 4-14 苎麻与棉织物用硫化染料染色的颜色对比

硫化染料	色光对比	深度对比	鲜艳度对比
淡黄 G	相同	接近,稍浅	相同
黄 GC	相同	相同	相同
艳绿 GB	相同	相同	相同
宝蓝 CV	相同	相同	相同,稍暗
蓝 BRN	相同	相同	相同,稍暗
红棕 B3R	相同	相同	相同
元青 BN	相同	接近,稍浅	相同

硫化染料本身不溶于水,经过硫化碱处理后,分子中的一些多硫键断裂,分子量变小,对纤维素亲和力不是太高,较易渗入纤维内部;在氧化过程中,小分子又重新以多硫键等结合成较大的不溶于水的染料。因此,苎麻与棉容易得到同色。

2. 不溶性偶氮染料

不溶性偶氮染料由色酚和色基两种组分偶合而成。色酚主要为酚类化合物,色基为芳香伯胺的重氮盐。在染色时,织物先用色酚溶液打底,再通过色基重氮盐溶液在织物上直接发生偶合反应而显色,生成固着的不溶于水的偶氮染料,从而达到上染目的。不溶性偶氮染料色泽浓艳,给色量高,色谱齐全,耐日晒色牢度以深浓色较好,耐湿处理色牢度一般。将常用色酚与色基配合可得多种色位,包括橘红、大红、樱红、紫酱、红紫、蓝紫、凡拉明蓝、藏蓝等。采用轧染工艺,苎麻和棉的得色基本相同。不溶性偶氮染料的得色深浅和均匀性主要取决于色酚打底,因为色酚的分子结构较小,在较高温度(80℃)下并借助轧辊的机械力,容易渗透进入纤维内部,麻和棉的得色可基本一致。实验证明,冰染染料是适合于苎麻和棉染色的有价值的一类染料。

3. 还原染料

还原染料色谱齐全,颜色鲜艳,尤其是蓝、绿、紫、黄、橙色等。染色牢度极佳,是棉、麻纯纺及其混纺织物的常用染料。缺点在于染色繁复,染色前染料需要用烧碱—保险粉还原溶解,染后再氧化复原;价格较贵。尽管如此,仍属常用的高级染料。采用浸染和轧染工艺染中色和深色,常用还原染料对苎麻和棉染色的对比见表4-15。

表4-15 还原染料对苎麻与棉的染色对比

还原染料	匀染性	亲和性	浸染同色性	轧染同色性
黄 GCN	好	很好	棉略深	棉略深
金黄 RK	70℃好	好	相同	棉略深
大红 R	好	中	苎麻色微红	棉略深
大红 GGN	好	低	棉略深,麻略蓝	棉略深
棕 GG	70℃好	中	棉略深	棉略深
棕 BR	85℃好	好	麻略偏红	麻偏红
深蓝 BO	75℃中	好	相同	棉略深
紫 RR	90℃中	高	相同	棉深,麻偏蓝
漂蓝 BC	75℃中	好	相同	棉略深,麻偏红
蓝 RSN	75℃好	好	棉略深,麻微偏红	麻偏红
绿 FFB	75℃好	好	相同	麻略偏蓝
艳绿 4B	差	好	相同	相同
橄榄 R	70℃好	好	相同	相同
橄榄 T	90℃中	好	棉深	麻略偏红
灰 BG	70℃好	中	棉深	麻略偏蓝
灰 M	90℃中	好	相同	麻略偏红
黑 BB	80℃中	好	麻略偏红	麻略偏红

一般来说,麻和棉用还原染料染色得色基本相同,鲜艳度也基本相同,有一些染料在苎麻上的得色比棉浅,色光有一些偏向;与染料结构和染色性能之间未发现规律性;轧染工艺无白芯。总之,还原染料是对苎麻及其混纺织物染色较好的染料品种之一。

4. 可溶性还原染料

可溶性还原染料是由还原染料加工成隐色体的硫酸酯盐,染色时可溶于水直接对纤维染色,染色后在酸性介质中用氧化剂处理,隐色体染料经水解和氧化而显色。还原染料母体为蒽醌系的称溶蒽素,为靛族母体的称溶靛素。色谱主要是黄、橙、红、紫、蓝、绿、棕、灰等,一般采用浸染和轧染工艺染浅色,有优良的色牢度和极佳的匀染性,比还原染料的染色工艺简单。常见的可溶性还原染料对苎麻和棉染色的对比见表4-16。

表 4-16　可溶性还原染料对苎麻和棉的染色对比

可溶性还原染料染料	结构	亲和性	浸染同色性	轧染同色性
溶蒽素黄 V	蒽醌	低	相同	基本相同,苎麻略深
溶蒽素艳橙 IRK	蒽醌	低	基本相同	棉略深
溶靛素桃红 IR	硫靛	低	基本相同	苎麻略偏蓝光
印地科素紫 ARR	半硫靛	低	基本相同	苎麻略偏蓝光,棉略浅
溶蒽素蓝 IBC	蒽醌	低	基本相同	棉略浅
溶蒽素绿 IB	蒽醌	高	苎麻比棉浅	棉深
溶蒽素棕 IBR	蒽醌	中等	基本相同	棉深
溶蒽素灰 IBL	半硫靛	高	苎麻比棉浅	棉略深

从以上结果可知,印地科素染料对苎麻和棉的得色情况可以用亲和力大小来衡量。亲和力大,则棉得色一般比苎麻深,亲和力小的染料得色基本相同,与染料是蒽醌或硫靛结构无关。宜选用亲和力较小的染料对苎麻和棉织物染色;浅色宜用浸渍法染色,中色宜用轧染工艺染色。

5. 活性染料

活性染料在染色过程中能与纤维素纤维发生共价键结合,有较好的耐水洗色牢度,色泽鲜艳,色谱齐全,价格适中,染色工艺简便,匀染性好,染浅色时麻棉同色性好。采用浸染和轧染工艺对苎麻和棉织物染中深色,得色结果对比见表4-17。

表 4-17 活性染料对苎麻和棉染色对比

活性染料	结构	反应性	亲和力	浸染同色性	轧蒸同色性	轧焙同色性
嫩黄 X-4G	单偶氮吡唑	快	低	棉稍深,麻偏红	棉深	棉深
黄 X-RG	单偶氮	—	—	相同	棉深	棉深
艳橙 X-GN	单偶氮	快	高	相同	棉稍深	相同
艳红 X-3B	单偶氮	中	中	相同	相同	相同
紫 X-2R	单偶氮	中	高	相同	棉深	棉深
艳蓝 X-BR	蒽醌	—	高	相同	相同	棉深,麻偏红
嫩黄 K-5G	单偶氮吡唑	中	低	棉深	相同	麻稍深偏红
嫩黄 K-4G	单偶氮吡唑	慢	低	棉深	麻稍深	相同
黄棕 K-GR	双偶氮	慢	高	相同	麻稍深	棉深
艳橙 K-R	单偶氮	慢	高	相同	相同	棉稍深
艳红 K-2G	单偶氮	中	高	相同	相同	棉稍深
紫 K-3R	单偶氮铜络合物	慢	低	相同	麻稍深	麻偏蓝
深蓝 K-R	单偶氮铜络合物	慢	中	棉稍深	麻偏红	麻偏红
艳蓝 K-GR	蒽醌	慢	低	棉稍深	麻深	麻深
翠蓝 K-GL	蒽醌	慢	低	棉稍深	棉稍深	棉稍深
灰 K-B4RP	单偶氮钴络合物	慢	低	棉深	麻深	相同
黑 K-BR	单偶氮钴络合物	慢	低	棉深	麻稍深偏红	麻稍红
翠蓝 KN-G	酞菁铜	慢	中	棉深	棉稍深	棉稍深
黑 KN-B	双偶氮	快	高	麻偏红	麻稍深偏红	麻偏红
深蓝 M-R	单偶氮铜络合物	中	—	棉稍深	麻深	麻稍浅偏红
艳红 M-8B	单偶氮	—	高	棉稍深	相同	棉稍深
艳红 K-2BP	单偶氮	慢	中	相同	相同	麻稍深

从结果看,以 X 型(二氯均三嗪型)对工艺的适应性最强,轧染中轧焙法与轧蒸法色泽基本一致。K 型(一氯均三嗪型)染料以轧染法为好,轧染中又以轧焙法得色较深,其中艳橙 K-GN、艳橙 K-R、艳红 K-2G、艳红 K-2BP、艳蓝 K-GR、翠蓝 K-GL 等即可轧焙染色,又可轧蒸法染色;灰 K-B4RP、黑 K-BR 等适合于轧焙染法。KN 型(乙烯砜型)染料和 M 型(乙烯砜型和一氯均三嗪型双活性基)染料适合于浸染或轧焙法染色。

麻与棉的同色性都比较好,因为活性染料分子结构较小,染料容易渗入纤维内部,依靠化学键与纤维结合,染料本身聚集倾向较小,所以苎麻染色深度和鲜艳度都很好,个别染料的麻和棉得色稍有差别。从试验结果可看出,麻棉同色性与活性染料的反应性和亲和力有关系,如紫 K-3R、艳橙 K-GN、黑 BR、灰 K-B4RP、嫩黄 K-4G 等染料反应性慢,亲和力低,染料可在纤维中充分渗透后与纤维结合,麻与纤维的同色性好,甚至麻的得色深度还高于棉。

(三) 对苎麻改性

在提高苎麻纤维的染料上染率和染色鲜艳度方面,有升高温度法、烧碱和液氨丝光法、促染法以及筛选染料法等;在提高苎麻纤维染色牢度方面也有相应的研究。例如,柳正宾和张慧琴探讨了低特(高支)苎麻织物用活性染料染色的工艺条件,包括筛选活性染料、促染中性盐和固色碱剂,以及染色设备、染色温度和时间等工艺条件对织物染色牢度的影响。

对苎麻纤维进行化学改性是改善苎麻染色性的有效方法,例如,苎麻阳离子化后用酸性染料染色法,苎麻阴离子化后用阳离子染料染色法等。蒲宗耀等较早采用带活性基的季铵盐类化合物对苎麻改性,活性基与纤维素羟基反应类似于活性染料对纤维素染色,阳离子化苎麻用阴离子染料染色时,染料在苎麻织物上的吸附等温线属于朗格缪尔(Langmuir)单层静电吸附。张惠芳等对碱处理后的精干麻纤维阳离子化改性,改性方法和工艺参数为:浓度 40% 的阳离子改性剂对纤维使用量 5%~10%,处理液 pH 12,浴比 1∶30,75℃ 处理 45min,然后水洗、烘干。阳离子改性后苎麻纤维的断裂伸长率、断裂功、勾结强度等指标明显提高,初始模量降低,使苎麻纤维的可纺性得到较大提高;同时,阳离子改性苎麻可用色谱齐全、颜色鲜艳的酸性染料染色。

用乙烯基单体对苎麻接枝共聚,可以改善苎麻纤维的染色性能。例如,采用丙烯腈、丙烯酸乙酯和丙烯酸混合单体对苎麻纤维接枝共聚。当采用阳离子染料时,由于共聚组分中丙烯腈和丙烯酸乙酯链段上的疏水性,可以与阳离子染料中非极性部分形成疏水键结合,而共聚组分中的丙烯酸链段为接枝物提供阴离子基团,可与阳离子染料形成静电吸附,因此具有较好的耐水洗色牢度。同样,由于苎麻接枝链的疏水性,用分散染料染色也得到了较好的染色深度和染色牢度。

三、后整理

苎麻在国际纺织品市场上的地位很高,有很好的透气透湿、抗菌和防紫外等性能。但是,由于苎麻的结晶度和取向度高,与棉织物相比,手感粗糙,弹性差,服用有刺痒感。为了克服这些固有缺点,同时赋予苎麻织物其他功能,织物的后整理加工必不可少。

(一)抗皱免烫整理

1. 含甲醛树脂的整理

织物的树脂整理就是对织物施加树脂,使树脂与纤维结合,以改变织物纤维的物理和化学性能的整理工艺。织物的树脂整理主要以防皱防缩为目的,故也称为防皱整理、抗皱整理或免烫整理。常规树脂整理剂有氰醛、脲醛、乙二醛系树脂以及高分子树脂等,也称为免烫整理剂。氰醛、脲醛树脂易使织物手感发硬,属自身缩聚的热固性树脂,不适于要求柔软的苎麻类织物整理。乙二醛系树脂与纤维素纤维交联反应性好,整理后的苎麻类织物弹性高,手感较好,故一般选用乙二醛系树脂整理麻类织物。这类树脂的代表是二羟甲基二羟基乙烯脲(DMDHEU),简称为2D树脂。其分子中的四个羟基,特别是两个羟甲基容易与纤维素的羟基反应,赋予纤维素织物良好的防缩抗皱性。

棉织物的乙二醛型抗皱免烫整理采用常规的高温焙烘工艺:

织物两浸两轧→预烘→焙烘→温水洗→冷水洗→烘干

苎麻纤维比棉纤维纺织品的抗折皱性能更差,因此高档苎麻织品更需要进行抗皱整理。但是,这样的整理常常需要在酸性催化和140~160℃的高温条件下进行,对于苎麻织物容易造成纤维素降解;另外,与棉相比,苎麻纤维的无定形区含量较少,可供整理剂分子进入并与纤维素分子发生交联反应的空间少,要得到较好的织物弹性,需要浓度较高的免烫整理剂,加重了苎麻织物的强度损失。其结果是,整理后苎麻织物的强度下降比棉织物整理后的强度下降更显著。

由于以上原因,采用常规免烫整理时,苎麻织物的强力保持和弹性之间的矛盾很难解决。为此,姚寿文和柳正宾开发了一种中高温微压湿法整理工艺:

织物两浸两轧→100℃预烘(半干态)→0.1MPa微压力115℃焙烘60min→温水洗→冷水洗→烘干

这个方法是在半干态下,降低焙烘温度,并且施以一定的压力,让整理剂和苎麻纤维发生比较充分反应,整理后苎麻的弹性和织物强力保持率之间达到了较好的平衡。

2. 无甲醛树脂整理

由于含甲醛树脂整理后的织物在穿着和储存过程中会释放对人体有害的甲

醛,目前传统的含甲醛树脂已经逐渐被无甲醛树脂代替。无甲醛抗皱整理剂有多元羧酸、水性聚氨酯、壳聚糖、改性淀粉、反应性有机硅、环氧化合物、丙烯酰胺等,每种整理剂各有优缺点。例如,双 β-羟乙基砜被用于苎麻织物的免烫整理,以碳酸氢钠为催化剂,整理剂与苎麻纤维的反应如下:

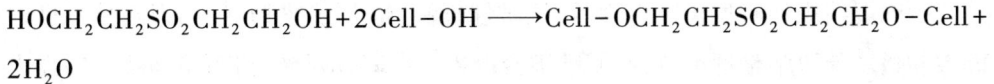

$$HOCH_2CH_2SO_2CH_2CH_2OH + 2Cell-OH \longrightarrow Cell-OCH_2CH_2SO_2CH_2CH_2O-Cell + 2H_2O$$

多元酸与纤维素分子中的羟基酯化,可以在苎麻纤维内部形成三维交联结构,达到抗皱免烫的功能。叶汶祥和余燕平介绍了柠檬酸改性方法:首先将柠檬酸升温脱水形成环状酸酐,然后在磷酸二氢钠催化剂存在下,与纤维素的羟基发生酯化反应而交联。黄益等采用甘油与柠檬酸配合,利用高温焙烘阶段甘油与柠檬酸的酯化反应,有效抑制了柠檬酸在高温焙烘时产生的黄色不饱和酸副产物,提高了整理苎麻织物的白度、折皱回复角和断裂强力。

丁烷四羧酸(BTCA)是研究和应用较多的一种多元羧酸无甲醛整理剂。一般认为,BTCA 对纤维素织物进行整理时与纤维素酯化交联反应分两步进行:BTCA 相邻的两个羧基脱水成酐,该酸酐再和纤维大分子上的羟基发生反应生成酯。王金秀详细研究了 BTCA 对苎麻纤维的交联整理,发现多元羧酸 BTCA 对纤维素大分子链存在着交联和酸性降解的双重作用:交联赋予苎麻织物抗皱性,而酸性降解导致纤维分子量的降低,从而引起断裂强力的下降。BTCA 整理剂浓度越高,或者焙烘温度越高,则交联作用越强,苎麻分子量下降也会越严重,结晶度和取向度都随之降低。采用浸轧—预烘—焙烘工艺时,BTCA 浓度不宜超过 6%,焙烘温度不宜超过 180℃。

(二)手感整理

1. 挺爽剂

在经过树脂整理后,苎麻及其混纺织物的风格应达到较好的抗皱性,手感滑糯而不失挺爽厚重感。其中挺爽感是苎麻织物的特有风格,特别是细薄织物,过分的柔软会失去这种宝贵的手感特性。因此,在后整理浴中加入挺爽剂是可取的,这种挺爽剂应在柔软剂和树脂的配合下,赋予麻类织物良好的挺爽手感,并且不能影响织物的弹性、撕破强力等指标。

过去未曾见过苎麻织物整理中添加挺爽剂的报道。但是实践表明,少量挺爽剂有利于苎麻织物丰满的手感。在对其他纤维织物的整理中,使用过的挺爽剂或硬挺剂有淀粉、聚乙烯醇、羧甲基纤维素、聚丙烯酸酯、水性聚酯和聚氨酯乳液等水溶性或水分散性高聚物。挺爽剂与苎麻纤维没有化学作用,可以单独或者与其他后整理剂同浴处理,一般采用典型的浸轧—烘干—焙烘工艺。

2. 柔软剂

苎麻混纺织物经过树脂整理后,抗皱性提高,但是手感趋硬,强力降低。良好的柔软整理与树脂整理配合,能使纤维变得柔软滑爽,可补偿树脂整理带来的强力损失。当施加柔软剂后的织物受到撕裂应力时,纱线能在撕裂点滑开,使应力同时作用在较多的纱线上,从而提高苎麻织物的撕破强度。

柔软性是织物服用性能的主要指标之一。随着化学工业的进步,新型柔软剂不断出现,使织物的柔软整理技术得到了很大的发展,目前对苎麻织物普遍采用棉用柔软剂,常用的有有机硅柔软剂、聚乙烯乳液、长碳链脂肪酰胺类衍生物以及聚乙二醇等。有机硅柔软剂对弹性贡献较大,手感平滑性好,柔软度好。聚乙烯对提高撕破强力贡献较大,手感较硬,可增加麻类织物的挺爽感。脂肪酰胺类柔软剂兼有柔软和平滑效果,对撕破强度提高有一定贡献,价格低廉。聚乙二醇较柔软,但对提高弹性尤其是撕破强度贡献不大。为了提高柔软剂的综合效果,可以将几种柔软剂拼混使用。例如,采用有机硅和聚乙烯乳液拼混可以增加苎麻织物的弹性、平滑柔软性和挺爽感,达到丰满的手感效果。

应该注意,在此讨论的织物柔软整理是依靠柔软剂改善苎麻织物的手感,并不改变苎麻纤维的超分子结构。这与前面讨论苎麻丝光和软化加工的机理和加工方法是不一样的。柔软剂与纤维之间也没有化学作用,与挺爽整理一样采用浸轧—烘干—焙烘工艺。

(三)其他功能整理

随着印染技术的科技进步,人民生活水平的提高,消费者对苎麻混纺织物的花色品种,特别是对内在服用质量和特殊功能提出了越来越高的要求,苎麻织物的功能整理也逐渐成为迫切的需求。新型的功能整理剂结合松式机械整理(预缩、蒸呢等),使苎麻及其混纺织物的染整质量上一个新台阶。

苎麻织物作为服用和家具装饰的高档织物已受到大众的追捧,其阻燃问题也随之成为人们关注的重点之一。刘妍等将二甲基-2-(丙烯酰氧乙基)磷酸酯(DMMEP)在苎麻织物表面接枝共聚,这种乙烯基磷酸酯的苎麻接枝织物较好地保留了苎麻织物的原貌,并赋予接枝共聚苎麻良好的热稳定性和阻燃性能。王权威通过柠檬酸/硼酸处理苎麻织物,有一定的阻燃效果和耐洗性;进而通过聚氨酯与柠檬酸作为磷酸酯类阻燃剂 YN-6 的交联剂,在纤维内部形成网状交联结构,有效提高织物的阻燃性及其耐水洗性,处理后的苎麻织物具有阻燃、抗皱和抗刺痒三种功能。

马艺华等采用纳米抗紫外整理剂 UV-TAO1 和浸轧—预烘—焙烘工艺对苎麻织物进行功能整理,获得了抗紫外线能力并具有耐久性;织物的柔软性、悬垂性及弹性方面得到不同程度的改善;但是苎麻织物强力、热湿传导能力、透气性能及接触凉爽性能稍有下降。该研究者认为,设计合理的织物组织结构参数及整理工艺,有助于找到功能性与舒适性的平衡点。

壳聚糖是天然多糖甲壳素 N-脱乙酰基的产物,具有生物降解性、生物相容性、无毒性、抑菌、抗癌、降脂、增强免疫等多种生理功能。壳聚糖抗菌抑菌机理大致有两种:一是壳聚糖的氨基阳离子与构成微生物细胞壁的唾液磷酸酯等阴离子相互吸引,束缚了微生物的自由度,阻碍其代谢、繁殖;二是低分子量的壳聚糖侵入微生物细胞内,阻碍微生物的遗传密码由 DNA 向 RNA 复制,由此阻碍微生物的繁殖。利用壳聚糖的抗菌性,周静等采用壳聚糖对苎麻织物进行抗菌整理,用有机多元羧酸作为溶解壳聚糖的溶剂,同时多元羧酸又能与苎麻纤维素和壳聚糖交联。其优化工艺条件为:壳聚糖浓度6%,多元羧酸浓度6%,催化剂次亚磷酸钠浓度4%,焙烘条件 160℃×3.5min。整理后苎麻织物具有明显的抗菌性能,且具有良好的耐洗性。

参考文献

[1]孟超然. 苎麻氧化脱胶中纤维素的保护机理及应用[D]. 上海:东华大学,2018.

[2]余秀艳,孙小寅,杨微. 苎麻生物酶脱胶工艺研究[J]. 纺织科技进展,2012 (1):26-28.

[3]MAO K,CHEN H,QI H,et al. Visual degumming process of ramie fiber using a microbial consortium RAMCD407[J]. Cellulose,2019,26,3513-3528.

[4]刘国亮. 苎麻过碳酸钠脱胶工艺研究[D]. 上海:东华大学,2012.

[5]杨涛. 苎麻氧化脱胶的研究[D]. 上海:东华大学,2007.

［6］刘凤明．苎麻氧化脱胶稳定剂优选及工艺参数优化［D］.上海：东华大学,2016.

［7］李召岭．苎麻氧化脱胶激励分析及自驱动脱胶废水处理［D］.上海：东华大学.2015.

［8］MENG C,LI Z,WANG C,et al. Extraction of ramie fiber in alkali hydrogen peroxide system supported by controlled-release alkali source［J］. Jove-Journal of Visualized Experiments,2018,（132）:56461.

［9］XIANG Y.,LIU L,ZHANG R.,et al. Circulating solution for the degumming and modification of hemp fiber by the laccase-2,2,6,6-tetramethylpiperidine-1-oxyl radical-hemicellulase system［J］. Textile Research Journal. 2019,89（21-22）:4339-4348.

［10］周佳佳,郁崇文．Fenton 试剂用于苎麻氧化脱胶的探究［J］.东华大学学报（自然科学版）,2017(2):191-197.

［11］QU Y.,YIN W.,ZHANG RY.,et al. Isolation and characterization of cellulosic fibers from ramie using organosolv degumming process［J］. Cellulose,2019,27(3),1225-1237.

［12］姜繁昌．苎麻纺纱学［M］.北京：纺织工业出版社,1986.

［13］郁崇文．纺纱工艺设计与质量控制［M］.中国纺织出版社,2005.

［14］张秀风．郁崇文．紧密纺纱技术及 D 型牵伸在苎麻加工中的应用［J］中国麻业科学,2003(3):139-142.

［15］陆世麟,马洪才,程隆棣,等．苎麻气流槽聚型紧密纺工艺探讨［J］上海纺织科技,2012(3):28-30.

［16］张成伟．苎麻紧密纺工艺及成纱结构性能的研究［D］.上海：东华大学,2011.

［17］陈建波,范嘉骐．碱浓度对苎麻织物丝光效果的影响［J］.北京服装学院学报,1994,14(2):7-11.

［18］赵学付．苎麻织物丝光工艺的研究［J］.印染,1990(4):214-216.

［19］熊淑兰,刘明镜．粗厚苎麻织物松堆丝光联合机工艺研究与应用［J］.染整技术,1996,18(2):21-23,27.

［20］黄国强．苎麻针织物的丝光与染色［J］.针织工业,1995(4):20-21.

［21］张华,冯家好,李俊．液氨处理对苎麻织物结构和性能的影响［J］.印染,2008

（7）:5-8.

[22]戴春芬,周永凯,李臣,等 液氨处理前后麻织物的湿性能研究[J]. 北京服装学院学报,2010,30(4):39-46.

[23]CAI J,ZHANG L. Rapid dissolution of cellulose in LiOH/urea and NaOH/urea aqueous solutions[J]. Macromolecular Bioscience,2005,5(6):539-548.

[24]程浩南. 低温柔化处理对苎麻纤维结构与性能的影响[J]. 上海纺织科技,2017,45(12):25-27,56.

[25]程浩南,蒋丽萍,张鹏飞. 低温柔化处理后苎麻面料刺痒感的研究[J]. 毛纺科技,2017,45(6):40-43.

[26]李梦珍,张斌,郁崇文. 采用 N-甲基吡咯烷酮的苎麻纤维柔软处理[J]. 纺织学报,2019,40(4):78-82.

[27]熊亚,张斌,郁崇文,等. DMSO/TEAC 对苎麻纤维柔软处理探究[J]. 中国麻业科学,2017,39(1):44-49.

[28]金圣姬,角俊,施亦东,等. 乙二胺/尿素/水混合液对苎麻织物结构和性能的影响[J]. 印染助剂,2010,27(3):42-44.

[29]袁久刚,兰媛媛,王强,等.［BMIM］Cl 离子液体处理对苎麻性能的影响[J]. 染整技术,2013,35(10):16-19.

[30]李强林,黄方千,冯西宁,等. 咪唑鎓离子液体的合成及在苎麻改性中的应用[J]. 印染,2011,18:14-17.

[31]李甜甜,黄江峰,邵建中. 苎麻织物的纤维素酶与聚氨酯联合抗刺痒整理技术[J]. 纺织学报,2015,36(3):76-82.

[32]赵奇,李亚滨. 纤维素酶处理对苎麻织物服用性能的影响[J]. 轻纺工业与技术,2015(1):18-19,17.

[33]王晓婷,王晓丽,彭士涛,等. 乙酸改性苎麻纤维的条件优化分析[J]. 天津理工大学学报,2018,34(2):55-58.

[34]李平平,戴卫国,何建新. 苎麻纤维的碱处理与环氧交联改性[J]. 纤维素科学与技术,2012,20(1):52-57.

[35]朱谱新,郑庆康,杜宗良,等. 对乙烯基单体与苎麻接枝共聚物的结构分析[J]. 四川纺织科技,2001(6):36-39.

[36]朱谱新,杜宗良,郑庆康,等. 乙烯基单体接枝苎麻的性能[J]. 纺织科学研

究,2000,11(4):15-20.

[37]朱谱新,杜宗良,郑庆康,等.乙烯基单体接枝苎麻的染色性能[J].印染,
    2000,(1):8-9,12.

[38]孙中良.纤维素纤维微隙结构与染色[D].上海:东华大学,2014.

[39]孔钦明,温演庆,林义,等.直接染料和阳离子染料对棉和苎麻的染色差异性
    [J].纺织科技进展,2012,(2):31-32.

[40]柳正宾,张慧琴.高支苎麻织物活性染料染色工艺研究[J].中国麻业科学,
    2009,31(2):148-153.

[41]蒲宗耀,蒲实,黄玉华,等.苎麻织物阳离子化改性及其染色的理论与实践
    (一)[J].印染,1993,19(7):8-12.

[42]薄宗耀,薄实,黄玉华.苎麻织物阳离子化改性及其染色的理论与实践(二)
    [J].印染,1993,19(8):10-14.

[43]张惠芳,沈勇,王黎明,等.阳离子改性剂SA对苎麻纤维的改性工艺及其性
    能影响[J].印染助剂,2009,26(12):31-34.

[44]姚寿文,柳正宾.苎麻织物抗皱整理工艺探讨[J].中国麻业科学,2009,31
    (4):252-254.

[45]王艾德,张琳涵,曹春晓.无甲醛抗皱免烫整理剂研究进展[J].山东化工,
    2020,49(14):74-76.

[46]陈益人,李苗.苎麻织物的免烫整理[J].印染助剂,2000,17(1):25-27.

[47]叶汶祥,余燕平.苎麻织物的免烫整理[J].现代纺织技术,2000,8(3):5-7.

[48]黄益,王权威,孟一丁,等.苎麻织物的柠檬酸/多元醇抗皱整理[J].纺织学
    报,2017,38(5):104-109.

[49]华文松,顾松林,顾艳霞,等.丁烷四羧酸在织物整理上的应用[J].印染助
    剂,2008,25(8):5-8.

[50]王金秀.丁烷四羧酸抗皱整理对苎麻结构与性能的影响[D].西安:西安工
    程科技学院,2005.

[51]刘妍,许佳伟,朱业安,等.聚磷酸酯接枝阻燃苎麻织物及其阻燃性能研究
    [J].东华理工大学学报(自然科学版),2018,41(3):65-69.

[52]王权威.苎麻织物的抗皱、阻燃、抗刺痒多功能协同整理技术研究[D].杭
    州:浙江理工大学,2015.

[53]马艺华,罗纪华,黄海珍.纳米抗紫外线整理苎麻织物功能性及服用性能研究[J].广西纺织科技,2003,32(1):2-5,18.

[54]周静,曾庆福,朱虹,等.苎麻织物的壳聚糖抗菌整理[J].印染,2008,34(14):28-30.

第五章 苎麻纺织品

第一节 夏布历史和地域分布

夏布是以未脱胶的苎麻原麻为原材料手工织造的织物,因其清凉透气、吸湿排汗,尤其适宜夏天穿着而得名,在中国服装史上有着重要的地位,极具代表性。1988 年,湖南省澧县彭头山遗址大溪文化层壕沟中,出土有 6000 多年前的粗麻编织物;1958 年,从浙江省吴兴县钱山漾遗址中出土的苎麻织物残片,距今 4700 多年;1970 年,湖南省长沙市马王堆汉墓出土的素纱襌衣,其领、袖部分均为精细苎麻织物。这些古代麻织品都属于夏布。

夏布立足于传统苎麻纺织工艺,蕴含着中国农耕文化特质,承载着深厚的民俗文化内涵。夏布以平纹织法较为常见,制作工艺精良。夏布因其"轻如蝉翼,薄如宣纸,平如水镜,细如罗绢",被历代列为贡布。商周以来主要用于制作朝服、冠冕、巾帽、深衣以及丧服。

种麻织布是百姓的日常劳作,延续了千百年。元明以前,中国最重要的织物是麻和丝;元代后期,棉花进入中国,丝和麻受到了直接的冲击,在日常生活中使用得越来越少。中国夏布曾在 20 世纪 30 年代获得了巴黎国际博览会金奖;20 世纪 80 年代末,在我国兴盛一时。2008 年 6 月 14 日,第二批国家级非物质文化遗产名录正式公布,江西省万载县和重庆市荣昌县的夏布织造技艺成功入选。浏阳夏布制作工艺入选了 2015 年 6 月 8 日公布的第三批浏阳市非物质文化遗产。

夏布的主要原料为苎麻原麻,来自苎麻韧皮的纤维层。夏布由苎麻原麻的经纬线编织而成,其制作过程大致分为剥麻、绩纱、织布和后处理四大步骤,绩纱和织布为主要制作流程。在绩纱环节中,将剥麻后的苎麻原料进行清洗或进一步漂白,手工撕片和卷缕,继而进行捻纱以及绕纱等步骤;绩纱后牵经上浆,将苎麻线团塞进织布梭,然后用手工织机进行后续的织布工序。夏布的长宽均由经线的长度和数量而定,纬线配合经线的粗细和数量,进而编织成布;然后经过脱胶、漂白、染色等环节的后期处理。明代宋应星所著《天工开物》中对其制作流程就有记载。近代谭嗣同的《浏阳麻利述》里面更有翔实的相关图文资料。

夏布的原色坯布布面形态不光滑,摸起来手感硬脆、粗糙,可用于工艺品制造或作为画布,不适合直接接触皮肤。去除原麻里面杂质的脱胶工艺会改善夏布的触感。有多种脱胶处理方式,如用石灰水、草木灰等发酵,或者用中药煮。通常在石灰池沤麻,使夏布更白、更柔软。

苎麻夏布的外观风格具有较强的时尚感,在国际时装展也有一席之地。在欧美、日韩、东南亚等国家,使用麻类纺织品是高贵和高档的象征。夏布是天然绿色产品,随着人们对穿着品质和健康生活的不断追求,有着绿色产品概念和天然保健功能的麻类纺织品市场发展前景必将无限广阔。

目前,国内的夏布产地主要集中在四川隆昌、重庆荣昌,江西分宜、万载、萍乡一带,以及湖南浏阳高坪、醴陵、平江等地。国外主要在日本的近江、宫古岛、能登等地和韩国的韩山、安东等。由于地区不同,加工方式不同,夏布成品有黑白和柔软、硬朗之分。

一、川渝夏布

夏布作为一种天然布料,早在商周时期便被百姓作为衣用布料使用。现今提倡返璞归真的理念,为传统手工夏布及夏布产品的发展带来了机遇。川渝地区荣昌和隆昌以生产夏布被人们所熟知,其夏布编织已有 1000 多年历史。隆昌周兴镇、荣昌盘龙镇、塘坝街等地为夏布的主要产地,多采用传统的木制手工织布机进行夏布编织,并以代代相传的方式进行传承。早在西汉初年,川渝地区以苎麻为原材料的"蜀布"就销到印度和阿富汗等国。川渝作为我国最为适宜种植苎麻的生态区域之一,为夏布的加工及衍生产品的开发创造了得天独厚的条件。

川渝地区的夏布产品主要分为服饰、折扇和家居饰品三大类,夏布有粗布、细布和罗纹布之分,主要以双股箸数来区分优劣。粗布用于制作口袋、蚊帐,一般的细布用于制作麻毯、蚊帐;较好的细布多用于夏季衣料;罗纹布则可制作蚊帐或衣物。在荣昌地区,粗布占总产量的 80%,细布占总产量的 20%。罗纹布由于编织费时,价格昂贵而滞销停产,现今市面上尚无罗纹布销售。市面上的服饰类产品除了衣服和鞋帽以外,还包括手袋、夏布包、围巾等,多选用质好价高的夏布,为降低制作成本,也采用棉麻混纺的半手工夏布,或夏布与其余布料拼接而成的布料制作成产品。其原因在于服饰作为贴身之物,制作材质需要柔软,无刺痒感。普通夏布较为粗糙,不适合做衣物类产品,可做折扇和家居饰品。折扇是荣昌特色之一,在荣昌县有成熟的加工场地和实体店,相对于其他夏布产品而言,折扇无论是加工还是销售都有较好的口碑。川渝地区的夏布家居用品包括饰品、摆件和挂件,日用饰品如车枕、靠垫、门帘、餐垫、杯垫、笔记本、桌旗等;装饰摆件如年画、书法经典、装饰画、老地图、双面画等;挂件如卷轴画、壁挂、信插等。

二、浏阳夏布

浏阳苎麻一年可以收获三次,分为春麻、夏麻和冬麻,其中又以春麻质量最好。浏阳夏布经过打麻、绩麻、络纱、穿筘、牵梳、浆纱、织布、漂染等一系列工序,所有的过程都是纯手工制作,蕴含了工匠的深厚情感,积淀了丰厚的民族文化内涵,是运用自身的聪明才智凝练出来的智慧结晶。夏布业早已成为浏阳的一种经济产业。清朝的邱惟毅等撰《浏阳麻利述》中称浏阳夏布"战天下之商务而未尝遇敌"。1918 年,浏阳夏布出口达 485 万担,价值不菲。浏阳夏布体现了汉族民间精湛的纺织技艺,最高档的 1800 布,即麻线数量达 1800 根,也代表着夏布制作的最高水平。过去高档的夏布是皇室的"贡布",后来也逐渐平民百姓日常生活用品。

浏阳夏布分为日常生活用品系列、手工艺术产品系列以及产业生产用品系列。在日常生活用品方面,夏布因具有清爽凉快和天然抗菌特性,以及天然独特的纹理和地域民族的风格,历来运用于服饰面料,如天然绿色的母婴服装、孕妇装,在运动服饰中融入浏阳本土特色文化元素的系列运动产品,如服装、睡袋、登山背包、帐篷、头巾、吊床等,还有窗帘、茶席、桌旗、床上用品、褥垫、门帘、毛巾、手绢、围兜、围裙等日常生活用品及服饰,以符合现代人崇尚自然、返璞归真的环保绿色理念。手工艺术产品方面,有夏布画、夏布绒花、灯罩、屏风、刺绣、枕头、折扇、布艺玩具、布艺装饰品等。产业生产用品方面,有墙布、装饰品、医疗纺织用品、建筑材料等。通过引进先进生产设备,提高夏布的生产效率,经过技术创新,将夏布做成飞机、动车、高铁、游轮、汽车上的各种精美坐垫,以及茶具、沙发上装饰所用的纺织品。

三、江西夏布

据史料记载,江西出土最早的夏布文物是春秋晚期至战国早期的江西贵溪龙虎山崖墓中发掘出来的夏布印花产品。在商周时期,江西古越先民就已经开始从事苎麻耕种和手工织布。南北朝时期,江西的手工业取得巨大进步,桑麻纺织业也随之得以发展。唐宋时期,江西双林就有关于夏布的古老手工生产。明代,宋应星撰写的《天工开物》对双林镇的苎麻种植和夏布生产有大量细致考察的描述,他在书中第二卷"乃服"中,图文并茂地记述了"腰机"和"夏服"两章,再现了双林夏布的生产过程,反映了当时江西民间生产夏布的盛况。江西夏布被历代朝廷列为贡布,成为赋税和皇室与达官贵族喜爱的珍品,蜚声海内外,素有"豫章织绩苎麻甲天下"的美称。明清时期,分宜夏布在制作工艺方面非常独特,不仅具有较强的使用价值,同时还具有独特的艺术审美价值。

据清光绪年间《江西通志·物产》记载统计,清代江西种植苎麻之地遍及全省十三府一个直隶州的六府一州,全省七十五县有三十八县出苎。《实业部月刊》和民国二十五年《江西年鉴》都有这样的记载,"江西夏布运销国外者,约占输出量三分之一到二分之一。余者则运销国内各埠""赣省夏布除自用者外,年有三分之一到二分之一运销朝鲜,而国外夏布市场销纳多者为朝鲜,占国内夏布输出总额十分之八九",说明清末时期,江西苎麻业还处于旺盛时期,直到 20 世纪 30 年代,由于帝国主义的掠夺摧残,才日渐衰弱。

江西夏布制作工艺独特而传统,其制作工艺流程包括挽麻团、牵线、排线刷线、梳布和织布多个过程,每一个环节都是通过手工方式实现的。夏布原料苎麻本身就具有色彩深浅不一的特质,在夏布制作过程中,手工制作对线的松紧把握不同,加之牵线与排线的手法的不确定性,就会使夏布经纬线出现自然的色彩差异,这种色彩差异具有独特的审美价值。不仅如此,手工方式操作还能够使夏布产生全然不同的非均质纹理效果,难以复制,也是夏布重彩画的独特艺术魅力。

四、国外的夏布文化

目前夏布在韩国、日本仍然受到青睐。我国每年的夏布出口量为 200 万匹左右,韩国的夏布 98% 以上是从中国进口的。在韩国价值几千元乃至上万元一套的夏布"韩服",作为一种尊贵身份的象征受到一些有身份人士的青睐,一般平民也有不少人穿着粗制的夏布衣裤,用夏布制作成的床上用品和装饰产品也深受欢迎。韩国的韩山也有苎麻夏布这一古老产品的生产,当地的苎麻夏布洁白如玉、高贵优雅,如蜻蜓翼般细腻挺拔,堪称夏季服衣料之首。由于具备历史性、传统性、艺术性、学术性、地域性以及正面临着灭绝危机等条件,1967 年,韩国政府将"韩山夏布织造"指定为第一批国家级非物质文化遗产。

韩国舒川每年还会举办苎麻夏布文化节,活动包括苎麻时装表演、游客亲自尝试纺织苎麻夏布、苎麻服装和传统韩服展示会、苎麻服装试穿活动、苎麻时装设计公开展、优秀苎麻产品评比会、织苎麻布演示及边学边做、苎麻研讨会等,向世人广泛宣传韩山的苎麻夏布。活着的人穿夏布用夏布,过世的人也有一些以夏布妆裹,在韩国大约有二至三成的人沿袭这一风俗。韩国人对夏布的衷情由来已久,且尚无消减的迹象,韩国的夏布市场是稳定而且发展的。

在日本古代一直有拿夏布做和服或者是和服衣带的传统,做和服的夏布叫"上布"。日本人对夏布的认识承载了更多的历史文化传承,从事夏布经营的客商甚至认为自己不是在经营夏布生意,而是在经营一种古老的"文化",每次来到我国的夏布生产基地,他们都会流连乡间作坊,充分感受这一古老的"文化"。教育和文化传承的缺失是目前夏布鲜为人知的原因,为了保护和传承这种传统的工艺文化,日本夏布收藏家桥本隆发起了"以草织布"计划,关注的品类包括菲律宾的菠萝麻、印度和老挝的手工麻线等多种材料和工艺,不过在桥本隆看来,最重要的还是"中国草"苎麻织成的夏布。

第二节　夏布生产

一、生产流程

夏布生产主要经过打麻及漂白、绩纱、挽麻团、挽麻芋子、牵线、穿扣、刷浆、织布、漂洗及整形、印染等工序。

1. 打麻及漂白

（1）打麻。本地麻一年分春、夏、秋打三次,打麻分为打、剥、洗、熏、刮（割）五道工序。

（2）漂白。主要有清水漂白法、日光漂洗法、露漂法、石灰水漂法、炭熏法,经过上述方法漂洗形成苎麻,按其质量及长度分标庄、头庄、二庄、三庄、白索、晒青等级别,然后按级别打成捆。

2. 绩纱挽麻团

绩纱分为撕片、卷缕、捻纱、绕纱四道工序进行。绩纱时将经上述自然漂白后的苎麻撕开成片,卷成一缕缕,放入清水盆中,用手指梳成一根根苎麻细丝,然后用圆筒挽成麻团。

3. 挽麻芋子

芋线是织布的纬线。以一根长 20~30cm 的芋子棒为轴,借助一根约 10cm 的竹枝或高粱秆将麻线绕着芋子棒挽成两头小中间大的芋儿,挽好后抽出芋子棒,即为麻芋子。

4. 牵线

在牵线前先要选料,所牵的线是织布的经线。在牵线时要注意检查每根线松紧、结实大小,麻线粗细要求一致。

5. 穿扣刷浆

将牵好线的一端,逐根穿过梭子,用竹片串联,固定在羊角架上,另一头套在活动的物体上,拉开一定距离,然后用木制的与羊角架等高的三角架,将牵线摊开刷浆。经纱根数以生产何种夏布筘数而定,蘸上预先煮好的米粉浆均匀地来回刷。待浆纱晾干后,装上布机开始织布。织布气温过冷过热均不适宜,纱线容易折裂,形成断头多,影响夏布质量。

6. 编织

编织是织布中的重要一环,工艺要求高,丢梭推筘的力量要求均匀,布的平面边沿要织得平顺、伸展,无破烂断头,线断接头不现痕迹,经线稀密均匀。20 世纪50 年代初,荣昌夏布手工业合作社郭汉高和李淑万等商议编制过两匹 1200 头的"罗纹",布面织有"天安门""和平鸽""跃进马"和"喜"字,送往北京展览。这种"罗纹"布编制难度较大,在 0.5m(一尺五寸)宽的布面上,上下共堆列 2400 根麻线,这样编织出来的"罗纹"布,比绸缎还要细,薄如纸张,充分说明劳动人民的聪明才智。

据悉民国初年,周义和、周传乾编制两匹1800 头的布耗时半年,原因是只在早晚进行编织 1h 左右,如遇气候干燥起风即停止编织。在 0.5m 宽的布面上,上下要排 3600 根麻线,在 1mm 的宽度中要排列 7.2 根,且要分布均匀,可想而知麻线之细,工艺之巧。这两匹夏布当时售价400银圆。其后还编织过同样的一对夏布,由肖义顺收购,价格为1200银圆,时人称此对夏布为"夏布王"。

7. 漂洗整形

将织好的布放在河水中进行漂洗,然后拉伸拉直,一头用木棒穿着放在竹架上晾晒。晒干后进行整形,整形可以用石碾碾压,或把布放在木凳上,用木锤整形。

8. 印染加工

将整形后的夏布根据不同的用途染成各种色彩和图案。其工艺流程为刻花板、印花、染色、晾晒等。

(1)刻花板。花板由牛皮纸黏合而成,用桐油涂抹后雕刻成不同的图案,如龙、孔雀、鸳鸯、喜鹊、花草树木等。

(2)印花。将夏布平铺在木板上,把印花板放在夏布上,用刮刀将原料均匀地通过印花板花纹空隙粘在夏布上,放置在阴凉处待用。

(3)染色及晾晒。用铁锅将水烧至沸腾后舀入大炉缸内,把染料液和染色助剂等倒入炉缸内,搅拌均匀,再倒入适量的冷水,然后把印了花的夏布放入炉缸内全部浸入染料中进行染色,重复操作数次,经过水洗、固色等工序,最后将染了色的夏布晾干,再把它收起来,即为夏布成品。

现代化生产工艺在纺织领域被广泛应用,而传统夏布的织造工艺仍停留在传统土织布机织造阶段。现代生产方式正向自动化及智能化生产转变,传统土织布机生产已经远远偏离了社会生产发展的趋势,土织布机全部手动操作,生产效率低、用工成本高。于红梅通过对手工绩纱规范(改良结构方法并剔除纱身过细的部分)、纱线性能改善(加捻)后在现代生产线上试验的方式进行了传统风格夏布制作研究。发现经纬纱都采用原来的夏布用纱,经纱加合适捻度后,可以在现代气动小样机上织造。既节省了人力又使纬纱可选择性增多,从而能够织造出不同风格的夏布。如果经纱选用现代工厂生产的苎麻纱,而纬纱仍采用传统手工绩纱,则可以在生产线上织造,这样既提高了生产效率,又可以最大限度地保留夏布风格。

二、夏布特色和规格

夏布细密平整,色泽莹洁润滑,且坚韧耐用。因麻质冬暖夏凉、通风透气的特性及透气、溽汗、挺括、凉爽宜人的特点,且其品种甚多,以颜色分有本色、漂白、染色、印花四种,粗布可作口袋、衬布、蚊帐、中庄,细布宜作衣料,或绣花、挑花制成台布、椅垫、手巾、窗纱等工艺装饰品。精漂的细布,色泽雪白,细嫩轻软,被誉为"麻绸""珍珠罗纹"。

夏布是由经纬线编织而成,分细布、粗布、罗纹布三大类。经线数量是决定夏布粗细的关键,然后才配以适当的纬线。如粗布中的三二布是宽度在 0.43m(一尺三寸)内有 640 根经线加纬线编织而成。同样,细布中的六百头布是指在 0.5m(一尺五寸)宽度内用 600 根麻线即上下共 1200 根经线加丢梭的纬线编织而成。

第三节　夏布画

夏布画是一种以传统手工编织的夏布为载体,画家利用中国夏布天然形成的色彩差异和传统手工技艺生产过程中自然形成的肌理效果而创作出来的中国画。夏布画有别于其他载体的中国画,中国夏布具有天然防伪标志,在夏布上创作的中国画确保了原创作品的真实性、唯一性和不可仿制性,也具有古朴、厚重、耐久保存的特点。中国夏布画的出现将传统的中国画与中国古老的夏布文化融为一体,促进了中国夏布这一非物质文化遗产的发掘进程,为中国乃至世界的绘画史揭开了新的篇章。

中国书画夏布的发明诞生了中国夏布画。夏布具有很好的固色、固墨效果,墨色在夏布上能长久保存,但由于夏布为多孔植物纤维编制而成,其细腻程度不如宣纸,且瞬间吸墨性也不如宣纸,吸墨效果处于半生半熟的程度。可通过对夏布进行技术加工,改善其吸墨效果,来满足写意、工笔及半工半写的绘画需求。

在夏布上创作中国画,由于上述优异的特点,从而大幅度降低了投资收藏者的投资风险,投资夏布画的投资者很快成为夏布的鉴赏家。对于著名书画家来说,选择夏布作为绘画材料,既可以保证原创作品的真实性,又可以防止赝品的出现,从而确保了投资者的投资利益,加上夏布的天然本色和自身存在的价值,收藏一幅荣昌夏布画既是对中国非物质文化遗产的保护,又使中国画得到长久传承。所以,夏布是继绢、宣纸之后,成为第三大国画原材料。

在夏布上着色,可浓可淡。浓者,厚重艳丽;淡者,清丽滋润。特别是大面积保留夏布自身的材质肌理,与着色的协调统一。故而倍显其品位古朴而高贵,这是其他材料难以达到的效果。无论是在视觉上,还是在触觉上,中国夏布画都给人一种古朴美,夏布的艺术美尤其体现在材质的古朴、形式美、肌理美和内在寓意美等方面。

夏布画让中国书画作品永久保存,为当代美术开启新的艺术之门。夏布产品的研发者成为中华民族文化的守护者、传承者、创新者。其研发成果打造了中国夏布文化产业链。

中国书画夏布现已研制有四尺、六尺、八尺、一丈、一丈二(1尺=0.33m,1丈=3.33m)传统宣纸规格的中国书画夏布,可满足各类书画展和对宽幅书画的需要。

与传统的宣纸绘画作品相比较,中国书画夏布具有抗老化、耐紫外线、强度高、耐水浸泡、防霉抗菌和尺寸稳定等良好的特性;墨色交界分明,墨不压墨,色不压色;泼墨泼色可干染、半干染、湿染、浸染、堆染、重染,可满足各类绘画工具对绘画载体材料的需求。

第四节　现代苎麻纺织品

随着苎麻生产技术以及制造技术的发展,苎麻产品种类越来越多,分为苎麻纯纺和混纺产品。苎麻纯纺以高支纱为代表,为此,常将苎麻与水溶性聚乙烯醇(PVA)纤维混纺,成布后将PVA纤维溶解掉,得到轻薄滑爽、晶莹剔透的高支苎麻织物。利用这种伴纺减量技术,可开发出10tex以下的细薄苎麻产品。苎麻混纺产品主要是与棉进行混纺,随着苎麻混纺技术的发展,苎麻混纺已经扩展到与羊毛、真丝、Tencel纤维、功能性化纤以及金属纤维等的混纺产品。利用苎麻纤维的挺爽、透气透湿、抗菌防霉等特性,结合其他纤维的优良特性,苎麻混纺织物集多种纤维优势于一体,可以全面提升苎麻纤维的柔软、细腻品质,推动苎麻产品跨入高端产品行列。

将苎麻运用到服饰的各领域,融入当下的设计理念和艺术风格。日本品牌"无印良品"运用夏布为主的麻纺织品生活品牌,上衣和裤子及家纺运用苎麻和棉的创意延伸。结合"简约"的艺术风格和"绿色环保"的生活理念,创新出大众乐于接受的服装设计风格。江西夏布品牌"恩达",引入生物脱胶技术,投入使用国内首条苎麻生物脱胶精干麻生产线,成为第一家植物染色、第一家使用苎麻产品研发床上用品的企业。

一、苎麻纺织加工工艺新技术

苎麻纺纱过程中的毛羽,既有加捻毛羽也有过程毛羽。所谓加捻毛羽,是在细纱机上细纱加捻成型的过程中,即在纺纱加捻三角区部分形成的毛羽。而过程毛羽是指环锭纺纱机上,纱线与导纱钩、钢领、钢丝圈以及隔纱板之间的摩擦和气圈段纱线上纤维所受的离心力而产生的毛羽。苎麻纯纺织物的主要目标在于减少苎麻纺纱、织造过程中的毛羽,其次还要减少麻节、麻粒和白点。

采用紧密纺纱方法可以减少毛羽。在环锭细纱机的前罗拉输出须条处,增设一对控制罗拉,其中下罗拉有吸风集聚作用,使须条较紧密地排列,缩小加捻三角区须条带的宽度,从而将须条中的纤维卷捻进入纱条中,能够减少加捻毛羽。实践证明,紧密纺纱技术比普通纺纱技术减少了60%的毛羽量。此方法的设备改造费用大,同时,需要摇架加压系统配套使用,因此,目前没有大规模推广使用。

使用喷丝纺纱或将喷嘴与环锭纺相结合的纺纱方法,也可以加强对麻纱的加捻,减少毛羽。但是喷气纺麻纱设备投资大,而且与喷嘴结合的环锭纺则对纱线条干和强力有一定的恶化作用。

苎麻麻节等疵点,源于纤维长度长而不匀,以及各部位性能的不同,因此,麻纱条干均匀性差。采用牵切纺纱,即麻纺工艺由针齿梳理变成牵切式的平行梳理,既提高了纤维长度的均匀性、减少了针齿梳理时纤维的不良转移,又避免了开松和梳理过程对纤维的损伤,缩短了纺纱工艺流程。为了纺高支麻纱,还可以融入嵌入式以及赛络纺等形式,可以很好地解决苎麻纺织产品毛羽过长的问题。

苎麻纱织造过程中,反复的摩擦使纤维滑移,并且从纱体中离析出来,产生过程毛羽。在整经、络纱等工序,降低络整的速度和张力,减小摩擦和拉伸,有利于减少毛羽;通过浆纱提高纱线的柔软度,通过浆料的黏着作用使毛羽服帖、纱线强力提高,也可以抑制毛羽再生;更换梭织机,代以剑杆织机、片梭织机,或采用喷气织机,控制合适的织造车间湿度(78%±2%)都可以减少过程毛羽。

染整工序也是改善苎麻纤维性能的重要手段。烧毛、剪毛、毛羽倒伏等可减少毛羽数量;碱或液氨变性处理,降低纤维结晶度和取向度,软化纤维;水洗、砂洗等可导致纤维疲劳损伤,使毛羽刚度降低、纤维变软;柔软剂处理可增加纤维表面的光滑性,使毛羽受压时易于变形;纤维素酶处理可以使纤维结晶度降低,刚度变小,甚至使毛羽变少变细,同时,纤维头端变圆滑,刺痒感减弱。通过改性处理可改善苎麻纱线的柔软性能,减少纱线条干上的毛羽数量,有效解决了苎麻纱线在针织过程中不易弯纱成圈、易断纱形成破洞等问题。

二、苎麻针织品

利用织针把纱线构成线圈,再经串套连接成针织物。由于纱线线圈相扣,交织点比机织物少而松弛,因此,针织物质地松软,有良好的抗皱性与透气性,并有较大的延伸性与弹性,穿着舒适。

织物表面毛羽的数量和握持情况受到织物结构的稀密程度和纱线捻度的影响。织物结构的紧密程度影响织物单位面积上的毛羽数量,织物越紧密,覆盖系数越高,则单位面积的毛羽刺激源越多,这样就越容易引起刺痒感。而纱线捻度小,毛羽被握持的一端的活动余地大,毛羽受外力被挤压时易向织物方向避让,减弱了毛羽与皮肤间的作用力,从而减轻毛羽对皮肤的刺扎。因此,无论从织物结构的紧密程度还是纱线捻度的大小上,针织结构的苎麻织物其刺痒感要小于机织物,可极大地改善手感和弹性。

通常针织纱要求所用原料较好,纱线光洁,捻度小,手感柔软。但是苎麻材料的刚性较大,抱合力较小,因此,在实际应用过程中,往往存在强力不均匀、毛羽角度较长等问题,在针织过程中不易弯纱成圈、易断纱形成破洞等;并且在使用针织设备进行生产的过程中,影响生产效率,还会降低设备使用寿命。尽管以上诸多因素对苎麻针织纱的质量要求很高,但是,纺织科技人员应用现代技术已经制造出多种苎麻针织产品。

苎麻针织物主要采用与其他纤维复合或与其他成分的纱线交织的加工方法,通过设计合适的织物组织,再利用后整理工艺来开发出既保留了麻织物凉爽挺括的风格又改善了织物服用性能的针织产品。通过与配伍纤维混纺、交织,可以减少织物单位面积上造成刺痒感的苎麻毛羽数量,减轻织物的刺痒感,其效果与混纺比、织物组织和面密度有关。通过改性处理纤维或改造针织机,增加纱线改性处理的方式,改善断裂伸长、麻纱刚度、表面摩擦等对针织上机过程产生影响的因素,使麻纱在针织机上高效生产,并获得优良稳定的品质。

以往苎麻产品主要是苎麻与棉混纺,但是,此种混纺方法无法完成针织品等细腻物品的制造。随着苎麻混纺技术的发展,苎麻已经不仅仅局限在与棉混纺,通过在苎麻织造过程中加入羊毛、真丝、莱赛尔(Loycell,天丝)、功能性化纤以及金属纤维等,开发了多种苎麻针织面料,并且逐渐形成"创意生活""亲近自然""生态有机"等多个主题的苎麻针织品。常见的苎麻针织面料有高档纯苎麻、麻棉交织、麻黏交织、丝麻混纺、麻涤混纺等多种风格特色,这些苎麻面料在内衣、T恤、家居家纺类产品中得到应用,而麻与毛混纺还可以应用于保暖服装。国外麻针织品也发展很快,水平较高的是日本、美国和西欧。日本Tosco纺织有限公司开发的苎麻和异形纤维混纺产品达到了多样化、特殊化(表5-1)。法国的Aime Baboin针织厂及一些意大利的针织厂生产麻纱纬编女外衣,还用5%的弹性纤维与麻纱制成游泳衣。

表5-1　Tosco纺织有限公司生产的苎麻织物

组织	经/纬	经/纬支数	宽度/英寸	匹长/码
平纹	纯苎麻	ELC180[s]	44/45	55
斜纹	纯苎麻	ELC180[s]	44/45	65
平纹	苎麻/亚麻 50/50	ELC180[s]	44/45	55
斜纹	苎麻/棉 50/50	ELC180[s]×Ne80[s]	44/45	55
平纹	苎麻/棉 55/45	ELC180[s]×Ne60[s]	44/45	55
平纹	涤纶/苎麻 65/35	Ne55[s]×ELC55[s]	44/45	50
纬编针织布	纯苎麻	ELC80[s]	47/48	50
纬编针织布	涤纶/苎麻 65/35	Ne30[s]	59/60	33
纬编针织布	纯亚麻	ELC40[s]	47/48	46

＊ELC是指英国用来表示亚麻的支数,ELC=棉(英)支数×2.8=165.35/Tt,1英寸=2.54cm,1码=91.44cm,Ne是英支。

一般的苎麻纱线是不适合直接针织加工的,但是,纤维细度特别高的纱线,能够满足针织织造的要求。以法国的Aime Baboin针织厂为代表的欧洲某些针织厂,可以用16.7tex(60公支)麻纱制成高吸水单面乔赛内衣和纯麻针织外衣。四川玉竹麻业有限公司也以单纤维3.6dtex(2800公支)以上的苎麻纱线生产出了苎麻针织品。苎麻针织品不但有利于减小刺痒感,对于提高抗皱性也非常有益。

四川的"玉苎麻®"纤维和纱线以超细、单纤、高强为特色,用于苎麻针织物可克服传统苎麻纺织面料普遍存在的刺痒、易皱、色牢度差等缺陷。采用"玉苎麻®"纤维与其他纤维混纺的新技术,已经开发了苎麻衬衫、苎麻T恤、苎麻丝巾、苎麻牛仔、床上用品以及苎麻袜等产品,极大地扩展了苎麻纺织品市场。结合新型染整技术,不仅提升苎麻针织品染整质量,还有效地改善苎麻织物原有的外观粗糙、易褶皱以及难以穿戴等缺点。现在已有高档纯苎麻、麻棉交织、麻黏交织、丝麻混纺、麻涤混纺等多种风格特色的苎麻针织面料,并随着市场发展逐渐形成了系列产品。

三、苎麻混纺织物

由于苎麻纤维细度大,故纺纱比较困难。但是,当苎麻在梳理时与聚酯或毛混合,生产就变得比较顺利。

苎麻纤维能分别与棉、毛、丝、亚麻、尼龙、涤纶和再生纤维混纺制成纱线。将苎麻切成 10mm 长,可和毛及聚酯混纺。在绢纺系统中,苎麻可以纯纺,也可以与柞蚕丝混纺。苎麻与棉的混纺织物,可以用于制作被单布、内衣、外衣、桌布、手巾、窗帘、手绢、邮袋,并广泛用于大饭店、医院和绣花厂。与尼龙或者涤纶的混纺织物具有足够的强力,适合于工业用途。

莱赛尔(Loycell,天丝)是一种新型再生纤维素纤维,是典型的绿色环保纤维的代表之一。莱赛尔纤维有棉的"舒适性"、涤纶的"强度"、毛织物的"豪华美感"和真丝的"独特触感"及"柔软垂坠"。苎麻和莱赛尔都具有诸多的优良性能,将苎麻和莱赛尔混纺,既克服了苎麻织物粗硬易皱的缺点,又发挥了莱赛尔手感柔软、触感温和、强伸性好的优点。随着混纺纱线中苎麻含量的增大,纱线的条干不匀率增大,纱线的粗细节以及毛羽增多,断裂强力减小。在莱赛尔苎麻混纺针织物中加入涤纶,织物折皱弹性得到了改善,虽然拉伸、撕破性能差一些,但顶破强力增强了。

在苎麻面料中加入拉伸性及弹性回复性优良、保暖性强的羊毛,则弥补了苎麻手感粗硬、弹性差的缺陷,大大提高了苎麻面料的保暖功能,使麻类服装的使用季节由夏季延伸到夏秋季和冬季。苎麻与羊绒混纺,既得到了良好的保暖性,织物又同时具有很强的光泽和类羊绒的手感。图 5-1 所示为纯苎麻织物与苎麻羊绒混纺织物的外观比较。

用大豆蛋白纤维和苎麻纤维混纺,可以改善织物的质感和外观。两种纤维在物理性能上取长补短,改善了纺织品性能,提高了纺纱质量,改善了单一纤维纺纱、织造、印染中存在的疵点问题。降低了面料成本,也有助于纺织品获得多种颜色。

用聚乙烯醇制造的水溶性维纶,具有无毒、能自然降解的特性,属绿色环保产品。苎麻/水溶性维纶混纺可提高纱线的强力,改善纱线内在质量,降低毛羽,可纺性提高。以苎麻维纶混纺纱线做袜子内层,在袜跟和袜头添加由苎麻维纶混纺纱

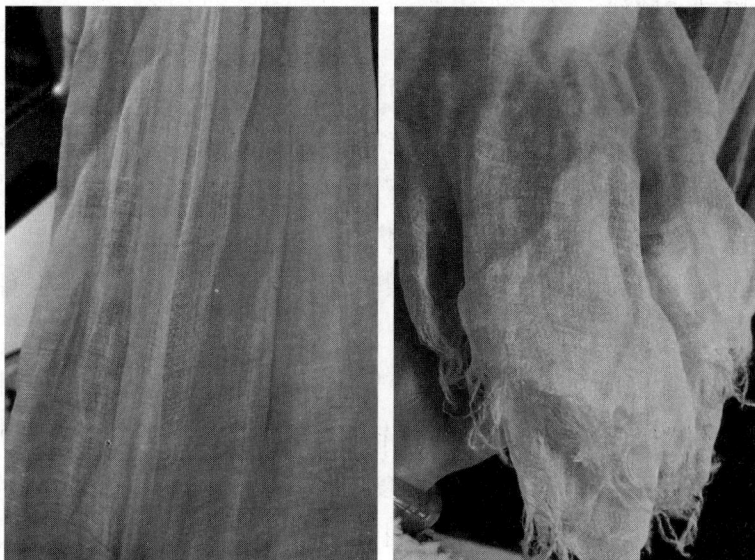

图 5-1　纯苎麻机织物(左)和苎麻羊绒混纺机织物(右)

线与锦纶包覆纱线的捻合纱线,袜口部则添加苎麻维纶混纺纱线与超细弹性化纤纱线,编织构成既具有良好的透气性和吸汗性,又具有良好柔软性的袜子。用喷气织机织造麻维混纺坯布,经印染煮漂工序,水溶性维纶溶解,只剩下麻,成为精致高档的高支麻布面料。通过在传统环锭细纱机上进行相关的技术改造及使用长丝卷绕设备,以苎麻短纤维与水溶性维纶长丝纺制出 12.7tex 嵌入式复合纱,该织物经退维处理后,可得到的 4.9tex 苎麻纱轻薄织物。与环锭纺所纺制的纱线性能相比,赛络纺应用到苎麻/水溶性维纶细特纺纱中可以使纤维分布更加均匀,从而提高了纱线质量。

　　远红外纺织品就是利用其热效应作用于人体,可以改善血液循环,促进新陈代谢,提高免疫力,并具有消炎镇痛、减弱肌肉张力的作用。将纳米远红外功能纤维与苎麻纤维复合,可在苎麻纺织品透气、吸湿、抗菌等优良服用性能的基础上强化其保健功能。采用纳米远红外涤纶与苎麻混纺纱线,生产的织物具有极佳的积极式保温作用,并有较好的接触温暖性。既使织物获得保暖保健功能,又使麻类服装的使用季节由夏季延伸到夏秋季(西服)和冬季(保暖衬衫)。随着纳米远红外纤维含量的增加,纳米苎麻远红外针织物的远红外功能提高,而湿热舒适性下降。

四、苎麻花式纱线

花式纺纱是一种新型纺纱,它具有饰纱、芯纱和包纱结构。饰纱可以采用不同原料不同色彩的纤维条组合,芯纱和包纱也可分别使用不同原料、不同色泽的纱线组合。通过花式捻纱机将聚丙烯纱线和苎麻纱线加工成以苎麻为芯纱、聚丙烯双重反向包覆的包覆纱,形成皮芯结构,能够实现纤维与聚丙烯基体在苎麻复合材料中的均匀混合。包覆纱所织就的织物,在同种组织、不同经纬密度的条件下,其复合板材可以获得优良的拉伸性能。

采用转杯纺纱机可以纺制无规律竹节纱。以高比例苎麻、棉为原料,开发苎麻/棉竹节纱过程中,所设计的转杯纺竹节纱装置传动路线简洁合理,程序设计能够满足不同竹节间距、不同长度、不同粗度的竹节纱要求,纺出的无规律竹节纱在布面上体现出苎麻的粗犷自然特点。以中特涤腈麻为主的苎麻混纺纱利用摩擦纺纱机可生产彩色竹节纱,交织得到一种名为"摩彩"的织物,其特点是彩色竹节纱点缀于织物中,使织物丰富多彩,而且富有立体感,在织物中起到画龙点睛的作用。花式纱线通过挠性剑杆织机可以织造苎麻花式纱织物,通过选择花式纱线的外形和色彩,使织物具有美丽的外在风格,配合花式纱外形,确定原料成分,苎麻花式纱秋冬服装面料具有新颖独特的外观,风格活络,属中高档服装面料。

五、苎麻特种纺织品

苎麻纤维的抗张强度要比棉花高 8~9 倍,可以作飞机翼布、降落伞的原料及制造帆布、航空用的绳索、手榴弹拉线和麻线等。苎麻纤维在浸湿的时候,强度增大,吸收和散发水分快,而且具有耐腐、不易发霉的特性,是制造防雨布、渔网等的好材料。苎麻纤维散热也快,不容易传电,因此,可以作轮胎的内衬、电线的包皮、机器的传动带等。

20 世纪 90 年代即有用苎麻原麻帆布代替棉帆布用于胶管的生产,由于苎麻织物单位面积内毛羽少及其纤维素含量低等原因,其与胶料的黏合力较低,需加入活性助剂提高黏合强度,得到比含棉胶管更高爆破压力的产品。

苎麻纤维地膜是指利用纯苎麻或苎麻的落麻等制成的膜状非织造材料。以苎麻纤维以及聚乳酸纤维为原料,混合进行梳理成网、采用热轧工艺加固后制备的麻地膜也可以完全降解。麻地膜被农业专家誉为"空调被":透气保湿、减轻病害和促进增产。苎麻地膜在温度升高的夏秋季优势更加明显,在促进作物生长的同时,可使地温升高和培肥土壤,再配合浸渍附着不同的肥料或天然抗虫、抗菌物质,可使苎麻地膜具有防治病虫害的特性。麻地膜降解后,促进植株各生理指标的增长,所以,麻地膜降解可以明显增加植物产量,其增产能力比塑料地膜更高。早稻机插秧盘垫麻地膜与不垫麻地膜育秧的秧苗素质、机插质量和产量结果表明,秧盘垫麻地膜能明显提高秧苗素质,提高机插质量和效率,产量比秧盘不垫麻地膜增加了 20.4%。

中国农业科学院麻类研究所在广泛深入调查研究的基础上,从 20 世纪 90 年代后期开始了环保型麻地膜制造与应用技术的研究。环保型麻地膜通过在日本、意大利的应用示范,覆盖蔬菜取得良好效果,引起日本和意大利客商的极大兴趣。目前,正与意大利、日本科研单位合作,研究多功能麻地膜及麻膜制品。麻地膜极受日本农民的喜爱,推广的关键是降低成本、完善产业链、开发多种苎麻产品,这样才能种植、生产和消费三方皆大欢喜。深入研究和引进国外先进技术,进一步改进麻地膜质量和降低成本;研发多功能专用环保型麻地膜系列产品,包括不同颜色和具有不同矿质营养、除草、杀(防)虫等功能的麻地膜,环保型麻质营养钵、培养基布等农用产品。

液态地膜又称液体地膜,是以高分子化合物为主要材料合成的一种乳状悬浮液,喷施于地表后,会与土壤颗粒发生联结形成一层特殊的胶状土膜结构,使土壤颗粒连接起来,起到封闭土壤表面孔隙、抑制土壤水分蒸发的作用,但是,不影响膜外水分的渗入,因此,可以改善土壤持水、保水、保温等能力。将苎麻纤维、氯乙烯、异丙醇在碱性以及氮气保护的条件下共混反应,得到的反应物中含有羧甲基苎麻纤维,与备用的含有乙二醇的混合物混合后,与硅酸钠溶液混合后加入盐酸酸化,在酸性条件下硅酸钠生成原硅酸沉淀,加热处理后以絮状二氧化硅附着在苎麻纤维表面,得到抗冻、保温、保水性能得以提升的液态地膜。

随着苎麻面料在服装品牌中的流行,苎麻面料也逐步应用于装饰领域。利用苎麻纤维外观粗犷、挺括的优点,开发装饰纺织品。苎麻装饰用品有地毯、墙面贴饰、挂帷遮饰、家具覆饰。近几年,日本新干线高铁的座椅靠背用上了纯苎麻装饰织物,由于高铁座椅靠背装饰织物洗涤频率高,要求产品耐洗次数高、耐磨强度好。由麻涤混纺、交织制成的挂帷遮饰类织物,有悬垂、透气、防霉的效果。纯麻布和棉麻交织布是抽纱、刺绣工艺品的优良用布。运输工具内装饰上,纯苎麻织物效果有限,比较有效的是采用苎麻与其他纤维制品混纺并用树脂等整理后使用。苎麻纤维多孔结构有利于吸声降噪,而其较低的导热系数也有利于隔热保温。

苎麻抗菌防霉、吸水、散湿等性能,为开发苎麻床上、盥洗、餐厨等家居用品及医用床单、医用敷料、枕套等医疗卫生用品提供了基础。利用苎麻的高防腐特性,还可以编织制成水果、蔬菜运输用布袋等类似包装材料,也可用作青砖茶的特色包装材料,形成青砖茶产品特点与地域元素、具有代表性的文化元素融合的系列化品牌包装设计。利用苎麻秆为原料生产无胶人造板,可以消耗大量闲置的苎麻秆,解决因焚烧麻秆带来的环境污染问题,还可以减少空气中甲醛的释放量,同时,增加农民收入,具有良好的社会效益、经济效益和生态效益。

由于合成纤维所引起的"白色污染",苎麻土工布逐渐进入人们的视野。苎麻制成的土工布耐久性好,保水保土性强,并能生物降解,欧美等一些发达国家开始将麻土工布用于各种土建工程。瑞士研究人员利用麻纤维的生物可降解性这一特征,开发了经编土工布,用来帮助植物发芽生长,应用于倾斜河堤的增强。这一土工布由苎麻和丙纶组成,其中丙纶经过特殊处理,加入一种组分使之能逐渐降解,并可根据需要控制添加剂的用量来调节降解的时间。它的作用在于帮助植物发芽生根,防止斜坡土壤流失,同时绿化环境、保持生态平衡,当含水率下降时,麻纤维的吸湿保水作用可防止地面干燥。以苎麻加工的草坪培植基纤维网,能有效地携带草籽,运输铺设方便,且草籽生长发芽后,培植基降解变成肥料,对环境无污染。

随着苎麻材料的开发,苎麻纤维或纺织产品在航空、军事上也得到应用,比如导弹内衬、消防水带等。

六、苎麻纺织行业的发展方向

与棉纤维比,苎麻纤维长、纤维细胞中腔大、纤维强度强,具有棉花不可比拟的性能与优点。如今市场消费追求崇尚自然、回归自然、返朴归真的理念,人类更加重视环境保护,有机绿色环保产品将主导世界消费新潮流。我国苎麻纺织品品种较少,而且以初加工产品为主,产业发展需要加大精深加工力度,提高产品附加值和消费终端的认可度。

苎麻与不同纤维混纺,应该是许多终端产品的良好原料,但是纤维长度、混纺比例、混纺工艺、机械设备对混纺纱线的支数、品质指标、捻度、断裂伸长率和强度、条干均匀性等的影响,零散有一些结论,但是参考价值不大,这方面还有待加大科研投入,进行更多、更细、更系统的研究。苎麻纤维与其他纤维混纺是减轻织物刺痒感的一个手段,但出口产品必须满足麻纤维50%以上含量的国际规定。

在天然纤维中,麻纤维尤其是苎麻的性能最优。其单纤长度最长,结晶度与取向度都较高,环保价廉,是非常理想的复合材料增强体。因此,苎麻纤维复合材料的研究越来越多,并且在某些领域甚至可取代玻璃钢和木材。与苎麻纤维混纺相似,国内外虽然在近20年兴起了苎麻增强复合材料的研究,但是远没有形成具有指导意义的系统研究,很多因素,比如苎麻纤维长度以及分布、苎麻纤维细度、纤维取向、苎麻织物结构参数、苎麻体积含量对复合材料的影响,苎麻或基体树脂改性、加工成型方法和工艺条件对复合材料的影响等,都需要更深入的研究。

苎麻纺织产品开发的思路要扩大。首先,应该是服装、装饰和产业用纺织品并举,提高产品档次,增加产品品种;提高苎麻纱支数,扩大高支纱产品生产,努力发展高支轻薄型生产,提高柔软舒适化程度。依托和发挥大纺织的优势,充分利用国内棉、毛、色织、针织等行业的条件,全方位开发不同纤维混纺、不同比例成分的苎麻混纺产品。大力开发苎麻针织系列产品,充分利用苎麻针织产品既能充分发挥苎麻纺织品的优良性能,又能克服苎麻织物易折皱的特点。开发苎麻色织、提花产品,织物的纹织设计和流行色的应用跟上世界的潮流。把苎麻家用、装饰用、产业用纺织产品开发作为苎麻纺织产品新的增长点。

其次,产品功能上,凉爽、舒适、安全卫生、医疗保健以及复合型功能齐全;发展苎麻新型纤维、功能纤维和医用、军用等专用产品。

最后,加大苎麻纤维资源利用率。充分利用苎麻落绵和麻屑,制造床用毯子、地毯、高级纸张、人造丝原料、火药原等;大力发展苎麻复合材料,开发精梳落麻的系列产品,充分利用落麻、低支麻,合理利用纤维资源,提高麻纤维的利用率和产业价值。

参考文献

[1]雷霞. 川渝夏布产品的发展现状及设计方法[J]. 工业设计,2017(10):85-86.

[2]张健. 非物质文化遗产浏阳夏布旅游商品化研究[J]. 遗产与保护研究,2018,3(7):108-112.

[3]曾扬君,余婷.浅析明清时期分宜夏布的艺术价值[J].才智,2018(15):195.

[4]成雄伟.我国苎麻纺织工业历史现状及发展[J].中国麻业科学,2007,29(1):77-85.

[5]周文.访韩归来话夏布[J].江西农业经济,1999(6):18-19.

[6]高登科.夏布:"中国草"的本心本色[J].文化月刊,2017,9:38-41.

[7]于红梅.传统夏布及现代制作工艺研究[D].上海:东华大学,2014.

[8]平安.画家张家全和他的夏布画[J].环球市场信息导报,2014(24):88-93.

[9]黄亮.夏布画与夏布画教学[J].美术教育研究,2011(9):110-111.

[10]王少农.论中国夏布画[J].内江职业技术学院学报,2008,2(2):5-6.

[11]杨剑.民间土布的华丽转身:浅谈中国夏布画艺术[J].大众文艺,2011(16):286-287.

[12]叶晶璟.基于生活方式转变下江西夏布特性的分析和运用[J].科学大众:科学教育,2018(4):128-128.

[13]周苏祥.浅析苎麻纺织技术的创新及发展[J].科学与财富,2013(3):146-146.

[14]韩露,于伟东,张元明.苎麻织物刺痒感研究[J].东华大学学报:自然科学版,2002(2):132-136.

[15]徐天佑.苎麻纺织技术的创新及在针织领域的应用[J].化纤与纺织技术,2019,48(2):31-34.

[16]杨荔.苎麻纺织:一个世界看好的行业[J].纺织信息周刊,2001(44):10.

[17]曹云娜,张健飞.涤纶对天丝苎麻织物的性能影响[J].针织工业,2007(5):21-23.

[18]张晓芳,刘淑强,刘烨,等.混纺比对羊驼绒/苎麻混纺纱线及其织物性能的影响[J].毛纺科技,2017,45(12):19-22.

[19]黄荣连,许海育.大豆蛋白纤维与苎麻混纺织物的研究与开发[J].染整技术,2004,26(2):12-16.

[20]顾吉林,陈鹏,刘海欧,等.一种苎麻混纺袜[P]:中国,CN201420613097.9,2014-12-31.

[21]和保钢,董俊霞,李瑞英,等.喷气织机开发苎麻/水溶性维纶织物的技术探讨[C].2004年全国制造新产品开发学术研讨会暨年会,2004.

[22]陈军,柯琦,沈君,等.特细号苎麻嵌入式复合纱的开发[J].棉纺织技术,2012(5):49-51.

[23]周绪波,龙岚珺,张凤,等.赛络纺在苎麻/水溶性维纶纺纱中的应用[C].第十五届全国新型纺纱学术会论文集,2010.

[24]马艺华,罗纪华,黄海珍.纳米苎麻远红外针织物功能性及服用性能研究[J].中国麻业科学,2003,25(1):35-37.

[25]吴红.苎麻花式纱装饰织物的设计与开发[J].广西纺织科技,1995,24(3):8.

[26]赵庆福,姜晓巍,李光军.苎麻/棉转杯纺无规律竹节纱的开发[J].上海纺织科技,2005,33(3):25-26.

[27]余燕,杨志桢.苎麻混纺"摩彩"织物的研制[J].轻纺工业与技术,1995,24(1):6-11.

[28]吴新,叶献青,吴红.苎麻花式纱秋冬服装面料的设计与开发[J].轻纺工业与技术,1999,28(4):5-6.

[29]杨慈文.苎麻帆布胶管的试制[J].特种橡胶制品,1992,13(5):24-27.

[30]熊常财,李景柱,汪红武,等.早稻可降解麻地膜育秧机插技术试验与示范[J].湖北农业科学,2013,52(13):2994-2996.

[31]李亚玲,崔忠刚,唐朝霞,等.苎麻纤维地膜的创新利用价值[J].四川农业科技,2018(5):21-22.

[32]王朝云,吕江南,易永健,等.环保型麻地膜的研究进展与展望[J].中国麻业科学,2007,29(2):380-384.

[33]刘艳鹏.液态地膜促进生态循环农业发展[J].蔬菜,2019(7):1-7.

[34]沈宗瑞.一种抗冻液态地膜的制备方法[P].中国:CN201910462338.1,2019-8-30.

[35]滕启跃.苎麻家族新成员:高密度纯苎麻装饰面料[J].中国纤检,2015(3):30-31.

[36]钱程.一种半耐久性家纺用苎麻无纺材料及其生产方法[P].中国:CN201110107001.2,2011-10-19.

[37]刘晓东,张并矼.一种苎麻经编三维立体结构的医用敷料[P].中国:CN201620792943.7,2017-10-14.

［38］雷星．"羊楼洞"青砖茶包装再设计［D］．株洲：湖南工业大学，2018．

［39］郭颖艳．苎麻秆无胶碎料板的研究［D］．长沙：中南林业科技大学，2008．

［40］朱卫良，毛森敏，王成庆，等．一种带苎麻纤维丝的基纬线受力均匀土工布［P］．中国：CN201920810764.5，2020-02-18．

［41］苎麻丙纶植物培育垫［J］．麻纺织技术，1998，21（4）：37．

［42］李亚玲，崔忠刚，唐朝霞，等．苎麻纤维地膜的创新利用价值［J］．四川农业科技，2018（5）：21-22．

［43］张长安，张一甫，曾竟成，等．苎麻落麻无纺毡复合材料的研制［J］．工程塑料应用，2002，30（3）：12-15．

第六章　苎麻纺织品的服用性能

麻纺织品在我国有着悠久的生产历史。长期以来,麻制品凭借其优良的特性而在服用、装饰用纺织品中占据重要地位,而苎麻在麻类中应用较多。苎麻是麻纤维中纤维最长的,能织造出品质最好的高支纱织物,在我国有着悠久的生产和加工历史,可制成漂白织物、印花织物、色织物以做床单、被套、台布、窗帘、餐巾、家具装饰布、茶巾等。苎麻织物具有透气凉爽、抗菌防霉、出汗不贴身、色调柔和、大方粗犷等优良特性,是理想的夏季面料,但是,其手感硬挺、耐皱性差,造成苎麻织物尚有一定的缺陷。

第一节　基本概念

一、服用性能

织物的服用性能是指服装在使用过程中表现出来的与人体穿着相关联的性能,是穿着外观、耐用性和服用舒适性的综合体现。纺织品的主要服用性能及其指标见表6-1,各指标的含义及其单位说明见表6-2。

表6-1　纺织品服用性能具体含义及其度量指标

性能	度量指标
强度	拉伸强度、撕裂强度、顶裂强度、耐磨强度
形态稳定性能	弹性和塑性、收缩变形
物理化学性能	热传导、耐热性、耐光性、耐化学品性能
外观性能	抗皱、刚柔、悬垂、起球、色彩、光泽、染色牢度

性能	度量指标
保健、环保、卫生和生态性能	含气性、透气性、保温性、吸湿性、吸水性、透湿性、防蛀防霉,服装中甲醛、偶氮染料、有害重金属、五氯苯酚等的含量,羽毛羽绒中细菌含量等
感官性能	主观风格、客观风格
耐用性能	耐疲劳性

表 6-2　纺织品服用性能各测试指标的含义

性能	特性	特性值	计量单位	意义
力学性能	拉伸断裂性能	拉伸强力	N	织物抵抗外力拉伸变形能力
		断裂伸长率	%	
	顶破性能	顶破强力	N	织物抵抗垂直织物平面外力作用的能力
	撕破性能	撕破强力	N	织物抵抗集中负荷而不易被撕开的能力
	耐磨性能	强度下降百分率	%	织物耐磨性能
外观保持性	抗皱性	抗皱回复角	(°)	织物抗皱性能
	抗起球性	起球等级	级	织物抗起球性能
	抗勾丝性	勾丝等级	级	织物抗勾丝性能
	褶皱保持性	褶皱持久性等级	级	织物褶皱持久保持性能
	免烫性	表面皱痕等级	级	织制成服装的洗可穿性能
	染色牢度	色牢度等级	级	织物保持原有色泽的性能
尺寸稳定性	缩水率	缩水率	%	织物落水变形性
	干热熨烫收缩率	干热尺寸变化率	%	织物干热熨烫收缩率
	汽蒸后尺寸变化率	汽蒸收缩率	%	织物汽蒸收缩率
风格	弯曲性能	弯曲刚度	$cN \cdot cm^2/cm$	织物手感硬挺不易弯曲
	剪切性能	剪切刚度	$cN/[cm \cdot (°)]$	织物抗剪切变形能力
	表面摩擦性能	平均摩擦系数		织物手感粗糙
	压缩性能	压缩弹性率	%	织物蓬松丰满
	起拱变形性能	起拱残留率	%	服装在穿着中膝部、肘部残留变形程度
	悬垂性	悬垂系数	%	织物硬挺、悬垂性差
	光泽	光泽度	%	织物光泽

性能	特性	特性值	计量单位	意义
热湿舒适性	保暖性能	保暖率	%	织物保暖性
	吸湿性	回潮率	%	织物吸湿
	透湿性	透湿量	$g/(m^2 \cdot d)$	织物透湿性
	热湿传递性能	热阻	$m^2 \cdot ℃/W$	织物热湿传递阻力,散热和散湿能力
		湿阻	h/m^2	
	透气性能	透气量	$L/(m^2 \cdot s)$	织物透气性

二、服装舒适性

服装舒适性是一个既模糊而又广泛的概念,指人体着装后,具有满足人体要求并排除任何不舒适因素的性能,涉及人体、服装和环境三个方面,可以用人体皮肤与服装之间微小环境的舒适性来表述,表现在人体着装时感到舒服、轻松、没有重压感和包紧感,既不感到热,也不感到冷,且具有良好的通风性,并没有闷热的感觉。

服装舒适性是一个非常复杂的系统,囊括了生理、心理及物理学等多种因素,是非常重要的织物特性,尤其是对贴身衣物而言。概括起来,舒适性由三部分组成:心理舒适性、感觉舒适性和生理舒适性。具体来说,服装(面料)的舒适性包括温度性舒适(隔热保暖、传热散热)、透湿透气、热接触舒适、机械接触舒适(触感、服装压),甚至包括视觉、嗅觉性能等方面。

纺织品接触热舒适性用于指示纺织品与人体接触瞬间人体的冷感,常用描述指标有两个,分别是织物的热吸收能力和织物与人体接触瞬间人体损失的最大瞬态热流量。

机械接触舒适性体系中包含了轻微触感舒适性和接触压力舒适性两个子分类。轻微触感舒适性指对接触表面形态的感受,如粗糙度、刺痒等表面结果(冷感、爽感、湿感等)。在实际情况中,人体在穿着或使用各种织物,尤其是紧身服装、压力绷带等具备压力功能的织物时,织物不可避免地会对所包覆的部位产生局部或整体的接触压力,甚至是动态的力学刺激,由此引起各种力学感知,最终在大脑形成不同的接触感觉,即织物接触压力舒适性。接触压力舒适性主要表达的是对皮肤所涉及的血液循环系统和神经系统压、挤、阻碍所产生的不适感。表6-2中织物的弯曲性能和表面性能都是衡量手感风格的性能指标。表面摩擦性能用于评定织物手感的滑、糙、爽的程度。摩擦系数小,织物手感柔软,反之,有粗糙感。除了弯曲刚度,崔瑞芳在研究织物服用性能的时候,还用了弯曲滞后这个指标。弯曲刚度、弯曲滞后值大,织物手感刚硬;相反,则织物柔软。

温度舒适性、透湿透气性是服装或面料舒适性中最基本、最核心的内容。一般认为人体在衣服内温度为(32 ± 1)℃、相对湿度为$50\%\pm10\%$、气流速度为(25 ± 15) m/s的范围内感到舒适。

从狭义范围来讲,舒适性指的是人体在服装和环境之间的感觉。在这个狭小空间达到的热力学综合平衡,这个平衡主要包括满意的热平衡和湿平衡,它是各种环境因素、人体活动状态及服装热湿特性等综合与协调的结果。

织物热湿舒适性的评价方法分为客观评价和主观评价两大类。客观评价指借助各种实验仪器得出相应的物理指标,比如,以冷却法、热脉冲法、恒温法等测量的热舒适性物理指标包括保暖率、热传导率、热阻值等,以蒸发皿法、吸收法、倒杯法等测量的湿舒适性物理指标包括保水率、脱湿率、芯吸收率、透湿率等,还有借助数学工具求解的方法综合评价得到的服装湿舒适性综合评价指标等。这些客观评价方法可以方便地完成服装传递的定量测试,但是,为了更好地模拟实际穿着情况,应该采用热湿同时测定的方法。最简便和常用的方法是微气候仪法,该法是以服装材料作为试样,通过模拟装置测试试样与模拟皮肤之间所形成的空气层的温湿度分布及用热流量来衡量试样的湿热舒适性。

第二节 服用性能的测试和评判方法

一、服用性能的评价指标及测试标准

织物的服用性能包含强度、形态稳定性能、物理化学性能、保健卫生性能、耐用性能、外观性能和感官性能 7 个主要方面的内容,见表 6-1。前五项性能的各项指标有确定并准确的测试表征方法,比如,各强度指标(GB/T 3917.1—2009、GB/T 3923.1—2013)、耐磨性能(GB/T 21196.3—2007)、透气性能(GB/T 15453—1997)、透湿性能(GB/T 12704.2—2009)、保暖性能(GB/T 11048—2018)、折皱回复性能(GB/T 3819—1997)都有国家标准测试方法,而最后两大性能的各个指标

要么没有标准量化的测试标准(如刺痒感的测试),要么测试方法不能准确反映所测指标的全部内涵(如刚柔的手感)。

二、模糊综合评判法

(一)概念

模糊综合判断是一种处理各种模糊不清现象的方法,能将定性评价转化为定量评价,增加客观评价指标与主观评价的相关性。模糊数学即 Fuzzy 数学,是研究和处理模糊性现象的一种数学理论和方法。模糊性数学发展的主流是在它的应用方面。先决条件是模糊性概念已经找到了模糊集的描述方式,在运用概念进行判断、评价、推理、决策和控制的过程中用模糊性数学的方法来描述,例如,模糊聚类分析、模糊模式识别、模糊综合评判、模糊决策与模糊预测、模糊控制、模糊信息处理等。模糊数学是架设在精确的经典数学与充满模糊性的客观世界之间的一座桥梁。

Sun 曾用模糊综合判断法评价受多种力学性能影响的、难以用精确数学方法预测的织物刚度手感。他根据织物手感综合评价系统(CHES-FY)测得的织物拉拔力和位移曲线中提取的特征指标,建立了织物刚度手感的模糊综合评判模型,用熵方法确定特征指标的权重因子向量。通过对 47 个织物样本进行特征指标分析,得到了一系列隶属函数的模糊转换矩阵,统计分析了模糊评价、主观评价与川端康成一手评价(Kawabata primary hand evaluation)的相关性。他基于所选特征指标的熵权模糊模型提供了一种简单有效的刚度手柄分级方法,认为 CHES-FY 系统的评价方法更接近于人体手指在触摸和捏取衣物时的触觉响应。

(二)利用模糊综合评判法评价织物的服用性能

李扬利用模糊数学工具,从折皱性、起毛起球性、悬垂性、吸湿快干性、透气性等 5 种表征指标,对 5 种不同规格的苎麻织物服用性能进行模糊综合评判。苎麻织物的这 5 个表征指标,可以用 7 个参数来表达。因此,李扬选定苎麻织物的服用性能的综合评价指标集 $U = \{$折皱回复角,起毛起球级数,活泼率,美感系数,硬挺系数,失水率,透气率$\}$。以 5 组试样为评价对象集,$V = \{1^{\#}, 2^{\#}, 3^{\#}, 4^{\#}, 5^{\#}\}$。除了硬挺系数以外,其他参数的数值越小越好,因此,用公式(6-1)求隶属函数,硬挺系数则用公式(6-2)计算。

$$r_{ij} = \frac{u_{ij} - \min(u_{ij})}{\max(u_{ij}) - \min(u_{ij})} \qquad (6-1)$$

$$r_{ij} = \frac{\max(u_{ij}) - u_{ij}}{\max(u_{ij}) - \min(u_{ij})} \qquad (6-2)$$

式中,i 为指标编号(1~7),j 为试样编号(1~5),u_{ij} 为第 j 只试样、i 项指标的评定值。由此得到模糊评判矩阵 **R**。再根据单项指标分析,确定各评价指标的权重系数 $A_j(j=1,2,\cdots,k)$,k 为评价指标的总项数,$\Sigma A_j = 1$。综合评价矩阵 **B** 用"加权平均型"综合评价作为矩阵 **B** 的算子,即 $\boldsymbol{B} = \boldsymbol{R} \cdot \boldsymbol{A}$。综合评价值越大,整体效果越优。通过 **B** 值大小比较,可以得到服用性能最优的苎麻织物样品。

经过模糊综合判断后,李扬得出结论:苎麻类面料整体风格朝着色织轻薄化方向发展,该结果为相关产品开发提供有力的借鉴。

李扬研究中涉及的评价指标是可以准确量化的,因此,评价指标集与权重系数集加权平均后得到的综合评价矩阵也是一组准确量化的元素集。

后整理是常用的改善织物服用性能的手段,整理效果受织物的刺痒感、柔软性和光洁度等因素的影响,这些因素却都具有不确定的外延,属于模糊概念,其主观评定的结果无法用于定量比较,而且刺痒感、柔软性和光洁度与整理效果之间的关系也很难以精确的数学方法来表达,是没有量化的计量方法的。

尉霞评价纯苎麻织物生物整理效果时选择了刺痒感、柔软性和光洁度作为影响其整理效果的三个因素,因各因素具有不同层次:刺痒感和光洁度是作为模糊评价指标,而柔软性采用刚度这个定量的指标评价,故采用二级模糊综合评判法。即先对模糊指标刺痒感和光洁度建立各自的因素等级集和等级权重集 **C**,由专家对织物刺痒感和光洁度评定建立各指标等级评价矩阵 **r**,两个模糊评价指标的一级模糊综合评判矩阵 $\boldsymbol{R} = \boldsymbol{A} \cdot \boldsymbol{r}$。能定量评价的柔软性根据弯曲刚度数值的分布规律建立隶属范围函数后,将待评判织物的弯曲刚度代入此函数求得相应的关系系数,从而得到一级模糊综合评判矩阵 **R'**。最后由 R、R' 与三个指标的权重集 **D** 进行二级模糊综合评判,判断相应的生物整理效果。尉霞认为,该方法简单、可靠,与主观评估结果有良好的一致性。

织物服用性能含义很广,是穿着外观和服用舒适性的综合体现,见表6-2,包含很多的性能指标,测试评价时不一而足。但经归纳简化,可从反映织物外观效应的折皱回复性和悬垂性指标及反映织物热湿舒适性的透气性、透湿性指标来综合评判。由于上述性能指标在同一品种的分布及经各种整理加工后织物间的对比错综复杂,无章可循,具有一定的模糊性,罗纪华认为用模糊综合评判的方法,从织物抗皱性、悬垂性、透气性、透湿性四个方面可以综合评判苎麻织物的服用性能。这四种性能分别用折皱回复角、悬垂系数、透气率、透湿率四个定量计量指标来表征，五个试样的四个指标测试结果见表6-3。罗纪华依据以往研究经验及专业知识，设定了苎麻织物折皱回复性、悬垂性、透气性、透湿性每个单项指标的四个等级，根据织物单项指标评定标准(表6-4)，分别评定各织物性能并定量化。具体做法是根据各单项指标评定标准值(表6-3中数值)对应于评语论域中的相应等级(表6-4中等级)，落在哪一域则哪一等级值取1，不相应等级值取0。举例说明，织物1的折皱回复角111°，则在表6-4中折皱回复角四个等级中的"不好"一级取值为1，其他三个等级取值为0；悬垂系数为55.95%，落在表6-4中悬垂系数的第四个等级，即"不好"等级，该等级取值为1，其他三个等级取值为0。依此类推，可得出各个织物的模糊关系矩阵 **R**。再对四个性能赋以权重，从而对各织物的服用性能做出综合评判。他认为，虽然采用模糊综合评判的方法对各种整理后苎麻织物的服用性能进行转换性评价，避免了专家评定时人为误差大的缺点，但隶属函数的确定及等级划分标准原则仍需大量试验确定，而且权重系数的分配影响评判结果，不同的考虑将导致不同的评定结果。

表6-3 苎麻样品织物性能的测试结果

样品	折皱回复角/ (°)	悬垂系数/ %	透气率/ [L/(m² · s)]	透湿率/ [g/(m² · d)]	织物克重/ (g/m²)
1	111.6	55.85	917	4692	94
2	129.6	46.89	815	3913	98.8
3	192.8	48.52	775	4472	101.2
4	162.8	50.53	707	3896	102
5	195	44.50	814	45.38	105.6

表6-4 织物性能单项指标评等标准

评语	折皱回复角/ (°)	悬垂系数/ %	透气率/ [L/(m² · s)]	透湿率/ [g/(m² · d)]
很好	161~200	40~47	910~1000	4600~4700
较好	140~160	48~50	840~909	4500~4599
好	120~139	51~54	780~839	4100~4499
不好	100~119	55~60	700~779	3800~4099

如前所述,织物服用性能有七大评价内容以及众多的评价指标,同一织物品种的这些性能之间的分布无章可循,不同品种之间的对比更是错综复杂,当织物之间众多评价指标比较结果不一致时,很难对服用性能优劣做出判断,因此,给织物质量的综合评定带来困难。龙碧璇等以织物的透气性、透湿性、耐磨指数、顶破强力为服用性能的评价指标,以接触角和拒水性能为自洁性能的评价指标,得到综合评价指标集;根据公式(6-3)建立偏大型指标的评判矩阵,并得到单指标评判矩阵 $R = (r_{ij})_{3×6}$,以客观赋权法——离差最大化确定各指标的权重矩阵 W,R 乘以 W 得到综合评判矩阵,采用模糊综合评价方法,以隶属度最大原则对羊毛苎麻混纺织物进行综合评价,最后得出结论:苎麻纤维含量越低,混纺织物的综合性能越好。

$$r_{ij} = \frac{x_{ij}}{\sum_{i=1}^{3} x_{ij}} \quad (i = 1,2,3; j = 1,2,\cdots,6) \tag{6-3}$$

模糊综合评价法的指标评判矩阵容易建立,但是,各指标的权重分配原则和方法却因人而异。杨斌认为,权重系数分配应根据用户对织物性能的具体要求确定,或者根据日常服用要求来考虑;黄翠蓉等对丝/苎麻织物夏季面料的服用性能进行模糊综合评价时,采用的权重系数也是根据面料的服用性能的次重点来分配的,她将外观的权重划为0.5,通透性划为0.4,织物重量划为0.1,据此,黄翠蓉等对混纺织物的服用性能做简单定性比较后,得到的结果与专家手感目测结果基本相符。尉霞用模糊综合评价法判断苎麻织物的生物整理效果时,虽然采用的是专家评分的方法来确定各项因素的权重,但本质也是根据服用性能的次重点人为设定权重系数。

第三节　麻类织物服用性能的比较

一、纯纺织物服用性能比较

麻纤维品种众多,有苎麻、亚麻、黄麻、汉麻、罗布麻等,其中苎麻、亚麻现被广泛应用于纺织品中,可与棉、毛、丝进行混纺,制成各种凉爽面料。

在织物组织和纱线结构相同的情况下,纤维的性质是织物拉伸断裂的决定因素,其中纤维的长度、细度、强度、摩擦性能等都会影响织物的力学性能。棉织物和麻织物纤维结晶度高,微晶排列紧密,相互间的结合力较大,纤维的断裂强度和初始模量高,具有较好的拉伸性能。但棉纤维受次生层排列的螺旋角的影响,内部大分子链与纤维轴向倾角大,强度比麻纤维低,伸长率则较大。苎麻、亚麻和罗布麻中,苎麻纤维长度较长,强力利用率较高,并且其结晶度最大、强度最高,这些均有利于其纱线强力的提高。亚麻纤维和罗布麻纤维相比,亚麻纤维的长度不匀率较低,纱的条干均匀度更高,强力弱环相对较少。亚麻纤维的竖纹较为明显,表面摩擦系数较大,拉伸过程中纤维不易滑脱。罗布麻纤维不但结晶度最低,而且粗细差异较大。

在织物组织和纱线结构一致的情况下,纤维的长度、细度、截面形态等对织物的耐磨性能也有影响。苎麻纤维长度较长,纤维间抱合力较大,而且苎麻纤维强度较大,截面多呈腰圆形,纱线结构较为紧密,摩擦过程中纤维不易从纱线中抽出,因此,苎麻织物的耐磨性能相对较好。罗布麻纤维断裂伸长率较亚麻纤维大,耐磨性能相对较好。此外,罗布麻纤维较细,纤维抱合较为紧密,抗弯性能相对较好。同时,罗布麻纤维截面多呈椭圆形,亚麻纤维多呈多边形,这些特性均有利于罗布麻织物耐磨性能的提高。

凌群民等以纯苎麻、大麻、亚麻纱及其麻棉混纺纱为原料,用横机编织加工成相同组织的针织物,并对其进行煮练、漂白、纤维素酶及柔软整理,测试处理后的麻针织物的各项服用性能指标,研究比较各麻类针织物服用舒适性能及染整加工对其服用舒适性能的影响。纯麻针织物的服用性能,强力方面:大麻>苎麻>亚麻;吸湿性:苎麻>亚麻>大麻;刺痒感:大麻>苎麻>亚麻;悬垂性优劣顺序与刺痒感相反;耐磨性:苎麻>罗布麻>亚麻。

但是,关于苎麻和亚麻针织物的服用性能,李小平以织造密度更小的平纹针织物为研究对象时,却得出了相反的结论,他发现,与亚麻相比,苎麻织物吸湿性小、悬垂性好,力学性能各项指标都较差,回弹性较差,刺痒感较弱。而且,李小平认为,在相同原料下,1+1罗纹组织针织物的回潮率、悬垂性、拉伸性能、弹性、缩水率以及刺痒感优于纬平针组织针织物。李小平与凌群民这种研究结论上的差别,一方面源于测试织物组织结构的差异,更重要的,可能是研究者采用的测试方法有所区别。凌群民以国家标准方法测试,李小平与之不同。

于利静以纱线细度相同、织造经密和纬密相近的苎麻、亚麻和大麻织物为研究对象,利用 KES-FB 设备测得织物在低负荷下的拉伸、剪切、弯曲、压缩、表面性能、厚度以及重量等 16 个基本力学性能指标,再将织物制作成服装,进行着装试验的主观评价。最后,利用层次分析方法对织物服用性能和触觉风格进行综合分析。不同品类的三种麻织物中,苎麻织物的透气性和导湿性最好,透湿性、吸湿性最差。亚麻织物的刚柔性、悬垂性、吸湿性最好,折皱回复性、导湿性最差。大麻织物的透湿性最好,柔软性、悬垂性、透气性最差。总体看来,亚麻织物的服用性能优于苎麻织物和大麻织物。苎麻织物的拉伸性能和表面性能最优,剪切性能和压缩性能最差。亚麻织物的剪切性能、弯曲性能、压缩性能最好,拉伸性能比苎麻织物和大麻织物差。大麻的弯曲性能、表面性能最差。总体来看,亚麻织物的触觉风格较苎麻织物、大麻织物好。在苎麻织物、亚麻织物、大麻织物三种织物中,苎麻织物的冷暖感、闷热感、粗糙感、柔软感、刺痒感均最差,亚麻织物的冷暖感、吸湿感、柔软感最好,大麻的闷热感、粘体感、粗糙感、刺痒感、悬垂性最好。她认为,总体来看,大麻织物的着装舒适性优于亚麻织物和苎麻织物。

根据于利静的解释,层次分析法(Analytical Hierarchy Process)是一种定性和定量相结合的系统性层次分析方法。首先,它把一个复杂问题中的各个指标分解为若干个有序层次,每一层次与它的上和下一层次有着一定的联系,层次之间按隶属关系建立起一个有序的递阶层次模型。于利静建立的织物服用性能最佳层次分析结构模型如图 6-1 所示。层次结构模型一般包括目标层、准则层和方案层等几个基本层次。在递阶层次模型中,按照对客观事实的判断,对每层的重要性以定量的形式加以反映,即通过两两比较判断的方式确定每个层次中元素的相对重要性,并用定量的方法表示,进而建立判断矩阵。通过计算判断矩阵的最大特征值及相应特征向量,得到各层次要素的重要性次序,从而建立各指标的相对权重向量。最后,对递阶层次结构内各层次相对权重向量进行计算,得到全部指标相对于总的目标的综合权重,再根据权重的大小选择决策目标的方案。分别对服用性能和舒适性建立模型并分析之后,综合分析结果表明,亚麻织物服用性能综合评价和风格综合评价均优于苎麻织物和大麻织物。苎麻织物测试的服用性能很好,触觉风格的综合评价也较好,但是,在穿着舒适性上评价很差,产生明显差异的主要原因是苎麻织物的刺痒感影响了在穿着舒适性上的评价。

顾平等通过对麻织物和棉织物回潮率、吸湿透湿性的比较,得出三点结论:

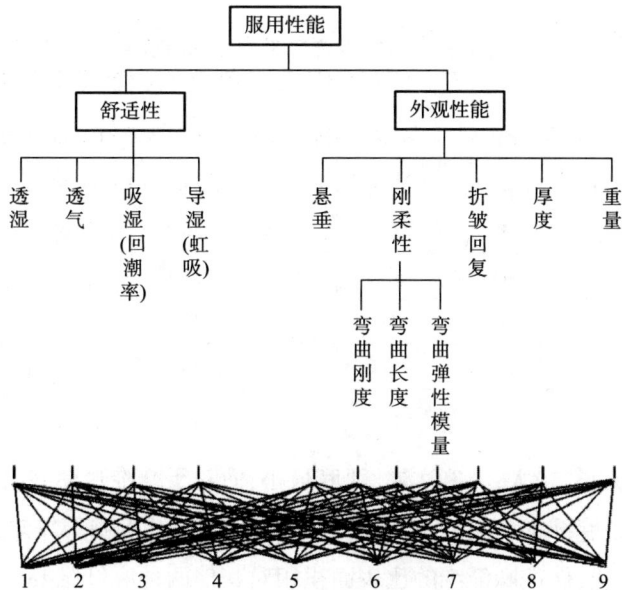

图 6-1　织物服用性能最佳层次分析结构模型

①对气态水而言,亚麻织物的吸湿能力大于苎麻织物,棉织物介于两者之间,但棉织物在开始阶段吸湿较快。苎麻和亚麻的纤维成分是相同的,但是,常用的纺纱苎麻纤维细度比亚麻要粗,当纤维较粗时,比表面积会较小,因此,纤维表面吸附的水分子较少;从另一个角度来看,苎麻纤维的聚合度更大,大分子端基的亲水基团数量相对较少;再者,亚麻纤维果胶的特殊结构和较大含量,也有利于亚麻吸湿。所以,苎麻纤维的吸湿能力略小。

②麻织物对气态水的透湿性能与棉织物无明显差异,提高麻织物透湿性的主要途径是降低织物紧度,麻织物纱线的毛羽对麻织物的实际紧度有影响。

③纯棉织物的毛细效应要比麻织物好,而苎麻织物的毛细效应又强于亚麻织物。当纱线中纤维排列的整齐度和紧密度较高时,织物的毛细效应会增加。

李焰研究了不同种类麻织物的舒适性和抗菌性,结果显示,苎麻、大麻、亚麻三种纯纺麻织物中,尽管苎麻织物的紧度较大,但透气性是最好的;同样规格的苎麻织物比大麻织物的透气性要好得多,在相同条件下,苎麻织物的透气量是大麻织物的 189%。由于织造参数相近,而且没有后整理加工,因此,李焰认为不同麻纤维的性状是导致上述结果的主要原因。李焰所用麻纤维的直径参数见

表 6-5。

表 6-5　苎麻、亚麻和大麻试样的直径

试样	苎麻			亚麻			大麻		
	$M/\mu m$	$Max/\mu m$	$CV/\%$	$M/\mu m$	$Max/\mu m$	$CV/\%$	$M/\mu m$	$Max/\mu m$	$CV/\%$
1	24.2	90.0	43.9	14.6	32.5	33.8	17.0	52.5	42.9
2	25.8	70.0	39.7	15.3	37.5	36.8	19.3	50.0	40.4
3	26.2	62.5	41.1	16.0	35.0	31.7	19.8	57.5	39.2
4	26.3	55.0	36.2	16.4	35.0	32.8	20.4	50.0	42.2
5	30.3	65.0	39.2	17.6	37.5	32.3	20.7	70.0	50.9

　注　M 为纤维平均直径；Max 为纤维最大直径；CV 为不匀率。

　　苎麻的平均直径最大，大麻次之，亚麻最小；而对于纤维直径的离散系数，大麻最大，亚麻最小。苎麻纤维纵向的不均匀性，使苎麻纱中纤维与纤维之间的孔隙增加；而较大的平均直径，使苎麻纤维的比表面积相对其他两种麻纤维要小。李焰认为，苎麻纤维纵向的不均匀性及相对较小的比表面积，使苎麻纤维构成的织物透气性最好。

　　麻纤维因抱合力差、纤维刚性大、表面毛多，使得纯麻针织物作为内衣面料时存在严重的刺痒问题，其刺痒程度以大麻为最，苎麻其次，亚麻略低。由于刺痒感太严重，未经整理的麻针织物几乎不能服用。目前，改善麻织物刺痒问题主要有两个途径：一是减少麻纱或织物毛羽数量和毛羽长度；二是柔软纤维、降低毛羽刚度。具体工艺方法有烧毛、纤维素酶处理、柔软整理等。经纤维素酶处理后，三种纯麻织物刺痒程度有明显的减小，而单纯的柔软处理对刺痒感消除虽有一定作用，但不明显。三种纯麻针织物经酶处理、柔软处理或酶加柔软处理后，悬垂性能都有一定程度的提高。但是织物的密度都变大，透气量都有所下降。凌群民认为，纤维素酶处理结合柔软处理能满足麻织物的服用要求。

　　纤维素酶处理使麻纤维裂纹增多、变宽、变深，在纤维末端（即织物类的毛羽）形成多束原纤结构，由于原纤之间连接键被部分水解，纤维末端变得松软，接触皮肤时，接触面积增大，并且易于弯曲，这是刺痒感得到改善或消除的原因。

二、混纺织物服用性能比较

　　混纺纱的断裂强度与混纺组分纤维的拉伸性能和混纺比密切相关。麻纤维强力大于棉纤维强力，棉/麻织物中麻纤维的含量比例较大，有利于提高纱线强力。

混纺织物的纱线线密度越高,断裂强度越高。此外,织物密度相同时,纱线粗的织物紧度提高,纱线的切向滑动阻力增加,织物断裂强力提高。

凌群民等研究混纺对麻织物服用性能的影响时发现,与麻、棉纯纺针织物相比,混纺类针织物刺痒感减弱,但是透气性和强力稍变差。

张红梅等研究涤、棉、麻混纺薄型织物的热舒适性时发现,外界温湿度、原料混纺比及纺纱方式等因素中,混纺比对织物热阻影响较小,而纺纱方式的影响最大;赛络菲尔纺织物总是比赛络纺织物热阻小,感觉更凉爽;黄麻含量越高,织物热阻值越小。

在王坤琳的研究中,麻与棉混纺后,断裂强度降低而断裂伸长率提高,然后断裂强度最高的苎麻在混纺成织物后,强度反而低于亚麻棉混纺织物,撕裂强度和顶破强度亦是如此。棉的加入使得苎麻的强度优势被严重削弱,却使得苎麻的耐磨性能有了非常大的提升。

苏旭中等选择规格相近的罗布麻棉混纺织物、亚麻棉混纺织物、苎麻棉混纺织物以及纯棉织物,经纬纱线密度均为 18.2tex(32 公支)、经纬密均为 236 根/10cm,织物组织均为平纹,对混纺织物的撕裂性、耐磨性、透气性、保暖性进行研究,发现麻棉混纺织物的透气性能比纯棉织物好,但撕裂性能、耐磨性能、保暖性能不及纯棉织物,更适合作为夏季服装面料。罗布麻棉混纺织物的撕裂与耐磨性能介于亚麻棉与苎麻棉混纺织物之间,透气性最优,保暖性能最差,因此,罗布麻棉混纺织物较亚麻棉与苎麻棉混纺织物更适合作为夏季服装。

第四节　苎麻的刺痒感

苎麻以独特的吸湿透气性,以及天然的抗菌防霉、抗紫外线等性能,被广泛应用于纺织服装和卫生保健领域。但是,随着人们生活水平的提高,对服装品质的要求也不断提高,不仅要求性能良好,而且要求穿着舒适。

表 6-6 列出了棉和麻纤维的性质差异,与棉纤维相比,苎麻纤维粗长,结晶度高,刚度大,成纱抱合力差,因此,苎麻织物手感粗糙硬挺,表面毛羽多且硬。当织物与皮肤接触时,硬挺的毛羽刺激皮肤,产生刺痒感甚至刺痛感。与麻相比,虽然棉织物表面也存在毛羽,但是棉初始模量低,纤维细且软,不会产生刺痒感。与苎

麻相比,亚麻纤维虽然刚度较大,然而亚麻纤维加工时脱胶不完全,因此,织物表面毛羽很少,刺痒感就相对较弱。

表 6-6　几种纤维的性质比较

指标	棉	苎麻	亚麻
长度/mm	25~45	127~152	11~18
截径/μm	17~22	20~75	11~20
聚合度	2020	2660	2390
结晶度/%	60±20	79±7	82±8
倾角/(°)	20~30	35±1	55±3
初始模量/(kg/mm^2)	980~1300	2500~5500	2550

一、刺痒感的来源

关于苎麻织物刺痒感的原因,很多人都进行过研究分析和总结,归纳起来主要包括五个因素。

(一)单根纤维的刚度

苎麻纤维的刚度是苎麻织物产生刺痒感的根本原因。与棉相比,苎麻纤维的聚合度大、结晶度高、杨氏模量大、刚度大,加上苎麻纤维较粗,因此,受外力时不易弯曲,纤维末端与皮肤接触时会刺激神经系统。如果这种刺激是轻微往复或间歇式的,将产生刺痒感;如果刺激较重甚至很剧烈,将产生刺痛感。除此以外,苎麻纤维中的麻粒、未脱除的麻皮等杂质也会造成刺痒感。

(二)织物表面毛羽数量和长度

毛羽是苎麻织物产生刺痒感的必要条件之一。织物在服用过程中,凸出在织物表面的毛羽最先与皮肤接触。当毛羽有足够的刚度时,皮肤与织物之间形成"点接触"并刺激神经产生刺痒感。在一定范围内,毛羽越多,"点接触"的机会越多,织物的刺痒感越严重;毛羽越短,纤维抗弯应力越大,刺痒感越严重。

(三)纤维细度

织物表面毛羽直径越大,由于粗硬导致织物刺痒感越强。金淑秋利用生物显微镜对织物表面毛羽特性进行了测试,同时,采用前臂试验对织物刺痒感进行主观评价,发现末端毛羽直径大于 25.0μm 的毛羽数量是影响织物刺痒感的一个关键因素。

(四)纱线捻度大小和织物组织的稀密程度

纱线捻度的大小以及织物组织的稀密程度也是影响刺痒感的重要因素。毛羽的一端伸展在织物表面,为"自由端",另一端与抱合在纱线中的纤维主体连接,被纱线握持着,为"握持端"。织物越松散、纱线捻度越小,纤维之间的孔隙越大,纤维的"自由度"越大,毛羽"握持端"的活动余地就越大,毛羽"自由端"受外力时,整个毛羽向"握持端"的活动越容易进行。由于毛羽的这种向"握持端"的退却,"自由端"与皮肤之间的作用力减小,刺激程度降低,刺痒感减轻。

(五)染整加工的影响

苎麻织物在退煮、丝光等处理时,由于受机械力的拉伸、摩擦以及高温下的干热、湿热处理,抱合不太牢固的外层纤维会发生松弛,甚至发生断裂而暴露于织物表面,使刺痒程度增加。

苎麻的刺痒感影响了苎麻产品的舒适性,因此,往往需要经过特殊的加工处理来降低苎麻的刺痒感。王晓明也给出了很多减轻刺痒感的建议,比如,减小毛羽数量和毛羽长度、降低毛羽刚度、采用松散织物组织、减小纤维之间的抱合力、增加毛羽的"自由度"等。需要对苎麻刺痒感进行有效的评价,来判断整理方法的有效性。程浩南对苎麻织物刺痒感评价方式进行了系统的总结研究,分析了各种评价方式的特点。

二、刺痒感的测试方法

有关苎麻面料刺痒感的测试评价方式有很多,大致可以分为主观评价和客观评价两类。主观评价方法包括前臂刺扎感受和穿着感受两种。

(一)主观评价

1. 前臂刺扎感受法

前臂刺扎感受法是一种简单易行的主观评价方法。虽然没有国家标准测试方法,但是全国纺织品标准化技术委员会麻纺织分技术委员会已经颁布了行业标准测试方法 FZ/T 30005—2009《苎麻织物刺痒感评价方法》。在试验之前需要选择合适的测试者,成立评价小组(7~15人),经过培训后,将需要测试的苎麻织物放置在测试者的前臂上,用手轻压织物,让受测人员评价其刺痒程度。评价方法有分类法、评分法、顺位法和比较法四种。分类法即评价小组成员回答:刺痒与否,对试样的刺痒概率进行统计,以刺痒概率表示织物刺痒的程度。评分法是根据评分依据进行评分,评分的范围是 0~10 级(或者 0~5 级),其中 0 级为无刺痒感,10 级(或其他评分范围的最高级)为严重刺痒。顺位法(要求试样较少,不超过 5 个)即评价小组成员对试样按刺痒感从轻到重进行排序。比较法是评价人员进行两两比较。评分法计算试样刺痒感的平均分值,分值越高,刺痒程度越高。顺位法以顺位位次和大小判断刺痒程度。比较法定量判断刺痒感的计算方法稍复杂,需要依据行业标准中对应的附录表格中的比较结果,做对角和竖列统计,得到刺痒强度大小值。

表 6-7　织物刺痒程度量化指标标准样表

程度描述	非常舒适	比较舒适	有点难受	比较难受	非常难受	无法忍受
量化指标	0	1	2	3	4	5

张丽娟等对五种苎麻混纺纱针织物试样用前臂刺扎实验法测试了织物的刺痒感,然后用评分法、分类法和比较法三种评价方法进行分析,得出了定量和定性的刺痒感评价结果。她们认为这三种评价方法中,评分法可以实现刺痒感评定数值化结果;分类法可以利用刺痒感的概率对评价结果进行量化处理,实现部分甚至全部试样评价结果的排序和等级化,但是,测试结果的一致性不理想;比较法评价结果的准确性不能保证,但是一致性很高,因此,可以用比较法对其他评价方法的准确性进行评估。

2. 穿着感受法

穿着感受评价适用于各种规格的苎麻纯纺、混纺、交织布制成的机织或针织服装的刺痒感评定。选择身体健康、精神状况良好、有正常的皮肤感觉能力,处于不同年龄不同性别的受测者,对同一个服装样品刺痒程度做出判断并进行分析。湖南苎麻技术研究中心制定的企业标准 Q/QWF 007《苎麻穿着刺痒感的评定方法》,采用专用语言详细描述了穿着感受法评价刺痒的依据,将刺痒感划分为 1~5 个等级,5 级为无刺痒感,1 级为强烈刺痒感。受测者在规定时间内进行苎麻产品的试穿,然后根据标准分别给出评价等级,最后,以统计加权平均值作为刺痒感的评定等级。该测试方法的优点是操作简单方便,但由于受测者对刺痒的敏感程度不同,评价结果不具有可重复性,且无法进行定量化分析。

(二)客观评价

苎麻面料刺痒感的主观评价操作简单,但评价过程中受测试者个体差异而导致测试结果离散性较大,随着苎麻面料应用高档化的发展趋势,客观法是刺痒感评价的发展方向和研究热点。

传统的刺痒感客观评价方法很多,李甜甜进行了相关的总结,包括纤维抗弯刚度测量、粗纤维含量测定、毛羽计数及表观厚度的测量、利用音频装置的测量以及间接测量织物表面摩擦性能机械能的方法、纤维针或纤维刷刺扎法等。

1. 纤维抗弯刚度测量

单纤维弯曲刚度的测量主要针对刚性较大和较粗的纤维。对纤维轴向压缩性能的测试,早期是通过对单纤维强力仪的改造实现的。刘宇清等通过对试样夹持器的改进,并以纤维集束成刷状样品,通过对纤维刷试样的轴向压缩测试,并以此为基础,利用组合测量方法,将力的测量与纤维试样的形态尺寸测量相结合,计算纤维的平均压缩模量。毛宁等对纤维轴向压缩测试过程中纤维试样与测试头接触条件的转变及对应压缩曲线特征进行分析,提出在进行纤维材料轴向压缩测试时,试样与测试头的接触条件会发生由"点接触"向"线接触"的转变,压缩性能测试应以"点接触"的结束为终结点;以纤维轴向压缩性能为依据判断其刺痒感属性时,纤维端与皮肤的接触条件应为"点接触",且应具有不少于 0.2mm 的长度,并能承受不少于 0.75mN 的轴向载荷。同时,毛宁等还指出,单纤维弯曲压缩仪的测试头可以改进,因为在织物毛羽刺激皮肤的过程中,毛羽自由端会使皮肤凹陷变形,同时,皮肤的粗糙度也会对纤维自由端形成约束。所以,毛宁等将现有 JQ03A、JQW03C 等型号的单纤维弯曲压缩仪的测试头表面粘贴或包覆一层 0.1mm 厚的乳胶薄膜,用来模拟皮肤的变形和约束作用。

目前,纤维材料轴向压缩性能的测试主要应用于纺织纤维刺痒感属性的判断。通常认为,如果纤维轴向压缩临界载荷大于某一数值,则该纤维能引起刺痒感,临界弯曲载荷越大,引起的刺痒感越严重。

轴向压缩性能测试刺痒感的方法的最大问题是作用原理与实际的刺扎作用存在较大差距,测量过程不包括纤维的轴向压缩,也不能模拟刺扎冲击作用。

2. 粗纤维含量测定

粗纤维含量法表征刺痒感是基于纤维细度与织物刺痒感的相关性,即刺激点的产生与纤维的直径直接相关,粗纤维的量越多,刺痒感越明显。既然粗纤维的含量和平均直径与刺痒感相关,那么,直接测量平均直径 D 和粗纤维含量可预测织物的刺痒感。通过测定纤维的平均直径 D 和直径的变异系数 CV 可以反映刺痒感的大小。Dolling 等通过对精梳平针织物纤维的平均直径 D 和直径的变异系数 CV 的测量,研究了两者与织物刺痒感的关系,主观检测发现,织物引起刺痒感是随着粗纤维含量的增加而增大。Naylor 证明 D 与 CV 之间是正相关关系,还导出了织物中每单位质量的纤维根数与长度呈反比,刺痒感与粗纤维含量和纤维平均长度的比值成正比;织物覆盖因子影响毛羽根部握持,紧密结构使纤维的弯曲长度降低,弯曲负荷增加。需要注意的是,并非所有的粗纤维在织物中都起作用,故粗纤维含量法在理论上存在相当的误差。

3. 毛羽计数及表观厚度测量

毛羽计数的测量采用由测试毛毯表面毛羽数量多少的 WRONZ 测试仪发展而来的激光毛羽仪,利用激光毛羽计数器测量织物表面的毛羽数量和高度,测试原理如图 6-2 所示。激光束以 20cm/min 的速度扫描织物样本,它与织物表面之间的高度按 0.1mm 的步长变化,对挡住激光的突出纤维进行计数。虽然仪器的灵敏度能检测到所有伸出试样表面的毛羽,但是对于透明或者较细的纤维检测起来比较困难,而拱起的线圈却被当作毛羽进行了计数,因此误差较大。

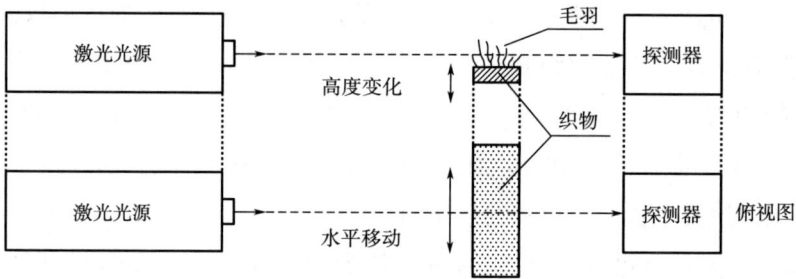

图 6-2 激光测量原理图

织物初始压缩即由织物表面的纤维引起,因此,还有一种毛羽计数的方法,是用织物风格仪即 KESFB 压缩仪测量织物表观厚度,并以此作为表面毛羽数量的表征。该方法通过在压缩辊上贴一个厚度为 1mm 的聚甲基丙烯酸甲酯薄片,扩大与织物接触的面积,从而降低仪器压力测试灵敏度的要求,并获得在初始条件下织物厚度与压力的关系。

与压缩仪测试原理相同的,敖利民等以织物单面压缩性质测试仪(图 6-3)测定织物的压缩位移—压力曲线(图 6-4),通过对毛羽压缩阶段Ⅰ、织物主体压缩阶段Ⅲ和二者过渡阶段Ⅱ即布面初始压缩阶段(布面不平整部分压缩阶段)的分析,获得毛羽长度、分界点压力、毛羽部分压缩功、毛羽部分压缩比功等描述毛羽部分压缩性质的指标。如图6-3所示,测试盘表面包覆乳胶膜,用于模拟皮肤,与传感器相连;支撑杆和织物固定夹固定在滑块上,用于支撑测试织物;布样一端夹持在织物固定夹上,另一端被张力夹夹持并施加一定的张力,保证测试过程中布面的平整。滑块按照一定速度上下运动,滑块升降一次,完成一次压缩测试。

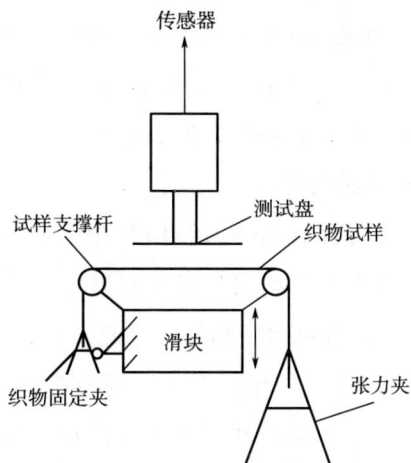

图6-3 织物单面压缩性质测试仪原理

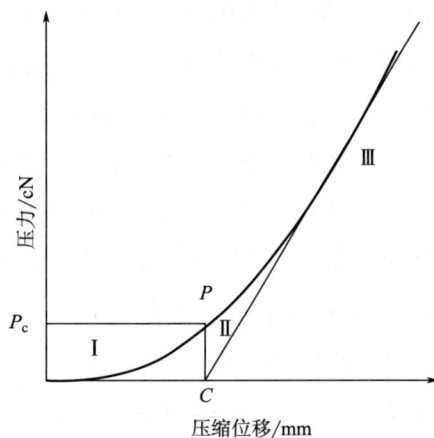

图6-4 织物单面压缩曲线

图6-4中织物压缩曲线提取特征值的方法为:将织物主体压缩部分拟合直线与横坐标相交,沿该交点作垂线并与压缩曲线交于P点,P点即为毛羽压缩阶段与其他两压缩阶段的分界点,由此可以得到毛羽压缩阶段的一些力学指标。

(1)毛羽长度。毛羽长度C(mm)即拟合直线在横轴(压缩位移)上的截距,由于毛羽压缩阶段至此结束,所以,该截距值表征织物试样毛羽的长度。截距数值越大,表示织物毛羽压缩阶段越长,即布面上的毛羽越长。

(2)分界点处压力值。分界点处压力值P_c(cN),简称分界压力,即C值(毛羽长度)处对应的压力值,其大小表示织物毛羽压缩阶段结束时的压力大小。

(3)毛羽压缩部分压缩功。毛羽压缩部分压缩功W(cN·mm),即织物毛羽压缩阶段压力(克服毛羽弯曲应力)所做的功,在数值上等于织物毛羽压缩部分曲线与横轴(压缩位移)之间包围的面积。压缩功的数值越大,织物毛羽压缩的整个阶段克服所有毛羽的弯曲应力所做的功越大。

(4)毛羽压缩阶段的压缩比功。毛羽压缩阶段的压缩比功 $W_R(cN/10cm^2)$ 即压缩功与毛羽压缩部分压缩位移的比值,是在测试盘面积一定的情况下,单位压缩位移(mm)克服所有毛羽的弯曲应力所做的功。压缩比功越大,表示压缩过程中压缩位移每增加单位距离,克服所有毛羽的弯曲应力需要做的功就越大,即压缩比功越大,毛羽部分压缩越困难。

田喆对苎麻织物的刺痒感进行主观和客观测试之后,验证了利用织物单面压缩测试仪客观评价苎麻织物刺痒感的适用性。发现织物单面压缩性质测试仪所测得的毛羽部分分界压力值与织物刺痒值的相关性高,但该仪器仅适于测量特数较高纱织造的中厚型苎麻织物,对于细特纱织造的轻薄型织物不适用。对于中厚型苎麻织物,由织物单面压缩性质测试仪所测得的毛羽部分分界压力值与织物刺痒值有以下拟合的线性关系:刺痒值=-1.908+4.008×分界压力(cN)。

毛羽计数及表观厚度的测试方法只考虑了纤维的根数和长度,却忽略了纤维的粗细和刚度,与织物的刺痒感真实值有偏差。表观厚度虽然可以反映毛羽数量的多少与突出高度,但是有些刚性小的毛羽是不会引起刺痒感的。除此以外,呈圈状和倒伏拱起的毛羽,也被算在引发刺痒感的毛羽之列,因此,这种方法误差较大。这个方法还存在另外两个重大缺陷,即压力与厚度的关系并不能很好地反映皮肤与织物接触的状态,同时,压力—厚度曲线的特征值提取困难。

4. 薄膜法

纤维毛羽在与皮肤的刺压作用下会产生压痕,而且压痕的深浅与纤维产生压痕所需的力的大小有关,所以有了薄膜法测刺痒感。以聚四氟乙烯膜代替皮肤,用织物表面的纤维刺压薄膜,根据一定压力下纤维对薄膜的压痕来评价织物刺痒程度。对压痕的统计处理,研究人员主要采用了以下两种方法:一是根据薄膜透光量多少对织物的刺痒程度做出评价,由于不同大小的压力会在聚四氟乙烯薄膜上留下不同深浅和密度的压痕,所以薄膜的透光量也会不同;二是人工点数每张薄膜压痕的数目,以点数的压痕数量的多少作为评价依据。

薄膜法测刺痒感的局限性非常大,由于单根纤维所能承受的负荷的数量级很小,纤维留在薄膜上的痕迹清晰程度是有限的,因此,单纯地观察这些痕迹非常困难。

5. 利用音频装置测试刺痒感

有学者利用改进的音频装置来测试织物的刺痒感。该方法将剪成圆形的织物在旋转台上以恒定的速率(测试点处运动速度为12cm/s)做匀速转动,旋转台上有个固定的改进声波触笔,触笔两侧有支架支撑,支架同时起到压平布面皱纹的作用,通过改变触笔顶端的位置可以调整触笔与织物的相对高度。触笔每一次与突出纤维接触都会产生一个信号,类似于唱片机。触笔产生的测试信号被放大并记录在数字信号磁盘上,以脉冲计数器和积分器进行处理。该方法能测试具有一定长度又能承受一定负荷的毛羽的数量,并通过脉冲信号计数和积分对织物表面的刺痒程度做总体评价。但是,采用该方法进行测量时,触笔不能区分单根高负荷纤维作用效果和几根低负荷纤维的共同作用效果,同样地,布面上圈状毛羽和毛羽的纠结对测试结果也会造成较大影响。

6. 间接测试方法——织物表面摩擦性能和织物机械性能测试

除了直接测试,刺痒感也可以用间接方法测试,包括测试织物表面摩擦性能和织物机械性能。动、静摩擦因数和动摩擦变异系数可以反映织物表面的平整程度。以织物风格仪测定织物的表面摩擦性能,利用测得的织物表面的摩擦性能来估计刺痒程度。纤维刚度减低可以反映在织物力学性能上,即织物的悬垂系数和压缩功变大,织物的弯曲刚度降低。织物的这些机械性能的变化可以从侧面反映出织物刺痒感的变化。这两种间接评价方法的缺陷是忽略了毛羽对刺痒感的重要性以及织物组织的影响,也忽略了纤维平均刚度与织物表面毛羽刚度的差异,例如,经过水洗或磨毛处理的织物,其表面毛羽的刚度要远小于织物内部纤维的平均刚度,因此,对织物主体摩擦或力学性能的测试不能如实反映织物表面纤维的刚度。

7. 其他方法

由于测试方法较多,缺少统一的测试标准,严重影响刺痒感的评价结果。苎麻刺痒感评价的主观评价方法操作简单,但评价结果不稳定,容易受到测试者的影响。客观评价方式可以实现部分苎麻刺痒感的定性或定量分析,但测试结果的精准度有待提高。有学者认为,这其中利用单纤维刺扎模型的检测方法及装置,有助于直接表征纤维刺扎机制,若能对突出纤维的各种作用和形式进行确切的表达,不仅能解决刺痒感机理的确切表征,而且可以直接分析织物中这类纤维的形式和数量,以此来表征织物的客观刺痒作用及程度,是客观评价与生理作用桥接的有效方法。

第五节　热湿舒适性

热湿舒适性是指服装调节人体与环境之间的热湿交换,使织物内微气候达到舒适状态的能力。热湿舒适性研究是一种多学科交叉的边缘科学,多采用定性和定量相结合的评价方法。舒适性被定义为人与环境间生理、心理及物理协调的一种愉悦状态。常用舒适性评价方法包括物理指标评价法、微气候参数评价法、暖体假人法、生理学评价法、综合评价法。

目前,在织物的热湿舒适性研究中,心理学评价方法是对客观评价方法的补充及检验,而用物理方法研究织物的热湿舒适性是研究的重点。

一、物理指标评价方法

(一)热舒适性评价

织物的热舒适性评价方式已经由主观评价过渡到客观评价。测试热传递性能的方法有冷却法、恒温法和热脉冲法。冷却法可以定性比较服装材料的隔热性能,但无法定量;恒温法不仅可以作定性测试,而且可以确定小件试样和整体服装的隔热值,常见的有保暖仪和暖体假人法。

保暖仪有平板式和圆筒式两种,通过内装电热丝使铜板温度在恒温恒湿室内保持不变,记录铜板在包覆织物和不包覆织物时消耗的功率,以保暖率和(clo)值反映保暖隔热的情况。暖体假人是一种新的生物物理试验方法,可以模拟人体与环境之间热湿交换。其测试主体是身材大小和普通成年人一样、可加热的假人,原理与保暖仪类似,但是测试内容更丰富,除了干湿两种环境,还可以有动静两态,按其用途可分为干态暖体假人、出汗暖体假人、呼吸暖体假人、浸水暖体假人、数值暖体假人、小型暖体假人、暖体假肢和假头。

叶纯选取最大瞬态热流量 Q_{max}(最大瞬态热流量是衣物与肌肤刚接触瞬间,人体皮肤向织物传递的热流量的最大值)和选择热传导率 K 作为表征指标,研究针织物的挑孔率、集圈率以及紧密度对其热舒适性的影响。织物触感测试仪(FTT)可测试织物的厚度、压缩性能、弯曲性能、表面粗糙度、表面摩擦性能及热特性等18项指标。孟媛利用织物触感测试仪对织物正反面进行织物触感测试,分析接触织物最大热流量、织物摩擦系数与织物规格及热湿舒适性间的关系,并对织物的热阻进行测试,分析热阻与织物规格之间的关系。

(二)湿舒适性评价

织物透湿途径有水蒸气透湿和液态水透湿两种方式,在日常生活中,织物透湿方式主要为前者。织物水蒸气透湿(以下简称透湿)能力一般用蒸发法测试,即透湿杯法,是在标准温湿度条件下,将经预处理后的圆形织物试样覆盖在盛有一定温度蒸馏水的透湿杯上,考察一定时间内透湿杯质量的变化。GB/T 12704.2—2009对透湿性测试方法和条件做了严格规定,透湿要求内径 60mm、深 22mm;远离织物边缘取样,试样均匀有代表性、没有瑕疵;测试的试验箱恒温恒湿,气流流速在规定范围内,测试条件有三个选项,分别是 20℃、相对湿度(RH)65%,23℃、50%RH,38℃、50%RH,温湿度允许波动两个单位。透湿性的表征可以选择三个指标,透湿率(water-vapour transmission rate,WVT)、透湿度(water-vapour permeace,WVP)和透湿系数(water-vapour permeability,PV)。在试样两面保持规定的温湿度条件下,规定时间内垂直通过单位面积试样的水蒸气质量为透湿率,单位是 $g/(m^2 \cdot h)$ 或 $g/(m^2 \cdot 24h)$。在试样两面保持规定的温湿度条件下,单位水蒸气压差下,规定时间内垂直通过单位面积试样的水蒸气质量为透湿度,单位是 $g/(m^2 \cdot Pa \cdot h)$。在试样两面保持规定的温湿度条件下,单位水蒸气压差下,规定时间内垂直通过单位厚度、单位面积试样的水蒸气质量为透湿系数,单位是 $g/(cm^2 \cdot Pa \cdot s \cdot cm)$。

除了透湿杯法,国际上还有 R 管法、DSC 法等测试方法。R 管法即相对湿度梯度管法,通过在织物两边布置相对湿度传感器测得相对湿度梯度,根据费克(Fick)定律可以确定织物的阻抗 R。R 管法尤其适合测试多层试样的透湿性。DSC 法,即根据水的起始重量和完全蒸发所需的时间,计算得到试样的蒸发透湿率,测试简便且精度较高,可以用来评价消防服装的相对蒸发冷却效能。

麻织物的透湿有时效性,在不同时刻测得的透湿性指标是有差异的。透湿过程开始的时候透湿快,到达一个峰值后透湿速度逐渐变小。在透湿开始阶段,织物纤维间、纱线间的孔隙畅通,水汽通过无阻;纤维吸湿后放热,温度升高使水分蒸发加快,因此,透湿加快并逐渐达到峰值,此时的相对透湿率一般可达 70%以上。随着透湿的进行,纤维吸湿后逐渐膨胀,纤维之间以及纱线之间的孔隙变小,而且纤维间的部分孔隙被水气充填。与织物内孔隙所透过的水蒸气量相比,纤维本身所传递的水蒸气量是很小的,因此,纤维吸湿膨胀后透湿速率逐渐下降,纤维吸湿能力也趋向饱和。

到底以多长时间内织物的透湿指标作为评价织物透湿性能优劣的标准呢？杨斌认为,应当以相当长时间内织物的透湿总体趋态来衡量织物透湿性能的优劣。由于织物透湿性随时间变化规律受很多因素的影响,同时,这些影响因素及其影响程度又很难厘清,因此,杨斌把织物透湿性评价体系看成是灰色系统,并且用灰色理论的GM(1,1)模型来研究该系统的变化规律。

二、灰色理论评价方法

灰色理论是一门研究信息部分清楚、部分不清楚并带有不确定性现象的应用数学学科。在客观世界中,大量存在的不是白色系统(信息完全明确)也不是黑色系统(信息完全不明确),而是灰色系统。大部分传统的系统理论的研究对象是那些信息比较充分的系统,对一些信息比较贫乏的系统,利用黑箱的方法也取得了较为成功的经验。但是,对一些内部信息部分确知、部分不确知的系统,却研究得很不充分。这一空白区便成为灰色系统理论的诞生地。因此,灰色系统理论主要研究的就是"外延明确、内涵不明确"的"小样本、贫信息"问题。杨斌的研究发现,GM(1,1)模型精度很高,可以用来预测织物在相当长时间内的透湿性能,用GM(1,1)模型可以获得测试样品的极大透湿值。

无独有偶,孔令剑在研究麻织物热湿舒适性研究中也用到了灰色系统的理论。他先对不同规格麻织物的传热、透气、导湿和吸湿性能指标,即传热系数、平均透气量、吸湿法透湿量、蒸发法透湿量和平均芯吸效应,用灰色关联度分析法,以蚕丝织物各热湿性能指标为参考数列,测试织物的各热湿性能指标为比较数列,经过比较及数据初值化后,再求得参数数列各项与比较数列各项的绝对差值,建立绝对差值(Δk)表,找到绝对差值表中的最大值(D_{max})和最小值(D_{min}),再根据公式(6-4)计算关联系数ε。

$$\varepsilon = \frac{D_{min} + a \cdot D_{max}}{\Delta k + a \cdot D_{max}} \qquad (6-4)$$

根据各指标对热湿舒适性影响的大小,可以对各指标赋权,等权重可以计算得到等权关联度,差权可以计算得到加权关联度。根据等权关联度或加权关联度可以将热湿舒适性的各指标影响大小排序,最终孔令剑得出结论:热湿舒适性主要与织物的原料有关,其次是织物的紧度和厚度,紧度和厚度越小,热湿舒适性越好。

苎麻织物的湿传递性能随织物厚度和紧度的降低有所提高,这主要得益于透气性的提高。在低湿条件下,苎麻织物紧度对湿传递性能产生的影响比厚度要大些,而在高湿条件下,由厚度产生的影响占主导作用。

织物传热、透气、透湿和导湿各项性能中某些方面比较突出,也会使热湿舒适性总体提高。吕聪采用相同的分析测试方法即灰色关联度法,得到了类似的结论:织物的热湿舒适性主要与织物的原料有关,苎麻纤维的热湿舒适性总体优于棉、竹纤维,同时,竹纤维的热湿舒适又要优于棉;织物的厚度与紧度也影响其热湿舒适性能,厚度与紧度越小,热湿舒适性越好;在厚度、紧度两个因素中,厚度的影响要大些。

三、热湿舒适性影响因素

麻织物吸湿、透气、透湿性能优良,是其深受人们喜爱的重要原因。织物热湿舒适性受纱线、织物的基本结构和性能、针织物热湿传递原理、传递途径的影响。

水分(汽、液)通过织物传递的途径主要有三个方面:一是水汽通过织物中微孔的扩散;二是纤维自身吸湿并在水汽压较低的一侧蒸发;三是毛细管吸收水分向水汽压低的一侧传递和蒸发。从水分传递途径可以看出,影响水在织物中传递的内在因素主要是纤维的表面性能、亲水性能、纱线和织物的组织结构特征。王勇对苎麻纱线和织物结构的影响进行了探讨,他采用的织物样品的纱线线密度、织物织造密度和紧度都不尽相同,得到的初步结论是:织物的密度、紧度和线密度等是影响苎麻织物服用性能的主要因素。于利静以不同细度苎麻纱线织成织物,研究纤维细度对织物透气透湿和吸湿性能的影响,证明支数越高的织物,其透气性、透湿性和吸湿性都越好,舒适性越高。但是该研究中不确定因素较多,对于低支、高密织物吸湿性低的原因也没有说明,研究结果存有一定的不确定性。在另一研究中,李焰等以不同支数的苎麻纱织造的平纹布,进行了吸湿、放湿性能的研究,却发现无论是吸湿还是放湿,低支纱的织物都显示了比高支纱织物更快、更好的性能,从吸放湿性能来看,李焰实验研究的结论是低支纱织物的舒适性比高支纱织物好。李焰对不同种类麻织物的透气性的研究结果显示,苎麻、大麻、亚麻三种纯纺麻织物中,尽管苎麻织物的紧度较大,但透气性仍是最好的;在相同条件下,同样规格苎麻织物的透气量是大麻织物的189%。

孔令剑等通过测试各种不同规格的苎麻织物的透气、透湿性能,分析了织物厚度和织物总紧度对织物透湿性能的影响。实验证明,苎麻织物的湿传递性能是随着织物厚度和紧度的降低而有所提高的,这主要得益于透气性的提高。在高湿与低湿状态下,厚度和总紧度对织物的透湿性能产生的影响是不同的。在低湿条件下,苎麻织物的湿传递性能由紧度产生的影响效果比厚度的要大些;在高湿条件下,由厚度产生的影响因素占主导地位。在高湿条件下,特别是织物中出现液体形式的水时,经过亲水处理的纤维织物的吸湿特性明显优于未经过处理的纤维织物;低湿条件下两者区别不明显。在高湿条件下或织物结构较紧密时,水汽的传递不只是通过织物微孔扩散。当纤维的吸湿性好时,也可由纤维自身进行传递。此时,一方面纤维自身吸湿产生膨胀,依靠孔隙扩散传湿作用减小;另一方面,在紧密织物中毛细管产生的芯吸作用得到了加强。孔令剑将织物厚度和总紧度两因数综合起来考虑,提出一项综合参数(综合参数=织物厚度×织物总紧度),发现无论在高湿还是在低湿状态下,透湿性都会随着综合参数的增加有所降低,因此,他认为用紧度与厚度综合参数来评价传湿效果更为合理。

第六节　改善服用性能的方法

苎麻纤维具有较好的吸湿性、透气性和抗菌能力,但是,苎麻纤维与同规格的棉纤维相比,杨氏模量高、聚合度大、单纤强力大,因此,人们在穿着苎麻纺织品过程中,会产生刺痒感。此外,脱胶后的精干麻存在弹性小、耐磨性差、织物易折皱起毛、上染困难等缺点,在一定程度上影响了它的使用价值。苎麻改性是在保留其纤维原有优良风格的前提下克服缺点、改善纤维的可纺性并提高织物的服用性能。改性原理就是通过物理、化学、生物等方法适当破坏纤维内部的结晶度和取向度,使其弹性、勾结强度、耐疲劳度以及染色性能提高,利用纤维润胀变形,产生一定的卷曲,增大纤维抱合力,提高纱线条干均匀度,减少毛羽,提高织造效率,改善织物耐磨性、抗皱性、吸湿性和上染性。近几十年来,国内外开展了对苎麻纤维改性的一系列研究,有代表性的如碱改性法、轻度乙酰化法、磺化法、二甲基亚砜和烧碱双重消晶法、烷基化法、乙二胺法等,其中的碱改性法在工业生产中得到了广泛应用。

一、物理处理

(一)机械柔软整理

机械柔软整理的方法主要通过松弛织物结构或经多次屈曲轧压降低织物的刚度,或增加织物表面的丰满度和蓬松度,来改变纺织品的手感。其中,气流式柔软整理机是近年来新开发的一种整理机械,以强大气流为动力驱动织物,以机械作用揉搓、拍打织物。通过将多种物理机械作用相互融合,如将气流传导膨化、机械收缩、揉搓、拍打、摩擦等结合在一起对织物进行加工,达到对织物柔软化处理的目的。物理机械式柔软整理作为一种绿色环保整理技术,在棉织物性能改善中得到了广泛的应用,但是,没有针对苎麻织物的相关文献记载。

(二)烧毛、剪毛处理

烧毛、剪毛处理的目的是减少织物表面毛羽的数量和长度。一般苎麻织物需经过两次烧毛,才能达到良好的去毛羽效果。剪毛工艺只针对织物。这两种工艺对刺痒感的影响具有两面性,一方面,处理过后毛羽数量减少;另一方面,烧毛、剪毛会使得大部分的长毛羽变成短毛羽,此时,毛羽的抗弯刚度提高,刺痒感加剧。烧毛过程中易对纤维主体造成损伤,导致纤维脆损。所以,苎麻烧毛工艺往往与其他工艺联合使用,以降低织物的刺痒感。江苏 AB 集团股份有限公司在生产纯麻针织内衣面料过程中,采用"烧毛—丝光—中性纤维素生物酶处理—印花—柔软"的步骤对织物进行处理,得到的面料刺痒感较弱,麻纤维的性能和强力也得以保留。

(三)水洗、砂洗处理

砂洗是对织物在松弛状态下进行的物理和化学相结合的处理方式。先用化学助剂使纤维膨化,同时,借助机械摩擦作用,使纤维表面产生细小的绒毛,赋予织物松软、柔和、抗皱和悬垂的外观性能。水洗或砂洗处理属于机械强制柔软过程,利用在水洗或砂洗过程中,水流(沙砾)与织物表面之间的相对运动,水流(沙砾)往复冲击作用织物表面的毛羽,毛羽产生疲劳损伤,刚度降低,易于折断或原纤化,达到刺痒感消除的效果。麻织物经过砂洗后,弹力略提高、强力略降低,悬垂性增强;砂洗完成后,在服用过程中基本上不存在再度磨毛现象,但是砂洗后织物的毛羽会大量增加。

(四)闪爆处理

闪爆处理主要是利用高温高压状态下液态水和水蒸气作用于纤维原料,并通过瞬间泄压过程实现原料的组分分离和结构变化。由于水蒸气和热的联合作用,使纤维原料的某些组分产生类酸性降解和热降解;在高压蒸汽释放时,已渗入纤维内部的热蒸汽分子以气流的方式从较封闭的孔隙中高速瞬间释放出来,纤维内部及周围热蒸汽的瞬间冲击,打断了纤维素内的氢键,使纤维发生一定程度上的机械断裂;由于纤维素分子内氢键受到破坏,纤维素大分子链的可动性增强,纤维素大分子链间的某些有序结构可能会被破坏。林燕萍研究闪爆对苎麻纤维性能的影响可知,闪爆处理可以大幅降低苎麻纤维内部的木质素与胶质等的含量,提高纤维素含量、结晶度与热性能,但由于闪爆的机械冲击,使得纤维的力学性能、吸湿性与保水性有所下降,而且分次闪爆的功效优于相同保压时间条件下的一次闪爆化学处理方法。

(五)干热处理

干热处理使苎麻纤维结晶度趋于增大而取向度降低,表面条纹伸长加深,粗糙度增加,纤维强力与伸长下降,但是,经干热处理过的麻纤维柔软性和染色性能得到明显改善,尤其在 120℃ 与 130℃ 条件处理时更佳,130℃ 处理后纤维柔软性最好,在 140℃ 处理条件下表现出手感弹性最好。

二、化学处理

苎麻纤维素分子链中,每个葡萄糖单元上有 3 个活泼羟基,这些羟基会缔合成大量分子链内和分子链间的氢键。氢键的破裂和重新产生对苎麻纤维的物理和化学性能有很大的影响。

苎麻纤维化学改性的原理包括:使纤维素大分子产生膨化、溶胀,削弱苎麻纤维素大分子内部结构横向连接,分子链定向破坏,变性的苎麻纤维干燥后要尽量保持已产生的膨化、溶胀,保持纤维形成的较疏松的结构,使无定形区的密度下降,结晶度下降;利用预溶胀羧基取代纤维素酯化和烃基取代纤维素醚化等引入取代基,取代基使纤维素分子不能回复到原来状态,改变了苎麻纤维的晶体结构和微细结构,使结晶度、取向度降低,微晶粒尺寸变小。

(一)碱处理

苎麻改性方法有很多,其中碱法改性具有工艺流程短、成本低、无毒害的优点。

浓碱溶液经过浸润、扩散作用,能够与纤维素大分子上的羟基结合,抑制纤维素分子氢键、削弱分子间力,同时,碱的水化能力使其周围聚集大量水分子形成水化层,从而增大纤维素分子间距和晶格间距,降低结晶度。碱处理引起了纤维素纤维发生经向膨胀和纬向收缩,织物纱线的直径和密度都有所提高。

沈克群以 130g/L 的碱对精干麻干麻处理后,苎麻纤维断裂伸长率、勾结强度、勾结伸长率、卷曲数、疲劳强度都有较大幅度的提升,因此,纤维的可纺性、细纱操作及断头率都有明显改善。尽管改性后单纤强度有所下降,但由于断裂伸长率成倍增加,断裂功明显增大,而且改性后纤维卷曲增加,抱合力增强,因此,织物牢度不但没有下降,反而增加。与普通精干麻相比,改性麻的上染率提高了 200%。断裂伸长的增加和初始模量的降低,使得织物更富有弹性,而且抗折皱不易变形,洗可穿性(免烫性)增加。万振江对碱处理的工艺条件进行优化后,得到了有利于提高苎麻纤维强度的最优工艺条件,即 100g/L 碱量、在 25℃ 下施加张力处理 80s,得到的纤维强度为未处理纤维的 1.3~2 倍。

胡小蓉根据碱/尿素/水低温体系下可以适当改变苎麻纤维素纤维内部微观结构这一原理,在不破坏苎麻织物本身优良特性的基础上,研究不同溶液的处理方案对织物抗折皱性能的影响。研究结果表明,在改性方案中,处理温度为 6℃、处理时间为 40min、尿素浓度为 10g/L、氢氧化钠浓度为 6g/L 条件下,弯曲性能和折皱回复性能有一定的改善。

项周瑜采用碱/尿素/甘油低温溶剂体系对棉、亚麻、苎麻、大麻和黏胶四种纤维进行了处理,得出了苎麻纤维适宜的低温处理温度为 −10℃。经过处理后,纤维的初始模量显著下降,柔软性提高。闫畅采用烧碱/尿素/四硼酸钠/甘油的水溶液在 −10℃ 的条件下分别对苎麻纤维和织物进行改性,处理后苎麻纤维的表面变粗糙,回潮率和染色性能提高,初始模量和结晶度下降,柔软性能和染色性能改善,织物的刺痒感降低。

NaOH/尿素/硫脲水溶液对纤维素的溶解能力比 NaOH/尿素水溶液和 NaOH/硫脲水溶液更强,在 NaOH/尿素体系中加入适量的 ZnO,不仅可以增强溶液对纤维素的溶解能力,还可以使溶液更加稳定。王莹在 NaOH/尿素体系低温柔化处理苎麻纤维的基础上,通过加入硫脲或 ZnO 助溶剂来增强溶液对纤维的作用能力,从而提高苎麻纤维低温柔化处理的温度,降低低温体系的能耗,并且获得了纤维结晶度下降、吸湿性能和染色性能提高的效果。

乙二胺是纤维素的一种强溶胀剂,用量大于 62.5%时,纤维开始发生晶内溶胀,达到 77%时,晶内溶胀达到最大。辅以尿素的助溶作用,直接将苎麻纤维放在乙二胺/尿素/水混合液中,苎麻会发生高度溶胀,产生消晶和消取向作用;纤维的横截面由腰子型变成了椭圆形,中腔收缩;纤维表面的微细纤维排列规整度受到了一定破坏,由平行排列变为了非平行排列。随着溶胀温度升高,溶胀程度下降。另外,溶胀苎麻纤维的洗涤溶剂不同,可产生不同晶格的产物,纤维的表面与横截面也发生了不同程度的变化。

与烧碱类似,液氨也具有破坏苎麻纤维结构的能力。在常规用量下,液氨使纤维素由 I 型结晶转变为 III 型结晶,对纤维素结晶的破坏能力甚于烧碱。由于氨分子体积比钠的水合离子小得多,且黏度和表面张力也较烧碱溶液低,使用液氨比烧碱更容易渗入纤维内部。与烧碱对纤维的影响不同,液氨处理后,苎麻纤维的吸湿下降;液氨处理可改善苎麻织物的弹性,而烧碱处理会降低其折皱回复性。相对于烧碱处理,液氨处理后纤维扭曲稍多,光泽稍弱。用 KES 织物性能测定仪测量织物的剪切和弯曲滞后曲线,发现液氨处理显著降低了剪切模量、弯曲模量和弯曲滞后宽度,改善了织物性能,手感柔软、质地丰满、穿着舒适。液氨处理使纤维素纤维内微孔孔径分布向小孔径方向偏移,使其对染料大分子的吸附速率下降。但是,液氨处理不仅能进入纤维的无定形区,还能破坏部分结晶区,降低结晶度,从而增加苎麻纤维的可及度,因此,液氨处理苎麻织物固色率增加。苎麻织物烧碱处理后由于纤维溶胀导致抗弯刚度增大,会引起苎麻织物手感发硬,而液氨处理的抗弯刚度稍好。液氨处理可改善棉织物的水洗尺寸稳定性,但对苎麻织物效果不明显。液氨和烧碱处理使苎麻织物的撕破强力下降,而经向拉伸强力有一定程度的增加,液氨处理后织物的力学性能更好。

戴春芬以液氨处理大麻、亚麻和苎麻织物,探讨液氨处理前后麻织物湿传递性能与其纤维结构的关系,结果表明,液氨处理使麻织物结构变得更加紧密,纱线表面毛羽数量减少,纤维变得更加光滑圆润,纵向表面条痕和裂痕明显减小或消失,纤维结晶度下降,晶型基本上由纤维素 I 转化为纤维素 III,麻纤维的化学组成没有明显的变化;液氨处理使麻织物的散热性、吸湿放湿能力、吸水性和保水性减弱,因此使得苎麻织物的液态水动态传递性能各项指数有所改善,湿传递性能和干燥性能提高。液氨处理后,麻纤维表面形态和结晶结构的改变是造成麻织物湿传递性能变化的重要原因。有学者研究液氨的处理效果时得到了不同的结论,比如,王晓明发现液氨使苎麻织物经纬向均有明显收缩,经纬密度增加,厚度增大。断裂强力略有下降,断裂伸长率增大,急弹性与缓弹性增加,织物抗皱性能有明显的改善,但是织物空气阻力增大,透气性变差。由于文献实验数据描述不甚翔实,产生相反结论的原因暂时无从得知。

液氨处理时,张力的大小对处理效果和织物性能有很大影响。从力学性能来看,紧式处理织物的断裂、延伸、弹性、耐磨性都比松式处理的织物差。但紧式处理的织物经树脂整理后,弹性上升幅度最大,强力损失较小。从染色性能来看,对分子量较小的染料,紧式处理织物的上染量较高;而对于松式处理织物,则大分子染料的上染性能较好,但随着温度的下降和盐浓度的提高,张力的影响就变得不明显。

单纯通过液氨处理虽然能够在一定程度上提高苎麻织物的弹性、改善织物手感,但整理后织物的强力明显下降,织物的抗皱性能也无法达到免烫效果的要求。先用液氨对苎麻织物进行处理,消除苎麻纤维原纤内部排列的不均匀性和应力的不均匀性,使结晶区被分散并被部分破坏,然后再用聚氨酯及其整理液对苎麻织物进行整理,利用聚氨酯的形状记忆功能,配置合理的整理液,控制合理的工艺条件和记忆触发温度,使薄型苎麻织物具有抗折皱、耐磨等性能,织物表面光洁度得到改善,手感变得柔软滑爽,有较高的强力保持率,缩水率明显下降,游离甲醛含量也明显降低。

为解决苎麻混纺针织物弹性回复性差、穿着刺痒的问题,崔瑞芳采用硅酮和氢氧化钠对其进行化学整理,并测试了织物的力学性能。硅酮弹性体能降低纤维素的表面张力,使纤维较未整理前易于弯曲即刚度降低。另外,硅酮弹性体能降低纤维与纤维之间的摩擦系数,使纤维在织物中的"自由度"增加,毛羽凸出于织物表面的"自由端",受外力作用时,"握持端"向织物方向的"退却"容易进行,提高了针织物的弹性回复能力,从而改善了织物的手感,减少了对人体皮肤的刺激。氢氧化钠整理后,纤维内部变得松散,内应力降低,刚度变小,提高了织物的断裂伸长,降低了织物的初始模量,使织物的弹性回复性显著提高。

N-甲基吡咯烷酮(NMP)作为一种高沸点非质子强极性溶剂,分子中的吡咯烷酮环是一种良好的氢键受体,其中吡咯环上的氮、氧原子带负电荷,可以与纤维素分子链中吡喃环上的羟基形成氢键,破坏纤维中存在的链间和链内氢键,达到降低纤维素结晶度的目的。李梦珍采用 NMP 对纤维进行溶胀降晶处理,研究 NMP 处理对纤维柔软性能和强伸性能的影响。发现随着 NMP 质量分数或时间增加,纤维断裂回转数先增加后减少;随着处理温度升高,断裂回转数先增加后趋于稳定;随着 NMP 质量分数、时间和温度的增加,纤维的断裂强度降低,而断裂伸长率增加。单因素优化工艺:NMP 质量分数为 15%,时间为 60min,温度为 80℃。这个条件下,处理后纤维的结晶度降低了 12.67%,化学基团保持不变。为了优化苎麻纤维柔软处理工艺,李梦珍在单因素研究的基础上,采用响应面 Box-Behnken Design 组合试验建立了因素与响应值的有效回归方程,据此得到的优化工艺:NMP 质量分数为 12.5%,处理时间为 69min,温度为 79℃。经响应面优化工艺处理后,苎麻纤维的柔软性和断裂伸长率性分别增加了 67.27%和 38.60%。

(二)等离子体处理

等离子体是由部分电子被剥夺后的原子及原子团被电离后产生的正负离子组成的离子化气体状物质,尺度大于德拜长度的宏观电中性电离气体,其运动主要受电磁力支配,并表现出显著的集体行为。它广泛存在于宇宙中,常被视为除去固、液、气外,物质存在的第四态。根据热力学理论,等离子体具有双温性,即电子温度和离子温度。按粒子温度的不同,等离子体分为高温等离子体和低温等离子体。高温等离子体也叫热平衡等离子体,存在于太阳等宇宙中,其特征是电子温度等于离子温度;低温等离子体也叫非平衡态等离子体,如霓虹灯等,其特征是电子温度远高于离子温度。等离子体应用于纺织材料处理时,一方面是活性离子直接参与反应或转移能量;另一方面是通过等离子体辐射的能量有效地激活反应体系。在纺织行业中,低温等离子体技术不仅可以应用于纤维材料,还可以应用于粗纱、毛条、织物等,从而改善材料表面相关性能,弥补材料表面性能缺陷等。低温等离子体用于织物处理,属于非水干式加工,是通过物理溅蚀或化学改性改变织物表面或物理性能。低温等离子体处理下,纤维降解,结晶度降低,并且由于等离子体的刻蚀作用使纤维失重。与碱处理相比,低温等离子体处理对纤维的浸润性能与摩擦性能的影响更为显著。在一定处理参数范围内,低温等离子体处理对苎麻纤维的损伤较小。随着处理功率的增加和处理时间的延长,低温等离子体处理对苎麻纤维的损伤大于碱处理,苎麻纤维拉伸性能严重下降。

苎麻织物被等离子体处理后毛细效应得到改善,但是,等离子体处理效应具有时效性,通常毛细效应随放置时间增加而逐渐降低。当然,经不同等离子体处理的时效性有差别,比如氧、氮等离子体处理的纤维,其毛细效应变化趋势为:刚开始几天快速下降,然后缓慢下降,最后逐渐趋于稳定。而氩等离子体处理后,织物的毛细效应先升后降。但总体来说,等离子体对织物毛细效应的改善效果仍然是很明显的。

(三)离子液体处理

烧碱、液氨等碱剂可被苎麻纤维吸收,使苎麻纤维被膨化、结晶度降低,但苎麻纤维在处理过程中会发生减量。常用的柔软剂为有机硅类柔软剂,该类柔软剂通过在纤维的表面形成一层柔软性的膜而改变纤维的手感,整理后苎麻纤维的手感有一定的改善,但刺痒感方面的改善却较少,有时纤维的染色性也会下降。而且传统的改性方法存在加工过程废水问题难以处理,污染比较严重。

离子液体是一种全新的绿色溶剂,在室温或接近室温下呈现液态,是完全由阴阳离子所组成的盐,也被称为低温熔融盐。离子液体作为一种新型溶剂,具有液程宽、挥发低、极性高、溶解性强和生物兼容性好的特点,它在纺织印染领域具有重要的应用前景。首先,离子液体作为一种溶剂,可以通过对纤维结晶区的局部溶胀和纤维表层溶解,以达到纤维改性的目的;其次,因为离子液体具有较宽的液态温度范围及低挥发性,可以简化纺织品的处理程序,降低对设备的安全防护要求;最后,其溶解性强,对无机物和有机物都可以溶解,可以形成多相体系,有利于新型纤维的制备,也有利于各种化学试剂的组合使用。

亲水性的烷基咪唑卤盐类离子液体对纤维有较好的润湿性,利用这类离子液体对纤维进行预处理,可改善纤维的性能,从而在纺织品的前处理、后整理中发挥更好的作用。陈普以自制的溴代 1-丁基-3-甲基咪唑和 1-丁基-3-甲基咪唑—四氟硼酸盐离子液体处理苎麻织物后,织物的经纬向断裂强力均有所增大,耐水洗牢度有所提高,耐摩擦牢度有所下降,但不影响织物的使用。胡仁志用 1-甲基-3-烷基咪唑—四氟硼酸类离子液体处理,发现离子液体对苎麻纤维的整理具有两方面的作用:其一,由于离子液体与苎麻纤维具有较高的相容性,离子液体可溶解在纤维里面,使纤维的结晶度降低,从而纤维的刚性下降,塑性增加,改善苎麻纤维的手感、刺痒感和易脆性;其二,一些离子液体被吸附溶解在纤维的表面并形成一层柔软性的膜,改善纤维的手感。整理后的苎麻纤维的上染率增加,其匀染性和透染也变得非常好。同时,也改变了苎麻纤维的手感、刺痒感和易脆性,显示较好的整理效果。

在一个接触反应中,离子液体使用有三种方法:用纯离子液体,在离子液体水溶液中或离子液体双水相中。单独使用离子液体处理苎麻纤维,耗费量大、黏度高,加工比较困难。袁久刚等将含少量水的离子液体溶剂体系对苎麻进行溶胀,研究了处理前后苎麻结晶度、减量率、润湿性能、染色性能以及强力的变化情况。结果显示,含水的离子液体对苎麻仍然有较好的改性效果,处理后的苎麻结晶度下降,纤维中的部分半纤维素和果胶被去除,减量率可以达到 5.3%。这种物理结构上的改性导致苎麻润湿性能和染色性能都有一定程度的提高。

(四)超临界流体处理

超临界流体在临界温度以上,气体保持气态的自由可移动性,但随着压力的提高,密度将朝着液体的方向增加,因此,兼具有类似气体的扩散性及液体的溶解能力,同时又有低黏度、低表面张力的特性。这些性质使得超临界流体能够迅速渗透进入物质的微孔隙。CO_2 化学性质不活泼,安全性好,价格便宜,纯度高,容易获得。超临界 CO_2 流体常态下是无色无味无毒的气体,与萃取成分分离后,完全没有溶剂的残留,可以有效地避免传统溶剂萃取条件下溶剂毒性的残留,同时,也防止了提取过程对人体的毒害和对环境的污染,是一种天然且环保的萃取技术。超临界 CO_2 流体在纺织染整上的应用涉及纱线的上浆、织物的退浆、棉纤维上蜡质的去除、羊毛的脱脂、合成纤维和天然纤维的染色、织物的荧光增白和防紫外整理等。

高丽贤采用超临界 CO_2 流体萃取的方法研究了超临界 CO_2 流体处理对苎麻织物的成分和性能的影响。通过测定苎麻织物胶质成分含量、上染性能、白度、强度、透气性能、毛细效应和透湿性能指标等,研究经超临界 CO_2 处理后苎麻织物的性能。结果表明,超临界 CO_2 流体处理可以降低苎麻织物中的胶质含量,提高苎麻织物的透气透湿性、毛细效应、染色性能等,从而提高苎麻织物的服用舒适性能;超临界 CO_2 流体处理使织物的强度及白度下降,但下降幅度较小,对织物影响不大。郑光洪探索了超临界 CO_2 流体对苎麻织物进行前处理的工艺条件对处理效果的影响,得到超临界 CO_2 流体处理苎麻织物的最佳工艺条件:工作温度为 120℃,压力为 25MPa,时间为 40min,助溶剂为 0.1%。处理后,纤维毛细管效应明显上升,其润湿时间由未处理时的 56.8s 缩短至 30.97s;断裂强度和聚合度都有不同程度的降低,而断裂伸长率增加;经超临界 CO_2 流体处理后的苎麻纤维与处理前的苎麻相比,其结晶度有所增加。总的来说,超临界 CO_2 流体处理可改善苎麻纤维的性能,提高其膨胀性。郑光洪采用超临界 CO_2 流体对苎麻织物进行预处理,利用超临界 CO_2 流体的高溶解能力,将六氟乙酰丙酮钯(Ⅱ)溶解并注入苎麻纤维中,采用乙醇作为共溶剂来提高钯络合物的注入效果,并通过化学镀铜制备了柔性抗电磁波屏蔽材料,苎麻织物表现出良好的电磁屏蔽效果,在 $10\sim1000MHz$ 的频率范围内,电磁屏蔽效果可达到 $63\sim92dB$。

(五)衍生化处理

利用纤维素羟基的反应性,可以实施苎麻纤维素衍生化改性,比如,烷基化、氧化、阳离子化等。卤烷烃、硫酸烷酯、醇类都可以作为烷化剂,其中异丙醇是无毒、经济、易得的烷化剂。碱化纤维是纤维素烷基化的主要条件之一。在碱性的异丙醇介质中,纤维素与异丙醇醚化,羟基上的氢原子被烷基取代而获得烷基化纤维素。以异丙醇为烷基化剂对苎麻纤维进行改性后,纤维长度收缩,直径膨润,表面形成卷曲,同时,其微结构和物理性能也发生了变化,呈黏胶化纤维性质,纤维的弹性、可挠性、曲折耐磨性以及耐疲劳度都有不同程度的增加。

环氧基在一定温度、浓度、催化剂的条件下与纤维素大分子链上的羟基作用,生成网络结构。网状交联的存在使大分子链能够在较短时间内回复,提高苎麻纤维的弹性回复性能。张元明等以浓碱处理苎麻纤维后,使其进一步与六种不同结构的环氧烷烃作用,对环氧化合物与苎麻纤维交联反应工艺进行了研究。改性苎麻纤维物理性能分析结果显示,交联剂质量分数、焙烘温度和时间均对苎麻纤维的改性效果有显著影响。当交联剂含量为 $3\%\sim5\%$,焙烘温度为 $130\sim140℃$,焙烘时间为 $3\sim5min$,苎麻纤维回潮率、拉伸断裂强度及断裂伸长率有明显提高。环氧烷烃作为交联剂穿插在非晶区,生成羟烷基纤维素。

环氧基在一定温度、浓度、催化剂的条件下与纤维素大分子链上的羟基作用,生成网络结构,能够防止在干燥过程中已破坏的结晶形成更致密的重结晶。由于纤维素结构发生变化所产生的应力使纤维发生扭曲,呈现卷曲的外观,同时,使纤维素的刚性发生改变,大幅降低了纤维的初始模量,增加了纤维的抱合力,柔性和卷曲度大幅增加,使得纤维的可纺性能特别是纺纱支数提高。张玮等以环氧树脂(三甘醇二缩水甘油醚)为整理剂,在催化剂作用下与纤维素大分子链上的羟基作用,生成网络结构。由于环氧化合物交联剂的介入,在某种程度上阻碍纤维素由于失水而导致的非晶区的轻度结晶现象发生,纤维素大分子链间隙变大,因此,一方面,纤维大分子亲水基团吸附的水分子和间接吸收水增多,苎麻纤维吸湿性提高;另一方面,交联剂在大分子间形成交联网络,极大提高了纤维的断裂强度和断裂伸长率,有利于纤维小变形状态下的弹性回复。

　　李平平讨论了碱处理和环氧交联过程中交联剂浓度和温度对改性效果的影响,认为交联剂(缩水甘油醚)浓度为5%~7%(质量分数)、焙烘温度为120~130℃时,接枝率比较大,织物的折皱回复性、强力和断裂伸长率得到极大的改善,有效地降低苎麻的杨氏模量,改善了苎麻织物的柔软性,提高了苎麻的断裂伸长率和折皱回复性能,苎麻纤维的断裂从刚性断裂改善为韧性断裂,使苎麻织物具有毛型化织物的柔软性和弹性。吴晓燕从环氧化合物交联剂的制备、苎麻纤维化学改性工艺、纤维物理性能测试、纱线与织物的物理性能和风格测试以及工厂试纺结果,全面考察环氧化合物交联剂与苎麻纤维的改性效果,认为苎麻纤维弹性、柔软性能得到明显改善,改性工艺简单、交联剂成本低廉、交联反应完全无污染,因此,这种改性方法具有极大的商业价值及实践可操作性。

　　苎麻纤维烷基化改性,改变了纤维的分子结构,使纤维内部部分晶体松弛、定向度下降,无定形区增大,从而使纤维延伸度及耐疲劳度提高。纤维本身膨化,使纤维变形、卷曲增加,增加了弹性和吸湿吸色性能;增加了纤维的抱合力,改善了可纺性,有利于改进纺纱的条干均匀度和减少毛羽,并有利于织造;织物手感柔软,耐磨性、抗皱性和吸色性得到提高。

　　对苎麻纤维进行阳离子改性,是在苎麻纤维碱改性的基础上进一步改善其物理性能,使其负荷—伸长曲线具有屈服点,类似化学纤维的曲线形状。在阳离子化改性苎麻纤维的羟基处接上阳离子基团,可使纤维具有一定的抗静电性能。阳离子化的途径主要是采用二甲胺环氧氯丙烷和三甲胺环氧氯丙烷对苎麻织物进行处理,使其接上阳离子基团,增加纤维上的正电荷。钟安华以表面活性剂在碱性条件下对苎麻纤维进行阳离子化,提高了苎麻纤维的断裂强力、断裂伸长率、断裂功等物理性能及染色性能。

　　郑培培采用高碘酸钠对苎麻纤维进行处理,并研究了不同处理条件下苎麻纤维的失重率、结构及力学性能的变化。研究结果表明,苎麻纤维经高碘酸钠处理后氧化生成了醛基,随着氧化程度的提高,纤维结晶度逐渐降低,深度氧化后的苎麻纤维出现明显的收缩卷曲现象,手感发脆、变硬。在低浓度短时间氧化条件下,苎麻纤维的失重率和力学性能损失较小;随氧化剂浓度的增加和氧化时间的延长,苎麻纤维的失重率逐渐增大,强度不断下降。

　　(六)柔软剂整理

　　柔软剂是一类能改变纤维的静、动摩擦系数的化学物质。当改变静摩擦系数时,手感触摸有平滑感,易于在纤维或织物上移动;当改变动摩擦系数时,纤维与纤维之间的微细结构易于相互移动,也就是纤维或者织物易于变形。二者的综合感觉就是柔软。

柔软剂有两大类:表面活性剂类和有机硅类。表面活性剂类柔软剂漂油现象严重、乳液不稳定,容易在织物表面形成污迹,但由于平滑性较好、成本较低,因此,在生产上应用较多。有机硅柔软剂能和纤维交联成膜,整理后织物弹性好,因而应用范围较广。例如,柔软剂 CGF 即聚烷醚改性聚有机硅氧烷,是具有硅酮结构的国产柔软剂。由于硅酮结构的存在,其分子间引力小,而使纤维间产生润滑作用,减少纤维间摩擦,使织物容易变形,改善织物的柔软性。其端羟基不仅能和纤维素形成氢键,而且能在织物表面交联成膜,增加纤维的抱合力,减少纱线毛羽,消除刺痒感。

何炜玉等研究了不同柔软整理剂和整理方法对苎麻机织物性能的影响,发现整理剂配方和工艺不同,织物的拉伸强力、折皱回复性、弯曲性能、剪切性能和表面性能的变化不尽相同。助剂对柔软整理的效果影响很大,他们发现有机硅 CGF 整理苎麻织物的柔软性最好;在此基础上加入抗皱整理剂,得到的苎麻织物活络性和折皱回复性好;而普通柔软剂有利于保留织物的强力,并且织物表面较为平滑、毛刺感小。虽然 CGF 效果好,但是成本高而且反应活性低。曾庆福等研制了新型有机硅柔软剂 WF-92,性能与 CGF 接近,可明显改善苎麻织物的手感,但是成本更低、反应活性更大。为了降低整理过程对纤维强力的损伤,他们用双酚 A 型环氧树脂 E-4 型添加剂,大幅降低了纤维强度损伤,提高了回弹性。

凌群民等分别使用 BAC 和 FD 两种柔软剂及其相应的整理工艺对苎麻织物进行处理,发现 BAC 柔软剂的整理工艺更有利于降低苎麻织物的刺痒感。但是他认为,柔软剂处理并没有减少苎麻纤维端头,仅纤维的弯曲刚度降低;而且由于苎麻纤维具有高度结晶结构,柔软剂整理对弯曲刚度的降低效果有限,所以,柔软剂处理只能在一定程度上消除纯苎麻针织物的刺痒感,并不能满足纯苎麻针织物的服用要求。将剪毛整理和柔软剂整理相结合,在减少毛羽数量的同时对纤维进行软化,可以达到织物的服用性能要求。

常用的织物柔软剂主要以石蜡或普通有机硅柔软剂为主,这种改性剂往往会抑制面料本身所具有的高吸湿和导湿性。吴济宏等使用亲水性柔软剂 HS-TC 对苎麻织物进行亲水整理后,使面料获得了更好的吸放湿性能。并结合添纱麻盖涤平纹组织,即将涤纶作为里层、高吸湿的麻作为外层的织物结构设计,使苎麻的潜在快速吸湿及散湿转变成显性的吸放湿。

三、生物酶处理

凌群民等研究比较了苎麻、大麻和亚麻各麻类针织物服用舒适性能及煮练、漂白、纤维素酶及柔软整理等对其服用舒适性的影响,见表6-8。

表6-8 不同整理工艺的织物刺痒感评分等级(人体前臂实验法)

试样	整理前	酶处理	柔软整理	酶+柔软整理
苎麻	4.4	2.4	3.8	1.2
大麻	5.0	2.8	4.0	1.6
亚麻	4.2	2.0	3.4	1.0

由于刺痒感太严重,未经整理的麻针织物几乎不能服用。其刺痒程度以大麻为最、苎麻其次、亚麻略低。经纤维素酶处理后,三种纯麻织物刺痒明显减弱,但是,单纯的柔软处理对刺痒感消除作用较小。纤维素酶处理结合柔软处理,对消除麻织物刺痒感作用最为有效,此时织物的舒适性能的主观评价介于比较舒适与有点难受之间(人体前臂实验法,评分等级为0~5,等级越大刺痒感越强)。纤维素酶处理使麻纤维裂纹增多、变宽、变深,在纤维末端(即织物类的毛羽)形成多束原纤结构,由于原纤之间连接键被部分水解,纤维末端变得松软,接触皮肤时,接触面积增大,并且易于弯曲。不同于化学品处理,生物酶处理的作用主要是在纤维的无定形区。无定形区内,分子排列松散,易于参与化学反应。苎麻纤维的结晶区分子排列紧密,酶分子要比水分子大1000倍,以至于难以进入苎麻纤维内部,水解仅在靠近纤维素纤维表面处进行。经过生物酶处理以后,苎麻纤维纵向变细,有些纤维甚至裂解成更细的纤维,对苎麻服用性能的改善有一定作用。

纤维素酶是一组酶,主要包括C1酶、Cx酶和纤维二糖酶三种组分,共同作用使纤维素水解。Cx酶仅在纤维的无定形区域作用,使纤维素膨胀或部分降解,不能单独作用于结晶纤维;C1酶从纤维素的非还原性末端分解成纤维素二糖;Cx酶中加入C1酶,能使纤维的结晶部分破坏,纤维降解。纤维二糖酶将纤维素二糖分解为葡萄糖,与C1酶、Cx酶共同作用使纤维素分解为葡萄糖。纤维素酶是诱导酶,酶的生物合成受基因和底物的双重控制。因此,纤维素酶来源不同,其活力以及对苎麻纤维的剥蚀能力有明显差别。

纤维素酶处理可以改善苎麻织物的服用性能,但会导致纤维强力损伤。倪晓艳等采用大分子丙烯酸树脂 Eudragit S-100 对纤维素酶进行修饰改性,增大酶的体积和分子量,使酶在纤维内部的扩散以及酶对纤维内部的水解受到抑制,以达到减小织物强力损伤的目的。未修饰的与修饰后的纤维素酶整理均可改善苎麻织物的光洁度、柔软度等服用性能,修饰酶处理基本能达到未修饰酶的整理效果,但是,SEM 显示修饰酶对纤维的损伤程度明显小于未修饰酶。

李振华等通过纤维素酶减量整理,使织物获得了柔软的手感和光洁的布面,刺痒感改善甚至消失,使低档织物成为高档产品,提高了产品附加价值。

四、其他功能整理

羊毛角蛋白作为生物蛋白质,可以从废弃的羊毛下脚料中提取,作为织物整理剂被广泛应用。李国萍以还原 C 法从羊毛中提取羊毛角蛋白,用提取的角蛋白对苎麻织物及纤维进行整理,对整理前后织物的断裂强力、断裂伸长率、悬垂系数及折痕回复角 4 个指标进行测试与评价。发现整理后苎麻纤维表面吸附有不规则形状的角蛋白,苎麻纤维的特征基团的特征峰在一定范围内出现了变化,而且纤维的结晶度从 78.02% 下降到 74.87%;羊毛角蛋白溶液整理后的苎麻织物强力及折痕回复角增大,织物抗皱性得到一定的改善,而悬垂性有所下降;以模糊综合评价法对羊毛角蛋白整理苎麻物的工艺参数进行了优化,得到最佳工艺参数:角蛋白浓度为 9g/L,整理时间为 70min,整理温度为 60℃。此时,织物的缓弹性折痕回复角为 226.3°,悬垂系数为 67.2%,透气量为 1108.3mm/s,毛细管高度为 52mm,断裂强力为 324.5N,断裂伸长率为 8.9%。

远红外纺织品以高效、质轻、保暖及特有的保健功能,成为人们消费的新热点。将纳米远红外功能纤维与苎麻纤维复合,可在苎麻纺织品透气、吸湿、抗菌等优良服用性能的基础上强化其保健功能性。随着纳米远红外纤维含量的增加,针织物的远红外功能性提高而湿热舒适性能下降,选择纳米涤纶远红外纤维含量在 50% 左右,苎麻含量在 25% 左右并加入适量棉纤维,可使其混纺针织物在获得较好的远红外功能性的同时,具备良好的湿热舒适性、悬垂性及柔软的手感。

随着大气层中臭氧层的日渐稀薄,日光中的紫外线日益增加,对人体皮肤形成极大的伤害。夏、秋季服装面临着如何抵御紫外线对人体造成伤害的问题。苎麻织物具有透气性好、吸湿易干、穿着凉爽等特点,是夏秋季首选的服饰面料;但从抗紫外线性能看,其对易伤害人体波长段的紫外线透过率较高,必须设法加以改善。应用抗紫外线物质对苎麻及其天然纤维纺织品进行后整理,可赋予织物抗紫外线功能。马艺华等以无机纳米抗紫外线防晒整理剂对苎麻织物进行整理,对整理织物的紫外线透过率、紫外线防护因子等功能性指标,透气性、湿传递性、刚柔性等服用舒适性指标进行试验分析,研究发现,经纳米抗紫外线整理的苎麻织物湿热损失及透气量均有不同程度的降低;湿热舒适性的下降程度随织物紧度、厚度的增大而加大;冷暖感值提高,热阻值提高,织物的接触凉爽感和热传递能力也稍有下降;悬垂系数及抗弯刚度值均有所下降,即织物的悬垂性及柔软性得到改善,弹性也有所提高。

织物上的折皱,可简单地看作是由于外力使纤维变形弯曲,在外力消失后未能完全复原造成的。一般则认为折皱主要是由回复速度很慢的缓弹性形变造成的,对于棉麻纤维,由于氢键拆散而导致的不立即回复的形变是其缓弹性形变即折皱的主要原因。因此,提高纤维的弹性主要针对纤维在形变过程中的缓弹性形变,普遍采用在纤维素大分子或其结构单元之间进行共价交联的整理方法。

传统的抗皱整理一般是树脂整理,树脂整理虽能较大程度地提高织物的回弹性,但经树脂整理后织物上残存的游离甲醛已成为人们公认的污染物。钟闻等以研制的一种非醛类整理剂 ZX-1 和柔软剂 SW-2 对苎麻织物进行抗皱柔软整理,使织物的折皱弹性得到很大提高(约 62%),织物的柔软性、延伸性、成形性也得到改善,手感变软、刺痒感降低。

事实上,为使纤维素纤维织物具有适当的抗皱性、免烫性和柔软的手感,而对织物施加树脂和化学助剂整理,往往都伴随着强力的损伤。织物的抗皱性能越好,强力及耐用性就越差,苎麻织物树脂整理的强力损伤则更大,因此,常规树脂整理的苎麻织物几乎没有实用价值。

王权威研究了苎麻织物的柠檬酸/聚氨酯联合抗皱整理与柠檬酸/丙三醇抗皱整理,结果表明,聚氨酯整理可有效降低苎麻织物的刺痒感。聚氨酯能够在焙烘阶段发生固化,从而在苎麻纤维表面形成包覆,钝化突出于纱线或织物表面的毛羽,并赋予苎麻织物滑爽丰满的手感,提高苎麻织物的可压缩性,降低织物的刺痒感。通过柠檬酸与苎麻纤维交联和聚氨酯在苎麻纤维上的成膜包覆,可以使苎麻织物获得优良的抗皱性能。此外,通过丙三醇在焙烘阶段与过量的柠檬酸发生酯化反应,可以显著降低织物的泛黄程度,改善柠檬酸抗皱整理后的织物性能。通过聚氨酯与柠檬酸作为阻燃整理过程中的交联剂,成功地将阻燃、抗皱和抗刺痒三种功能进行结合,最终实现了苎麻织物的无甲醛多功能整理。

碱处理、液氨处理、烧毛处理、稀酸处理、一般柔软处理、纤维素酶处理等方法都有不足之处。沈兰萍将碱煮漂工艺与碱处理、酸处理、纤维素酶处理相结合,通过对纯苎麻织物处理后的某些服用性能的测试,力求得到较好的纯苎麻织物后处理的优化组合,得到优化的改善苎麻织物服用性能方法。处理的组合都能不同程度地改善苎麻织物的悬垂性和刚度并减少毛羽,其中碱煮漂与酸或酶处理结合的组合处理效果较好,两次碱处理的组合工艺会使织物的强力下降过大。

不仅如此,还有将多种柔软整理手段联合应用的后整理工艺,形成所谓的"超柔软整理"。超级柔软整理是一种新兴的整理工艺,它是化学、生物、机械等整理协同作用,从而使被处理的织物具有超级柔软效果的一种整理方法,其中生物酶整理是整理中极为重要的一环。曾庆福、王运来等整合碱处理、酶处理、柔软剂处理甚至结合机械软化的超级柔软整理工艺,超级柔软整理能使苎麻织物的外观、手感、刺痒程度等品质得到很大的改善,能使苎麻织物达到超柔软效果。

五、混纺改性

除了纤维改性和后整理方法外,苎麻织物的刺痒感还可以采用特殊的纺纱织造工艺来改善。

纤维混纺可实现纤维优势互补,通过选用柔软性高、亲肤性优良的纤维同麻进行混纺,能够在一定限度上削弱纱线的刚性,提高面料的服用舒适性。混纺纱的性能不单纯是各组分纤维性能的加权和,它将产生综合效应。采用天然麻纤维与其他天然纤维混纺来得到服用性能突出的面料,是目前麻类织物市场发展的趋势。

棉是广泛使用的天然纤维,手感软、保暖好、吸湿透气,是服用性能比较理想的服装材料。为了让苎麻、棉两种纤维混合后的织物服用性能达到最佳,以确定两种纤维的合理混纺比,周荣梅对几种不同混纺比例的苎麻/棉服装面料进行试织以及性能对比分析,从织物的强伸性、悬垂性、耐磨性、抗起毛起球性、抗折皱性、透气性、透湿性以及毛细效应等方面来分析比较苎麻/棉服装面料的服用性能。她指出,苎麻棉混纺织物中,苎麻含量越高,其吸湿透气、抗起毛起球以及强伸性能较好,但是,织物的手感柔软性、悬垂性、抗皱性和耐磨性则较差。

竹纤维具有抑菌、抗菌和放湿功能,而且纤维柔和。益阳瑞亚高科纺织有限公司采用竹纤维与苎麻纤维混纺,纺成的纱可针织也可机织,织成的面料有丝般光泽,染色更艳丽,既克服了竹纤维因柔软而定型不理想的特点,又改善了纯麻产品粗硬、易起皱等缺陷。

锦纶柔软、弹性好,并有优异的耐磨性和耐用性,常与其他纤维混纺或交织,以提高织物的强度和坚牢度。采用锦纶/苎麻 60/40 混纺纱织成织物,与涤纶/苎麻 60/40 织物和棉/苎麻 60/40 混纺纱织物相比,锦纶/苎麻织物刚度小,抗皱性略低于涤纶/苎麻织物而远优于棉/苎麻织物,透气性远优于涤纶/苎麻织物而略低于棉/苎麻织物。随着混纺纱中苎麻纤维比例的增加,纱线毛羽增多。

苎麻与其他纤维混纺对于苎麻纤维的可纺性也大有裨益。就纤维而言,棉纤维较细,表面摩擦系数较小,纤维耐磨性更好,可纺性更好。因此,在苎麻/棉混纺工艺中,棉纤维所占比重越大,其混纺纱线表面越光滑、结构越紧密,混纺纱线及其织物耐磨性也得到明显改善。

具有不同强伸性的纤维混纺成纱时,单纱强力受很多因素影响,由于各组分纤维的断裂不同时,混纺纱强度不仅低于高强纤维组分的纯纺纱强度,还会低于较低强度纤维组分的纯纺纱。涤纶因其伸长弹性好、光滑等优点成为混纺组分的首选。它的加入使麻产品的服用性能得到较好的改善。俞雯等以涤纶与苎麻混纺发现,涤纶比例越大,条干不匀率和毛羽指标越好;混纺比与断裂强力的关系曲线呈抛物线型,当涤纶混纺比为 51.6% 时,强力达到最低值,低于纯涤纶或纯苎麻纱的断裂强力。沈丕华等研究苎麻/棉混纺纱的拉伸性能和混纺比的选择时发现,其混纺纱的断裂强力也出现了一个低谷值,此时的混纺纱断裂强力低于纯棉纱的断裂强力,但是他们也发现混纺纱的实际断裂强力和伸长率比理论预测的断裂强力和伸长率略大,对此,他们认为纤维断裂后仍能对纱线的强伸性能做出一定的贡献。

具有不同伸长特性的纤维混纺纱受力时,伸长率小的纤维率先断裂,剩余纤维继续贡献其伸长直至全部断裂,因此,混纺比对成纱的断裂伸长率有着非常明显的改善作用,且纤维间差异越大,改善效果越好。俞雯等研究涤纶与苎麻混纺时发现,不同混纺比例纱的断裂伸长率呈"S"形变化规律,以涤纶含量 40% 为界,低于40% 伸长率主要取决于麻纤维性能,混纺比对单纱的断裂伸长率影响较小;而高于40% 时,其高伸长的特点开始显现,涤纶含量越多,成纱的断裂伸长率越大。沈丕华等研究棉麻混纺纱也发现,伸长率大的纤维组分加入后,混纺纱的伸长率并非立即增加,而是必须当该纤维的混纺比超过临界值(约70%的棉纤维)以后,混纺纱的伸长率才会随着该纤维的混纺比的增加而逐渐增加。

张晓芳等研究羊驼绒/苎麻的混纺比对纱线及织物性能的影响,发现随着苎麻含量的增加,混纺纱线的毛羽量先减少后增多,混纺纱线的断裂伸长率变化总体趋势是下降,快速增加的临界值为20%左右的羊驼绒;断裂强力随苎麻含量增加而增大,但是没有出现谷值。混纺织物的经、纬向断裂强力呈上升的趋势,且同种混纺比下,织物的纬向断裂强力均高于经向,织物的经、纬向断裂伸长率均出现下降趋势,且织物的纬向断裂伸长率均高于经向,起毛起球性恶化。

六、特殊加工纱线

包芯纱通常以物理性能优良的长丝为芯、外包服用性能优良的纤维,它也实现纤维优势互补、充分发挥两种纤维的特长并弥补它们的不足。包芯加工可以抑制苎麻纤维的刺痒感。以麻纱作为芯纱,通过在外部包缠覆盖其他纤维,实现对麻纱毛羽的贴伏和遮盖,避免刚硬的麻纤维端对皮肤的扎刺作用。江魁等以苎麻长丝为芯纱,以不同粗细的聚乳酸纤维,采用双螺旋包覆的方式加工包芯纱,其纱线表面凹凸明显,有利于吸湿透气,包覆率高,可完全包覆毛刺,抗菌防臭,悬垂滑爽,舒适感非常好。叶汶祥等阐述了在棉纺设备上纺制苎麻/棉包芯纱、苎麻/棉混纺纱的纺制方法及技术特点,并比较其纱线性能及染色性能,发现麻棉包芯纱的成纱质量明显优于麻棉混纺纱。具体表现为张力明显提高,条干均匀度大为改善,粗节、细节、棉结数、毛羽数显著下降。其中S捻包芯纱的张力、条干均匀度、毛羽数优于Z捻包芯纱,有利于改善苎麻制品的质量及服用性能。

包缠纱与包芯纱具有相似结构,又称包覆纱,是一种新型结构纱线。它是以长丝或短纤维为纱芯,外包另一种长丝或短纤维纱条。外包纱按照螺旋的方式对芯纱进行包覆。其特点为纱线光滑毛羽少、条干均匀、膨松丰满、强力高、断头少。王辉探讨了包缠纱加工工艺等对苎麻纱刺痒感的影响,发现无论是单包包缠纱还是双包包缠纱,随着包缠捻度的增大,有害毛羽数量先急剧减少、后趋于平缓。在捻度较小的时候,双包对毛羽的控制效果明显比单包好,但捻度增大到一定程度时,两者的毛羽与捻度关系曲线逐渐趋于一致;纱芯细度对苎麻纱的毛羽控制效果没有明显差别;外包缠纱较粗时,其与苎麻芯纱的接触面积大,可以"捆绑"更多的有害毛羽;以包缠纱作纬纱的织物,其刺痒感、耐磨性、抗皱性、柔软性、悬垂性以及保暖性都得到了改善。

赛络菲尔纺(Sirofil)是在赛络纺基础上发展起来的一种新型的纺纱系统,其由于含有长丝和短纤两种组分,因此,又称为双组分纺纱。与 Sirofil 纺不同,传统意义上的股线则是由两根或两根以上的单纱合并在一起交捻而成。王辉比较研究发现,包缠纱、交捻和 Sirofil 纱三种复合纱织物,刺痒感、耐磨性、抗皱性、柔软性、悬垂性以及保暖性都得到了改善;其中包缠纱织物的刺痒感最轻,透气和透湿性最好,股线织物的耐磨性、柔软性和保暖性最好。他认为包缠纱减少成纱毛羽最主要的原因是:外包缠纱(丝)的螺旋状缠绕可以"捆扎"芯纱表面的部分毛羽,使其贴伏于纱体,包缠捻度越大,外包缠纱形成的螺旋线的螺距越小,"捆扎"效果越好,毛羽越少。另外,由于外包缠纱的缠绕,纱线的表观直径增大,芯纱毛羽露出纱体的长度会有所减少,会在一定程度上减少毛羽的测试结果,他认为这是包缠减少芯纱毛羽的次要因素。Sirofil 纱线毛羽减少的机理是,在 Sirofil 纺纱过程中,须条从前罗拉处输出时汇聚点阻碍了捻度的传递,使须条捻度较小,纤维端头因弯曲和扭转弹出纱体的机会较少,经预加捻的单纱和长丝在汇聚点并合加强捻后,原来比较蓬松的单纱条受到与合股作用类似的强捻作用,使得纤维及端头在后面的各种运动中不易被甩出纱体,且长丝缠绕在须条外侧,部分或全部覆盖须条上的毛羽,从而减少或消除毛羽。

除纺纱工艺外,采用特殊的织造工艺也可以抑制苎麻的刺痒感。在面料织造过程中,设计双层面料,将麻纤维分布于织物表层,其他纤维分布于织物里层,使织成的混合面料里麻纤维不与皮肤直接接触,同样能够降低麻纤维所带来的刺痒感。相里海霞以天然苎麻纤维纱形成面料的表层,长绒棉纤维纱形成里层,表层和里层勾连形成坯布,既保持了麻布的挺括鲜亮,又改善了传统麻织物粗糙易皱、对皮肤刺痒等缺陷。

参考文献

[1]屈一斌. 从服装的服用性能看我国纺织面料开发[J]. 毛纺科技,2006(6):56-58.

[2]王雪梅,李进进. 浅谈织物服用性能测试和研究[J]. 印染助剂,2010,27(5):39-42,46.

[3]孙玉钗,刘智.报用纺织品接触热舒适性及其评价[J].针织工业,2010(9):22-23.

[4]苑洁.基于 fMRI 的织物接触压力舒适性脑感知表征[D].上海:东华大学,2019.

[5]崔瑞芳,赵其明,马晓虹.化学整理对苎麻混纺针织物服用性能的改善[J].针织工业,2003(2):117-118.

[6]吕聪.织物热湿舒适性评价[D].苏州:苏州大学,2007.

[7]孙玉钗.针织物热舒适性能研究与针织保暖产品设计[D].上海:东华大学,2005.

[8]SUN F X,RABIE A M,DU Z Q,et al. Fuzzy comprehensive prediction of fabric stiffness handle based on quasi-three-point restraint test[J]. Fibers & Polymers,2015,16(6):1395-1402.

[9]李杨.苎麻织物服用性能的模糊综合评判[J].成都纺织高等专科学校学报,2016,33(3):106-108.

[10]尉霞.纯苎麻织物生物整理效果的模糊综合评判[J].西北纺织工学院学报,2000,14(4):412-414.

[11]罗纪华,马艺华,黄海珍,等.苎麻织物服用性能的模糊综合评定[J].北京纺织,2001,22(5):45-47.

[12]杨斌,丁国强.苎麻织物质量的模糊综合评判[J].麻纺织技术,1993,16(4):24-26.

[13]龙碧璇,王春红,程双会,等.羊毛/苎麻织物服用及自洁性能的模糊综合评价[J].上海纺织科技,2017,45(12):41-44.

[14]黄翠蓉,李正飞,曾志.丝/苎麻织物服用性能的模糊综合评定[J].纺织学报,2003(2):114-115.

[15]王琨琳,李长龙.麻织物力学性能探讨[J].安徽工程大学学报,2014,29(1):77-80.

[16]凌群民,蒉育林.麻类针织物服用性能研究[J].针织工业,2008,(5):18-20.

[17]李小平.亚麻和苎麻针织物服用性能的测试与分析[J].毛纺科技,2012,40(3):62-64.

[18] 于利静. 麻织物性能及其风格的评价比较研究[D]. 上海：东华大学,2009.

[19] 顾平,李焰. 麻织物吸湿透湿性能的比较研究[J]. 江苏纺织,2009,5(5)：52-52.

[20] 李焰,黄燕,麦智媚. 麻织物对气态水吸湿、透湿性能的研究[J]. 纺织科学研究,2004,15(1)：45-48.

[21] 李焰. 麻织物的舒适性和抗菌性研究[D]. 苏州：苏州大学,2004.

[22] 苏旭中,顾秦榕,赵超,等. 麻织物服用性能探讨[J]. 上海纺织科技,2018,46(9)：14-15.

[23] 王其才,于伟东,陈克敏,等. 织物刺激的人体触觉感知及其大脑认知研究[J]. 国际医学放射学杂志,2014(4)：323-327.

[24] 金淑秋. 含汉麻织物服用性能研究[D]. 上海：东华大学,2012.

[25] 王晓明. 染整加工中如何提高苎麻织物服用性能的研究[J]. 纺织导报,2000(2)：42-44.

[26] 程浩南. 苎麻面料刺痒感的评价及影响因素的探讨[J]. 江苏纺织,2017(11)：51-54,64.

[27] 韩露,于伟东,张元明. 苎麻织物刺痒感研究[J]. 东华大学学报(自然科学版),2002(2)：132-136.

[28] 全国纺织品标准化技术委员会麻纺织分技术委员会. FZ/T 30005—2009 苎麻织物刺痒感评价方法[S]. 北京：中国标准出版社,2009.

[29] 张丽娟,李国生,邢国江. 苎麻混纺纱针织物刺痒感主观评价方法研究[J]. 纺织报告,2016(11)：27-29.

[30] 湖南苎麻技术研究中心. 苎麻服装穿着刺痒感的评定方法[J]. 麻纺织技术,1997,20(6)：31-34.

[31] 李甜甜. 苎麻织物的刺痒感评价及抗刺痒整理技术研究[D]. 杭州：浙江理工大学,2012.

[32] 刘宇清,韩露,于伟东,等. 苎麻织物毛羽刺痒感的力学评价[J]. 中国麻业,2004,26(1)：22-26.

[33] 毛宁,敖利民,周琦,等. 纤维轴向压缩性能测试及其刺痒感属性判断[J]. 纺织学报,2015(1)：11-17.

[34] DOLLING M,MARIAND D,NAYLOR G,et al. Knitted fabric made from 23.2μm

wool can be less prickly than fabric made from finer 21.5μm wool[J]. Wool Technology and Sheep Breeding,1992,40(2).

[35]NAYLOR G,PHILLIPS D,VEITCH C. The relative importance of mean diameter and coefficient of variation of sale lots in determining the potential skin comfort of wool fabrics[J]. Wool Technology & Sheep Breeding,1995,43(1):69-82.

[36]吴艳. 羊毛纤维刺痒感的评价及方法[D]. 上海:东华大学,2000.

[37]潘赛瑶. 羊毛衫针织物的刺痒感研究[D]. 上海:东华大学,2007.

[38]邵建中,李甜甜,黄江峰,等. 一种苎麻织物刺痒感的客观评价方法:中国,CN201110340422. X[P]. 2012-06-19.

[39]全国纺织品标准化技术委员会麻纺织分技术委员会. FZ/T 30004—2009 苎麻织物刺痒感测定方法[S]. 北京:中国标准出版社,2009.

[40]敖利民,郁崇文. 基于织物单面压缩性质的织物刺痒感客观评价[J]. 东华大学学报(自然科学版),2007,33(6):756-759.

[41]敖利民,郁崇文. 织物单面压缩性质测试仪原理与表征织物单面压缩性质指标体系的建立[J]. 东华大学学报(自然科学版),2007,33(5):622-628.

[42]田喆. 改善苎麻织物刺痒感的研究[D]. 上海:东华大学,2013.

[43]GARNSWORTHY R K,GULLY R L,KENINS P,et al. Identification of the Physical Stimulus and the Neural Basis of Fabric-Evoked Prickle[J]. Journal of Neurophysiology,1988,59(4):1083-1097.

[44]戚媛,于伟东. 织物刺痒感的认识和评价[J]. 青岛大学学报(工程技术版),2005,20(2):44-49.

[45]杨斌. 苎麻织物透湿性评价研究[J]. 苎麻纺织科技,1994,17(85):24-26.

[46]孔令剑,晏雄. 灰色理论在麻织物热湿舒适性研究中的应用[J]. 纺织学报,2007,28(4):41-44.

[47]高晓平. 针织物热湿舒适性的研究[C]. 全国针织技术交流会,2013.

[48]叶纯. 织物热性能影响因素分析及夏季针织服装设计[D]. 苏州:苏州大学,2015.

[49]孟媛,王进美. 织物的热舒适性测试与分析[J]. 国际纺织导报,2020,48(1):49-52.

[50]王勇. 苎麻织物性能测试及对比分析研究[J]. 陕西纺织,2010(4):59-60.

[51]于利静．不同支数苎麻织物的舒适性测试[J]．才智,2014(14):354-354.

[52]李焰,徐海林．竹原纤维与苎麻纤维织物吸放湿性能的比较研究[J]．广西纺织科技,2006,35(2):33-35.

[53]孔令剑,晏雄．苎麻织物透湿性能影响因素分析[J]．湖南工程学院学报(自科版),2007,17(4):70-72.

[54]王雅琴,王银利．机械柔软整理机理及柔软效果评价[J]．现代纺织技术,2010(2):9-11.

[55]张利英,郑光洪,冯西宁．砂洗在改善苎麻织物刺痒感中的应用基础研究[J]．成都纺织高等专科学校学报,1994(4):1-9.

[56]殷祥刚,滑钧凯．大麻纤维"闪爆"处理脱胶方法初探[J]．纤维素科学与技术,2006,14(3):41-46.

[57]林燕萍,杨陈．苎麻纤维闪爆处理及性能研究[J]．针织工业,2019(5):21-24.

[58]陈丽珍,王善元．干热处理对苎麻纤维结构和性能的影响[J]．东华大学学报(自然科学版),1990,16(5):234-240.

[59]向策宣,杜中平,汤尚武,等．苎麻纤维碱—尿素改性的研究[J]．纺织学报,1980(6):2-6.

[60]沈克群．苎麻纤维碱改性对改善其可纺性与服用性的研究[J]．科技创新与应用,2016(2):74-74.

[61]万振江,王俊勃,赵川,等．苎麻纤维碱处理工艺研究[J]．纺织学报,2002,23(3):44-45.

[62]王莹．苎麻纤维低温柔化处理及染色性能的研究[D]．上海:东华大学,2018.

[63]胡小蓉．氢氧化钠/尿素低温体系中苎麻织物抗折皱性能的研究[D]．武汉:武汉纺织大学,2016.

[64]项周瑜．不同纤维素纤维低温改性处理的对比研究[D]．上海:东华大学,2015.

[65]闫畅．苎麻低温柔化处理的研究[D]．上海:东华大学,2015.

[66]金圣姬,角俊,施亦东,等．乙二胺/尿素/水混合液对苎麻织物结构和性能的影响[C]."闰土"杯第四届中国纺织印染助剂行业学术年会论文集,2010.

[67]罗孟奎,梁锋．苎麻纤维在乙二胺/脲/水混合液中溶胀时微细结构与形态结

构的变化[J]. 纺织学报,1989,10(3):4-6.

[68]罗孟奎,梁锋. 苎麻纤维在乙二胺/脲/水混合液中溶胀时可及结构的变化
[J]. 纺织学报,1989,10(2):9-12.

[69]WAKIDA T,HAYASHI A,LEE M S,et al. Dyeing and mechanical properties of
ramie fabric treated with liquid ammonia[J]. Fiber,2001,57(5):148-152.

[70]张华,冯家好,李俊. 液氨处理对苎麻织物结构和性能的影响[J]. 印染,2008
(7):5-8.

[71]戴春芬,周永凯,李臣,等. 液氨处理前后麻织物的湿传递性能研究[J]. 北京
服装学院学报(自然科学版),2010(4):43-50.

[72]王晓明. 苎麻织物的液氨处理[J]. 染整技术,2000,22(1):32-33.

[73]刘祥霞,张凤鸣. 张力对苎麻机织物液氨处理的影响[J]. 北京服装学院学
报,1992,12(2):28-35.

[74]罗炳金. 高支苎麻织物形态记忆整理工艺[J]. 科技信息,2010(27):28-29.

[75]岳军,熊立堃,苏立炜,等. 液固相法纤维素氨基甲酸酯的合成与表征[J]. 高
分子材料科学与工程,2015,31(11):44-49.

[76]李梦珍. 苎麻纤维的柔软性能改良研究[D]. 上海:东华大学,2018.

[77]邵敬党. 低温等离子技术在纺织材料表面改性中的应用[J]. 四川丝绸,2005
(3):20-22.

[78]祁丽. 低温等离子体与生物酶在苎麻脱胶中的应用[D]. 苏州:苏州大
学,2017.

[79]张震亚,岑家声,李雪仪,等. 低温等离子体处理对苎麻纤维聚合度及失重的
影响[J]. 广州化学,1983(2):3-9,24.

[80]刘璇,成玲. 碱处理和冷等离子体处理对苎麻纤维性能的影响[J]. 上海纺织
科技,2017,45(6):23-25.

[81]王志文,韦卫星,何燕和,等. 等离子体改善苎麻织物毛细效应的时效性的实
验研究[R]. TFC'09全国薄膜技术学术研讨会,2009:120-121.

[82]李强林,郑光洪,黄方千,等. 新型咪唑鎓离子液体的合成及其在苎麻织物改
性中的应用[R]. 第四届中国(广东)纺织助剂行业年会,2012.

[83]陈普. 咪唑类离子液体的制备及在苎麻织物染色中的应用[D]. 郑州:中原
工学院,2009.

[84]胡仁志,张波兰,张永金,等. 离子液体改性苎麻纤维性质研究[J]. 武汉科技学院学报,2004,17(5):25-28.

[85]袁久刚,兰媛媛,王强,等.[Bmim]Cl 离子液体处理对苎麻性能的影响[J]. 染整技术,2013(10):19-22.

[86]侯爱芹,戴瑾瑾. 超临界流体技术在染整加工中的应用研究[J]. 纺织学报,2001,22(6):69-70.

[87]高丽贤,郝新敏. Influence of supercritical CO₂ fluid treatment on ramie fabrics[J]. 纺织学报,2011,32(7):80-83.

[88]郑光洪,赵习,堀照夫,等. 超临界流体技术在苎麻织物中的应用研究[J]. 印染,2005,31(14):1-4.

[89]郑光洪,蒋学军,赵习,等. 超临界 CO₂ 技术在制备电磁屏蔽材料中的应用[J]. 印染,2012,37(17):14-18,31.

[90]张大元,郭茂全. 苎麻纤维烷基化变性的理论和实践[J]. 麻纺织技术,1979(2):3-17.

[91]张元明,劳继红,章悦庭,等. 苎麻纤维环氧化合物改性研究[J]. 东华大学学报(自然科学版),2006(1):108-111.

[92]张玮,张元明,劳继红. 环氧交联剂在苎麻纤维加工中的应用[J]. 上海纺织科技,2005(1):19-21.

[93]李平平,戴卫国,何建新. 苎麻纤维的碱处理与环氧交联改性[J]. 纤维素科学与技术,2012,20(1):52-57.

[94]吴晓燕. 苎麻纤维弹性及柔软性能研究[D]. 上海:东华大学,2002.

[95]钟安华,刘晓霞. 季铵类表面活性剂对苎麻阳离子化的改性研究[J]. 印染助剂,2006,23(2):22-24.

[96]郑培培,王浩,张燕,等. 高碘酸钠处理对苎麻纤维结构和性能的影响[J]. 苏州大学学报:工科版,2007,27(4):24-27.

[97]孙卜昆. 柔软剂 CGF 及其复配体系在苎麻织物柔软整理上的应用[J]. 针织工业,2000(1):45-47.

[98]何炜玉,于湖生,王彩霞. 关于改善苎麻机织物机械性能的研究[J]. 山东纺织工学院学报,1993(3):21-25.

[99]曾庆福,王新德. 改善苎麻织物手感的工艺探讨[J]. 苎麻纺织科技,1995,18

（4）:16-18.

[100]凌群民,谭磊.后整理工艺对纯苎麻针织物性能的影响[J].纺织学报,
　　　2010,31(7):91-96.

[101]吴济宏,张尚勇,郭亚星.苎麻导湿凉爽针织面料的研究[J].上海纺织科
　　　技,2006,(11):58-60.

[102]蒋江华,王文刚,周青.应用纤维素酶处理方法改善苎麻织物的服用性能
　　　[J].苎麻纺织科技,1994(5):50-53.

[103]冯朝阳,江亦李.苎麻纤维在低温下的结构和性能研究[J].成都纺织高等
　　　专科学校学报,1997,14(4):22-26.

[104]MANDELS M,REOTTI R,ROCHE C.Measurement of saccharifying cellulose
　　　[J].Biotechnology & Bioengineering Symposium,1976,16(6):21-33.

[105]倪晓艳,王强.修饰纤维素酶对苎麻织物的改性作用研究[R].长三角生态
　　　纺织研究生学术论坛,2013.

[106]李振华,郑光洪.用于改善苎麻织物服用性能的纤维素酶的研究[J].天津
　　　工业大学学报,1997(1):49-55.

[107]李国萍.羊毛角蛋白的制备及其对苎麻织物整理的研究[D].西安:西安工
　　　程大学,2012.

[108]李国萍,孙卫国,谢焕,等.羊毛角蛋白溶液对苎麻织物的整理[J].毛纺科
　　　技,2011,39(9):20-22.

[109]马艺华,罗纪华,黄海珍.纳米苎麻远红外针织物功能性及服用性能研究
　　　[J].中国麻业科学,2003,25(1):35-37.

[110]马艺华,罗纪华,黄海珍.纳米抗紫外线整理苎麻织物功能性及服用性能研
　　　究[J].轻纺工业与技术,2003,32(1):2-5.

[111]钟闻,张元明.苎麻织物的抗皱柔软整理[J].麻纺织技术,1997,20(4):
　　　15-17.

[112]王权威.苎麻织物的抗皱、阻燃、抗刺痒多功能协同整理技术研究[D].杭
　　　州:浙江理工大学,2015.

[113]沈兰萍,朱宁.改善纯苎麻织物服用性能的实验研究[J].上海纺织科技,
　　　2000,28(1):32-32,60.

[114]王运来,曾林泉,王莉.苎麻织物的超级柔软整理[J].麻纺织技术,1998,21

(2):9-13.

[115]曾庆福,赵文艳,沈亚勤,等.苎麻织物超级柔软整理方法探讨[J].印染,
  1998(2):33-36.

[116]王运来.苎麻织物的超级柔软整理[J].纺织学报,1997(4):35-37.

[117]周荣梅.不同混纺比的苎麻/棉服装面料的服用性能对比分析[J].纺织导
  报,2015(9):74-77.

[118]蔡亚平.竹纤维与苎麻纤维混纺纱及其生产方法:中国,CN101676456B[P].
  2011-01-19.

[119]王子懿,李豪,石毅,等.混纺比对锦纶/苎麻混纺纱性能的影响[J].上海纺
  织科技,2019(7):42-43.

[120]俞雯,沈丕华,郁崇文.混纺比对麻涤纱线性能的影响[J].中国麻业科学,
  2001,23(3):30-33.

[121]沈丕华,常英健,张元明,等.苎麻/棉混纺纱的拉伸性能及混纺比选择[J].
  纺织学报,2002(3):25-26.

[122]李渊,罗春荣,孙娜,等.亚麻/涤纶混纺比对混纺纱性能的影响[J].上海纺
  织科技,2016,44(12):11-12.

[123]张晓芳,刘淑强,刘烨,等.混纺比对羊驼绒/苎麻混纺纱线及其织物性能的
  影响[J].毛纺科技,2017,45(12):19-22.

[124]潘杰,高福坤.一种免刺痒麻芯包覆纱及其加工方法:中国,
  CN201310338357.6[P].2013-11-06.

[125]江魁,丁一安,何姗,等.一种包覆纱:中国,CN201420058160.7[P].2015-
  01-27.

[126]叶汶祥,臧伶俐,王世.苎麻/棉包芯纱与苎麻/棉混纺纱的纺制及性能比较
  [J].现代纺织技术,2001,9(1):26-29.

[127]王辉.包缠纺改善苎麻织物毛羽及刺痒感的研究[D].上海:东华大
  学,2016.

[128]张尚勇,叶汶祥,刘宏,等.赛络菲尔纺降低细纱毛羽的研究[J].武汉纺织
  大学学报,2002,15(5):1-6.

[129]相里海霞,卢雪康,曾建军.一种苎麻提花面料:中国:CN201811106200.X
  [P].2018-12-21.

[130]张红梅,孙润军. 涤纶/长绒棉/汉麻织物的热舒适性研究[J]. 纺织导报,2015(2):35-39.

[131]傅吉全,陈天文,李秀艳. 织物热湿传递性能及服装热湿舒适性评价的研究进展[J]. 北京服装学院学报(自然科学版),2005(2):66-72.

[132]黄建华. 国内外暖体假人的研究现状[J]. 建筑热能通风空调,2006,25(6):24-29.

第七章　苎麻纤维材料

苎麻纤维是一种古老的纤维,在中国已有 6000 年以上的服用历史,被尊称为"万年衣祖"。虽然苎麻仅占天然纤维产量的 1.5%,但是,苎麻纤维的单纤维强力超过棉、毛、丝等所有天然纤维,而且线密度最低,长度是棉纤维的 7~8 倍。苎麻纤维独特的化学结构和形态结构使其具有吸湿散湿、舒适透气、防霉抑菌、抗臭氧、防紫外线等特性。这些独特的结构性能使苎麻成为一种稀有的天然纤维,被广泛应用于民用、军用和航天航空等领域。

随着社会的发展、科技的进步和人们对物质文化生活需求的提高,苎麻这种古老的纤维也必将伴随着最新科技的注入而焕发出新的生命。苎麻纤维新材料借助纤维改性技术、纳米材料技术、复合材料技术和特种纺织品技术进一步提高了其性能和价值,拓宽了其应用领域。

第一节　苎麻纤维改性

苎麻产品是优良的纺织材料,既有凉爽、透气、挺括、吸汗性好的优点,又有弹性差、易起皱、可纺性较差、延伸性小的缺点。另外,苎麻纤维的结构特点使其在穿着过程中与皮肤接触时容易产生刺痒感,苎麻纤维的染色难题也一直困扰着纺织业。苎麻纤维的性能主要是受其化学成分和形态结构的影响,由于苎麻纤维含有较多的木质素、半纤维素、胶质等非纤维素物质,而且苎麻纤维的大分子结构很紧密,结晶度、取向度也较高,不易与其他物质反应,所以,需要通过对苎麻纤维的改性来改善苎麻纤维的性能。目前,苎麻纤维的改性集中在化学方法上,利用化学试剂与纤维素大分子的反应,改变纤维素的晶格构造,从而使纤维的物理化学性能发生变化。

一、苎麻纤维的碱法改性

苎麻纤维碱法改性的研究工作进行得较早,也是比较成熟的改性工艺。苎麻纤维经浓碱液浸渍后,纤维发生了溶胀作用,即丝光化(图 7-1),纤维的微细结构随之发生了改变,物理性能也发生变化。苎麻纤维因溶胀而引起结晶度、取向度和密度的下降以及晶体结构的转化。

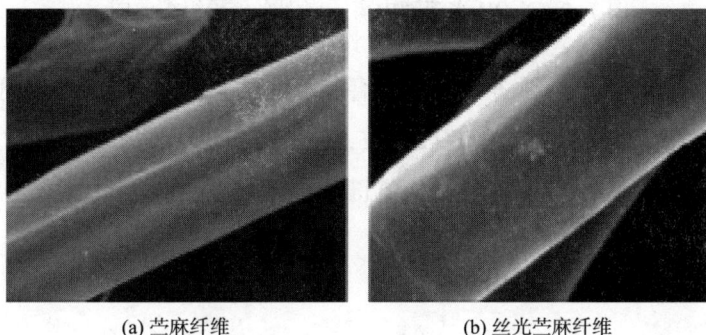

(a) 苎麻纤维　　　　　　　　　　　(b) 丝光苎麻纤维

图 7-1　扫描电镜照片

丝光(mercerization)是一种以其发明者 John Mercer 名字命名的工艺,是用浓缩的氢氧化钠水溶液处理天然纤维素纤维的方法。纤维织物浸泡在 NaOH 溶液中,洗涤后的棉织物具有更好的光泽和平滑度、染料摄入量、力学性能和尺寸稳定性等。1890 年,Horace Lowe 发现张力下丝光还可以防止收缩。经典的丝光条件是 25~40℃下 18%~32%NaOH 浓度,处理时间取决于纤维素来源和工艺细节。

碱溶液与纤维素的相互作用在丝光化中是非常关键的。无水氢氧化钠(NaOH)是一种晶体化合物,溶于水后 NaOH 晶体结构被破坏,与水相互作用形成一系列水合物。这些水合物的结构对于纤维素的溶解非常重要。当离子(Na^+ 和 OH^-)处于溶液中时,它们可能具有不同的溶剂化形式,这取决于它们的浓度和温度。与离子强结合的水分子形成初级笼,在这个区域,离子和溶剂分子一起运动,结合力较小的水分子形成次级笼。Yamashiki 等提出的模型中,每个离子(Na^+ 和 OH^-)周围有 4 个水分子,形成初级溶剂化笼(图 7-2 中为灰色)。次级笼围绕着初级笼,由 Na^+ 和 OH^- 两个离子之间相互独立的 23 个水分子组成。

Yamashiki 等还进行了纤维二糖与 NaOH 相互作用的详细研究。基于 ^1H 和

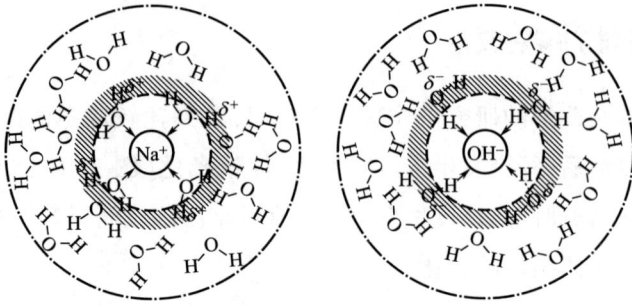

图 7-2 NaOH 水溶液中离子周围水分子组织的图示

²³Na 核磁共振结果,提出了一个模型来解释氢氧化钠和纤维素的相互作用(图 7-3)。他们认为,只要适当的分子间氢键被打破,控制溶解的因素是碱的结构。纤维二糖与强烈溶剂化的阳离子和阴离子形成氢键,而 Na⁺阳离子与纤维素的 OH 基团没有特殊的相互作用。

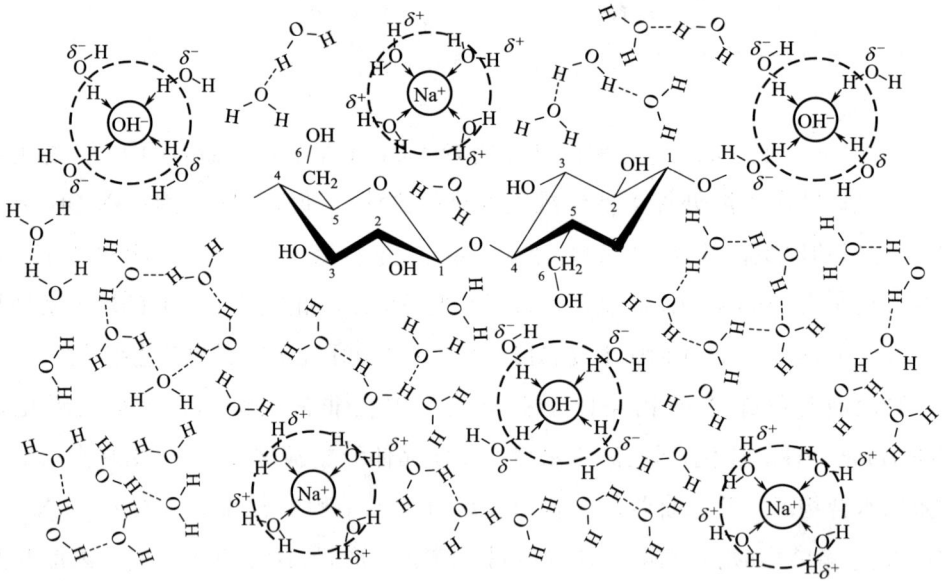

图 7-3 纤维二糖在 NaOH 水溶液中溶解的结构示意图

丝光化的一个重要影响是纤维素从其天然形式(即具有纤维素 Ⅰ 晶体结构)转变为具有纤维素 Ⅱ 晶体结构,其中间结晶物称为碱性纤维素(Na—纤维素)。丝光化不是纤维溶解,而是各种碱纤维素复合物形成过程中膨胀状态下形态和晶体结构的变化。纤维素链上—OH基团的可及性取决于纤维素的结晶度,高度结晶的纤维素更难丝光。在丝光过程中,碱溶液首先穿透无定形区域,导致纤维素纤维膨胀(图7-4)。这些膨胀区域中的聚合物链更具流动性,可以横向扩散形成碱络合物。然后碱渗透到结晶区域,最终形成一种称为纤维素Ⅱ的反平行结晶,偏离了天然纤维素晶体中的平行排列。

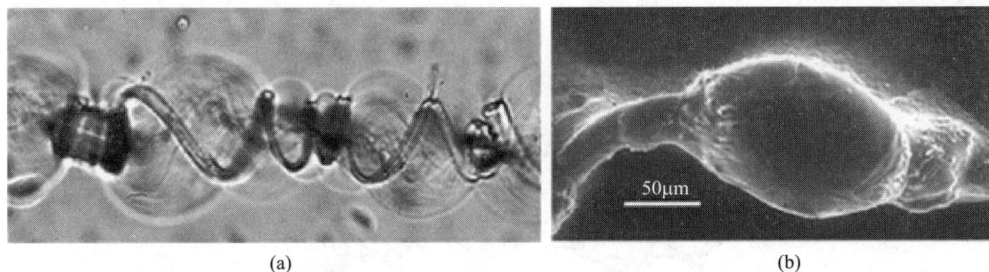

图7-4 纤维的溶胀——"气泡效应"

在丝光化过程中,非晶区的数量并没有增加。纤维素Ⅰ晶体与纤维素Ⅱ晶体之间存在固—固相变(图7-5)。这表明相变是通过转移—扩散机制发生的。Nishiyama等进行的实验表明,一旦形成Na—纤维素Ⅰ或Na—纤维素Ⅱ(取决于初始NaOH浓度),它们在改变NaOH浓度时是稳定的,这表明在Na—纤维素的结晶区域中不会发生平行到反平行的转化。Yokota及其同事从¹³C NMR结果中发现,纤维素的结晶组分和非结晶组分在从纤维素到过渡的第一阶段(Na—纤维素Ⅰ)的转变过程中都降低了它们的共振强度,表明纤维素的非结晶区和结晶区同时转化为Na—纤维素。这些作者认为,结晶部分对纤维素的非结晶部分的膨胀有一些限

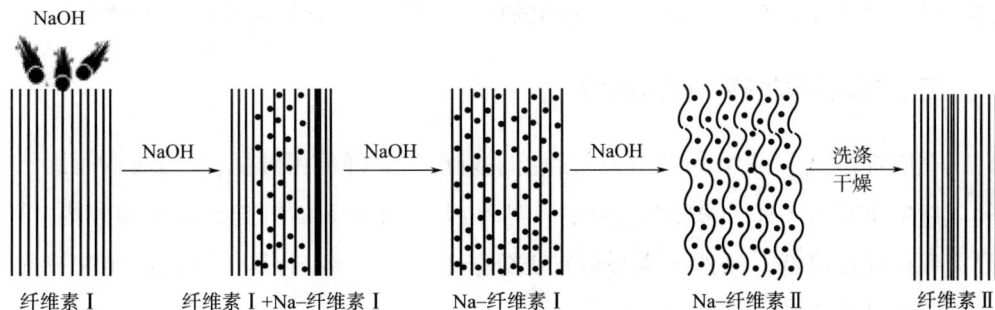

图7-5 丝光工艺示意图

制,但是,当由于碱性溶液渗透到结晶部分而导致整个微纤维中普遍存在溶胀时,这两部分都可能转化为Na—纤维素。

在解释纤维素在不经过溶解状态的情况下如何从纤维素I(平行构型)转变为纤维素II(反平行构型)时(图7-6),晶体学认为,这是一个固—固转变,而聚合物物理则表明,由于缺乏流动性,链不能改变方向。关于NaOH与纤维素的确切相互作用机制,还有待进一步研究。

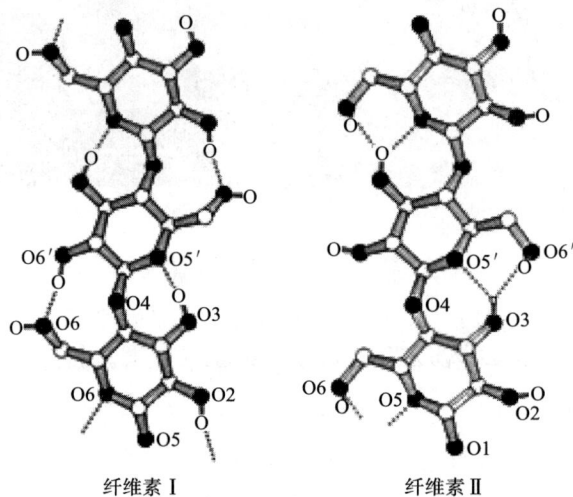

图7-6 纤维素I和纤维素II的链构象

苎麻纤维经碱法改性处理后的性能发生改变,在可纺性能和服用性能方面得到提高。如纤维的卷曲和勾结强度提高,初始模量降低,纤维的抱合力增强,明显改善了纺纱性能,提高了织物的耐磨性,染色性能和抗折皱性也有一定程度的改善。碱法改性还具有工艺流程短、使用的化工原料成本较低、易于推广的特点。

二、苎麻纤维的碱—尿素改性

苎麻纤维碱—尿素改性是在碱改性的基础上,为降低用碱量、节约成本而提出的。纤维素在NaOH—尿素水溶液中溶解后,天然纤维素的氢键被破坏和重构,结晶度和取向度降低。尿素被认为是有机分子的一般增溶剂,其作用机理通常被描述为降低纤维素的疏水效应。

当纤维素溶解时,其自由能低于固态时,纤维素就会溶解。根据吉布斯自由能方程中焓和熵的定义,溶剂打破纤维素分子内和分子间的氢键的能力代表溶解焓,常作为纤维素溶解的基本判据。然而,打破氢键所需的能量只是溶解纤维素所需的总自由能的一小部分,因为纤维素具有两亲性,带有极性(OH)和非极性(CH)组分,剩下打破疏水相互作用的部分代表溶解熵。物理溶解纤维素的要求是克服氢键相互作用和分子链的疏水性。

Wernersson 等用分子动力学模拟方法模拟了尿素和硫脲对纤维素水溶液溶剂质量的影响。研究了一个由周期性复制的具有无限聚合度的纤维素分子浸没在硫脲水溶液中的模型体系。用 Kirkwood-Buff 理论将分布函数与化学势的浓度导数联系起来,使得增溶效果可以通过尿素对水的优先结合来量化。发现尿素优先吸附在脱水葡萄糖环的疏水表面,但与水对羟基的亲和力相同。尿素通过优先溶解纤维素分子的疏水部分来溶解纤维素,而不干扰亲水部分的溶剂化。这与尿素通过降低调节溶质的熵成本来减轻疏水效应的概念是一致的。Xiong 等的进一步研究认为,尿素与纤维素和 NaOH 没有强烈的直接作用;尿素对水的结构动力学没有很大影响。尿素可能通过范德瓦耳斯力发挥作用。它可能在纤维素疏水区积聚,防止溶解的纤维素分子重新聚集。纤维素和尿素分子自组装的驱动力可能是疏水相互作用。在纤维素溶解过程中,OH^- 破坏氢键,Na^+ 水化离子稳定亲水羟基,尿素稳定纤维素疏水部分。

Hu 等采用表面微溶法,以氢氧化钠/尿素(NaOH/尿素)为纤维素溶剂,在低温下进行表面微溶。在-12℃温度下,仅使用7%NaOH/12%尿素水溶液,可显著改善苎麻织物的毛羽,该方法能使苎麻织物表面的纤维素大分子膨胀,消除毛羽,减少刺痒感。从图 7-7 可以看出,苎麻原纤维表面有毛羽,苎麻纤维经表面微溶解后,纤维间出现明显的黏附现象,织物表面形态发生了变化。由于苎麻织物的分子量较大,在 NaOH/尿素溶剂中浸泡时,苎麻织物的表面区域被溶解,突出的纤维末端急剧减少。苎麻纤维在处理过程中出现了明显的纤维束与纤维间的粘连现象。溶解在织物表面的纤维素大分子被重新凝聚,形成纤维素大分子的覆盖层,防止毛羽的再生。

三、苎麻纤维的液氨处理

苎麻纤维的液氨处理是针对苎麻织物的服用性能进行改性。苎麻织物经过液氨处理后改善了苎麻织物的弹性、手感、柔软性、尺寸稳定性等诸多性能,取得较好

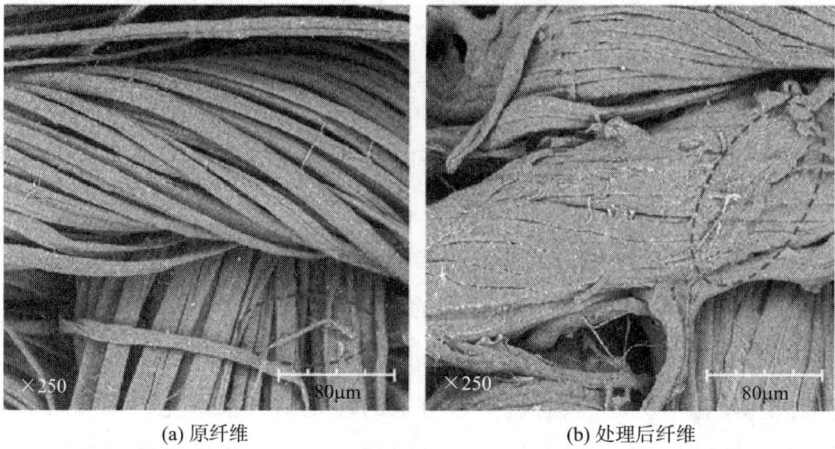

(a) 原纤维　　　　　　　　　　　(b) 处理后纤维

图 7-7　苎麻原纤维和表面微溶处理后苎麻纤维的扫描电镜照片

的效果。液氨是纤维素类物质化学和物理改性的重要工业溶剂。用液氨处理纤维素会破坏纤维素结晶区的分子内和分子间氢键网络,并改变纤维结构的内部层次结构。液氨整理降低了纤维的结晶度和取向度,增加了无定形区,因此,回潮率和小分子可接近性也可以得到改善。由于结晶度降低,杨氏模量也会降低,因此,纤维摸起来更柔软。液氨处理后纤维素形态发生了明显变化,苎麻纤维表面变得光滑,缝隙明显减少,纤维更圆,细胞壁更厚,管腔更小(图 7-8)。

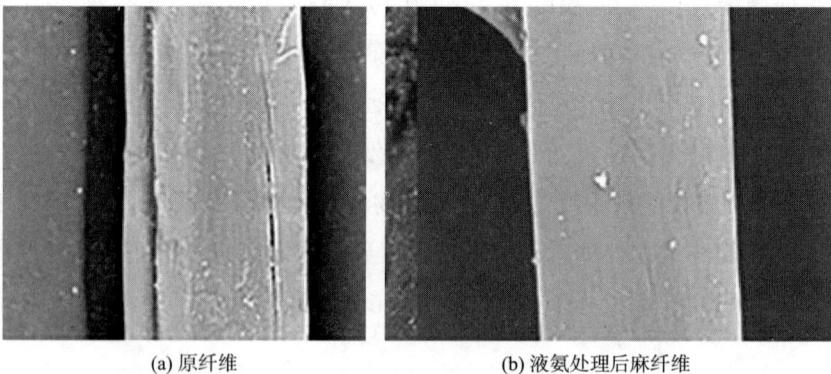

(a) 原纤维　　　　　　　　　　　(b) 液氨处理后麻纤维

图 7-8　苎麻原纤维和纯液氨处理后苎麻的 SEM 照片

　　Wada 等用中子晶体学结合分子动力学模拟研究了纤维素与氨络合物中氢键的排列。当用无水液氨处理时,纤维素 I_α 和纤维素 I_β 均可转化为纤维素与氨的瞬时结晶的二元络合物(氨纤维素 I)。在氨蒸发或用甲醇洗涤时,这种复合物转化为纤维素 III$_I$。纤维素 III$_I$ 可以通过在水或空气中加热重新转化回纤维素 I$_\beta$。

图 7-9 左图是纤维素 I 晶体结构中的 H 键,用虚线表示 H 键。"×"表示纤维素 I 经氨处理后,一部分氢键被破坏。右图显示了氨分子在其电偶极矩附近旋转时,有可能与相邻链中沿 A 轴方向堆叠的 O$_2$、O$_3$ 和 O$_6$ 原子形成瞬时 H 键。电偶极子由一个箭头表示。

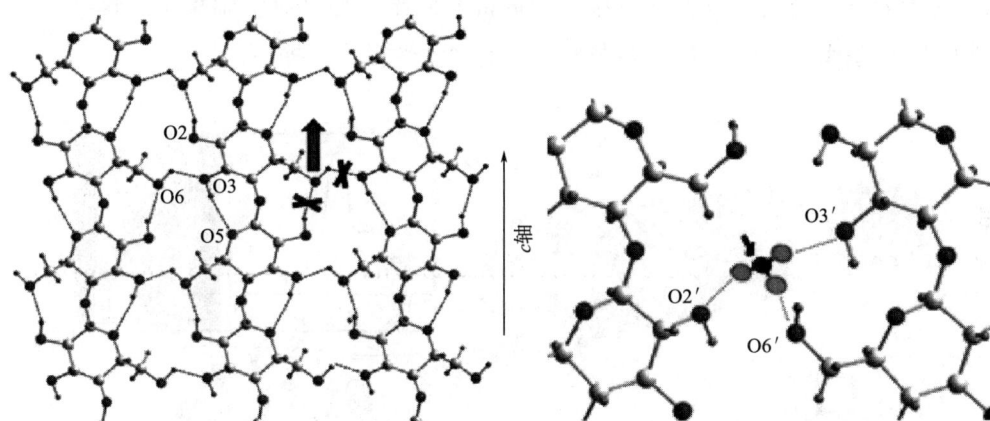

图 7-9　氨与纤维素的相互作用

四、苎麻纤维的阳离子改性

在染色过程中,人们普遍认为,固定在苎麻纤维上的染料分子是通过附近纤维的多孔表面层从溶液中输送到纤维上。因此,染料上染率受传质速率和纤维表面吸附位点的可用性的影响。此外,染料分子和苎麻纤维之间可能的相互作用是静电作用、范德瓦耳斯力和/或氢键。在适当的条件下,通过纤维素中羟基与染料分子之间的亲核取代反应,可形成含卤化 S-三嗪基或其他含氮杂环、共价键的活性染料分子。

苎麻纤维在染料浴中浸泡时,纤维表面会产生许多负电荷,与染料阴离子发生排斥反应,降低染料对纤维的亲电性。因此,固定在原纤维上的染料分子的容量较低。在这种情况下,接枝在纤维上的阳离子基团可以在整个染色过程中充当纤维与染料分子之间的桥梁。阳离子改性后苎麻纤维表面电位降低,染料对改性纤维的亲电性增加,染料上染率提高。

Cai 等以无水液氨为溶剂,用 2,3-环氧丙基三甲基氯化铵(EPTAC)对苎麻纤维进行阳离子改性,在液氨中改性的纤维上含有更多的阳离子基团(图 7-10)。阳离子化反应显著降低了纤维的结晶度和结晶取向。由于纤维在溶剂中的溶胀作用,使纤维表面由粗糙变为光滑、有光泽。在液氨中进行阳离子改性后,纤维的上染率、固色性和耐洗性得到了改善。引起上染的主要原因是阴离子活性染料与阳离子纤维素纤维之间的亲和力增强。未固定染料与阳离子纤维有很强的锚定作用,使其在洗涤过程中保留在纤维结构内部和纤维表面,因此,阳离子改性纤维中染料分子的固定效果更好,染色苎麻纤维的耐洗性得到了提高。

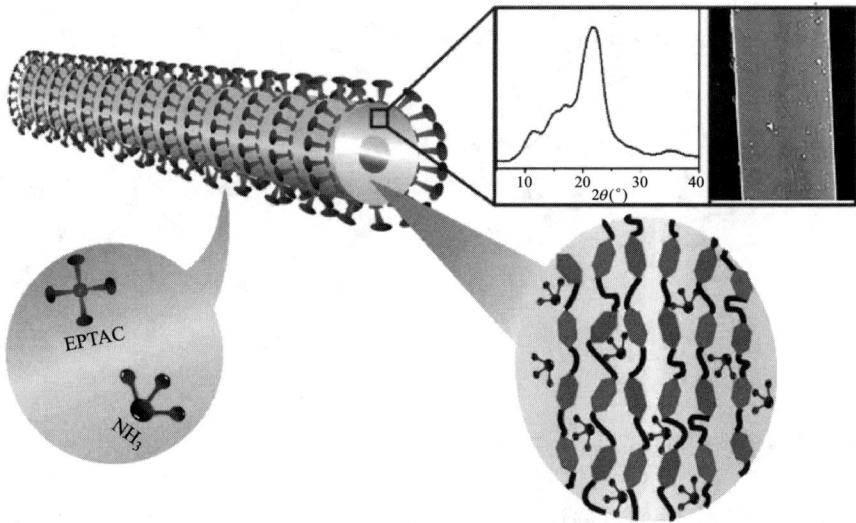

图 7-10　苎麻纤维在液氨中的阳离子改性

Cai 等还研究了纯液氨(99.99%)和溶剂化液氨对染色苎麻纱线的洗涤效率。结果表明,在纯液氨和溶剂化液氨中洗涤的纱线染色后染料去除率低于在水、肥皂液或回流溶液中洗涤的纱线。染色均匀性在可接受的范围内,且具有令人满意的色牢度水平。在纯液氨和溶剂化液氨中洗涤的纱线收缩率相似(9.0%),明显高于水洗(1.8%)、皂液(2.4%)或回流液(2.6%)的样品。用纯液氨洗涤后,所得纱线的拉伸强度和伸长率均有明显提高。在液氨中洗涤的样品比其他洗涤过程具有更平滑的表面形貌(图 7-11)。

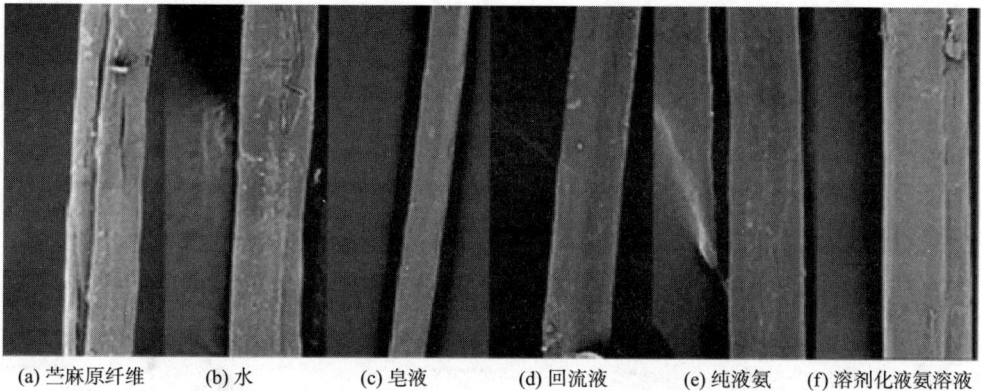

(a) 苎麻原纤维　　(b) 水　　　　(c) 皂液　　　(d) 回流液　　(e) 纯液氨　　(f) 溶剂化液氨溶液

图 7-11　苎麻纤维经不同洗涤后染色 SEM 照片

五、苎麻纤维的酶改性

脱皮苎麻纤维(生苎麻)含有约30%的非纤维素物质,包括少量的薄壁细胞,尤其是黄皮组织,所有这些成分都被称为"树胶物质"。为满足纺纱要求,最终精干麻纤维的残余胶含量应小于3%~6%。在纤维进行梳理和纺纱之前,应除去胶状物,并将纤维束中的纤维分开。与传统方法相比,酶脱胶更快、更具重复性,使用脱胶酶可得到均匀和高质量的纤维。

Mao 等用脱胶剂 RAMCD407 对苎麻脱胶的形态和酶反应过程进行了研究。结果表明,用0.2%NaOH 处理后,在56h 内脱胶完成。最终纤维的残余胶含量为2.84%,断裂强度为5.2cN/dtex。脱胶主要包括吸水和草酸钙簇晶的形成、皮层的去除、胞间层的去除、纤维表面胶的去除四个过程(图7-12)。前两个过程在低酶活性条件下完成,第三个过程与较高的果胶酶活性有关,最后一个过程与较高的果胶酶和木聚糖酶酶活性有关。

Qi 等采用木聚糖酶和漆酶,结合偏光显微镜、荧光显微镜、扫描电镜等手段,对生物脱胶苎麻纤维的内部结构进行了研究。脱胶纤维表面光滑,具有纤维状结构,含有扭曲、节和鳞片等位错[图7-13(a)]。横向结构是多层的(L_1、L_2 和 L_3 层),并且有一个大的压缩腔[(图7-13(b)]。L_1 层是最外层,通过酶处理去除 L1 层后,纤维发生扭曲和开裂,纤维和弯曲的二次细胞壁结构露出。在漆酶处理下,次生壁 L_2 层上有可见的孔,包括细胞壁上的坑状孔和位错区排列的不规则孔[图7-13(c)]。L_3 层是最内层。用酶剥离法,几乎整个 L_3 层与第二壁分离,显示

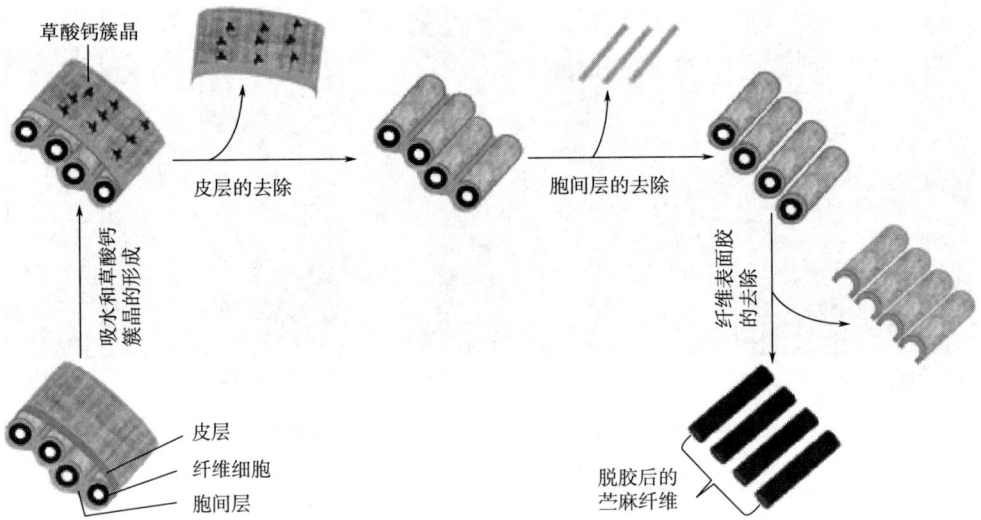

图 7-12　芒麻生物脱胶过程

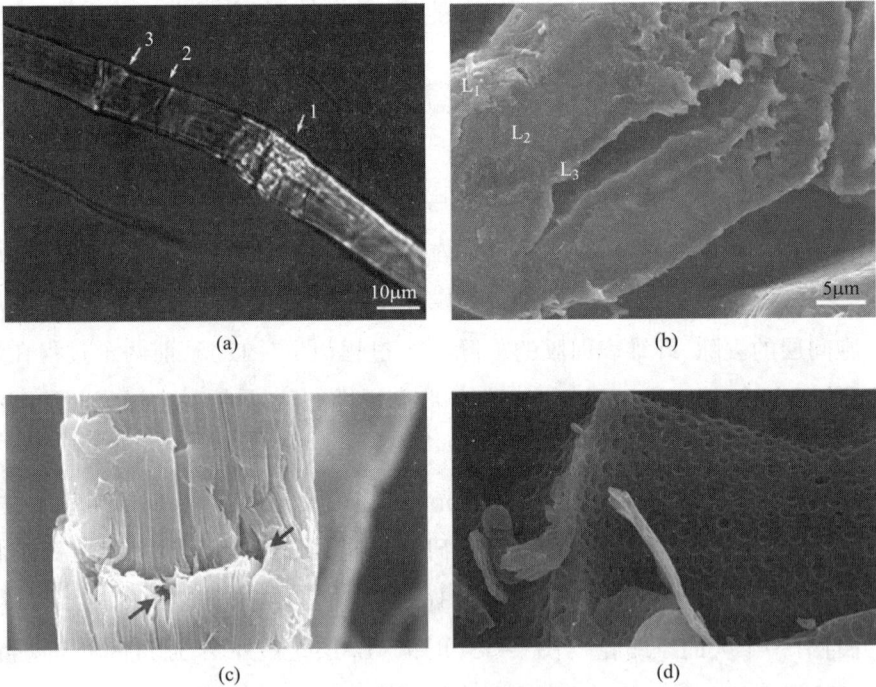

图 7-13　芒麻纤维细胞壁酶促剥离多层孔结构

出一个封闭的、圆的、钝的管端和蜂窝状的内部结构[（图7-13（d））]。蜂窝状的最内层与次壁的孔隙结构共同构成了苎麻纤维特殊耐磨性的物理基础,如收缩性、吸水性和刺痒性。

六、苎麻纤维的乙二胺改性

纤维素超分子结构的形态复杂性对其吸附、膨胀、反应性、染色均匀性和着色能力具有决定性的影响。以染色过程为例,染料分子完全可以接触纤维素的无定形区域。然而,在纤维素结晶相中,染料分子仅限于其表面,因为结构规整、紧密的结晶区阻止了染料分子的进入。因此,为了提高苎麻纤维的可染性,需要对其进行改性。乙二胺是一种廉价的工业助剂,用途广泛。用乙二胺改性棉纤维的方法已有报道。改性后的材料可以螯合多种金属离子,应用于环境保护。

一般来说,染料与苎麻纤维的固定过程包括染料分子从溶液中穿过纤维内靠近溶液的多孔表面层,然后进入纤维。水溶液中的氢氧化物离子渗透到纤维素中,由此形成的纤维素离子与染料分子的活性基团进行亲核取代或加成反应,染料分子的活性基团共价键合到聚合物上。活性染料能与改性纤维的活性基团发生反应,提高纤维的可染性。

Liu等通过苎麻纤维上羟基与环氧氯丙烷、螯合剂的顺序反应,将螯合分子乙二胺引入苎麻纤维表面。首先用环氧氯丙烷交联剂,将苎麻纤维中的羟基转化为活性中间醚基,再与乙二胺反应接枝到纤维上（图7-14）。改性后的纤维具有与羊毛相似的特性,染料上染率显著提高,活性染料分子与胺基通过共价键结合。

苎麻改性前后的染色性能对比如图7-15所示。氮含量与染料吸收之间的关系如图7-15（a）所示。刚开始染料的上染率随着氮含量的增加几乎呈线性增加。然后,随着氮含量的进一步增加而趋于平稳。因此,通过改变纤维的改性程度,可以方便地控制苎麻纤维的染色强度和上染率。

苎麻纤维改性后性能变化很大。一般来说,改性后纤维的拉伸断裂强度降低,断裂伸长率增加,断裂比功增加,初始模量降低,勾结强度和勾结伸长率增加。弹性回复性增加,卷曲性能和摩擦系数增加,提高了纤维的可纺性能,纤维的染色性能也得到改善。

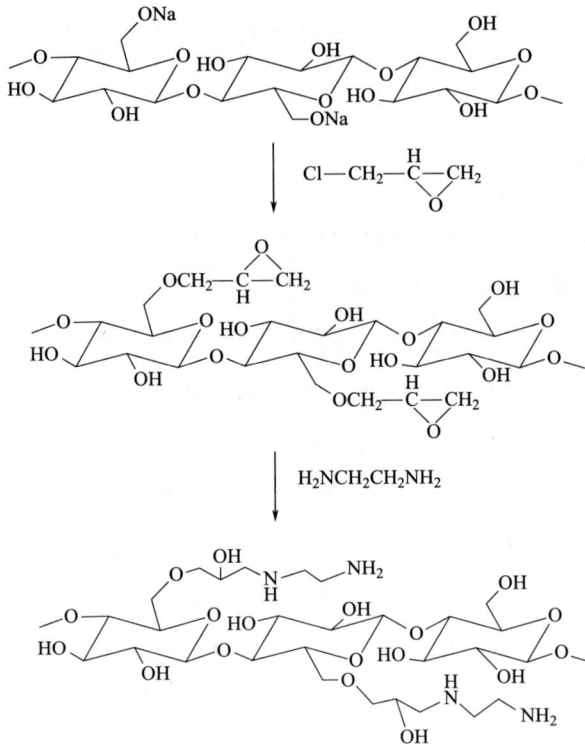

图 7-14　苎麻纤维改性的反应过程

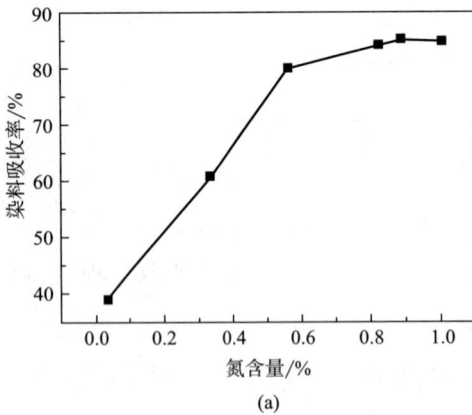

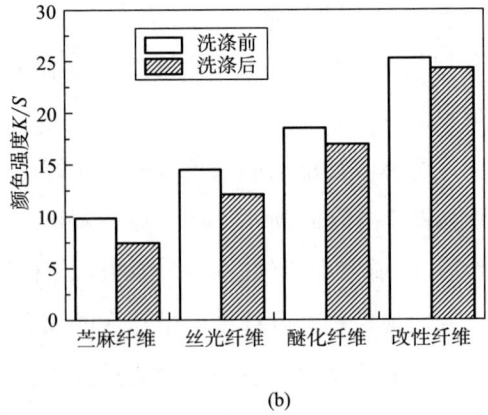

图 7-15　苎麻改性前后的染色性能变化

第二节　苎麻纤维素纳米材料

在过去几十年的应用中,人们对可持续自然资源的利用产生了前所未有的兴趣,因为它们有潜力制造出许多对环境影响较小的高价值产品。在这一背景下,纤维素纳米材料(CNMs)被认为是一种候选材料,受到了学术界和工业界的广泛关注。纤维素纳米材料包括纤维素纳米纤维(CNF)、微纤化纤维素(MFC)、微晶纤维素(MCC)、纤维素纳米晶(CNC)和纳米晶须(CNW)等,具有可再生性、可生物降解性、无毒性、比表面积大、长径比大、表面化学性质适应性强、力学性能优良等优点。这些特性使其在聚合物复合材料中作为增强体和杂化材料的应用成为可能,为包装材料、吸附材料、伤口敷料和组织工程提供轻量化产品。此外,CNMs 的生物惰性、表面可裁剪性和高水结合性,使其在石油钻井泥浆、化妆品、流变改性剂和药物输送系统等多功能材料的制备中作为添加剂应用。

一、苎麻纤维素纳米材料的制备

苎麻纤维素纳米材料(CNMs),特别是纤维素纳米晶(CNC)和纤维素纳米纤维(CNF)(图7-16),可以通过不同的工艺来制备出具有独特结构和物理化学性质的材料,这些材料在不同领域得到了开发和应用,如生物医学、传感器、废水处理、纸和纸板/包装工业等。CNC 是细长的棒状或针状纳米颗粒,其宽度为 5~20nm,长度为 50~350nm,长宽比为 5~30,弯曲强度约为 10GPa,高达 7.5GPa 的拉伸强度和150GPa 的杨氏模量。CNF 通常被定义为主要通过机械化学处理获得的纳米尺度的纤维组成的纤维素纳米材料。CNF 由直径为 5~30nm、长达数微米的聚集纳米纤维组成。虽然木材是 CNF 生产中最常用的资源,但苎麻因其生长周期短、易脱除木质素等优点而被认为是替代资源。

CNMs 的提取可分为两个主要步骤:预处理和精制。预处理通常用于去除非纤维素纤维杂质;精制步骤是将纯化纤维素水解成纳米组分。预处理是 CNFs 生产的关键,预处理将解纤过程的能耗大幅降低,从而实现了大规模生产。根据纤维来源、生产条件和具体质量要求,采用酶或化学预处理和机械处理的组合。由此产生的纤维由非晶和晶体组成,直径为 10~100nm,长度达到微米以上。

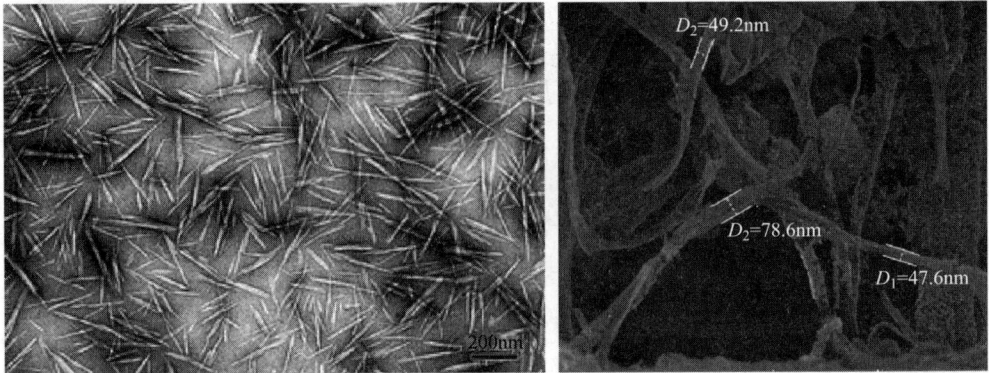

图 7-16 苎麻纤维素纳米晶 CNC 和纳米纤维(CNF)的电子显微镜照片

(一)酸水解处理

酸水解法是从不同来源的纤维素提取 CNC 最常用的方法。除此以外,它还可用于提高纯化纤维素(如 MCC)的质量。纤维素中的无定形区易受酸侵蚀,从而促进糖苷键的水解裂解并释放单个微晶。这是由于无定形区和结晶区之间水解动力学的差异导致无定形区沿纤维素链选择性裂解,从而留下细长的结晶颗粒的结果。CNMs 的尺寸和/或结构取决于纤维素来源,以及酸水解过程的条件,如时间、温度、酸浓度和酸的性质。例如,稀释酸(1%~10%,质量分数)通常用于预处理,它将半纤维素水解成其单体单元。在浓酸溶液(30%~70%)的情况下,可以用更低的温度和更短的时间来分离高度结晶的纤维素颗粒。

硫酸和盐酸是提取 CNCs 的常用酸。尽管矿物酸易于操作以获得所需的形态和/或尺寸,但仍有一些缺点需要解决,这些缺点包括设备腐蚀、大量用水和产生大量低产废物。其他酸,如氢溴酸、磷酸以及磷钨酸都有研究报道。磷酸可以产生高度热稳定性的 CNC,其产率可达到 70%~80%,具体取决于水解条件。然而,规模扩大到工业生产时,磷酸化学回收的经济性有待证明。一些报告表明,使用磷钨酸分离 CNMs 是解决低收率的合理解决方案之一。实验结果表明,该方法的收率可达 60%以上,酸可回收再利用,用于提取 CNMs。与此程序相关的主要问题包括水解时间长、使用乙醇洗涤(可能比水昂贵)、静置 12h 以上后的 CNMs 絮凝以及使用乙醚回收酸和 CNMs。在磷钨酸水解过程中使用机械化学活化可将产率提高到88%,这证明了工业化生产的可能性。与硫酸水解相比,所得 CNC 的热稳定性也得到改善,最大降解温度从 338℃提高到 348℃。

最近,有机酸如马来酸、甲酸和草酸也被报道为替代酸,有机酸水解可制备出具有较高产率的热稳定羧化 CNCs。此外,有机酸可以通过低温结晶过程进行回收和再利用,以实现可持续和经济的生产。

(二)酶水解处理

酶水解被认为是二次预处理或精制步骤。将预处理过的纤维素引入单组分或多组分的酶中,以促进原纤化过程。尽管与酸水解相比,酶水解产生的 CNMs 不太稳定,但这一过程更环保,并导致高结晶颗粒的分离。这一过程的原理与传统酸水解处理相似,但在此过程中,酶负责打破非晶态结构的糖苷键以产生 CNMs。纤维素酶是一种活性成分的复合物,即内切葡聚糖酶、外切葡聚糖酶和纤维蛋白水解酶。这些酶在水解过程中起协同作用。内切葡聚糖酶很少攻击无定形结构,而外切葡聚糖酶从还原端或非还原端攻击纤维素链。纤维蛋白水解酶主要从 C_1 或 C_4 端起作用。

尽管该方法具有良好的生态友好性,但其低收率和长时间的水解处理仍然需要进一步的验证以提高其效率。此外,酶的活性取决于温度和孵育时间等变量,因此很难控制水解程度。尽管如此,Bauli 等的研究证明,酶水解可用于预处理(即漂白)和未处理的木材废料,以提供高度结晶的 CNMs。

(三)氧化处理

使用强氧化剂,如高碘酸钠、过硫酸铵(APS)和 2,2,6,6-四甲基哌啶-1-氧基(TEMPO),氧化含纤维素的原料促进了均质棒状 CNMs 的分离。TEMPO 氧化法依赖于选择性地氧化伯醇(C_6-伯羟基)成羧酸基,羧基进而离子化从而削弱纤维素纤维之间的氢键。这导致生产 CNF 所需的能量减少,因为纤维很容易分解成纳米纤维。得到的纳米纤维含有大量的羧酸基团,可以进一步进行功能化,并在精制过程中保持聚合度(DP)不变。该工艺的缺点是所用水量大、费用高,以及腐蚀性和所用化学品的毒性。此外,氧化过程中还会产生 C_6 醛类和 C_2/C_3 酮类等有毒化学物质。

由于过硫酸胺(APS)低毒、高水溶性和低成本等特点,具有广阔的应用前景。与 TEMPO 超声辅助法(TO-CNC)相比,APS 一步萃取法(AOCNC)具有较高的结晶度和较好的热稳定性,但产率较低。两种情况下氧化剂含量的增加导致 CNCs 表面引入大量羧基。总的来说,与传统的无机酸水解方法相比,使用强氧化剂的产率较高。但是,它消耗了大量的氧化剂,反应时间较长,氧化剂价格昂贵,影响了

CNMs 的价格。

(四)离子液体处理

离子液体(ILs)是由阴离子和阳离子组成的液体,具有化学稳定性和热稳定性,不易燃,蒸气压低。ILs 对纤维素颗粒分离过程中木质素的溶解具有重要意义。ILs 是可回收的,解决了萃取过程的环境问题。

ILs 离子通过打断纤维素分子内和分子间氢键促进了晶体颗粒的裂解。Mao 等通过 1-丁基-3-甲基咪唑硫酸氢盐([BMIM]HSO$_4$)介导两步水解(即在常温下溶胀 24h,在 100℃ 下水解 12h),通过 MCC 生产高结晶 CNCs(76%),收率约为 76%。Abushammala 等首先报告使用 1-乙基-3-甲基咪唑乙酸酯([EMIM][OAc])从木材中提取 CNC。结果表明,可获得宽度为 2~5nm、长度为 75~125nm 的高度结晶(74%)的乙酰化棒状颗粒。虽然采用两步法,但仍能回收 95% 的离子液体。

(五)均质化处理

1983 年,Turbak 和 Herrick 等首次从木浆中分离出直径小于 100nm 的 CNF。从那时起,均质机被用来从各种各样的原料中提取 CNF[图 7-17(a)]。在这个过程中,纤维素悬浮液通过两个阀座之间的一个小间隙,并施加高压。随后,缝隙间产生的高剪切力导致纤维素纤维的纤化。该工艺的主要问题是高能耗和堵塞。尽管如此,均质化工艺有利于 CNF 的大规模生产。人们采用了不同的预处理来降低能耗,在均质化之前减小纤维尺寸以避免机械堵塞。

(六)微流控处理

微流控处理是将浆液通过 Z 形或 Y 形室,增强泵施加高压以使纤维因碰撞和通道产生的剪切力而分离,通道尺寸为 200~400μm,如图 7-17(b)所示。能耗高,堵塞严重也是此技术的两个主要问题。纤维素浆液的预处理降低了能源消耗。而由于该技术没有在线运动部件,因此,可以通过反向流经腔室来解决堵塞问题。

(七)研磨处理

在研磨过程中,将纤维素浆液通过超级胶体研磨机[图 7-17(c)]分离 CNF。浆液通过静止和旋转的磨盘之间来研磨纤维,这会产生高剪切力,从而使细胞壁结构和纤维素键断裂。磨盘之间的间隙可以根据原材料的类型进行调整,以获得所需的结构。该工艺具有效率高、容量大、能耗低、不易堵塞等优点,在工业生产中具有一定的适用性。然而,由于机械力的作用,纤维的损伤导致 CNF 的结晶度、热稳

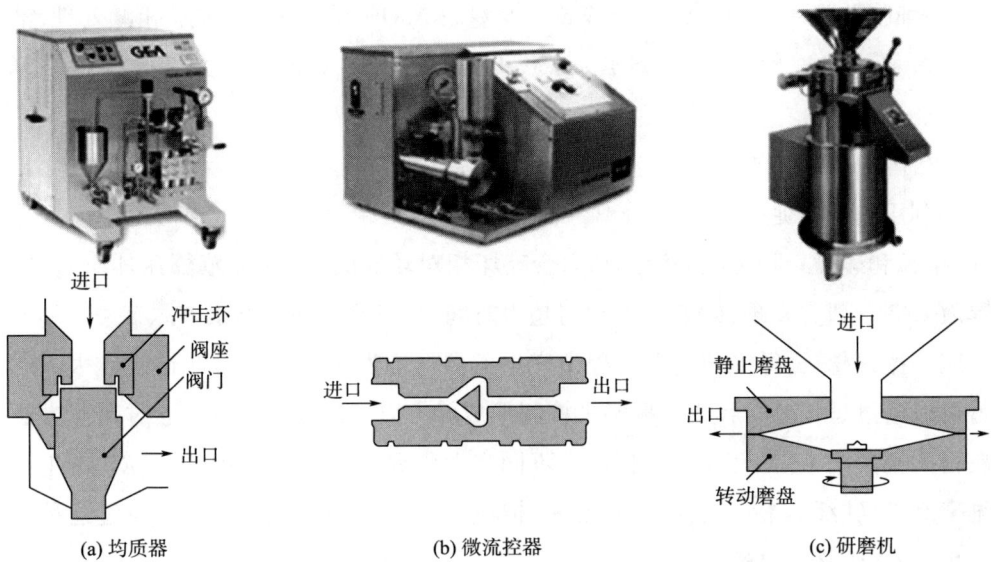

(a) 均质器　　　　　(b) 微流控器　　　　　(c) 研磨机

图 7-17　CNF 生产的机械及其工作原理

定性和物理强度都很低,因此,一次性研磨处理可以避免 CNF 的损坏。

(八)球磨处理

在球磨中,含有纤维素的原料被放置在一个中空的圆柱形容器中,容器的旋转会引起球和纤维之间的碰撞,从而导致纤维化。研究发现,球径的选择是促进纳米纤维纤化的关键。使用小球并没有足够的冲击能量,而大球的冲击能量很高,会破坏纤维形成颗粒。球磨时间和球—浆质量比是影响碰撞次数的主要因素,碱预处理削弱了纤维间的氢键,从而促进了 CNF 的提取。通过对球磨条件的严格控制,可以获得高尺寸均匀性、平均纤维直径小于 100nm 的 CNF。

据报道,干法研磨会使纤维黏附在研磨介质上,因此难以生产尺寸分布窄的CNF,而湿法研磨可在 3h 后生产直径小于 500nm 且粒度分布窄的 CNF。尽管这种方法可获得较高的生产率,但是对 CNF 尺寸的控制非常有限,对需要可靠和一致数据的工业生产来说更加困难。此外,要获得分布直径较窄的 CNF,需要延长球磨时间,从而导致 CNF 的污染。

(九)低温破碎处理

另一种分离 CNF 的方法是冷冻粉碎。这一方法首先在液氮中冷冻润胀的纤维素纤维,然后通过机械研磨粉碎。在高剪切力的作用下,冰晶对细胞壁的压力释放,使细胞破碎释放,形成 CNF。Wang 等利用 NaOH 预处理、酸水解和碱处理,然后在液氮中冷冻粉碎,高压纤化,以获得宽度在 30~100nm 的大麻纤维素纳米纤维。

(十)超声波处理

利用超声波促进 CNF 的分离,换能器产生的高频超声波导致水溶液中气泡形成、生长和碰撞。超声波的流体动力会破坏相对较弱的界面(如范德瓦耳斯力)以释放 CNF。研究发现,CNF 的形貌与超声时间、功率输出和纤维素来源有关。超声时间和振幅越长,纤维与超声过程中产生的微气泡发生反应的可能性就越大。尽管可以通过延长时间和改变振幅来控制形成的 CNF 的形态,但通常通过超声方法获得的聚集态 CNF 尺寸分布较广。不同来源的原料,如木材、竹、香蕉皮、再生纤维素纤维、纯纤维素纤维、微晶纤维素、棉花、苎麻和大麻纤维,都可以通过这种方法生产 CNF(图 7-18)。

(十一)挤压处理

挤出机包括进料区、混炼区和加热区,可获得较高的剪切力、温度和压力。通过改变螺杆转速、螺杆配置、螺杆长径比、温度、进给速度和模具形状/尺寸等参数来控制最终产品的形态和结构。挤出次数越多,原纤化效果越好,然而,聚合度、热稳定性和结晶度下降较多。此外,在这种处理中,纤维素纤维被两个同向旋转的螺杆对固体纤维素施加高剪切力而原纤化,纤维的损伤和/或降解导致力学性能较差。这种处理的优点是固体纤维含量高(33%~45%),可以分解成高质量的 CNF。这种工艺的优化可以使 CNF 具有不同的尺寸,从而可以在纳米复合材料中应用。与水悬浮液相比,固体形式的 CNF 在运输和储存方面具有优势。不过,在需要悬浮液的其他工业应用中,使用该技术时必须考虑在溶剂中的再分散。

(十二)蒸汽爆炸处理

这一过程被称为热机械处理,最早由梅森于 1927 年引入,将木材原纤化成纤维,用于板材生产。在该方法中,将原料置于加压蒸汽中,然后突然减压,导致木质纤维素结构发生实质性破坏、半纤维素水解、木质素解聚和纤维素原纤化。蒸汽通过扩散穿透原料,压力产生的高剪切力导致糖苷和氢键断裂,释放出纤维素纳米纤维。蒸汽爆炸法有对环境影响小、能耗低、设备腐蚀小、使用危险化学品少等优点。然而,所产生的 CNF 的不均匀性和质量差的问题仍然需要解决。此外,过程中还需要使用高温(100~250℃)。

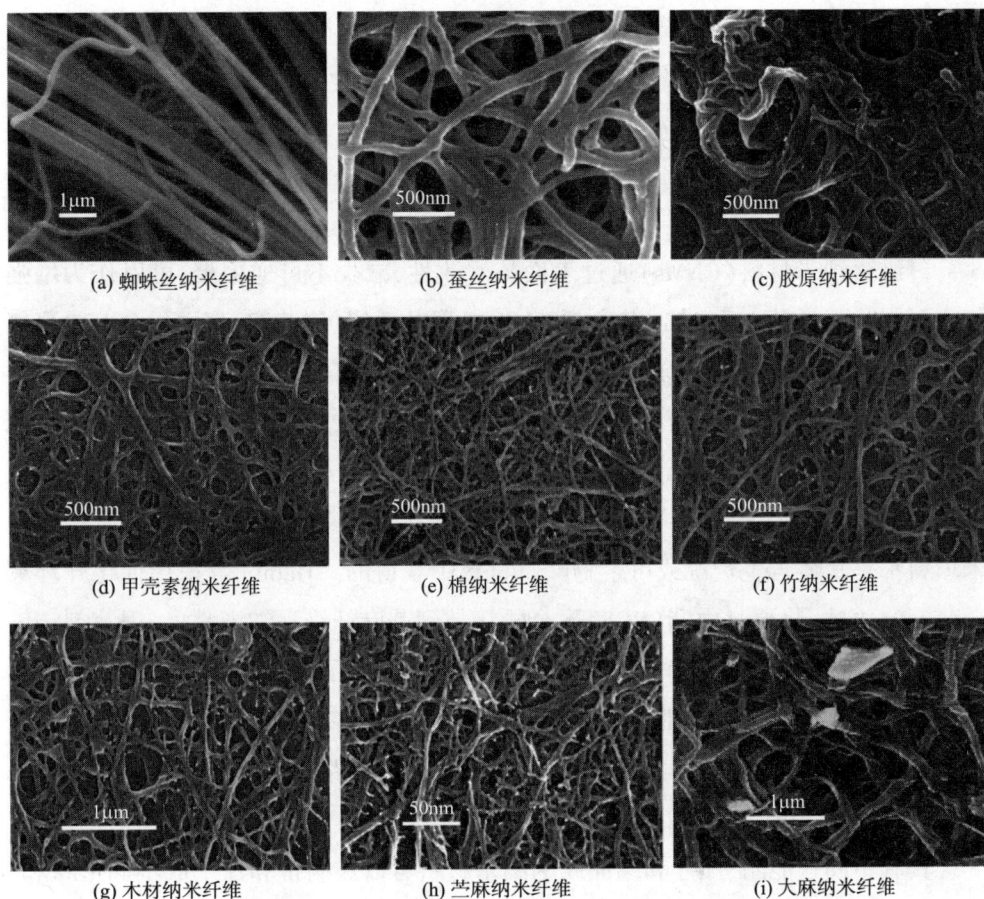

(a) 蜘蛛丝纳米纤维　　　(b) 蚕丝纳米纤维　　　(c) 胶原纳米纤维

(d) 甲壳素纳米纤维　　　(e) 棉纳米纤维　　　(f) 竹纳米纤维

(g) 木材纳米纤维　　　(h) 苎麻纳米纤维　　　(i) 大麻纳米纤维

图 7-18　典型天然材料通过超声波在水中提取的纳米纤维扫描电镜照片

（十三）其他 CNMs 分离方法

由于水是最便宜的低腐蚀试剂，从生态和经济的角度考虑，使用水的方法是非常重要的。亚临界水水解也被报道为提取 CNC 的绿色方法。在 120℃ 和 20.3MPa 下使用亚临界水水解 60min，可形成高度结晶（79%）的棒状 CNC，产率为 21.9%。所得 CNC 的长度为（242±98）nm，宽度为（55±20）nm，热降解起始温度比天然纤维素高 15℃。

过渡金属催化水解工艺也被认为是提高产率的可行方法。Chen 等采用过渡金属 $Cr(NO_3)_3$ 催化水解工艺，CNC 的最高收率为 83.6%±0.6%。此外，CNC 的结晶指数和热降解起始温度分别为 87% 和 344℃。Hamid 等利用钨酸作为催化剂，通过超声波处理生产纤维素纳米纤维，可以缩短时间，这是由于酸和超声能使糖苷键质子化的协同作用。据报道,225W 的超声功率在 10min 内可得到直径在 15 ~ 35nm 的棒状颗粒,收率为 85%。

二、苎麻纤维素纳米材料的应用

(一)复合材料方面

纤维素纳米材料(CNMs)通过表面疏水改性,减少不可逆团聚,可以作为增强复合材料与丙烯腈-丁二烯-苯乙烯(ABS)、聚苯乙烯、聚乙烯、聚丙烯(PP)、聚氯乙烯(PVC),聚氨酯(PU)复合。目前,有研究将 CNMs 用于汽车部件(如座椅泡沫、车门面板、引擎盖、控制台基板和线束)用聚合物中,目标是减轻重量,从而降低油耗。生物纳米复合材料是一类由聚合物基体组成的材料,其由纤维或在纳米尺度上具有至少一个维度的粒子增强而成。真正的生物纳米复合材料,基质相和纳米填料都是从可再生资源或可生物降解材料中获得的。Habibi 等采用催化开环聚合(ROP)方法,将聚己内酯(PCL)聚合物接枝到苎麻纤维素纳米晶上,用溶剂浇铸法制备了生物纳米复合材料。苎麻纤维素纳米晶保持了其初始形态完整性和天然结晶性。在杨氏模量和储能模量方面有了显著的改善。这些优点为 PCL 接枝纤维素纳米晶在纳米生物材料领域的潜在应用铺平了道路。

(二)医学方面

具有不同官能团、尺寸和结晶度的纳米材料可以被制备和加工成不同形状和/或结构。功能化的易用性显示了 CNMs 在器官修复或替换、药物递送、医疗植入物、牙科填充物、医疗诊断和器械等医学应用中的潜力。

(三)催化剂方面

近年来,具有可裁剪表面和高比表面积的 CNMs 已成为一种新型的纳米催化剂载体和胶体稳定剂。在这种情况下,CNMs 不仅可以作为载体,而且可以提高纳米催化剂的胶体稳定性,从而避免其不可逆聚集。此外,使用这些材料增强的胶体避免了纳米粒子的"中毒"和失活。采用水热法将 $NiFe_2O_4$ 引入 CNF 表面,120min 后可获得 98% 的染料降解催化效率。最近,在金属盐和抗坏血酸的存在下,采用绿色固态合成工艺路线,将冷冻干燥的纳米金和银成功地沉积在 CNC 上,并增强了 4-硝基苯酚催化还原为氨基苯酚的能力。

(四)电池方面

在过去的几年里,能源收集引起研究界的极大兴趣。CNMs 由于其机械稳健性和光学清晰度作为光电池的一部分被纳入研究中。Nogi 等通过浸银纳米线制备具有优异导电性的含银纳米线的透明柔性纳米纤维纸。纤维素纳米材料作为能量收集装置的重要组成部分,在不同的机械运动中显示出巨大的潜力,如振动、旋转、直线滑动、手指打字、风、波等。

(五)环保方面

CNMs 有潜力作为不同污染物的吸附剂,利用 CNMs 的大比表面积和可用羟基去除镉(Ⅱ)、铅(Ⅱ)和镍(Ⅱ),有研究记录的吸附量分别为 9.70mg/g、9.42mg/g 和 8.85mg/g。此外,具有高透明性和低密度的纤维素纳米材料在包装应用中显示出巨大的潜力。与传统的包装材料(如石油基塑料)相比,CNMs 有望在生物降解性、可再生性和无限可再生资源的可利用性方面应用于包装工业。CNFs 还显示出部分替代纸涂料中的黏合剂的潜力,不仅可以改善整体外观,还可以降低产品的整体价格。

第三节　苎麻纤维复合材料

复合材料是一类由两个或两个以上具有显著不同物理和/或化学性质的不同组分组成的材料。复合材料具有增强的力学性能(相对于基体的力学性能)和/或新的功能。通常,复合材料包含一个强而硬的成分,即增强体,嵌入一个较软(相对于增强体)的基体中。这样,复合材料的强度特性介于增强体和基体之间(图 7-19)。

许多天然材料是复合材料。例如,木纤维由嵌入木质素和半纤维素的无定形基质中的纤维素微纤维构成;骨骼和牙齿由胶原基质中的无机晶体构成。根据所用基体的类型,复合材料可分为三类:聚合物基复合材料、金属基复合材料和陶瓷基复合材料。大多数人造复合材料都使用热固性树脂和聚合物,比如,不饱和聚酯、酚醛树脂、环氧树脂和橡胶,以及热塑性聚合物,如聚乙烯、聚丙烯、聚氯乙烯和聚环氧乙烷。由于对可持续性和环境保护的日益关注,人们已经努力生产基于可生物降解的聚合物复合材料,如淀粉、纤维素、聚乳酸、聚羟基丁酸酯以及聚羟基辛酸盐。复合材料可以利用增强体和基体的特性来实现显著的性能改进,特别是强度的增强。

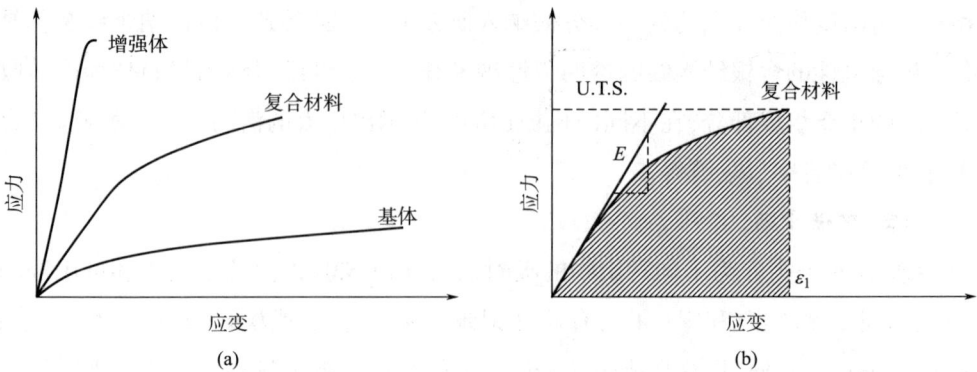

图 7-19 增强体、基体和复合材料的强度特性(a)和从应力—应变曲线(b)
获得的物理特性示意图

U.T.S—极限抗拉强度;ε_f—失效应变;E—弹性模量;应力—应变曲线下的阴影区域为材料的韧性

复合材料中的增强体在结构上可分为机织物、连续纤维、短纤维和颗粒物,或根据其物理尺寸,从形态学上分为宏观、微观或纳米级。传统的复合材料使用宏观的布或纤维,或微观的短纤维作为增强体。纳米复合材料中的增强体在纳米范围内至少有一个维度,通常小于100nm。纳米增强体的加入可以改善复合材料的性能,因为纳米增强体具有较高的比表面积(数百 m^2/g 的材料)。

聚合物复合材料的强度取决于四个因素:基体的性质、增强体的性质、增强体—基体的相容性和相互作用以及对于短纤维或颗粒增强体系,增强体在基体中的分散性。在经典的复合材料中,界面相互作用是将它们黏结在一起的必要条件。最常见的相互作用是范德瓦耳斯力,其他的包括静电吸引、化学键、分子纠缠和机械联锁。

一、纤维素纤维增强复合材料

纤维素是世界上含量最丰富的天然有机化合物,占植物性物质的 1/3 以上。苎麻纤维是一种多糖,含有数百到数千个 β-1,4 连接的 D-葡萄糖单元。由于纤维素上存在多个羟基,氢原子和氧原子之间在分子内和分子间形成了许多氢键。因此,纤维素链被这些力牢牢地抓住,形成微纤维。对于完美的纤维素晶体,理论预测的弹性模量和拉伸强度分别为 150GPa 和 10GPa,与芳纶(Kevlar)相当。

纤维素材料的优点是生物可降解、资源丰富、可再生、低成本。另外,纤维素还有高比强度和模量,天然植物纤维素纤维的最大宏观杨氏模量为128GPa;由于纤维的中空结构,具有较高的消声性能、低密度和活性表面。

　　然而,天然纤维增强复合材料在工业上的应用并不广泛,主要原因包括三个方面:一是纤维素纤维具有极性和亲水性,与非极性和疏水性的热塑性塑料不相容;二是加工温度限制了纤维素纤维与聚乙烯、聚丙烯、聚苯乙烯、聚氯乙烯等主要工程塑料的复合;三是纤维素纤维增强复合材料具有吸湿性和膨胀性,导致力学性能下降。

(一) 短纤维增强复合材料

　　苎麻纤维及其CNC可作为短纤维增强复合材料中的增强元素。例如,通过热塑性塑料的注射成型或挤出成型,从而实现大规模生产。在热固性橡胶基体中,纤维素纤维显示出比玻璃纤维或碳纤维更好的增强潜力。这可能是因为在加工过程中,柔软的纤维素纤维比易碎的玻璃纤维或碳纤维损伤小。

　　当CNC含量较高时(>5%),考虑到CNC的高比表面积和大量可用的羟基,CNC颗粒之间很可能形成氢键,从而导致CNC网络的发展。渗流理论常用于CNC纳米复合材料的分析。渗流是一种统计理论,可用于任何涉及大量可能相连粒子的系统。在这样一个系统中,有一个阈值体积分数将系统分成两种状态,即CNC要么是单独的,要么是相连的(图7-20)。根据这一理论,CNCs在纳米复合材料中形成的刚性网络是导致其强度显著增强的主要原因。

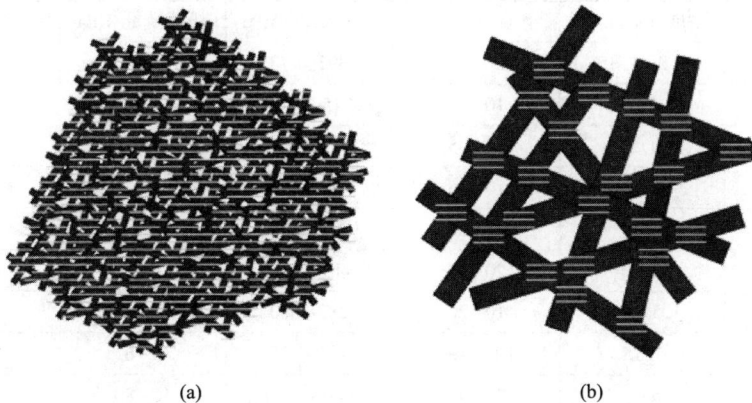

(a)　　　　　　　　　　　　　　(b)

图7-20　(a)细菌纤维素(纳米尺寸网络)与(b)纤维素纸

(微尺寸网络)中广泛氢键的示意图

合成纤维有特定的性能范围,而天然纤维的性能因植物的来源、位置、年龄和加工过程的不同而不同。就来源而言,纤维可从动物或植物中获得,天然植物纤维可分为叶、韧皮部、种子和果实来源。表7-1给出了一些可用于复合材料的商业重要纤维的生产及其来源。

表7-1 商业上重要纤维的生产和来源

纤维	属	世界产量/($\times 10^3$ t)	来源
木头	>10000种	1750000	茎
竹子	>1250种	10000	茎
棉绒	棉	18450	果实
黄麻	黄麻	2300	茎
红麻	木槿	970	茎
亚麻	亚麻	830	茎
剑麻	龙舌兰	378	叶子
大麻	大麻	214	茎
椰子壳	椰子	100	果实
苎麻	苎麻	100	茎

表7-2给出了天然纤维及其物理性能的一些例子。为了比较,还列出了一些典型的化学纤维的性能。

表7-2 某些天然植物纤维的物理性能及其与化学纤维的比较

纤维	密度/(g/cm³)	直径/μm	抗拉强度/MPa	杨氏模量/GPa	断裂伸长率/%
黄麻	1.3~1.45	25~200	393~773	13~26.5	1.16~2.0
亚麻	1.5	10~25	345~1100	27.6	2.7~3.2
大麻	1.5	25~35	690	15~23	1.6
苎麻	1.5	10~25	400~938	61.4~128	1.2~3.8
剑麻	1.45	50~200	350~640	9.4~22	3~7
菠萝叶	1.5	20~80	413~1627	4.2~82.5	1.6~4
棉花	1.5~1.6	10~20	287~800	5.5~12.6	7~8
椰子壳	1.15	100~450	131~175	4~6	15~40
木牛皮纸	0.6~1.1	20~40	980~1770	10~80	1~4
无碱玻璃	2.5	8~15	2000~3500	70	2.5
芳纶	1.4	15	3000~-3150	63~67	3.3~3.7
碳	1.7	5~100	2400~4000	230~400	1.4~1.8

（二）纤维素纤维增强复合材料的表面处理

纤维素纤维基复合材料中一个非常常见的问题是纤维和聚合物的相容性,因为纤维具有高度的极性和亲水性,而大多数聚合物是非极性和疏水的。为了解决这个问题,纤维表面可以根据要使用的聚合物基质采用物理、物理化学或化学方法进行表面改性处理。理想情况下,改性需要限制在表面羟基,以保持纤维的完整性,从而保持其机械强度。

1. 物理方法

物理方法,如拉伸、浮刻和热处理改变纤维的结构和表面性质,以增强与聚合物基体的机械结合,而不改变纤维的化学成分。在 Boufi 和 Gandini 进行的一项研究中,开发了一种新的方法,即用聚合物薄套筒包裹纤维素纤维,而不与纤维表面发生任何化学作用。这是通过将阳离子表面活性剂吸附到悬浮在水中的纤维上形成外加剂(吸附胶束)结构,然后在疏水双层中聚合不溶于水的单体,如苯乙烯和丙烯酸酯来实现的。自由基聚合在纤维周围形成一层薄薄的聚合物涂层,可以用电子显微镜和 FTIR 进行检测。这些薄薄的涂层显著地改变了纤维素纤维的性能。例如,聚苯乙烯涂层的存在使得接触角从 30° 增加到 90°,表面性质由酸性变为两性。

2. 物理化学方法

物理化学处理可以净化、氧化和/或活化纤维表面。其中包括电晕处理、等离子体处理、真空紫外处理和 γ 射线处理。

(1)电晕处理。这项技术可以通过稍微提高表面能来改善材料的结合特性。Sawatari 等研究了滤纸、再生纤维素膜、热机械浆手抄纸及针叶木漂白硫酸盐浆手抄纸的电晕处理。X 射线光电子能谱(XPS)分析结果表明,该处理在基底表面生成羰基和羧基,可用于后续的接枝反应。

(2)等离子体处理。在过去的几十年里,冷等离子体化学已经被用来通过在气相中使用特定的分子来修饰各种材料的表面,特别是聚合物。该技术在纤维素中的应用始于提高棉花的润湿性以及纸层压板和聚烯烃之间的黏合力。等离子体还可以在纤维素表面产生自由基,从而引发接枝聚合。

(3)真空紫外处理。这种方法很少用于纤维素的表面改性。Kato 等用这种方法氧化纤维素纤维,将羰基和羧基引入纤维表面,并将这种方法的效率与传统技术,如铬酸氧化法、硝酸氧化法、臭氧氧化法和过氧化氢氧化法进行了比较。他们的结论是,真空紫外法的效率与铬酸和硝酸相当,优于臭氧和过氧化氢。与使用酸的湿法处理相比,真空紫外辐照法更清洁环保,并且不改变纤维的力学性能。

(4)γ射线处理。γ射线具有很高的能量,因此,用它处理纤维时会引起纤维素的降解。然而,可以用碱对纤维素纤维进行预处理来限制降解,这可以通过自由基重组(即交联)实现链式耦合。由于这种处理方法需要高能量,所以用于纤维素纤维的表面改性不适合或不经济。

3. 化学改性方法

化学改性方法是目前研究和应用最广泛的纤维素表面改性方法。它们可分为两大类:表面增容和共聚合。在第一类中,主要思想是在纤维素纤维表面的羟基和具有一种或多种—OH反应功能的分子或大分子试剂之间进行简单的偶联反应。这些试剂能沿聚合物链的单一或多个位置反应。图7-21显示了这些类型的一些试剂。

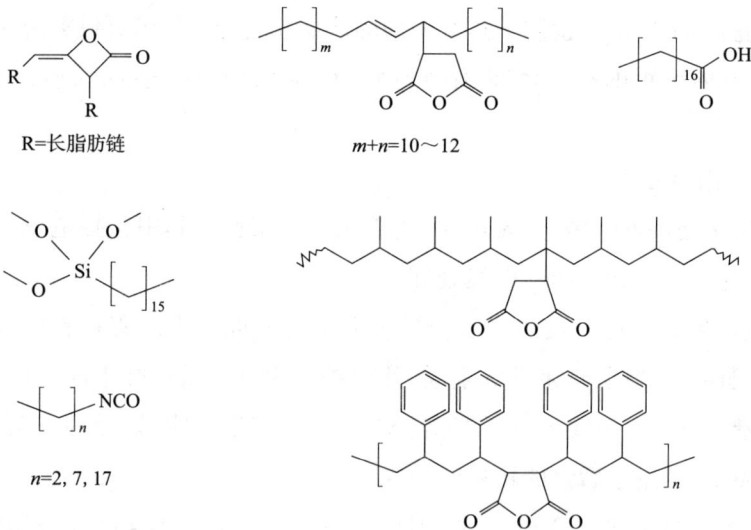

图7-21　纤维素上与—OH反应的试剂示例

第二类共聚合包括四种策略:一是与可聚合分子的接枝,这种方法使用含有两个官能团的小分子,其中一个能与纤维素上的—OH反应,另一个能与基质聚合物共价键合,该方法可用于加成聚合和缩聚聚合;二是平面刚性分子的使用,该方法使用两个反应部分相同的分子,其中一个可以与纤维素羟基反应,但另一个不能,因为分子的刚性和平面结构以及反应条件,因此,它可以随后与基质聚合物反应,该方法适用于缩聚反应生成的基体;三是直接活化纤维素表面以产生活性中心,例如自由基,以引发合适的单体;四是与有机金属的反应,这种方法与策略一想法类似,但使用有机金属代替处理纤维表面。

与化学方法相比,物理和物理化学方法不需要复杂的化学反应和净化过程来去除未反应的物质,因而比化学方法更清洁和简单。此外,通过物理和物理化学方法对纤维素纤维的改性可以限制在纤维素表面,以避免对纤维内部造成任何损坏,从而降低纤维的力学性能。然而,物理方法只能提供有限的改善纤维和聚合物基体之间的相容性,因为它们不能从根本上改变纤维的表面性质。物理化学方法通常需要专用仪器,增加了成本,不适合大规模生产。化学方法更具体,也更多。改性方法的选择很大程度上取决于成本、纤维和基体的类型以及复合加工条件。

二、苎麻/环氧树脂复合材料

天然纤维增强聚合物复合材料(NFRPs)由于其良好的力学性能和较低的环境影响,近年来在工程中得到了广泛的应用。苎麻纤维因其具有优越的力学性能而作为复合材料的增强材料被广泛研究,成为 NFRP 应用的一种高潜力材料。

真空辅助树脂灌注成型(VARI)是一种高质量、低成本的天然纤维增强复合材料制造技术。VARI 使用低成本的单面模具,在真空压力下将低黏度树脂注入干燥纤维预制体中。这种技术适用于经济地制造大型复合材料结构,如船体、风力涡轮机叶片和飞机结构。由于 VARI 的应用压力较低,天然纤维织物具有特殊的压缩性能,如何提高复合材料的天然纤维含量是提高 VARI 复合材料力学性能的关键问题。

Gu 等采用 VARI 工艺制备了苎麻织物/环氧树脂复合材料层合板,制备过程分为 5 个步骤:

①干燥苎麻织物;

②在恒温恒压条件下对织物层进行热压成型;

③将织物封装在模具上的真空袋中;

④将环氧树脂在真空压力下注入纤维预制体中;

⑤固化。

为了提高苎麻纤维含量,在纤维织物中注入环氧树脂前,对干苎麻织物层进行预压处理,分别采用真空压缩和高温热压对纤维层进行压缩。复合材料的力学性能测试表明,真空加载和卸载步骤不能有效提高苎麻织物层的压实度,真空压实对提高复合材料中苎麻纤维含量的作用非常有限,说明苎麻织物的压缩性较低。而热预压对提高织物层的紧实度和复合材料的纤维含量是非常有效的。高压缩温度和压力会导致织物层产生较大的永久变形,这主要是由于纱线和单丝的变形、纱线的嵌套和相邻织物层之间的移动造成的。苎麻纤维的变形是由细胞壁塌陷和管腔闭合引起的(图7-22)。

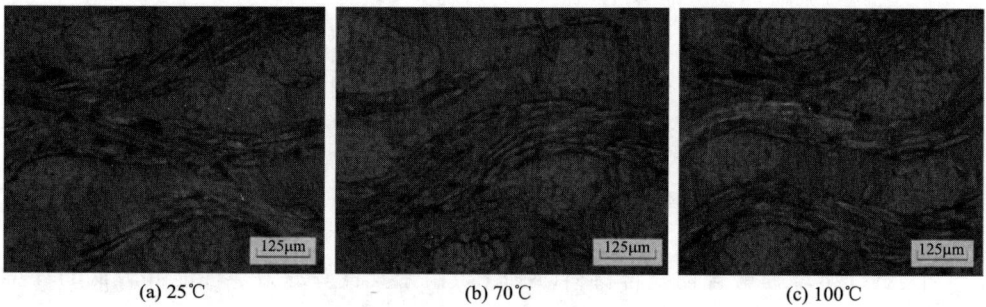

(a) 25℃   (b) 70℃   (c) 100℃

图7-22   不同热压条件下,层压板横截面的光学显微镜照片

苎麻纤维经高压、高温压缩处理后,拉伸强度下降。其原因是热压制过程中纤维结构的严重物理损伤。此外,预压纤维层合板的力学性能随纤维含量的增加先增加后降低。压缩苎麻纤维的损伤是导致复合材料性能下降的主要原因。在优化的热压工艺条件下,热压成型的拉伸和弯曲性能提高了18.0%~41.5%。

三、苎麻/聚乳酸复合材料

聚乳酸(PLA)作为一种利用可再生资源生产的线性脂肪族热塑性聚酯备受关注,它可以通过丙交酯的开环聚合或通过乳酸单体的缩聚来生产,单体来自玉米发酵。与许多商品聚合物(如PP、PE、PVC、PS)相比,PLA具有高刚度、高透明度、高光泽性和紫外线稳定性等优良性能。因此,它被用作包装材料和其他产品。然而,PLA的脆性等物理性质限制了PLA聚合物的应用。提高聚乳酸的机械和热性能的一种方法是添加纤维或填充材料。

Yu等用碱和硅烷(3-氨基丙基三乙氧基硅烷和 γ-缩水甘油基丙基三甲氧基硅烷)处理苎麻。采用双辊轧机制备了苎麻纤维增强聚乳酸(PLA)复合材料。用

3-氨基丙基三乙氧基硅烷(硅烷1)和 γ-缩水甘油基丙基三甲氧基硅烷(硅烷2)对苎麻纤维进行表面改性。在表面处理中发生的反应如图7-23所示,硅烷1和硅烷2首先与水反应生成硅醇1、硅醇2、乙醇和甲醇。然后,硅醇与纤维细胞壁中纤维素分子葡萄糖单元上的羟基发生反应,从而使其自身与细胞壁结合。当与PLA基体结合时,硅烷分子上的另一官能团,如硅烷1的 NH_2 和硅烷2的环氧基,会与树脂的羟基发生反应。因此,苎麻纤维与基体之间可以建立化学键合,改善界面性能。

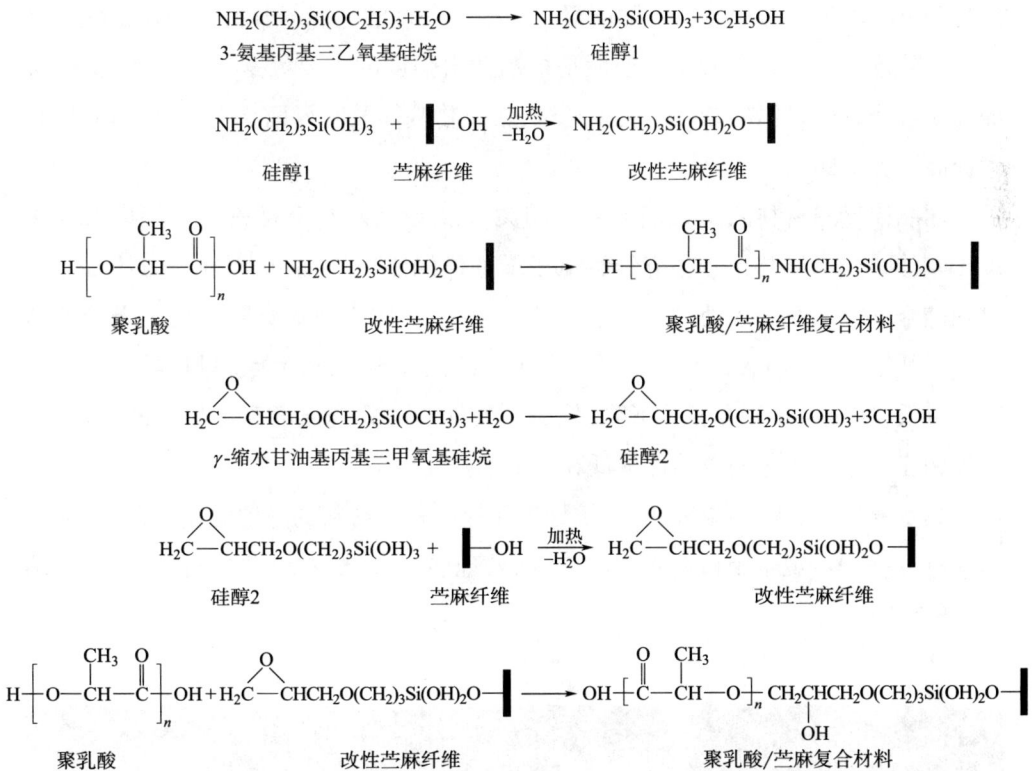

图7-23　苎麻纤维表面改性过程

从表7-3可知,在PLA基体中加入苎麻纤维后,拉伸强度和刚度的增加表明苎麻纤维与聚合物的表面相容性更好,纤维与基体之间的应力传递良好。硅烷处理能进一步提高复合材料的拉伸强度,这是由于苎麻纤维和PLA基体之间键合造成的。

表 7-3　聚乳酸及其苎麻复合材料的力学性能

样品	抗拉强度/MPa	断裂伸长率/%
纯 PLA	45.2±1.5	1.2±0.2
未经处理的聚乳酸/苎麻复合材料	52.5±0.8	3.2±0.2
硅烷 1 处理聚乳酸/苎麻复合材料	59.3±1.2	4.1±0.2
硅烷 2 处理聚乳酸/苎麻复合材料	64.2±0.7	3.6±0.1

　　与纯 PLA 基体相比,复合材料的弯曲强度有所提高,冲击性能有所改善。原因是苎麻可以增加拔出它所需的能量。经表面处理的苎麻复合材料的冲击性能高于未经处理的苎麻复合材料。韧性是控制冲击强度的主要因素。一般而言,纤维增强聚合物复合材料的韧性取决于纤维、聚合物基体及其界面结合强度,而硅烷处理提高了界面黏结性。

　　储能模量与材料的承载能力密切相关。PLA/苎麻复合材料的储能模量高于PLA 基体。这可能是由于苎麻纤维赋予增强体的刚度增加,从而使应力从基体传递到苎麻纤维。经硅烷处理的苎麻纤维与 PLA 基体之间的黏附性优于未经处理的苎麻纤维,其与 PLA 的复合材料具有更高的储能模量。储能模量均随温度的升高而降低,在 50~70℃有显著下降,但表面处理后的软化温度高于聚乳酸,可能是因为相互作用导致链的流动性降低和规则的强化效应。

　　热重分析(TGA)结果表明,纤维处理能提高复合材料的降解温度。此外,通过扫描电镜(SEM)观察断口形貌,表明表面处理能使纤维与基体之间获得更好的结合(图 7-24)。

(a) 未处理　　　　　　(b) 硅烷1处理　　　　　　(c) 硅烷2处理

图 7-24　经不同处理的纤维增强复合材料试样断口的扫描电镜照片

Yu 等以二异氰酸酯为增容剂,采用挤出成型和注射成型的方法制备苎麻/聚乳酸复合材料。首先将聚乳酸(PLA)和苎麻纱干燥;用高速混合器将干燥后的PLA、99%的辛酸锡(Ⅱ)催化剂、亚磷酸三苯酯(TPP)稳定剂和二异氰酸酯(IPDI)增容剂进行混合。然后在双螺杆挤出机中,将混合物与苎麻纱线混合。将挤出物在水浴中冷却并切割成颗粒。颗粒干燥后进行进一步加工。混纺后,将苎麻纤维切成平均长度约为 2mm,直径为 5~10μm。反应原理如图 7-25 所示。

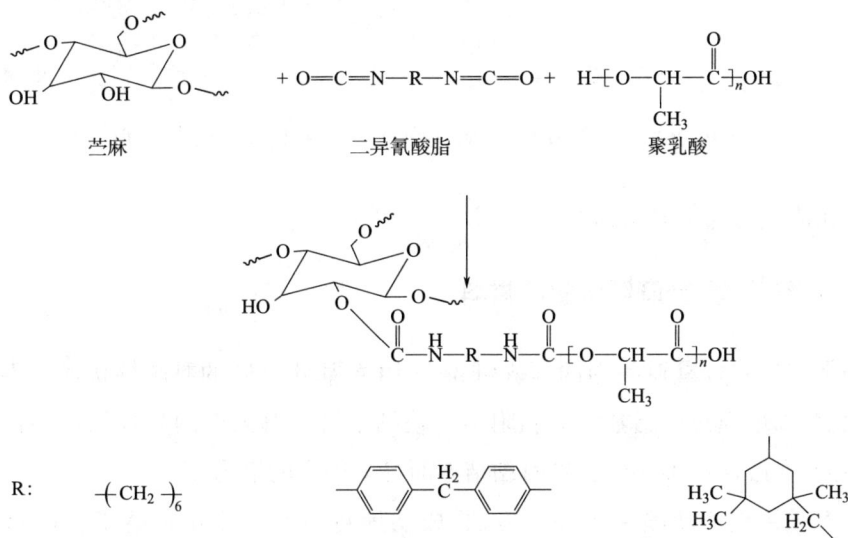

图 7-25 二异氰酸酯与聚乳酸和苎麻的化学反应

二异氰酸酯的存在使复合材料的力学性能和热性能得到改善。二异氰酸酯的加入改善了苎麻与聚乳酸的界面结合力(图 7-26)。

含异佛尔酮二异氰酸酯(IPDI)的复合材料力学性能最好。IPDI 含量为 1.5%时,复合材料的力学性能最佳,而过量的二异氰酸酯含量导致复合材料的力学性能下降。可以解释为当二异氰酸酯的加入量较低时发生交联反应,复合材料的界面结合力增强。随着 IPDI 含量的增加,界面交联反应增强。IPDI 含量过高,异氰酸酯基团趋于聚集,与苎麻和基体的接触面积减小,纤维与基体的界面减小,界面结合力反而降低。

IPDI 是苎麻/聚乳酸复合材料的一种潜在的相容剂。熔融法制备的苎麻/聚乳酸二异氰酸酯生物复合材料具有广泛的应用前景。当然,这些生物复合材料在

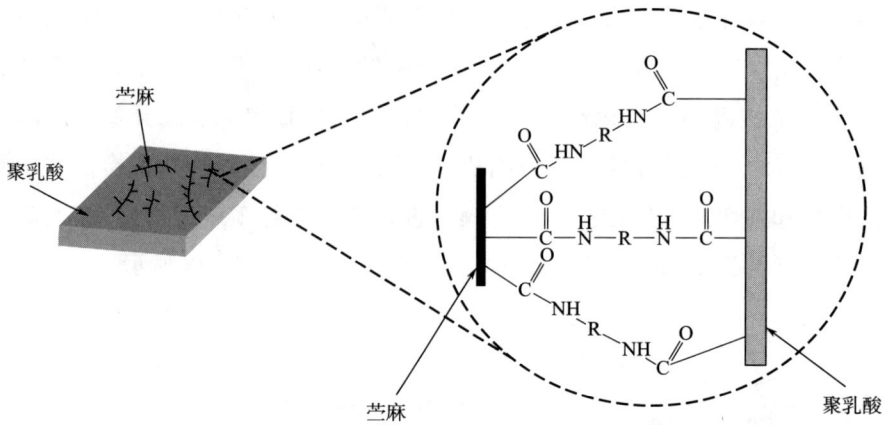

图 7-26　二异氰酸酯作为增容剂增强苎麻/PLA 界面的机理

应用前还应进行长期降解研究。

四、碳纳米管/苎麻纤维复合材料

纳米颗粒如石墨烯、碳纳米管（CNTs）、纳米黏土、TiO_2 和 Cu 被涂覆到天然纤维表面上，以增强对树脂基体的黏附力。碳纳米管具有天然的高长径比和优异的力学性能，在改性纤维—树脂界面黏结方面具有很大的潜力。

Li 等采用浸渍或喷雾干燥的方法，成功地将羧基官能化碳纳米管（COOH—CNTs）包覆在亚麻纤维上。扫描电子显微镜（SEM）分析证实 CNT 颗粒分散在亚麻纤维表面。傅立叶变换红外光谱（FTIR）表明，亚麻纤维的羟基与碳纳米管的羧基之间形成了氢键，可以使碳纳米管与纤维发生强烈的结合。微观分析还表明，碳纳米管插入纤维中，进一步增强了植物纤维、碳纳米管和聚合物基体之间的相互作用。界面剪切强度（IFSS）、Ⅰ 型层间断裂韧性和层间剪切强度（ILSS）的最大增强分别为 26%、31% 和 20%。

纳米材料接枝可以作为一种处理天然纤维的新方法，以改善天然纤维增强聚合物复合材料的纤维—树脂结合性能和力学性能。Wang 等以聚乙烯吡咯烷酮（PVP）为原料，在乙醇和蒸馏水的混合溶液中制备了稳定、分散均匀、硅烷化的碳纳米管悬浮液，然后用喷涂方法将碳纳米管接枝到苎麻织物上（图 7-27）。

喷涂前，苎麻织物先用碱溶液处理，然后采用硅烷偶联处理。在 PVP 的辅助下，CNTs 在悬浮液中稳定、均匀地分散。通过简单的喷涂方法，可以在苎麻纤维表

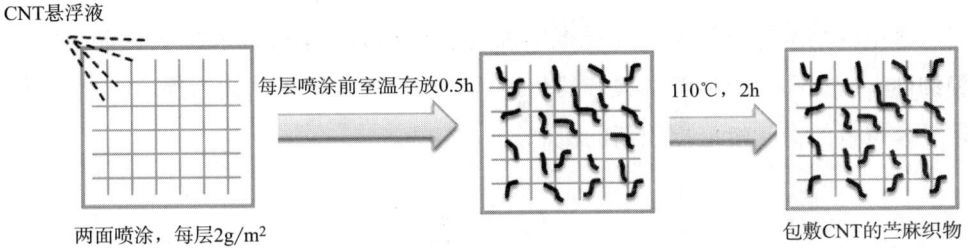

图7-27　苎麻织物碳纳米管悬浮液喷涂工艺示意图

面涂覆碳纳米管,从扫描电镜照片中可以看到碳纳米管均匀地分布在苎麻纤维表面(图7-28)。

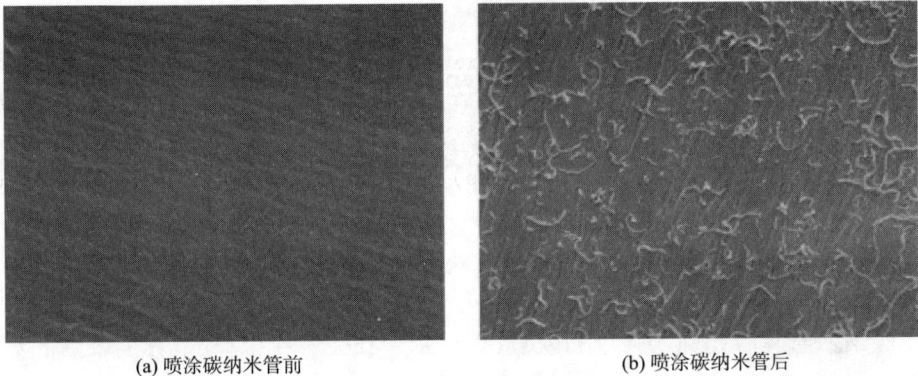

(a) 喷涂碳纳米管前　　　　　　　　　　(b) 喷涂碳纳米管后

图7-28　苎麻织物喷涂碳纳米管前后的电镜照片

碳纳米管涂层处理后,苎麻织物力学性能的改善主要归因于吸附、渗透、化学键合和机械啮合。碱处理可以去除纤维表面的小分子,改善纤维表面的粗糙度,从而提高苎麻纤维与树脂之间的机械相互作用。偶联剂可以在纤维和树脂之间形成新的化学键,硅烷偶联剂与苎麻纤维表面的羟基反应形成薄膜。此外,偶联剂可以改善纤维与树脂之间的渗透。包覆CNT后,纤维表面粗糙度得到改善,纤维与树脂之间的化学键合增加了界面强度。同时,一维碳纳米管阻止了裂纹的扩展。这有助于改善复合材料的弯曲性能。碳纳米管涂层可使苎麻织物增强环氧树脂复合材料的弯曲性能和界面性能分别提高38.4%和36.8%。同时,碳纳米管涂层使苎麻纤维与环氧树脂的界面剪切强度提高25.7%。

Shen 等研究了碳纳米管对苎麻纤维增强环氧复合材料力学性能和断裂性能

的影响。用苎麻机织物和碳纳米管/环氧树脂混合物铺层,制备层压板(图7-29)。加入多壁碳纳米管可提高苎麻纤维增强复合材料的力学性能和断裂性能,冲击断裂韧性有所提高。天然纤维独特的化学成分和多尺度纳米结构为提高天然纤维增强复合材料的力学性能提供新的机制。

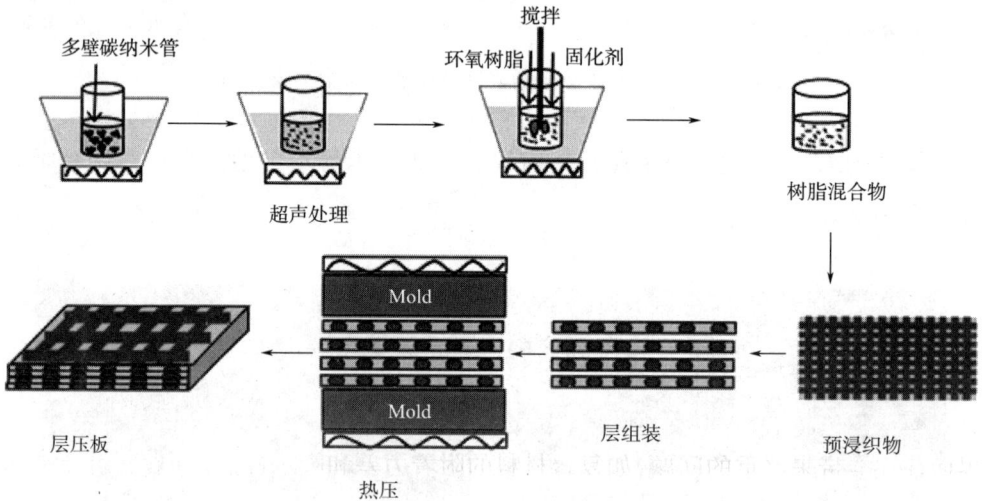

图7-29　苎麻/树脂复合材料加工、树脂浸渍和制造的各个阶段的流程图

　　碳纳米管具有超高的强度和模量,碳纳米管在苎麻纤维/环氧树脂复合材料中的存在很可能有效地增强/加硬了纤维和基体,特别是对环氧树脂的抗压强度和模量。加硬基体有利于支撑纤维,尤其是在弯曲和压缩时,因为它们更难弯曲。天然纤维复合材料的弯曲破坏通常从压缩侧开始,因为压缩时纤维的强度比拉伸时低得多。因此,纤维增强复合材料的抗弯强度主要由复合材料的抗压强度决定,而抗压强度是基体模量的函数。总之,碳纳米管的加入增加了基体模量和抗压强度,这是弯曲性能改善的原因。

　　随着碳纳米管含量的增加,准静态断裂韧性增加,冲击韧性下降。碳纳米管的加入可以在一定程度上提高储能模量和玻璃化转变温度。基体储能模量的提高会在一定限度上抑制聚合物的节段运动,从而导致材料体系的变形能力降低。由于裂纹增长非常缓慢,树脂基体有足够的时间来响应和变形。因此,碳纳米管的加入提高了基体模量,对防止裂纹扩展起到了积极的作用。

　　碳纳米管增强苎麻纤维复合材料的机理可归纳为三个方面:一是碳纳米管的

催化作用增强了苎麻纤维与基体之间的反应程度,从而有助于改善纤维的界面张力;二是苎麻纤维多尺度纳米结构使纤维与碳纳米管缠结,从而使准静态断裂韧性提高;三是碳纳米管的加入改善了纤维与基体之间的载荷传递,提高了模量。同时,碳纳米管在高应变速率下抑制了聚合物链段的运动,降低了冲击韧性,但有利于改善聚合物链段的弯曲性能、玻璃化转变温度和耐热性。

五、苎麻全纤维素复合材料

(一)全纤维素复合材料(ACCs)的制备

一种仅基于纤维素含量的新型复合材料,称为全纤维素复合材料(ACCs)。ACCs只有一种化学成分——纤维素;然而,这些成分通常具有不同的形态和/或结构特征,这与复合材料常用的定义不同,即包含两种不同成分的材料,其具有不同的物理化学性质,导致新的协同性质和/或功能性。理论上,ACCs有助于缓解或克服增强体与基体之间的兼容性问题。

通常,复合材料由两种化学杂质组成,因此,纤维和基体之间应该有一个界面。界面往往会带来严重的问题,如复合材料的附着力差和吸水性差。但是,当纤维和基体由相同的材料组成时,复合材料的可回收性和界面黏合力将大幅增加。

众所周知,纤维素不熔化,但在高温下会出现热降解。因此,要加工全纤维素复合材料,必须采用湿法。文献报道的ACCs的制备有两种典型的方法:两步法和一步法(图7-30)。在两步法中,一部分纤维素最初溶解在溶剂中,然后在另一种未溶解的纤维素组分存在下再生出纤维素;在一步法中,纤维素纤维在溶剂中部分溶解,然后原位再生,在未溶解部分周围形成基质。

(二)ACCs的结构和性能

图7-31(a)显示了苎麻纤维的扫描电镜照片和X射线照片。纤维表面光滑,平均直径约为30μm。从纤维X射线照片上看,苎麻纤维结晶度高,晶粒取向度高。图7-31(b)显示了全纤维素复合材料横截面的SEM照片。拐角处的X射线衍射照片是从垂直于纤维取向的方向拍摄的。通过扫描电镜观察表明,苎麻纤维被基质纤维素包围,并观察到内腔(原生植物纤维内的中空微管)。这表明纤维素纤维是完全浸渍的,可以生产出全纤维素复合材料。该复合材料的X射线衍射照片清楚地显示了高结晶度的单轴取向纤维图案。与苎麻纤维的衍射图相比,全纤维素复合材料保持了较高的微晶取向。X射线衍射图表明苎麻纤维属于纤维素I,

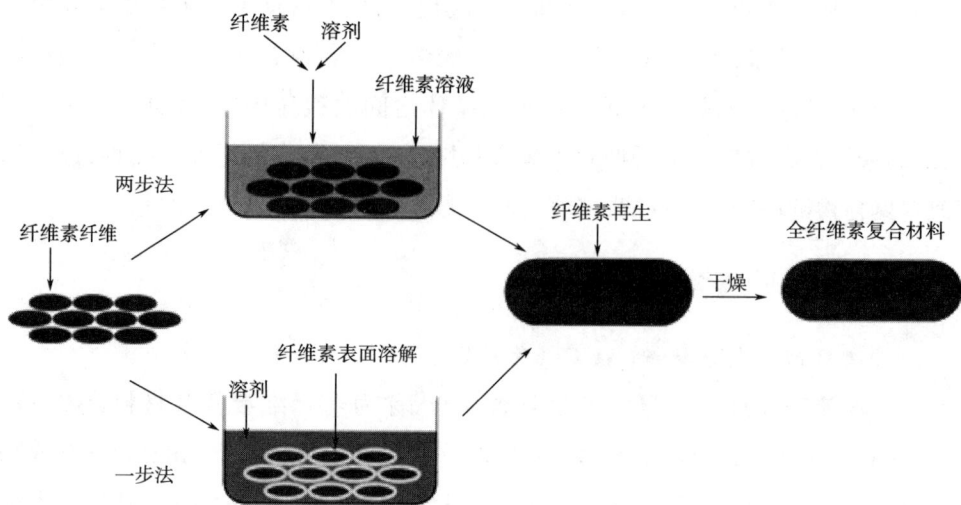

图 7-30　ACCs 两步(顶部)和一步(底部)制备方法示意图

图 7-31　单根苎麻纤维和全纤维素复合材料横截面的扫描电镜照片

这是天然植物纤维素的典型结晶结构。说明复合材料中加入的苎麻纤维没有受到损伤。而基体纤维素通过溶解和再生转变为非晶态。

　　单根苎麻纤维具有较高的杨氏模量(42GPa)和拉伸强度(730MPa)。与之相比,全纤维素复合材料的杨氏模量和拉伸强度较低。然而,全纤维素复合材料的平均拉伸强度为 480MPa,与传统玻璃纤维增强复合材料相当甚至更高。纤维素基体表现出低模量、低强度和高断裂伸长率,这是由基质纤维素的非晶态特性决定的[图 7-32(a)]。纤维素基体随温度升高呈热膨胀,其线性热膨胀系数 α 为 $1.4 \times 10^{-5} k^{-1}$。相比之下,全纤维素复合材料几乎没有热膨胀或收缩,复合材料的线性热

膨胀系数 α 值约为 $10^{-7}k^{-1}$，远低于金属或非金属材料（例如，Fe：$11.8 \times 10^{-6}k^{-1}$，Si：$2.49 \times 10^{-6}k^{-1}$）。

如图 7-31(b) 中的 SEM 照片所示，在纤维和基体之间观察到界面裂纹。这表明界面并没有完全减少，但仍然存在于上述全纤维素复合材料中。为了制备无界面复合材料，对纤维进行预处理，然后将其浸渍到纤维素溶液中。通过这种方法，纤维表面会发生部分膨胀或溶解，从而促进纤维素分子在界面上的相互扩散。图 7-32(b) 显示了预处理纤维的全纤维素复合材料在平行于纤维方向的应力—应变曲线。浸渍时间分别为 24h 和 72h。与未处理纤维（虚线）的全纤维素复合材料的结果相比，较长的浸渍时间（72h）似乎会使复合材料的拉伸强度和杨氏模量下降。这是由于浸渍过程中纤维的过度溶解，破坏了纤维的力学性能。未处理和 24h 浸渍处理纤维的复合材料的力学性能更高。这是由于预处理纤维的部分表面溶解和界面上的相互扩散导致的界面强度增加。

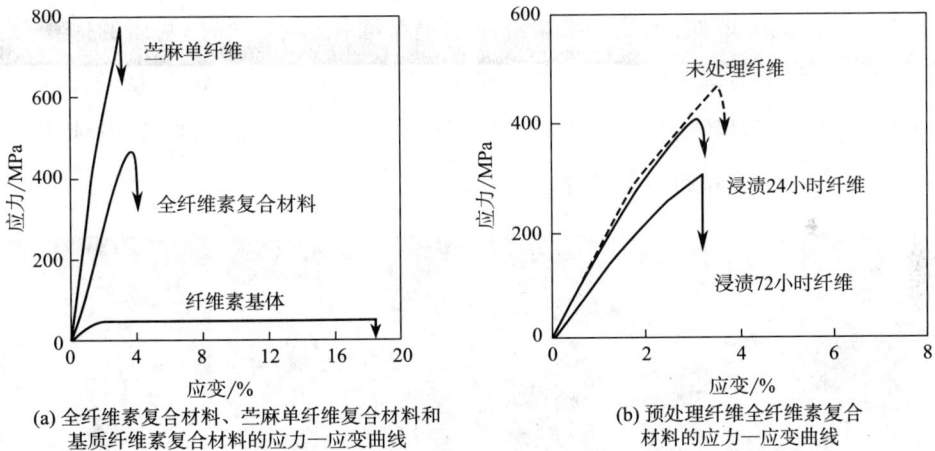

(a) 全纤维素复合材料、苎麻单纤维复合材料和
基质纤维素复合材料的应力—应变曲线

(b) 预处理纤维全纤维素复合
材料的应力—应变曲线

图 7-32　不同纤维、不同处理条件下的应力—应变曲线

通过预处理条件控制纤维素的溶解度，采用湿法工艺制备全纤维素复合材料。该复合材料完全由可持续的纤维素资源组成，因此，在使用后可生物降解。单轴增强复合材料，即纤维素自增强复合材料，在使用过程中具有优异的力学和热性能。该复合材料可作为玻璃纤维增强复合材料的替代品。通过对纤维预处理条件的选择，通过分子在纤维与基体界面的扩散，提高了复合材料的力学性能。

(三)溶剂溶解时间的影响

制备全纤维素复合材料的一个途径是通过传统的浸渍方法(两步法)。然而,与其他复合体系类似,高黏度聚合物体系对纤维束的浸渍一直是一个难点。另外一种制备全纤维素基复合材料的技术由 Matsumura 等提出。木浆和剑麻纤维被部分转化为热塑性纤维素酯,这些酯随后被热固化成用剩余(未被取代)纤维素增强的连续基体。不同程度的化学改性影响复合材料的熔体加工性能和增强效果。Soykeabkaew 等提出了一种制备全纤维素复合材料的替代方法(一步法)。通过控制浸渍时间,在溶剂中对定向纤维素纤维进行表面选择性溶解。在制备过程中,取向纤维在溶剂中浸泡时间的影响是决定纤维外层溶解形成基体相的决定步骤。随着浸泡时间的延长,较大比例的纤维可以溶解形成基体相,从而形成不同纤维体积分数的复合材料。

用苎麻纤维一步法制备ACCs,发现其力学性能与溶解时间密切相关,即纵向拉伸强度随溶解时间的延长而降低,而横向拉伸强度则呈相反趋势。这可能是由于随着溶解时间的增加,承载纤维素纤维的横截面积减小;同时,基质的体积分数增加,纤维素纤维与基质的界面结合力提高。图 7-33 显示了 ACCs 横截面的典型 SEM 照片,说明了纤维—基体界面随溶解时间的变化。浸泡时间越长,基体相的形成越多,复合材料的界面结合越好。

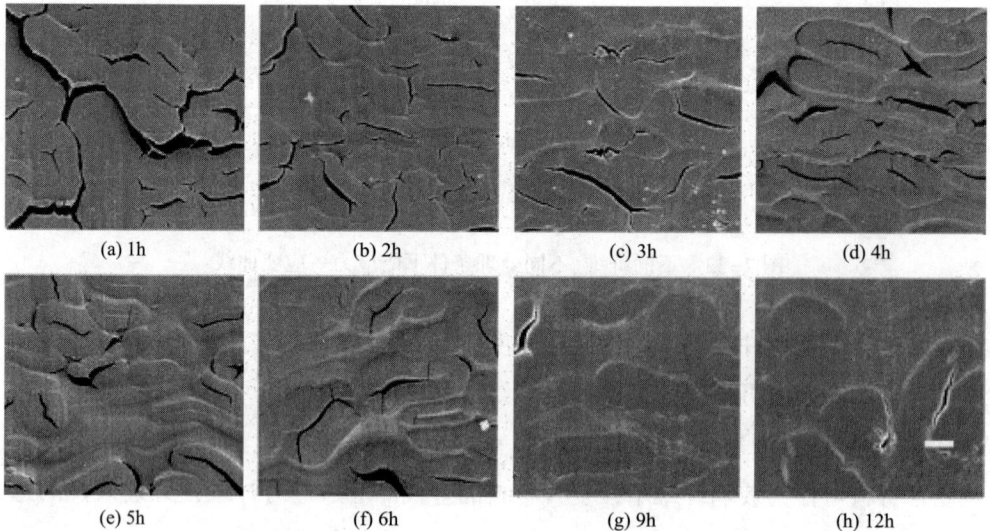

(a) 1h   (b) 2h   (c) 3h   (d) 4h

(e) 5h   (f) 6h   (g) 9h   (h) 12h

图 7-33 随溶解时间延长苎麻纤维全纤维素复合材料的截面形貌

在植物纤维中,与内层相比,纤维外层主要由无序或取向不良的结晶纤维素组成。这对表面选择性溶解过程是有益的,因为在这种方法中,只有纤维的薄的、取向较低的外层被溶解,转变成基体相,纤维的大部分定向高结晶核心不受影响。从X射线衍射结果来看,浸泡1~6h制备的复合材料仍然具有高结晶性,与原始苎麻纤维相似。这些复合材料的扫描电镜照片也显示原始纤维基本被保留下来。所以,纤维的强度基本保持在复合材料中。

苎麻纤维全纤维素复合材料是通过定向纤维的表面选择性或部分溶解法制备的。在制备过程中,随着取向苎麻纤维在溶剂中的浸泡时间增加,纤维表面的较大部分被溶解以形成基体相,从而完成高取向纤维芯的组装,对全纤维素复合材料产生有效的增强效果。随着溶解时间的增加,纤维素纤维与基体之间形成了较好的界面结合力,使得复合材料具有良好的应力传递能力。界面主导性能如横向拉伸强度的改善表明,采用表面选择性溶解法制备的复合材料界面相互作用更强。

全纤维素复合材料的优异性能来源于纤维素本身的优良力学性能,在化学性质相同的纤维素增强体和基体之间形成了一个牢固的界面。良好的界面相互作用、较高的纤维体积分数和较高的剩余纤维强度使复合材料具有较高的纵向拉伸强度和杨氏模量。

(四)丝光处理的影响

环境友好型聚合物复合材料的最新发展趋势集中在使用木质纤维素纤维(如亚麻、大麻、苎麻或剑麻)作为玻璃纤维的替代品。这些纤维是可再生的,比玻璃纤维更具生态优势。丝光处理对纤维素纤维的机械处理适应性和拉伸强度的影响已得到广泛的研究。丝光或碱处理是将纤维素纤维与强碱的相对浓缩水溶液相互作用,以产生足够的膨胀,从而降低纤维的线密度、尺寸收缩和更明显的原纤结构,力学性能的变化很大程度上取决于处理时间和碱液浓度。

在Samal和Ray的研究中通过各种技术对菠萝叶纤维进行化学改性,并报告称,与其他技术相比,用4%NaOH溶液在35℃下进行1h碱处理可显著提高纤维的拉伸强度。Gassan和Bledzki的一项研究表明,经处理的黄麻纤维在25%NaOH溶液中,在20℃保持20min,拉伸强度和模量分别显著提高120%和150%。Ray和Sarkar的研究也显示在30℃下用5%的NaOH溶液处理8h后,黄麻纤维的韧性和模量分别提高45%、79%。对于苎麻纤维,Zhou等报告称,当仅使用浓度低于 12% 的 NaOH 溶液在 25℃ 下处理 10min 时,处理后的纤维的韧性略有增加。

Qin 等用不同浓度的纤维素溶液[LiCl/DMAc 中溶解木质纤维素苎麻纤维,1%~7%(质量体积分数)]对取向苎麻纤维进行浸渍,制备了纤维体积分数为 85%~95% 的全纤维素复合材料。不同浓度的纤维素溶液制备的复合材料在室温下用 9%NaOH 溶液处理 1h,进行丝光处理,然后,中和、洗涤、干燥得到丝光改性全纤维素复合材料。丝光复合材料的强度高达 540MPa,与其他更传统的天然纤维基复合材料相比非常优越,这主要是因为它们具有较高的纤维体积分数和良好的界面性能。在丝光化过程中,复合材料的膨胀会导致增强纤维之间的裂缝和孔隙愈合,并将它们合并在一起,从而使处理后复合材料中的界面得到极大改善,如图 7-34 所示,这是其力学性能增强的主要原因。

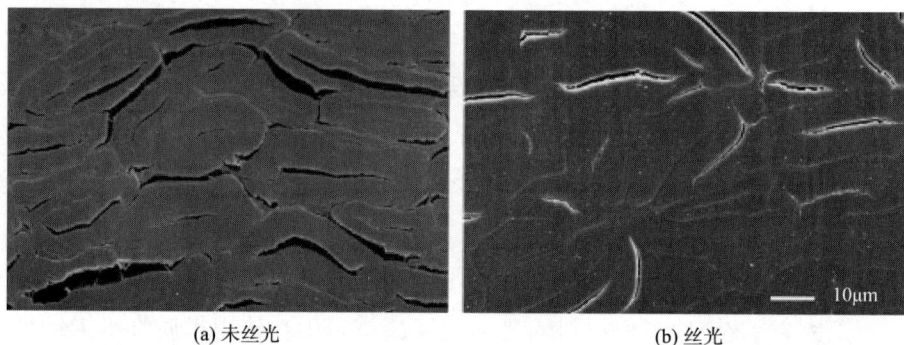

(a) 未丝光 (b) 丝光

图 7-34　丝光前后的复合材料

丝光过程中,天然纤维素材料在碱溶液中的溶胀,会导致天然纤维素Ⅰ(平行构象)到纤维素Ⅱ(反平行构象)的链的重新排列。纤维素Ⅰ链的模量约为 140GPa,而纤维素Ⅱ的模量为 90GPa。由于纤维素Ⅱ通常显示较低的链模量,这对纤维的极限拉伸性能有重要影响,通常意味着纤维素Ⅱ基复合材料的增强能力较差。然而,丝光处理(纤维素Ⅱ)复合材料比以纤维素Ⅰ(天然纤维素纤维)作为增强体的未丝光复合材料表现出更好的力学性能。因此,是由于丝光复合材料的界面性能改善,而不是纤维素结构的构象变化,导致了复合材料中苎麻纤维的强力利用率较高,从而提高了复合材料的力学性能。

第四节　苎麻纤维特殊用途

一、防弹织物

多层防弹装甲系统(MAS)主要由陶瓷和纤维材料垫板组成,如凯夫拉纤维(Kevlar)或层压超高分子量聚乙烯。硬质陶瓷通过变形、破碎和冲蚀,消耗了大量的弹丸冲击能量。此外,陶瓷和低密度垫板之间的冲击波阻抗不匹配会产生反射的拉伸冲击波,从而导致脆性陶瓷碎裂。纤维垫板的作用是进一步降低碎片的动能。

Kevlar 提供的主要能量吸收机制是通过机械硬壳和表面力的参与将碎片捕捉到芳纶上。弹丸/陶瓷碎片消耗了约 57% 的冲击能量,Kevlar 背板捕获约 38% 的冲击能量。相比之下,单独使用 Kevlar 背板消耗的冲击能量小于 2%。所以,Kevlar 在 MAS 中的有效性高 20 倍;根据 10mm 厚钢板所消耗的冲击能量的实验百分比,用于身体保护的整体装甲背心需要 Kevlar 厚度超过 50mm,以阻止直径 7.62mm 的子弹。在 MAS 中凯夫拉的超高强度和刚度不如它收集陶瓷碎片的能力那么重要。因此,MAS 垫板可以用类似纱线特性的廉价织物代替。选择由相对较强的纤维和较高的纱线密度制成的织物可以改善 MAS 垫板的性能。

苎麻天然纤维复合材料表现出与合成材料相似的弹道性能。Braga 等以苎麻纤维增强环氧树脂复合材料和芳纶层增强环氧树脂复合材料作为多层防弹装甲系统(MAS)中间层进行了研究(图 7-35)。结果表明,这两种新型复合材料在弹道性能上均达到了要求,其中苎麻纤维复合 MAS 的价格较低,比之前研究的苎麻织物复合 MAS 便宜 14%。

Monteiro 等将苎麻织物/环氧树脂复合材料首次应用于多层弹道装甲中。与传统凯夫拉纤维相比,该复合材料具有优越的性能。在弹道冲击试验中观察到复合材料装甲能捕获大量的陶瓷碎片。而且,采用苎麻织物/环氧树脂复合材料,多层装甲总成本降低 95%。

弹道试验表明,在用直径 7.62mm 的子弹进行背面特征试验的测试中,配备这种新型天然纤维基复合材料的 MAS 平均压痕为 17mm,而配备 Kevlar 的 MAS 平均压痕为 21mm。较小的黏土压痕和较高的耗散能量,证实了苎麻复合材料的优越

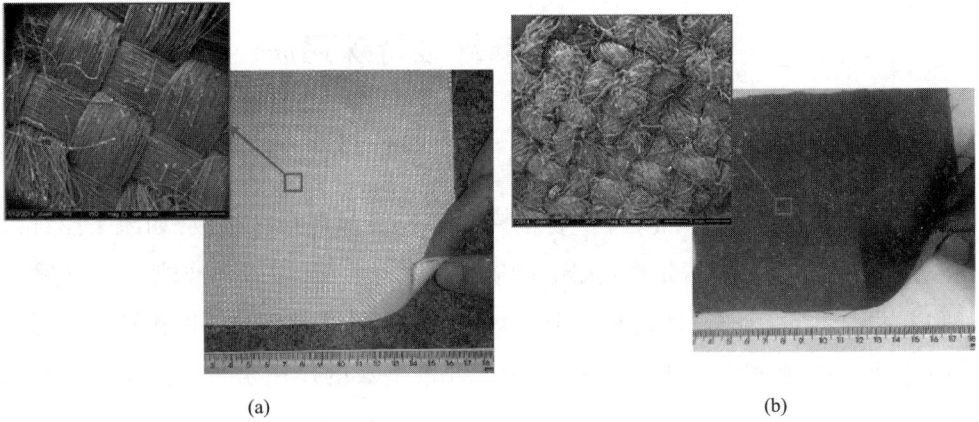

(a)

(b)

图 7-35　（a）芳纶织物和（b）苎麻织物

性。30%苎麻纤维增强环氧树脂基复合材料可以替代传统的 Kevlar 多层防弹装甲系统中具有相同厚度的垫板（图 7-36）。纤维和垫板的主要作用是对陶瓷和弹丸碎片的捕获和移动过程中相关动能的吸收。苎麻复合材料和芳纶在捕捉碎片方面表现出相似的能力。复合材料中的环氧树脂基体在冲击过程中额外消耗了能量，因为聚合物的脆性断裂产生了新的表面积。因此，具有更高含量脆性聚合物的复合材料具有更有效的能量吸收能力。

(a)

(b)

图 7-36　（a）含有苎麻纤维增强复合材料的 MAS 和（b）芳纶增强复合材料的 MAS

二、阻燃织物

苎麻纤维由于其可生物降解、价格低廉、密度低、力学性能优异,在家用纺织品以外的许多先进领域(如汽车、航空航天、军事、建筑等)显示出广阔的应用前景,高可燃性限制了其实际应用。因此,如何提高苎麻的热稳定性和阻燃性已成为众多研究的焦点之一。

阻燃苎麻织物,可用于制造飞机机柜材料用高分子复合材料。Wang 等采用逐层组装技术在苎麻织物表面构建了过渡金属离子掺杂阻燃涂料。由聚乙烯基膦酸(PVPA)阴离子层和支化聚乙烯亚胺/铜或锌离子[BPEI-(Cu/Zn)]阳离子层组成的功能性涂料能显著提高苎麻织物的阻燃性能。涂层苎麻织物的热稳定性得到了改善,可燃性有所降低。金属离子掺杂阻燃涂料不仅能显著提高苎麻织物的燃烧残留量,而且能很好地保持残炭中苎麻织物原有的组织结构和纤维形态。阻燃效率的提高可能是由于铜离子和锌离子促进了阻燃涂层在较低温度下分解炭化,从而使阻燃活性提前发生。

逐层组装技术是将苎麻织物依次浸入 BPEI-Cu 或 BPEI-Zn 和 PVPA 溶液中,浸泡后干燥。每个 BPEI-(Cu/Zn)/PVPA 对成为一个双层。可以反复浸泡,在苎麻织物上覆盖多层阻燃层。逐层组装工艺不会改变织物的组织结构,涂层均匀地覆盖在织物表面(图 7-37)。此外,所有涂层织物都很好地保留了织物的组织结构,纱线之间的间隙仅略有增加。

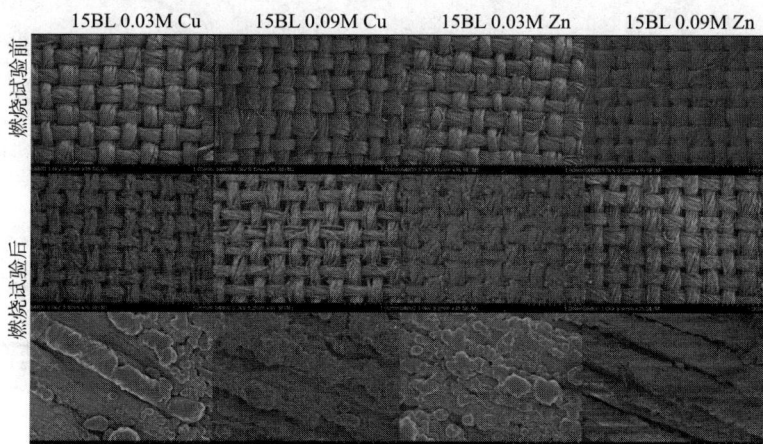

图 7-37　15BL 涂层苎麻织物垂直燃烧试验(VFT)前后的 SEM 照片

织物燃烧试验后,其残余形态和结构与燃烧前的样品基本相同。所有的涂层织物在燃烧后都显示出粗糙的表面,并且有明显可见的气泡。纤维之间的缝隙充满了气泡,纤维被隐藏在这些遮蔽物下面。在含有 PVPA 的涂料中添加 Cu 和 Zn 有助于赋予苎麻织物更好的阻燃性能。铜/锌离子的涂层均匀地覆盖在苎麻表面,在加热和燃烧时起到保护作用。涂层中 Cu/Zn 离子的存在促进了阻燃组分在低温下的分解,分解后的阻燃剂中磷酸基团的提前释放促进了苎麻织物的炭化。这最终导致涂层织物的热稳定性和防火稳定性显著提高。微型燃烧量热法(MCC)结果表明,涂层使总放热量降低了(THR)66%,最大放热量(PHR)降低了 57%。

Zhang 等采用逐层组装技术,在多孔苎麻织物上制备了由聚电解质聚乙烯亚胺(PEI)和聚磷酸铵(APP)组成的自熄多层涂料,为苎麻织物逐层组装控制自熄膨胀涂层的形成提供了一种简单而有效的方法。

该方法是将苎麻织物分别重复浸入浓度为 0.4%或 0.9%(质量分数)的 APP 溶液和 0.9% 或 0.4%(质量分数)的 PEI 溶液中 20 次(样品标记为 PEI-0.9(0.4)/APP-0.4(0.9)-20),如图 7-38 所。

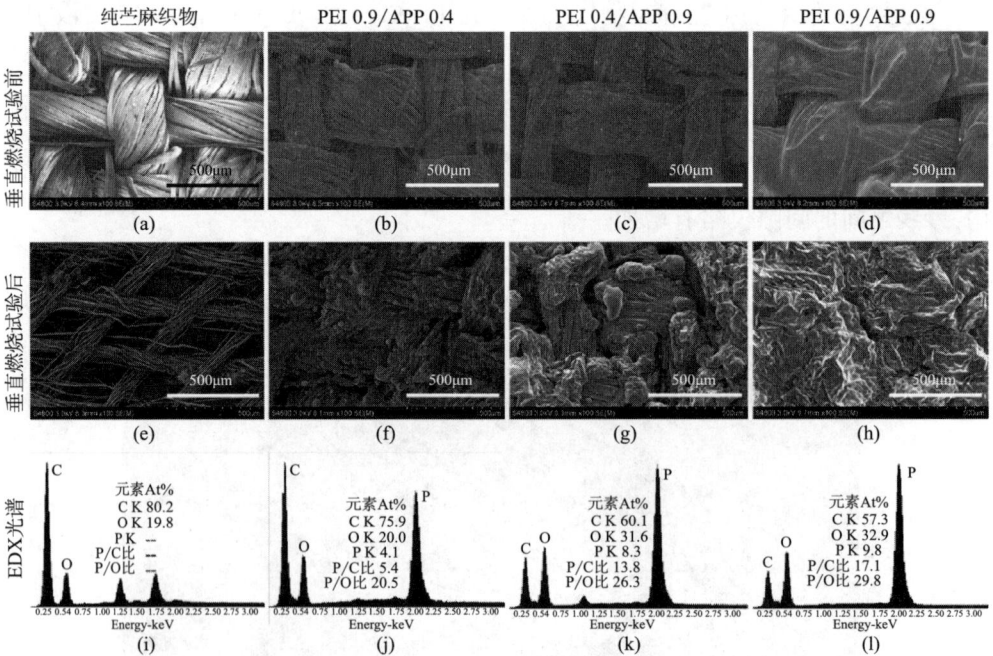

图 7-38 纯苎麻织物和 PEI/APP 沉积苎麻织物的垂直燃烧试验前后的
SEM 照片和残炭 EDX 光谱

随着沉积循环次数的增加,涂层苎麻织物的磷/碳(P/C)和磷/氧(P/O)比值显著增加,揭示了 APP 在纤维素纤维侧壁上的可重复覆盖。调整两种聚电解质的浓度配置也有效地控制了所得的 P/C 和 P/O 比值,以及相同层数下织物的涂层重量百分比。热性能研究表明(图 7-38),在氮气或空气气氛下,在 400~600℃ 的温度范围内,苎麻织物的残炭量显著高于织物所占的涂层重量百分比,这对沉积层数有很强的依赖性,特别是两种聚电解质的浓度配置。通过改变两种聚电解质的浓度配置,还可以有效地调整处理样品在微型燃烧量热试验中的最大放热量和总放热量,特别是垂直燃烧试验中的自熄能力和未燃面积。这种调节自熄能力的方法的新颖之处在于控制织物的涂层重量和相应的 P/C 和 P/O 比值,这种简单而方便的策略可广泛应用于其他纤维素体系。

图 7-38 中,第一排和第二排分别是垂直火焰燃烧试验前的织物和试验后残炭的 SEM 图像,第三排是残炭的 EDX 光谱。其中,图(a)(e)和(i)是纯苎麻织物;图(b)(f)和(j)是 PEI-0.9/APP-0.4-20 沉积苎麻织物,图(c)(g)和(k)是 PEI-0.4/APP-0.9-20 沉积苎麻织物,图(d)(h)和(l)是 PEI-0.9/APP-0.9-20 沉积苎麻织物。

近年来,聚磷酸铵(APP)被用于改善聚合物材料的阻燃性能,以取代传统的卤素阻燃剂。当 APP 受热时,会释放磷酸和氨,APP 经常用于膨胀型阻燃系统中,充当酸源和气体源。阻燃剂 NEWRAY911,是一种含有磷(13.0%~16.0%)和氮(40.0%~45.0%)的复合材料,应用于苎麻织物的阻燃整理,对苎麻织物具有良好的阻燃效果。此外,苯并噁嗪树脂本身就是一种良好的碳源。如果将 APP 和 NEWRAY911 应用于苎麻纤维增强苯并噁嗪复合材料,可以预期改善复合材料的阻燃效果。但苯并噁嗪树脂的高固化温度限制了苎麻纤维在纤维增强苯并噁嗪复合材料中的应用。

Yan 等采用聚磷酸铵(APP)和氮磷阻燃剂(NEWRAY911)制备了阻燃苎麻/苯并噁嗪树脂层合板。用对甲苯磺酸甲酯(p-TMS)作为苯并噁嗪树脂的聚合促进剂来降低固化温度在 170℃ 以下,这确保了苎麻纤维在加热过程中不会发生降解。APP 和 NEWRAY911 被用来改善苎麻/苯并噁嗪树脂层合板的阻燃性。结果表明,APP 的加入可以改善苎麻/苯并噁嗪层合板的极限氧指数(LOI),但在 UL94 垂直燃烧试验中未达到 V0 水平,它们的机械强度也部分受损。为了提高苎麻织物的阻燃性能,减少对层合板的机械损伤,在复合前对苎麻织物进行了改性。用阻燃苎麻织物制成的层合板在 UL94 垂直燃烧试验中的 LOI 值可提高到 44.8%,达到 V0 水平。由此可知,织物的阻燃改性有助于提高层合板的力学性能。

三、结构织物

在汽车结构中使用金属材料会增加重量、油耗和成本,因此,人们开始倾向于使用轻量化和更便宜的材料。纤维复合材料应用于汽车,因为它们更轻、更坚固,而且它们具有与金属材料相当的能量吸收能力。利用植物性天然纤维代替玻璃纤维作为复合材料的增强材料,由于其经济、技术和环境意义,在工程中得到了广泛的应用。天然纤维成本效益高,比强度和刚度高,密度低,易于获得。植物基天然纤维增强聚合物(FRP)复合材料的一个主要结构应用可能是作为能量吸收剂在汽车工程中的应用。

Ghoushji 等以苎麻/环氧树脂复合吸能管为研究对象,在准静态轴向压缩条件下,研究其耐撞性和吸能性能。对主要的耐撞性参数,包括峰值载荷值、比能量吸收、总能量吸收值进行了试验评估。研究表明,苎麻/环氧树脂复合材料作为一种有效的吸能材料具有很大的潜力。

薄壁结构的耐撞性能是应用力学中最具挑战性和最重要的问题之一。比能量吸收、总能量吸收和峰值载荷是评价结构耐撞性能的重要参数。峰值荷载值表明了结构在施加荷载下抵抗永久变形的能力,而峰值荷载取决于试样的几何和材料特性。峰值荷载的增加与苎麻/环氧树脂复合材料层数增加有关,层数增加导致峰值荷载增加,而管长度对峰值荷载不敏感。比能量吸收定义为每单位质量物质吸收的能量。比能量吸收和总能量吸收代表了结构变形过程中吸收能量的效率和能力,随着层数的增加,比能量吸收值增大,总能量吸收增加。复合管的几何结构影响复合管的吸能性能,长而厚的管子比短而细的管子更能吸收能量。具有大量层数的短长度试样具有较高的抗压强度和较高的峰值荷载值。

Yi 等用浸渍有 Cycom 6070 和 Cytec 酚醛树脂的平纹机织苎麻,以及蜂窝芯组成夹芯板(图 7-39)。与玻璃纤维增强复合材料(GFRC)相比,苎麻夹芯板的层间剪切强度(ISS)和拉伸模量水平略高于玻璃样品。在高压釜中,固化的苎麻纤维增强复合材料(RFRC)零件的制造优势在于其与最先进的工业生产工艺完全兼容,可燃性研究也得出了可接受的结果。除了良好的机械和功能性,苎麻纤维颜色为白色,表面光滑,可用于装饰目的。苎麻可以用来生产白色或彩色的复合材料,不像已知的黑色碳纤维复合材料或黄色的芳纶复合材料。彩色苎麻织物用作复合材料层压板上的装饰面层,以生产装饰性复合材料。装饰面层同时作为一种结构件,可以承受荷载,而传统的装饰面仅起装饰作用。除这些优点外,用于面层的苎麻织物还具有其他功能,例如,吸声和减振。因此,苎麻纤维增强结构正在作为一种潜在的赛车部件和飞机内部装饰材料。

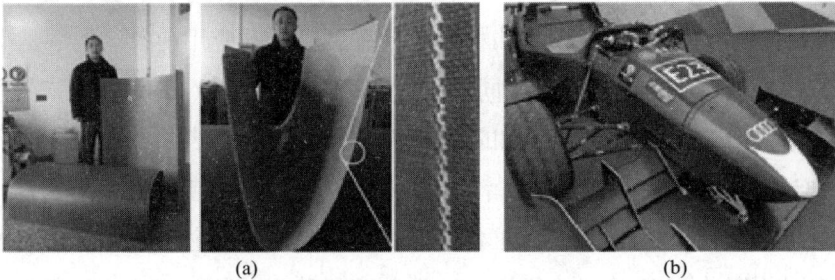

图 7-39 (a)平纹苎麻夹芯板及(b)环氧树脂复合材料赛车车身

在结构件上增加装饰性不仅提升了复合材料结构的美感,而且在材料、劳动力和时间方面简化了制造过程,从而降低了成本。另一项试验应用于中国制造的世界上最大的水上飞机 AG600 的内部机舱结构,清楚地突出了这种材料的美学吸引力[图 7-40(a)]。用于室内和准结构应用的多功能装饰复合材料面板坚固、轻巧、防火、装饰性好、防水、防霉、防虫。结构装饰一体化方法可以生产相同甚至更复杂的复合材料零件,同时,在各种应用中呈现出机械和结构阻尼优势。图 7-40(b)是MA600 飞机用松香基环氧预浸料和蜂窝夹芯制成的内部侧板示意图。

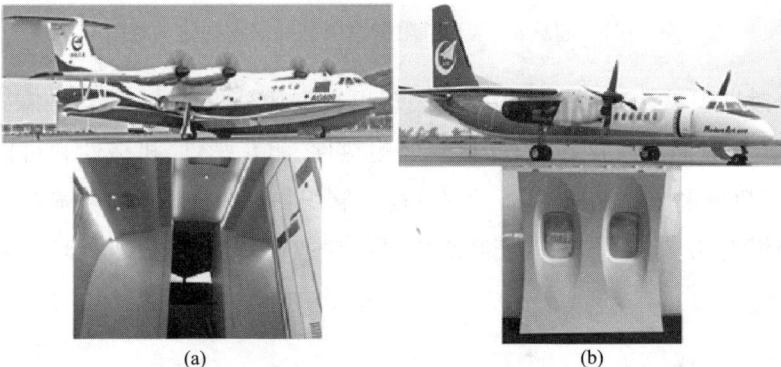

图 7-40 (a)AG600 水上飞机内部装饰性功能集成复合板和(b)MA600 飞机
松香基环氧蜂窝夹芯复合材料侧板

四、疏水织物

苎麻作为一种可再生的天然织物材料,对超疏水表面的制备有重要意义。一方面,苎麻天然织物广泛应用于服装、包装材料和室内装饰,超疏水表面赋予功能性织物自清洁能力,通过水流很容易将织物表面的灰尘带走。另一方面,超疏水苎麻天然织物由于其高吸附能力和力学性能,能够有效地去除水中的石油和有机溶剂污染物,比棉麻材料、环保型吸油材料等具有更广泛的应用前景。

Chu 等在苎麻织物表面生长不同形貌的层状双氢氧化物(LDH)和聚二甲基硅氧烷(PDMS),赋予苎麻织物超疏水和阻燃性能。具有超疏水表面的苎麻织物不仅在油水分离试验中具有较高的分离效率,而且在极端环境下具有良好的耐热性、机械稳定性和化学稳定性。超疏水性-亲油性苎麻织物是一种有前途的石油泄漏清理材料。

采用水热法制备层状双氢氧化物改性苎麻织物(苎麻@LDH),制备流程如图 7-41 所示。将苎麻织物垂直放置在高压釜中,与 Ni(NO$_3$)$_2$·6H$_2$O、Fe(NO$_3$)$_3$·9H$_2$O 和尿素混合物反应,将得到的苎麻@LDH 样品用乙醇洗涤,烘干。然后,将苎麻@LDH 样品浸入 PDMS 和固化剂的氯仿溶液中,接着干燥,该过程重复三次。最后,固化获得苎麻@LDH@PDMS 样品。

图 7-41 超疏水-亲油性阻燃涂层苎麻织物构建示意图

苎麻改性织物在油水分离实验中表现出很高的分离效率,而且苎麻@LDH@PDMS 超疏水表面具有良好的稳定性,经耐热性、耐化学性、机械性和可回收性测试,保持了超疏水性。此外,制备的多功能苎麻织物在燃烧试验中具有较好的热稳定性和阻燃性能。这种多功能苎麻织物可在穿戴设备、含油废水处理和阻燃等方面提供实际应用。

五、声学织物

高阻尼材料用于降低飞机和其他机械的振动水平,从而延长部件的使用寿命,降低重量和噪声水平。结构材料通常表现出低阻尼和高模量特性。橡胶材料不具有结构特性，因此，主要用于阻尼目的。同时具有高阻尼和高刚度特性的材料并不常见。纤维复合材料是非均质材料，因此，复合材料阻尼的主要潜在来源是基体和/或纤维材料的黏弹性性质、界面性质。摩擦阻尼是由于纤维与基体界面之间无界区域的分层或滑移等引起的。与再生纤维相比，植物纤维表现出多尺度多孔结构，可能产生更多的阻尼源。

图 7-42 分别展示了苎麻和黄麻织物增强环氧树脂层合板在自由振动和强迫振动条件下的典型阻尼行为。所用的基体树脂是用于液体模塑的 120℃ 固化 EP 环氧树脂。试验样品采用真空灌注法制备。在自由振动条件下，苎麻层合板的损耗因子 (η) 为 0.0129，比黄麻层合板的 0.0099 高出 30% 以上，而在强迫振动条件下，苎麻的一阶和二阶 η 分别为 0.143 和 0.032，黄麻的一阶和二阶 η 分别为 0.118 和 0.025。这些结果表明，苎麻可能表现出比黄麻更高的阻尼效率，而且两者都保持其固有的结构特性。

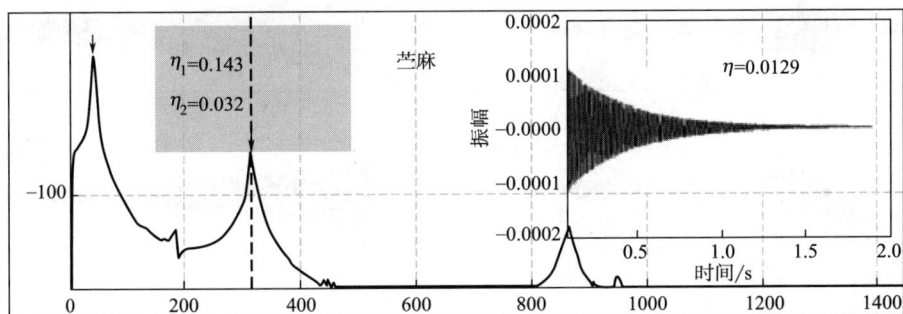

(a) 自由条件

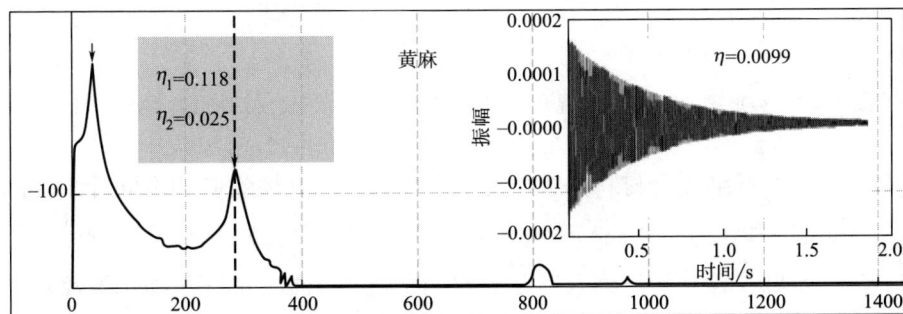

(b) 强迫振动条件

图 7-42 苎麻和黄麻织物层合板在自由和强迫振动条件下的典型阻尼行为

多层复合材料层合板的振动行为可以通过使用交替对称层或非对称层来控制。Ni 等研究了苎麻、玻璃纤维、碳纤维及其混杂材料的纯纤维层合板的自由振动和强迫振动响应。G、R 和 C 分别表示以对称交替方式排列的双层玻璃、苎麻和碳层。每个层压样品使用 10 层。图 7-43 显示了纯玻璃和玻璃/苎麻混合物以及纯碳和碳/苎麻混合物的典型振动响应。如图 7-43 所示,纯玻璃(G_{10},即 10 层玻璃层合板)(η 为 0.0042)和纯碳(C_{10},即 10 层碳层合板)(η 为 0.0018)样品的振动水平明显低于纯苎麻样品的振动水平(η 为 0.0129)。考虑到这种基本上与纤维的固有刚度有关的差异,可以预测它们的杂交体将以可控的方式表现:苎麻层越多,混杂层合板的阻尼响应越大。此外,特定纤维类型的混杂比和对称层叠顺序对振动行为有显著影响。一般来说,在两个层压板表面对称布置苎麻层比用玻璃或碳覆盖两个表面更有效。η 的数量差异对于表面结构来说是显著的。强迫振动样品的 η_1 和 η_2 测量进一步证实了这些结果。

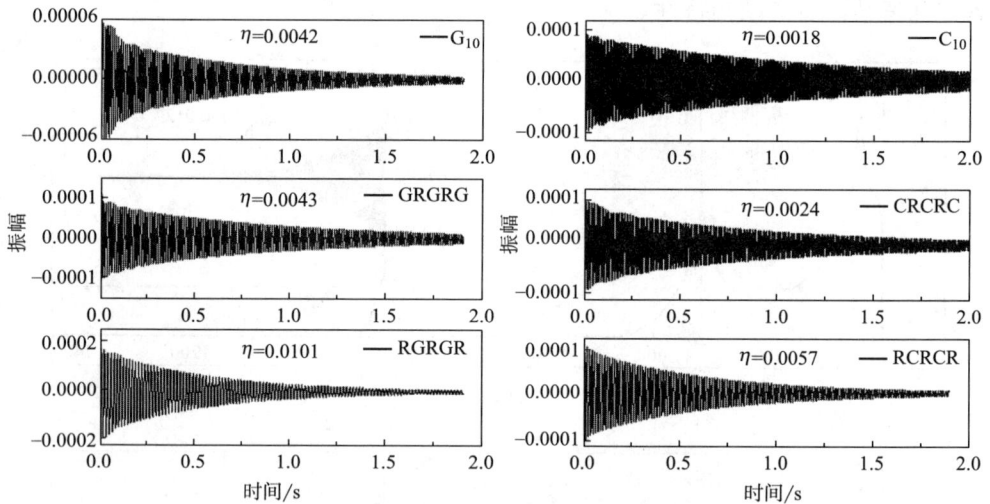

图 7-43　纯玻璃、玻璃/苎麻混合材料、纯碳和碳/苎麻混合材料的典型振动响应

多孔材料和纤维复合材料的吸声是由于界面上的黏性效应和不同纤维之间的传热过程引起的热损失。Yang 等采用双传声器传递函数技术,在阻抗管中测量了苎麻、亚麻、黄麻三种天然纤维及其复合材料的吸声系数,并与合成纤维及其复合材料进行了比较。结果表明,天然纤维及其复合材料具有优良的降噪性能。天然纤维的多尺度、中空腔结构有助于提高吸声性能。此外,还用 Delany-Bazley 和 Garai-ponpoli 模型计算了这些天然纤维的吸声性能。它们与实验数据有很好的一致性。因此,利用天然纤维可以制备出多功能复合材料,既可以实现机械功能,又可以实现声学功能。

纤维和复合材料的吸声系数采用阻抗管传递函数法测量。所有天然纤维样品的测量厚度均为 40mm,采用热压法制备了三种天然纤维增强环氧树脂复合材料。纤维体积分数在 65% 左右,厚度在 3mm 左右。声学测量复合样品采用水射流加工,保证了样品具有较高的尺寸精度,试验按 ISO 10534-2:1998 标准进行。比较天然纤维(苎麻、亚麻和黄麻)与合成纤维(碳纤维和玻璃纤维)的吸声系数,发现黄麻纤维具有最佳的吸声性能,尤其是在 1000Hz 以上的频率,吸声系数基本大于0.9。此外,亚麻纤维和苎麻纤维在 800Hz 以上的吸声系数分别为 0.8 和 0.6。然而,玻璃纤维和碳纤维的数值总体上低于天然纤维。苎麻、黄麻和亚麻的降噪系数(NRCs)分别高达 0.6、0.65 和 0.65,而玻璃和碳纤维的 NRCs 分别为 0.35和 0.45。

纤维材料吸收声能的机理主要涉及三个物理过程:一是声波在纤维中传播时,纤维骨架与众多空腔之间的黏滞效应会使一部分声能衰减并转化为热;二是由于温度差而在不同的纤维之间发生传热,这个过程会进一步消散声音;三是,大块材料中空气的振动也会导致纤维的振动。

天然纤维是一种多孔纤维材料,含有许多连通的开放空腔,这些空腔可能是吸声的主要贡献者。声波可以通过振动在空气和天然纤维内腔中传播,细胞壁与气流之间的摩擦作用将声能转化为热能。因此,与玻璃纤维和碳纤维相比,独特的内腔结构赋予了天然纤维优越的吸声能力。此外,通过进一步观察天然纤维的微观结构,可以发现天然纤维具有多尺度结构。单根纤维由一束中空亚纤维组成。亚纤维的细胞壁由数百万纳米纤维组成。纳米尺度的纤维也会导致额外的振动,从而导致更多的声能差异。

表 7-4 采用水下称重法测定了天然纤维增强复合材料和合成纤维增强复合材料的密度和孔隙率。与玻璃纤维和碳纤维增强复合材料相比,天然纤维(亚麻、苎麻和黄麻)增强复合材料的密度更低,孔隙率更高。因此,天然纤维独特的内腔结构使其增强复合材料的密度和孔隙率降低,从而使其具有更好的吸声性能。

表 7-4　天然纤维和合成纤维增强复合材料的密度和孔隙率

纤维	密度/(g/cm^3)	孔隙度/%
亚麻	1.12	17.66
苎麻	1.09	16.78
黄麻	1.04	18.26
玻璃	2.07	4.08
碳	1.55	2.14

　　天然纤维由于其独特的中空和多尺度结构,其吸声性能优于玻璃纤维和碳纤维等合成纤维。天然纤维增强复合材料也比合成纤维增强复合材料具有更好的吸声性能,特别是在高频段,这对航空应用非常有利。

参考文献

[1]刘昭铁,熊和平,彭源德,等.苎麻纤维改性研究进展[J].材料导报,2006,20(1):77-80.

[2]金永安,耿琴玉,胡学梅.苎麻纤维的改性和变性[J].毛纺科技,2004(7):53-55.

[3]LIU Z-T,YANG Y,ZHANG L,et al. Study on the performance of ramie fiber modified with ethylenediamine[J]. Carbohydrate Polymers,2008,71(1):18-25.

[4]BUDTOVA T,NAVARD P. Cellulose in NaOH-water based solvents:a review[J]. Cellulose,2016,23(1):5-55.

[5]YAMASHIKI T,KAMIDE K,OKAJIMA K,et al. Some characteristic features of dilute aqueous alkali solutions of specific alkali concentration (2.5 mol/L) which possess maximum solubility power against cellulose[J]. Polymer Journal, 1988, 20(6):447-457.

[6]OKANO T,SARKO A. Mercerization of cellulose. II. Alkali-cellulose intermediates and a possible mercerization mechanism[J]. Journal of Applied Polymer Science,1985,30(1):325-332.

[7]NISHIMURA H,SARKO A. Mercerization of cellulose. III. Changes in crystallite sizes[J]. Journal of Applied Polymer Science,1987,33(3):855-866.

［8］LE MOIGNE N,NAVARD P. Dissolution mechanisms of wood cellulose fibres in NaOH-water［J］. Cellulose,2010,17(1):31-45.

［9］NISHIYAMA Y,KUGA S,OKANO T. Mechanism of mercerization revealed by X-ray diffraction［J］. Journal of Wood Science,2000,46(6):452-457.

［10］YOKOTA H,SEI T,HORII F,et al. 13C CP/MAS NMR study on alkali cellulose ［J］. Journal of Applied Polymer Science,1990,41(3-4):783-791.

［11］SAYYED A J,DESHMUKH N A,PINJARI D V. A critical review of manufacturing processes used in regenerated cellulosic fibres:viscose,cellulose acetate,cuprammonium,LiCl/DMAc,ionic liquids,and NMMO based lyocell［J］. Cellulose,2019, 26(5):2913-2940.

［12］NORTHOLT M G,BOERSTOEL H,MAATMAN H,et al. The structure and properties of cellulose fibres spun from an anisotropic phosphoric acid solution［J］. Polymer,2001,42(19):8249-8264.

［13］ALVES L,MEDRONHO B,ANTUNES F E,et al. Dissolution state of cellulose in aqueous systems. 1. Alkaline solvents［J］. Cellulose,2016,23(1):247-258.

［14］WATLAUFER D B,MALIK S K,STOLLER L,et al. Nonpolar Group Participation in the Denaturation of Proteins by Urea and Guanidinium Salts. Model Compound Studies［J］. Journal of the American Chemical Society,1964,86(3):508-514.

［15］PHARR D Y,FU Z S,SMITH T K,et al. Solubilization of cyclodextrins for analytical applications［J］. Analytical Chemistry,1989,61(3):275-279.

［16］KOSTAG M,GERICKE M,HEINZE T,et al. Twenty-five years of cellulose chemistry:innovations in the dissolution of the biopolymer and its transformation into esters and ethers［J］. Cellulose,2019,26(1):139-184.

［17］HEINZE T,EL SEOUD O A,KOSCHELLA A. Production and Characteristics of Cellulose from Different Sources in Cellulose Derivatives:Synthesis,Structure,and Properties［M］. Springer International Publishing,2018.

［18］WERNERSSON E,STENQVIST B,LUND M. The mechanism of cellulose solubilization by urea studied by molecular simulation［J］. Cellulose,2015,22(2):991-1001.

［19］KIRKWOOD J G,BUFF F P. The statistical mechanical theory of solutions. I［J］.

The Journal of Chemical Physics,1951,19(6):774-777.

[20]XIONG B,ZHAO P,HU K,et al. Dissolution of cellulose in aqueous NaOH/urea solution:role of urea[J]. Cellulose,2014,21(3):1183-1192.

[21]HU R,ZHAO Z,ZHOU J,et al. Surface micro-dissolution of ramie fabrics with NaOH/urea to eliminate hairiness[J]. Cellulose,2017,24(11):5251-5259.

[22]CAI Y,SU S,NAVIK R,et al. Cationic modification of ramie fibers in liquid ammonia[J]. Cellulose,2018,25(8):4463-4475.

[23]ZHANG J,ZHANG H,ZHANG J. Evaluation of liquid ammonia treatment on surface characteristics of hemp fiber[J]. Cellulose,2014,21(1):569-579.

[24]CAI Y,SU S,NAVIK R,et al. Reactive dyeing of ramie yarn washed by liquid ammonia[J]. Cellulose,2018,25(2):1463-1481.

[25]WADA M,NISHIYAMA Y,BELLESIA G,et al. Neutron crystallographic and molecular dynamics studies of the structure of ammonia-cellulose I:rearrangement of hydrogen bonding during the treatment of cellulose with ammonia[J]. Cellulose, 2011,18(2):191-206.

[26]NISHIYAMA Y,LANGAN P,CHANZY H. Crystal structure and hydrogen-bonding system in cellulose iβ from synchrotron x-ray and neutron fiber diffraction[J]. Journal of the American Chemical Society,2002,124(31):9074-9082.

[27]LIU Z-T,YANG Y,ZHANG L,et al. Study on the cationic modification and dyeing of ramie fiber[J]. Cellulose,2007,14(4):337-345.

[28]LIANG C,GUI X,ZHOU C,et al. Improving the thermoactivity and thermostability of pectate lyase from Bacillus pumilus for ramie degumming[J]. Applied Microbiology and Biotechnology,2015,99(6):2673-2682.

[29]MAO K,CHEN H,QI H,et al. Visual degumming process of ramie fiber using a microbial consortium RAMCD407[J]. Cellulose,2019,26(5):3513-3528.

[30]QI H,CHEN H,MAO K,et al. Investigation of the structure of ramie fibers by enzymatic peeling[J]. Cellulose,2019,26(5):2955-2968.

[31]DE LA ORDEN M U,MARTíNEZ URREAGA J. Photooxidation of cellulose treated with amino compounds [J]. Polymer Degradation and Stability, 2006, 91(9): 2053-2060.

［32］MOKHENA T C,JOHN M J. Cellulose nanomaterials:new generation materials for solving global issues［J］. Cellulose,2020,27(3):1149-1194.

［33］HABIBI Y,GOFFIN A-L,SCHILTZ N,et al. Bionanocomposites based on poly(ε -caprolactone)-grafted cellulose nanocrystals by ring-opening polymerization［J］. J Mater Chem,2008,18(41):5002-5010.

［34］YU W,WANG C,YI Y,et al. Choline chloride-based deep eutectic solvent systems as a pretreatment for nanofibrillation of ramie fibers［J］. Cellulose,2019,26(5):3069-3082.

［35］CSISZáR E,NAGY S. A comparative study on cellulose nanocrystals extracted from bleached cotton and flax and used for casting films with glycerol and sorbitol plasticisers［J］. Carbohydrate Polymers,2017,174:740-749.

［36］BIAN H,GAO Y,YANG Y,et al. Improving cellulose nanofibrillation of waste wheat straw using the combined methods of prewashing,p-toluenesulfonic acid hydrolysis,disk grinding,and endoglucanase post-treatment［J］. Bioresource Technology,2018,256:321-327.

［37］SUCALDITO M R,CAMACHO D H. Characteristics of unique HBr-hydrolyzed cellulose nanocrystals from freshwater green algae (Cladophora rupestris) and its reinforcement in starch-based film［J］. Carbohydrate Polymers,2017,169:315-323.

［38］TANG Y,SHEN X,ZHANG J,et al. Extraction of cellulose nano-crystals from old corrugated container fiber using phosphoric acid and enzymatic hydrolysis followed by sonication［J］. Carbohydrate Polymers,2015,125:360-366.

［39］BUDHI Y W,FAKHRUDIN M,CULSUM N T U,et al. Preparation of cellulose nanocrystals from empty fruit bunch of palm oil by using phosphotungstic acid［J］. IOP Conference Series:Earth and Environmental Science,2018,105:12063.

［40］CAMARERO ESPINOSA S,KUHNT T,FOSTER E J,et al. Isolation of thermally stable cellulose nanocrystals by phosphoric acid hydrolysis［J］. Biomacromolecules,2013,14(4):1223-1230.

［41］LIU Y,WANG H,YU G,et al. A novel approach for the preparation of nanocrystalline cellulose by using phosphotungstic acid［J］. Carbohydrate Polymers,2014,

110:415−422.

[42] LU Q,CAI Z,LIN F,et al. Extraction of cellulose nanocrystals with a high yield of 88% by simultaneous mechanochemical activation and phosphotungstic acid hydrolysis[J]. ACS Sustainable Chemistry & Engineering,2016,4(4):2165−2172.

[43] FILSON P B,DAWSON−ANDOH B E. Sono−chemical preparation of cellulose nanocrystals from lignocellulose derived materials[J]. Bioresource Technology, 2009,100(7):2259−2264.

[44] DU H,LIU C,MU X,et al. Preparation and characterization of thermally stable cellulose nanocrystals via a sustainable approach of $FeCl_3$−catalyzed formic acid hydrolysis[J]. Cellulose,2016,23(4):2389−2407.

[45] TEIXEIRA R S S,SILVA A S A D,JANG J−H,et al. Combining biomass wet disk milling and endoglucanase/β−glucosidase hydrolysis for the production of cellulose nanocrystals[J]. Carbohydrate Polymers,2015,128:75−81.

[46] FILSON P B,DAWSON−ANDOH B E,SCHWEGLER−BERRY D. Enzymatic−mediated production of cellulose nanocrystals from recycled pulp[J]. Green Chemistry, 2009,11(11):1808−1814.

[47] BAULI C R,ROCHA D B,DE OLIVEIRA S A,et al. Cellulose nanostructures from wood waste with low input consumption[J]. Journal of Cleaner Production,2019, 211:408−416.

[48] ZHANG K,SUN P,LIU H,et al. Extraction and comparison of carboxylated cellulose nanocrystals from bleached sugarcane bagasse pulp using two different oxidation methods[J]. Carbohydrate Polymers,2016,138:237−243.

[49] LAM E,LEUNG A C W,LIU Y,et al. Green strategy guided by raman spectroscopy for the synthesis of ammonium carboxylated nanocrystalline cellulose and the recovery of byproducts[J]. ACS Sustainable Chemistry & Engineering, 2013, 1(2): 278−283.

[50] PääKKöNEN T,DIMIC−MISIC K,ORELMA H,et al. Effect of xylan in hardwood pulp on the reaction rate of TEMPO−mediated oxidation and the rheology of the final nanofibrillated cellulose gel[J]. Cellulose,2016,23(1):277−293.

[51] WU B,GENG B,CHEN Y,et al. Preparation and characteristics of TEMPO−oxi-

dized cellulose nanofibrils from bamboo pulp and their oxygen-barrier application in PLA films[J]. Frontiers of Chemical Science and Engineering,2017,11(4): 554-563.

[52]CHENG M,QIN Z,LIU Y,et al. Efficient extraction of carboxylated spherical cellulose nanocrystals with narrow distribution through hydrolysis of lyocell fibers by using ammonium persulfate as an oxidant[J]. Journal of Materials Chemistry A, 2014,2(1):251-258.

[53]JIANG H,WU Y,HAN B,et al. Effect of oxidation time on the properties of cellulose nanocrystals from hybrid poplar residues using the ammonium persulfate[J]. Carbohydrate Polymers,2017,174:291-298.

[54]MAO J,HECK B,REITER G,et al. Cellulose nanocrystals' production in near theoretical yields by 1-butyl-3-methylimidazolium hydrogen sulfate ([Bmim] HSO_4)-mediated hydrolysis[J]. Carbohydrate Polymers,2015,117:443-451.

[55]ABUSHAMMALA H,KROSSING I,LABORIE M-P. Ionic liquid-mediated technology to produce cellulose nanocrystals directly from wood[J]. Carbohydrate Polymers,2015,134:609-616.

[56]TURBAK A F,SNYDER F W,SANDBERG K R. Microfibrillated cellulose,A New Cellulose Product:Properties, Uses, and Commercial Potential [M]. United States. ITT RAYONIER INC S W,1983.

[57]DU H,LIU C,ZHANG Y,et al. Preparation and characterization of functional cellulose nanofibrils via formic acid hydrolysis pretreatment and the followed high-pressure homogenization[J]. Industrial Crops and Products,2016,94:736-745.

[58]FERRER A,FILPPONEN I,RODRíGUEZ A,et al. Valorization of residual empty palm fruit bunch fibers (epfbf) by microfluidization:production of nanofibrillated cellulose and EPFBF nanopaper[J]. Bioresource Technology, 2012, 125: 249-255.

[59]SIQUEIRA G,OKSMAN K,TADOKORO S K,et al. Re-dispersible carrot nanofibers with high mechanical properties and reinforcing capacity for use in composite materials[J]. Composites Science and Technology,2016,123:49-56.

[60]ZHANG L,TSUZUKI T,WANG X. Preparation of cellulose nanofiber from softwood

pulp by ball milling[J]. Cellulose,2015,22(3):1729-1741.

[61]DUFRESNE A,CAVAILLé J-Y,VIGNON M R. Mechanical behavior of sheets pre-
pared from sugar beet cellulose microfibrils[J]. Journal of Applied Polymer Sci-
ence,1997,64(6):1185-1194.

[62]WANG B,SAIN M,OKSMAN K. Study of structural morphology of hemp fiber from
the micro to the nanoscale[J]. Applied Composite Materials,2007,14(2):89.

[63]ZHAO H-P,FENG X-Q,GAO H. Ultrasonic technique for extracting nanofibers
from nature materials[J]. Applied Physics Letters,2007,90(7):073112.

[64]MOKHENA T C,SEFADI J S,SADIKU E R,et al. Thermoplastic processing of
PLA/cellulose nanomaterials composites[J]. Polymers,2018,10(12):1363.

[65]DEEPA B,ABRAHAM E,CHERIAN B M,et al. Structure,morphology and ther-
mal characteristics of banana nano fibers obtained by steam explosion[J]. Biore-
source Technology,2011,102(2):1988-1997.

[66]NOVO L P,BRAS J,GARCíA A,et al. Subcritical water:a method for green pro-
duction of cellulose nanocrystals[J]. ACS Sustainable Chemistry & Engineering,
2015,3(11):2839-2846.

[67]CHEN Y W,TAN T H,LEE H V,et al. Easy fabrication of highly thermal-stable
cellulose nanocrystals using $Cr(NO_3)_3$ catalytic hydrolysis system:a feasibility
study from macro-to nano-dimensions[J]. Materials,2017,10(1):42.

[68]HAMID S B A,ZAIN S K,DAS R,et al. Synergic effect of tungstophosphoric acid
and sonication for rapid synthesis of crystalline nanocellulose[J]. Carbohydrate
Polymers,2016,138:349-355.

[69]MARKSTEDT K,MANTAS A,TOURNIER I,et al. 3D bioprinting human chondro-
cytes with nanocellulose-alginate bioink for cartilage tissue engineering applica-
tions[J]. Biomacromolecules,2015,16(5):1489-1496.

[70]TORRES-RENDON J G,KöPF M,GEHLEN D,et al. Cellulose nanofibril hydrogel
tubes as sacrificial templates for freestanding tubular cell constructs[J]. Biomacro-
molecules,2016,17(3):905-913.

[71]NGUYEN D,HäGG D A,FORSMAN A,et al. Cartilage tissue engineering by the
3D bioprinting of ips cells in a nanocellulose/alginate bioink[J]. Scientific Re-

ports,2017,7(1):658.

[72]CHEN L,CAO W,QUINLAN P J,et al. Sustainable catalysts from gold-loaded polyamidoamine dendrimer-cellulose nanocrystals[J]. ACS Sustainable Chemistry & Engineering,2015,3(5):978-985.

[73]GUPTA K,KAUSHIK A,TIKOO K B,et al. Enhanced catalytic activity of composites of $NiFe_2O_4$ and nano cellulose derived from waste biomass for the mitigation of organic pollutants[J]. Arabian Journal of Chemistry,2020,13(1):783-798.

[74]NOGI M,KARAKAWA M,KOMODA N,et al. Transparent Conductive Nanofiber Paper for Foldable Solar Cells[J]. Scientific Reports,2015,5(1):17254.

[75]MAUTNER A,KWAW Y,WEILAND K,et al. Natural fibre-nanocellulose composite filters for the removal of heavy metal ions from water[J]. Industrial Crops and Products,2019,133:325-332.

[76]KARDAM A,RAJ K R,SRIVASTAVA S,et al. Nanocellulose fibers for biosorption of cadmium,nickel,and lead ions from aqueous solution[J]. Clean Technologies and Environmental Policy,2014,16(2):385-393.

[77]MIAO C,HAMAD W Y. Cellulose reinforced polymer composites and nanocomposites:a critical review[J]. Cellulose,2013,20(5):2221-2262.

[78]GINDL W,KECKES J. All-Cellulose nanocomposite[J]. Polymer,2005,46(23):10221-10225.

[79]NISHINO T, MATSUDA I, HIRAO K. All-Cellulose composite[J]. Macromolecules,2004,37(20):7683-7687.

[80]PAGE D H,EL-HOSSEINY F,WINKLER K. Behaviour of single wood fibres under axial tensile strain[J]. Nature,1971,229(5282):252-253.

[81]HAMMERSLEY J M. Percolation processes:II. the connective constant[J]. Mathematical Proceedings of the Cambridge Philosophical Society,1957,53(3):642-645.

[82]SOYKEABKAEW N,SIAN C,GEA S,et al. All-Cellulose nanocomposites by surface selective dissolution of bacterial cellulose[J]. Cellulose,2009,16(3):435-444.

[83]BELGACEM M N,GANDINI A. The surface modification of cellulose fibres for use

as reinforcing elements in composite materials[J]. Composite Interfaces,2005,12 (1-2):41-75.

[84]BOUFI S,GANDINI A. Formation of polymeric films on cellulosic surfaces by admicellar polymerization[J]. Cellulose,2001,8(4):303-312.

[85]SAWATARI A,NAKAMURA H. Analysis of the functional groups formed on the corona-treated cellulose fibre sheet surface by means of chemical modification in liquid phase-ESCA technique[J]. Sen'i Gakkaishi,1993,49(6):279-286.

[86]BENERITO R R,WARD T L,SOIGNET D M,et al. Modifications of cotton cellulose surfaces by use of radiofrequency cold plasmas and characterization of surface changes by ESCA[J]. Textile Research Journal,1981,51(4):224-232.

[87]CARLSSON C M G,STROEM G. Reduction and oxidation of cellulose surfaces by means of cold plasma[J]. Langmuir,1991,7(11):2492-2497.

[88]KATO K,VASILETS V N,FURSA M N,et al. Surface oxidation of cellulose fibers by vacuum ultraviolet irradiation[J]. Journal of Polymer Science Part A:Polymer Chemistry,1999,37(3):357-361.

[89]TAKáCS E,WOJNáROVITS L,BORSA J,et al. Effect of γ-irradiation on cotton-cellulose[J]. Radiation Physics and Chemistry,1999,55(5):663-666.

[90]QUILLIN D T,CAULFIELD D F,KOUTSKY J A. Surface energy compatibilites of cellulose and polypropylene[J]. MRS Proceedings,1992,266:113.

[91]BELGACEM M N,GANDINI A. Surface modification of cellulose fibres [J]. Polímeros,2005,15:114-121.

[92]WANG W,XIAN G,LI H. Surface modification of ramie fibers with silanized CNTs through a simple spray-coating method[J]. Cellulose,2019,26(13):8165-8178.

[93]GU Y,TAN X,YANG Z,et al. Hot compaction and mechanical properties of ramie fabric/epoxy composite fabricated using vacuum assisted resin infusion molding [J]. Materials & Design (1980-2015),2014,56:852-861.

[94]YANG J,ZHU L,YANG Z,et al. Improving mechanical properties of ramie/poly (lactic acid) composites by synergistic effect of fabric cyclic loading and alkali treatment[J]. Journal of Industrial Textiles,2017,47(3):390-407.

[95]YU T,REN J,LI S,et al. Effect of fiber surface-treatments on the properties of po-

ly(lactic acid)/ramie composites[J]. Composites Part A: Applied Science and Manufacturing,2010,41(4):499-505.

[96]YU T,HU C,CHEN X,et al. Effect of diisocyanates as compatibilizer on the properties of ramie/poly(lactic acid)(PLA) composites[J]. Composites Part A: Applied Science and Manufacturing,2015,76:20-27.

[97]LAKSHMANAN A,CHAKRABORTY S. Coating of silver nanoparticles on jute fibre by in situ synthesis[J]. Cellulose,2017,24(3):1563-1577.

[98]SARKER F,KARIM N,AFROJ S,et al. High-performance graphene-based natural fiber composites[J]. ACS Applied Materials & Interfaces,2018,10(40):34502-34512.

[99]LI Y,CHEN C,XU J,et al. Improved mechanical properties of carbon nanotubes-coated flax fiber reinforced composites[J]. J Mater Sci,2015,50(3):1117-1128.

[100]ORUE A,JAUREGI A,UNSUAIN U,et al. The effect of alkaline and silane treatments on mechanical properties and breakage of sisal fibers and poly(lactic acid)/sisal fiber composites[J]. Composites Part A:Applied Science and Manufacturing,2016,84:186-195.

[101]SULLINS T,PILLAY S,KOMUS A,et al. Hemp fiber reinforced polypropylene composites:The effects of material treatments[J]. Composites Part B:Engineering,2017,114:15-22.

[102]SHEN X,JIA J,CHEN C,et al. Enhancement of mechanical properties of natural fiber composites via carbon nanotube addition[J]. J Mater Sci,2014,49(8):3225-3233.

[103]LU X,ZHANG M Q,RONG M Z,et al. Self-Reinforced melt processable composites of sisal[J]. Composites Science and Technology,2003,63(2):177-186.

[104]MATSUMURA H,SUGIYAMA J,GLASSER W G. Cellulosic nanocomposites I. Thermally deformable cellulose hexanoates from heterogeneous reaction[J]. Journal of Applied Polymer Science,2000,78(13):2242-2253.

[105]SOYKEABKAEW N,ARIMOTO N,NISHINO T,et al. All-Cellulose composites by surface selective dissolution of aligned ligno-cellulosic fibres[J]. Composites Science and Technology,2008,68(10):2201-2207.

[106]GARKHAIL S K,HEIJENRATH R W H,PEIJS T. Mechanical properties of natu-ral-fibre-mat-reinforced thermoplastics based on flax fibres and polypropylene [J]. Applied Composite Materials,2000,7(5):351-372.

[107]BLEDZKI A K,GASSAN J. Composites reinforced with cellulose based fibres[J]. Progress in Polymer Science,1999,24(2):221-274.

[108]DAS M,PAL A,CHAKRABORTY D. Effects of mercerization of bamboo strips on mechanical properties of unidirectional bamboo-novolac composites[J]. Journal of Applied Polymer Science,2006,100(1):238-244.

[109] SAMAL R K, RAY M C. Effect of chemical modifications on FTIR spec-tra. II. Physicochemical behavior of pineapple leaf fiber (PALF)[J]. Journal of Applied Polymer Science,1997,64(11):2119-2125.

[110]GASSAN J,BLEDZKI A K. Possibilities for improving the mechanical properties of jute/epoxy composites by alkali treatment of fibres[J]. Composites Science and Technology,1999,59(9):1303-1309.

[111]RAY D,SARKAR B K. Characterization of alkali-treated jute fibers for physical and mechanical properties[J]. Journal of Applied Polymer Science, 2001, 80 (7):1013-1020.

[112]ZHOU L M,YEUNG K W,YUEN C W M,et al. Characterization of ramie yarn treated with sodium hydroxide and crosslinked by 1,2,3,4-butanetetracarboxylic acid[J]. Journal of Applied Polymer Science,2004,91(3):1857-1864.

[113]QIN C,SOYKEABKAEW N,XIUYUAN N,et al. The effect of fibre volume frac-tion and mercerization on the properties of all-cellulose composites[J]. Carbohy-drate Polymers,2008,71(3):458-467.

[114]ASS B A P,BELGACEM M N,FROLLINI E. Mercerized linters cellulose:charac-terization and acetylation in N,N-dimethylacetamide/lithium chloride[J]. Carbo-hydrate Polymers,2006,63(1):19-29.

[115]MONTEIRO S N,DRELICH J W,LOPERA H A C,et al. Natural Fibers Rein-forced Polymer Composites Applied in Ballistic Multilayered Armor for Personal Protection:An Overview,Cham,F[M]. Springer International Publishing,2019.

[116]MONTEIRO S N,LIMAÉ P,LOURO L H,et al. Unlocking function of aramid fi-

bers in multilayered ballistic armor: Physical metallurgical and materials science [J]. Metallurgical and Materials Transactions, 2015, 46(1):37-40.

[117] BRAGA F D O, MILANEZI T L, MONTEIRO S N, et al. Ballistic comparison between epoxy-ramie and epoxy-aramid composites in multilayered armor systems [J]. Journal of Materials Research and Technology, 2018, 7(4):541-549.

[118] MONTEIRO S N, MILANEZI T L, LOURO L H L, et al. Novel ballistic ramie fabric composite competing with Kevlar™ fabric in multilayered armor[J]. Materials & Design, 2016, 96:263-269.

[119] WANG L, ZHANG T, YAN H, et al. Modification of ramie fabric with a metal-ion-doped flame-retardant coating[J]. Journal of Applied Polymer Science, 2013, 129(5):2986-2997.

[120] ZHANG T, YAN H, WANG L, et al. Controlled formation of self-extinguishing intumescent coating on ramie fabric via layer-by-layer assembly[J]. Industrial & Engineering Chemistry Research, 2013, 52(18):6138-6146.

[121] YAN H, WANG H, FANG Z. Flame-Retarding modification for ramie/benzoxazine laminates and the mechanism study[J]. Industrial & Engineering Chemistry Research, 2014, 53(51):19961-19969.

[122] MAMALIS A G, MANOLAKOS D E, IOANNIDIS M B, et al. The static and dynamic axial collapse of CFRP square tubes: Finite element modelling[J]. Composite Structures, 2006, 74(2):213-225.

[123] YAN L, CHOUW N, JAYARAMAN K. Effect of triggering and polyurethane foam-filler on axial crushing of natural flax/epoxy composite tubes[J]. Materials & Design (1980-2015), 2014, 56:528-541.

[124] GHOUSHJI M J, ALEBRAHIM R, ZULKIFLI R, et al. Crashworthiness characteristics of natural ramie/bio-epoxy composite tubes for energy absorption application[J]. Iranian Polymer Journal, 2018, 27(8):563-575.

[125] YI X, TONG J, ZHANG X, et al. Biopolymers and Biocomposites in PANTELAKIS S, TSERPES K. Revolutionizing Aircraft Materials and Processes. Cham [M]. Springer International Publishing, 2020:231-275.

[126] WU J D, ZHANG C, JIANG D J, et al. Self-cleaning pH/thermo-responsive cot-

ton fabric with smart-control and reusable functions for oil/water separation[J]. RSC Advances,2016,6(29):24076-24082.

[127]ZHONG Q,CHEN Y Y,GUAN S L,et al. Smart cleaning cotton fabrics cross-linked with thermo-responsive and flexible poly(2-(2-methoxyethoxy)ethoxyethyl methacrylate-co-ethylene glycol methacrylate)[J]. RSC Advances,2015,5(48):38382-32390.

[128]LI X,CAO M,SHAN H,et al. Facile and scalable fabrication of superhydrophobic and superoleophilic PDMS-co-PMHS coating on porous substrates for highly effective oil/water separation[J]. Chem Eng J,2019,358:1101-1013.

[129] QING W,SHI X,DENG Y, et al. Robust superhydrophobic - superoleophilic polytetrafluoroethylene nanofibrous membrane for oil/water separation[J]. Journal of Membrane Science,2017,540:354-361.

[130]CHU F,YU X,HOU Y,et al. A facile strategy to simultaneously improve the mechanical and fire safety properties of ramie fabric-reinforced unsaturated polyester resin composites[J]. Composites Part A:Applied Science and Manufacturing,2018,115:264-273.

[131]CHU F,XU Z,MU X,et al. Construction of hierarchical layered double hydroxide/poly(dimethylsiloxane) composite coatings on ramie fabric surfaces for oil/water separation and flame retardancy[J]. Cellulose,2020,27(6):3485-3499.

[132]NI N,WEN Y,HE D,et al. High damping and high stiffness CFRP composites with aramid non-woven fabric interlayers[J]. Composites Science and Technology,2015,117:92-99.

[133]YANG W,LI Y. Sound absorption performance of natural fibers and their composites[J]. Science China Technological Sciences,2012,55(8):2278-2283.

第八章 苎麻的综合利用

苎麻被称为"中国草"，在中国南部、巴西、老挝、印度尼西亚、古巴和泰国等热带和亚热带地区都有种植。在中国，它被用于织物长达 4700 年，是最强的天然纤维。但是，纺织材料只使用了整个植物量的 5%，其他 95% 以上的资源被遗弃，这极大地减少了苎麻的利用率。此外，中国苎麻的种植面积和产量占世界的 90%，每年都有大量的苎麻资源被浪费。因此，挖掘苎麻的其他价值，促进苎麻的综合利用，已迫在眉睫。

苎麻植株上的韧皮纤维、麻皮、麻骨、麻叶、种子和麻蔸等产物均可利用，收获的原麻（韧皮纤维）脱胶后为独具特色的天然纤维，可广泛地用于服装、装饰及其他加工业；麻皮可提取糠醛作为化工原料，或作为食用菌栽培基质；麻骨可造纸，或加工成纤维板，制作家具或装饰房屋；麻叶富含多种蛋白质、氨基酸，鲜嫩的苎麻叶（茎）可直接作为畜、禽、渔的青饲料，干麻叶可作配合饲料的优质原料，也可作为畜禽越冬的干饲料；苎麻种子含油 15%~30%，从中提炼的天然植物油可食用或作为工业用油；麻蔸含有大黄素等药用成分，安胎、止血、解毒等功效明显，可制作成各类药品，治疗多种疾病。苎麻产物的综合利用，可拓宽应用领域，延长产业链条，创建产业集群，增强产业持续发展的后劲。

第一节 植物育秧膜和农用地膜

一、植物育秧膜

我国是世界水稻生产大国之一，水稻种植面积约 3000 万公顷，约占世界稻田面积的 18.6%。随着农村劳动力的日益紧缺，水稻平盘育秧后机械插秧已成为我国水稻生产中取代手插秧的普遍栽培方式。然而，这种方法在实践中有严重的缺陷,因为在播种后20~25天的最佳移栽期,幼苗的根系往往没有充分缠绕,生根不足导致秧块容易开裂[图8-1(c)],机械插秧效率严重下降。

近年来,开发出一种创新的苎麻纤维非织造薄膜[图8-1(a)]用来解决这个问题。这种薄膜是由苎麻纺纱工业的废纤维和改性淀粉,采用干铺非织造工艺制成。与通常用作覆盖土壤的覆盖材料的传统农业非织造布薄膜不同,薄膜很薄,只有0.15~0.25mm,这种薄膜用于垫秧盘的底面,并被土壤覆盖[图8-1(b)]。研究表明,使用这种薄膜可以显著提高机器插秧的效率,因为它促进了水稻幼苗根系的生长,并有助于形成一个结实、不易折断的秧苗块[图8-1(d)]。此外,还可显著提高秧苗素质,加快移栽后新蘖的出现,提高水稻总产量。进一步的研究证实,地膜可以增加幼苗根区的供氧量,这种增加的供氧可能通过促进根系呼吸直接促进幼苗的生长发育。

(a) 苎麻纤维非织
造布薄膜

(b) 薄膜的使用

(c) 易破碎的秧苗块
(不用薄膜育秧)

(d) 用薄膜育秧的
秧苗块

图8-1　苎麻纤维非织造布薄膜及其在机械化插秧育秧中的应用

在中国南方地区,由于早稻插秧时期常发生连阴雨天气,导致水稻秧盘过湿易散而不能起秧机插,提高根系盘结力尤为重要。另外,杂交水稻种植要求单本稀插，而低播种密度则会导致根系盘结不够而不能起秧机插，麻育秧膜育秧为解决该矛盾提供了一个可能的解决途径。王朝云等考察分析了利用不同种类麻育秧膜所育的水稻机插秧苗根系发育、水稻田间生长动态及产量。结果表明，秧盘垫铺麻育秧膜显著促进了秧苗根系发育，提高了秧苗素质，秧苗在移栽田间后有更高的根系活力和生长速率，并最终显著提高了水稻产量；淀粉麻育秧膜比 PVA 麻育秧膜具有更好的效果，增产幅度达 8.9%；秧苗根系质量主要通过影响水稻有效穗数从而影响了产量。

水稻秧苗根系生长与水、肥、气、温等土壤生态环境密切相关。麻育秧膜是以天然麻纤维采用非织造布工艺制作而成，具有较好的吸水透气性。在潮湿环境下，短期内即可完全生物降解。由于麻育秧膜的这种特性，其垫铺于育秧盘底面后，可在秧盘底面形成一层透气的小环境，水分和养分可在膜上均匀分布，最终形成了一层适合水稻根系生长发育的水分—养分—氧气平衡体，从而促进了水稻秧苗根系的生长发育。

采用麻育秧膜的秧苗根系发达，机械移栽田间后具有更高的根系活力和生长速率，并最终具有更高的稻谷产量。在产量因子构成上反映为有效穗数增多，而每穗粒数和结实率则略有降低，因此，秧苗根系质量主要通过影响水稻有效穗数，最终影响了产量。

综上所述，秧盘垫铺麻育秧膜促进了水稻秧苗根系的生长发育。提高了根系盘结力和秧苗素质，最终提高了机插水稻产量。根系盘结力的提高解决了稻农在机插育秧中经常面临的散秧落秧问题。

二、农用地膜

20 世纪 80 年代开始，随着塑料工业的发展，地膜覆盖技术的引进为我国农业生产带来了巨大效益，成为我国农业生产栽培的重要技术之一。地膜覆盖技术由于具有显著的集雨、蓄水、增温、保墒等作用而被大面积推广应用，为我国农业发展、粮食增产、农业增效、农民增收做出了重要贡献。同时，地膜残留的危害也日益突出，对我国农业可持续发展构成威胁。普通农用地膜成分主要是聚乙烯，难以收集及降解，因此，大力推广新型环保可降解地膜对于应对土地"白色污染"和环境污染具有重要意义。目前，新型环保地膜的种类主要有光降解地膜、生物降解地膜和光—生物双降解地膜、液态地膜、纸地膜和麻地膜等。新型生物可降解地膜生产工艺复杂,成本相对于普通地膜较高。因此,积极开展地膜残留危害及其防治措施研究对促进农业生产、改善土壤环境、保障生态安全具有重要意义。

杜兆芳等分析研究了覆盖苎麻/棉非织造布地膜和塑料地膜后土壤温度、湿度的变化。塑料地膜能提高温度、湿度,且透光,但由于其透气性差,不利于植物发芽,非织造地膜有一定的增温保墒透光作用,更有优良的透气性。以海花1号花生为供试品种,结果表明,苎麻/棉非织造布地膜更有利于花生的发芽。

石磊等研究了大棚内麻地膜覆盖对土壤环境温度、水分及微生物和春季大豆产量的影响。结果表明,大棚内麻地膜覆盖在低温时可显著提高土壤温度。在高温时,麻地膜下土壤获得的有效光辐射最少,在气温高时土壤温度相对较低,有效地防止了高温造成植株徒长与烧苗的问题。麻地膜在高温环境下升温平缓,并机械阻隔减少土壤水分蒸发。麻地膜覆盖下土壤温度和土壤含水量的增加,改变了土壤理化性质,促进土壤微生物大量繁殖。高温高湿等特点可以为土壤微生物创造良好的繁殖环境,从而提高大豆产量,是解决塑料污染问题行之有效的措施。

谢丕江等使用以苎麻为主要原材料制成的苎麻地膜在桃源县棉区进行了棉花栽培试验,苎麻地膜覆盖棉花前期发育较快,结铃、吐絮较早,增产效果显著,后期早衰不明显,膜能被降解。在棉花栽培中,苎麻地膜最大的优势是能降解无残留、透气性好,但保水、保温及柔韧性能不及塑料地膜,且目前价格成本也比普通塑料地膜高,农户使用效益并不显著,这将制约苎麻地膜的推广,但使用苎麻地膜为解决白色污染与增产增收的矛盾提供了一条途径。

第二节　植物培养基

苎麻骨主要由纤维素、半纤维素和木质素组成。据测试,苎麻骨主要含木质素23%,纤维素44%,半纤维素21%。许多食用白腐菌可通过产生几种胞外分泌酶(包括纤维素酶、半纤维素酶、果胶酶和木质素酶)分解和利用多种木质纤维素残留物。剥皮后的苎麻骨平均长度约1.2m,重量7g左右,每公顷总数约30万根,可获麻骨2100kg,每年收获3次,则每公顷共可获麻骨6300kg。因此,利用苎麻副产品种植蘑菇是将这些农业废弃物转化为具有较高市场价值的食用生物质的可能途径之一。

一、平菇

平菇蛋白质含量较高,氨基酸的种类也十分丰富,谷氨酸含量最高。在平菇栽培中,碳源主要来自各种富含纤维素、半纤维素、木质素的农副产品下脚料。常用的平菇栽培的原料棉籽壳、木屑、稻草等几种培养料的粗纤维含量分别为37%、95%、29%,而苎麻副产物中仅苎麻骨的粗纤维含量就达89%。

徐建俊等选取苎麻全秆和棉籽壳为栽培料,以熟料袋栽方式进行平菇和秀珍菇的栽培试验。结果表明,在不同比例的苎麻全秆和棉籽壳配方中,平菇各配方中子实体生长及生物转化率都较好,说明用部分苎麻全秆代替棉籽壳栽培平菇和秀珍菇是可行的。

张兴等采用传统平菇培养基配方,从苎麻副产物中分离出苎麻骨、苎麻壳和苎麻叶混合物,并用它们分别取代配方中的棉籽壳,做平菇栽培试验。试验结果表明,利用苎麻副产物中的苎麻骨和苎麻壳来栽培平菇是不错的选择,在栽培方法得当的情况下,不仅产量比传统配方的高,而且菇体较大,营养成分高,在发菌期间菌丝也生长迅速,能有效提早产品上市时间。除此之外,苎麻副产物中的麻叶,由于其蛋白质含量高,可以在苎麻收获时将叶先收集并晒干,用来配制牲畜的混合饲料。而剩下的机械剥制副产物便可以用来培养食用菌,从而实现苎麻副产物的综合利用。

二、杏鲍菇

杏鲍菇是最珍贵、最美味的蘑菇之一,以各种植物培养基进行商业栽培。在我国,每年都有大量的苎麻秸秆生产出来,因此,苎麻秸秆可以作为种植杏鲍菇的一种廉价的替代基质。

李智敏等分别测定了苎麻叶、麻骨及三个收割期副产品中的粗蛋白和粗纤维含量。结果表明,作为食用菌原料的氮源和碳源,苎麻骨和麻叶混合营养成分组成与传统的食用菌栽培原料棉籽壳具有良好的可比性,且苎麻副产品的粗蛋白含量相对较高,用其栽培杏鲍菇可一定程度减少氮源麦麸的用量。在相同出菇管理条件下,与棉籽壳相比,以苎麻副产品含量≥50%的培养料栽培杏鲍菇,单袋鲜菇生物学效率比棉籽壳高,且生长周期缩短。因此,利用苎麻收割后的麻骨麻叶副产品栽培杏鲍菇,不仅丰富食用菌培养基种类供给,而且可以提高苎麻种植经济效益。

Xie 等首次报道了用苎麻秸秆培养的杏鲍分泌物分析。结果表明,杏鲍菇具有独特而复杂的酶系统,包括纤维素酶、半纤维素酶、果胶水解酶、木质素解聚酶、蛋白酶和肽酶,参与苎麻秆木质纤维素的降解。苎麻秆中的纤维素、半纤维素和木质素可以被杏鲍菇有效利用途径。木质素的降解是苎麻秸秆纤维素酶解的限制步骤,而杏鲍菇和平菇的酶系统对苎麻茎秆中的木质素具有较强的选择性降解能力。

三、金针菇

金针菇又称冬菇,营养丰富,味道鲜美,药用价值高。由于其良好的抗氧化、抗炎、免疫调节、抗肿瘤和降胆固醇作用,也作为功能性食品受到高度重视。其在中国和世界的产销潜力是巨大的。金针菇每年产量超过 30 万吨,许多农户和企业家对其商业培育感兴趣。目前,已在棉籽壳、锯末、甘蔗渣和玉米芯等几种木质纤维基质上栽培了金针菇。随着大量家禽养殖业和蘑菇种植对木屑和棉籽壳的需求不断增加,提高了成本。在这种情况下,种植者倾向于选择更好、更便宜和当地可用的培养基材料,而苎麻秆就是一种很好的选择。

Xie 等探讨了以苎麻秆为基质培养金针菇的可行性,并对该基质的生物转化机理进行了探讨。研究认为,金针菇通过产生几种细胞外分泌酶来降解木质纤维素。胞外酶包括氧化酶和水解酶。纤维素和半纤维素被水解酶降解,而木质素被氧化酶降解。纤维素酶、半纤维素酶和木质素分解酶的活性与蘑菇产量呈正相关,说明纤维素酶、半纤维素酶和木质素分解酶是蘑菇子实体形成的重要因素。苎麻秆可作为麦秸和棉籽壳基质的补充,提高金针菇产量以及苎麻秆的利用率。

第三节　动物饲料

传统上,苎麻主要作为纤维作物种植,但事实证明,苎麻也是一种营养丰富的绿色生物质来源,适合所有家畜。它的叶子和梢不像茎秆,纤维含量低,富含蛋白质、矿物质、赖氨酸和胡萝卜素,它的营养价值类似于紫花苜蓿。在热带地区种植苎麻作饲料时,每年可收割 14 次,每公顷土地每年可产出 300t 新鲜茎叶(或 42t 干料)。它的叶子非常可口,不仅适合反刍动物,而且适合猪和家禽饲养。苎麻与苜蓿搭配可以增加动物的平均采食量,提高适口性。与其他营养价值相似的饲料作物相比较,苎麻的优势一是在相同生长条件下可以获得较高的产量,二是可以实现纤维饲料兼用。

一、饲用苎麻营养成分

苎麻植株含相当高的蛋白质和丰富的钙,与其他一般饲料作物相比含有较低的纤维。苎麻植物蛋白质含量最丰富的部分首先是叶片(17.0%~25.6%),其次是整个植株(16.4%~22.4%)和梢(约12.25%)。表8-1列出了不同来源苎麻植株各部位的主要营养成分。

表8-1　不同来源苎麻植株各部位的养分含量

植物部分	粗蛋/%	粗纤维/%	乙醚提取物/%	灰烬/%	钙/%	参考来源
全株	29.2	29.4	—	—	—	Suryanah 等,[17]
全株(新鲜)	11.79	28.15	1.93			Contò 等,[16]
叶子(新鲜)	17	6.33	2.15			
梢(新鲜)	15.25	91.21	2.33			
全株(新鲜)	21.2	24.6	1.17			Dinh 等,[18]
叶子(新鲜)	25.6	12.8	1.21			
叶子(干)	21.8	14.5	1.74			
叶子和嫩叶	>20	—	—			Jang 和 Yoon,[19]
叶子(新鲜)	19.59	12.98	5.23	19.10	6.24	Spoladore 等,[20]
叶子	23.44	10.02	—	20.9	—	Ramírez-Torres 等,[21]
茎	8.36	43.29	—	7.63		
地上部分(干)	22.4	11.9	3.4	17.7	45	INFIC,[22]
叶和梢(干)	21	16.6	4	14.8	49	
叶子(干)	18.5	17.5	3.1			美国国家研究委员会,[23]
叶子(干)	22.7	11.3	8.6	18.8	49	Cleasby and Sideek,[24]
茎叶	>20	—	—	—	—	中国农业科学院麻类作物研究所
茎叶(中丝竹1号)	22	—	—	4.07	—	科学(IBFC、CAAS)
苎麻干草	19	—	—	16	—	De Toledo 等,[25]

二、饲用苎麻储藏技术

(一)苎麻鲜茎叶青贮饲料

苎麻鲜茎叶青贮是指在密闭无氧条件下,通过微生物发酵和化学作用调制、储藏新鲜苎麻茎叶作为饲草的方法。苎麻叶营养丰富而且比较全面,含粗蛋白质、粗纤维、钙、磷,并含有较丰富的微量元素,多种氨基酸和维生素,其鲜茎叶青贮是食草动物的优质饲料。优质青贮苎麻鲜茎叶一般含水量在 65% 左右,具有与新鲜饲草相仿的多汁性和色泽,适口性好。青贮饲料柔嫩多汁,气味酸甜芳香,营养成分损失较少,并含有机酸,喂量合适时,能够促进家畜消化腺的分泌,对于提高苎麻饲料的消化率有良好作用。新鲜苎麻在厌氧密闭的环境下青贮保存,养分损失一般不超过 10%,特别是能有效地保存苎麻的蛋白质和维生素,其营养损失远远低于其他饲草调制、保存方法保存的饲料。

不同的原料,青贮原理基本相同,不同原料、不同地域,青贮加工工艺不尽相同。目前生产中,苎麻青贮加工主要分为 4 道工序:收获备料、调制、装填打捆和裹包密封。苎麻用作青贮饲料,宜在株高 50~60cm 时收割,或苎麻收获前割取上部鲜嫩梢。苎麻鲜茎叶青贮一般采用窖贮,装填前应对原料水分含量进行调节,青贮时的最高水分应严格控制在 60%~70%。调制半干青贮、混合青贮时水分含量以 50% 为宜。用于半干青贮调制时,苎麻切段长度以 0.65cm 左右为宜,以提高其乳酸含量及干物质的消化率。装填前在窖的底部铺一层约 10cm 厚的碎秸秆或软草,窖的四周铺垫塑料布,以免原料被杂物污染。青贮原料的装填应快速、紧实,边切碎边装填,逐层装入、逐层压实,尤其要注意靠近窖壁和四角的地方不能留有空隙。原料装至高出窖口 30cm 左右为宜,压实后加盖塑料薄膜,覆以 30~50cm 厚的砂土,再压以石板等重物,防止漏水透气。

(二)苎麻茎叶草块饲料

利用冷压技术将切碎的青干草或制作叶蛋白时所滤出的草渣(烘干),压制成草块,也可加入部分精料及矿物质元素、维生素等,在草块压制过程中,还可以根据需要加入尿素、微量元素等添加剂。将收割的新鲜苎麻切成 2~5cm 长的碎段,输入干燥器内使水分降至 15% 左右,再均匀地输送到压块机内压制成块。压制后的草块,体积可缩小到原来的 5%,可保留饲料的营养,又便于储存、运输和机械化饲喂。据报道,湖南地区苎麻年干物质产量达 24t/hm^2,茎叶蛋白质含量超过 20%。

采用青贮制粒技术,在不分离茎叶的情况下,苎麻生物量利用率由 20% 提高到 80%,青贮苎麻嫩叶比例和蛋白质含量分别达到 13% 和 20%。

三、苎麻喂养牲畜

苎麻饲料富含蛋白质,在热带、亚热带地区广泛种植。因此,开发利用苎麻对这些地区的畜牧业生产具有重要意义。苎麻叶中含有大量的果胶、草酸、单宁和多酚,可能对动物产生不良影响,间接威胁人类健康。苎麻叶作为饲料添加剂使用前,必须对其安全性进行评价,确认其安全性以及潜在的不良或毒性影响。Mu 等分别采用两种剂量(1g/kg 体重,2g/kg 体重)苎麻叶对大鼠灌胃,从大鼠的一般行为、体重、采食量、器官重量比、血液学和组织病理学方面评价了苎麻饲料的安全性。结果表明,以 2g/kg 体重高剂量苎麻叶悬浮液灌胃对大鼠无不良影响,初步验证了苎麻叶的安全性,为开发苎麻叶饲料提供了指导。

(一)牛

我国很早就有用苎麻叶饲养牛、羊、猪等动物的历史,但是尚未形成完整的以苎麻为饲料的饲养体系。国外在 20 世纪 40 年代开始用苎麻叶作猪、鸡、奶牛的饲料,不仅商品化生产苎麻叶粉,还有将苎麻作为饲料作物进行栽培的产业化生产。张家界苎麻试验站研究了苎麻青贮饲料对夏南牛的增重效果、产肉性能及经济效益。将苎麻剥麻后的麻叶、麻骨等副产物打碎后制作成青贮饲料作为常规粗饲料,同时减少 25% 的精饲料用量饲喂夏南牛。结果表明,夏南牛增重速度并不是一直不变的,在试验中,夏南牛经历了应激期和快速稳定增长期。通过喂养表明,苎麻副产物青贮饲料喂养肉牛的采食性好,增重速度快,肉品质优良,可减少喂养精饲料投喂量 25%,有效降低喂养成本。

肌肉中的氨基酸及脂肪酸含量是研究肌肉品质的一项重要生化指标,它能够影响肉品的营养价值,对改善肉类食品的风味,提高肉的食用价值以及对人体健康具有重要意义。粗饲料与动物肌肉氨基酸含量以及脂肪酸组成有着密切的关系。粗饲料中大部分的纤维降解成挥发性脂肪酸、二氧化碳和甲烷等产物,为反刍动物提供能量及机体合成蛋白质所需的碳架、微量元素和矿物元素等营养素,对反刍动物的肉品质好坏具有举足轻重的作用。杨雪海等将苎麻与玉米秸秆进行混合青贮作为肉牛饲喂的粗饲料,肉牛饲喂苎麻并不影响肉牛的品质和营养价值,并对牛肉中的风味氨基酸和脂肪酸组成有一定程度的改善和提高,苎麻与玉米秸秆混合青贮可以作为粗饲料资源在肉牛养殖中广泛使用。

苜蓿干草是奶牛日粮中常见的纤维来源,可由瘤胃微生物发酵为挥发性脂肪酸,并为奶牛提供能量。然而,在中国南方(亚热带)多雨炎热的自然条件下,苜蓿不易种植。苎麻可以作为一种高质量的饲料来代替苜蓿干草作为奶牛日粮。Dai等研究了新鲜饲料苎麻代替苜蓿干草对奶牛生产性能、牛乳成分及血清参数的影响。数据表明,在泌乳期荷斯坦奶牛的日粮中,可以用饲用苎麻代替苜蓿干草,而不会对牛奶质量和血清参数产生负面影响。

(二)猪

湘村黑猪是我国南方地区的一种瘦肉型猪种,具有较强的适应性和抗性,在猪肉产业中的地位日益显著。Li 等选择湘村黑猪作为动物模型,评价饲喂苎麻粉的肥育猪的生长效果。苎麻蛋白饲料的体内试验结果表明,苎麻能显著提高黑猪胸长肌的蛋白质含量;同时,饲粮苎麻使成脂基因 mRNA 水平和纤维截面积呈线性下降趋势。日粮中添加的苎麻(<9%)是一种能部分改善胴体性状和肌肉化学成分的有效饲料作物,对生长性能没有负面影响,其机制可能与苎麻诱导的成脂电位和肌纤维特性的改变有关。

从健康的角度来看,虽然猪肉中不饱和脂肪酸(PUFA)/饱和脂肪酸(SFA)比例较高,但猪肉更容易氧化,导致风味恶化。多项研究证实,提高抗氧化能力对肉类货架期和猪肉品质有有益的影响。苎麻是猪饲料中一种适口性好、营养丰富的替代健康成分。Li 等验证了在饲料中添加苎麻对湘村黑猪生长性能、抗氧化能力和肌肉脂肪酸组成的影响。结果表明,日粮中苎麻含量不超过 9%可以提高我国地方肥育猪的抗氧化能力,对生长性能无不良影响,同时,也有利于改变猪肉脂肪酸结构,对消费者的健康产生积极影响。

(三)羊

青贮饲料是将新鲜的青饲料在密封厌氧条件下保藏,既能保持青饲料含水量、维生素等营养物质丰富等特点,同时,青贮饲料经过乳酸菌发酵,产生大量乳酸和芳香族化合物,使饲料具有酸香味,柔软多汁,适口性好,各种家畜都喜食。高钢等人将苎麻嫩茎叶打碎后制成青贮饲料作为常规粗粮,进行了波尔山羊育肥效果评价,并研究其肉质化学组分、分析肌肉中的氨基酸及脂肪酸成分和含量。苎麻嫩茎叶青贮饲料添加到全混合日粮中,波尔山羊能正常采食,适口性较好。相对于苜蓿干草,饲喂苎麻嫩茎叶青贮饲料对波尔山羊增重效果明显,并且能降低硬脂酸和增加鲜味氨基酸含量,有助于提升羊肉品质。

干草和青贮饲料有各自的优缺点,青贮饲料或干草苎麻叶在 Etawah 杂交山羊(PE)完全混合日粮中可以用作高达 40% 的甘蓝型牧草的替代品,并且与其他日粮相比,具有更高的养分消化率。Zhang 等研究了在饲粮中添加苎麻对山羊生长性能、消化、瘤胃发酵、代谢产物、胴体性状和肉质的影响。评价了苎麻作为干草收获或青贮(含或不含韧皮纤维)以及作为反刍饲料的潜力。结果表明,与苎麻青贮和苎麻渣相比,苎麻干草和生苎麻对试验山羊的生长性能、瘤胃发酵和营养物质消化率有改善的趋势。在日粮中添加苎麻干草或生苎麻可以改善山羊的肉质性状,且成分变化显著。苎麻干草或生苎麻可作为反刍动物优质饲料来源。

单宁是动物尤其是单胃动物饲料的主要抗营养因子之一。目前,许多研究人员发现,鞣质对反刍动物也有营养作用。Wei 等研究了在日粮中添加苎麻对波尔山羊生长性能、血清生化指标和肉质的影响。结果表明,在全混合日粮(TMR)中高达 20% 的苎麻对波尔山羊生长性能、健康和肉质没有损害,而高浓度的苎麻可能会对山羊采食量产生负面影响。Du 等则认为,日粮中苎麻比例由 0 提高到 40% 对山羊瘤胃发酵性能没有不良影响,40% 苎麻饲料可提高瘤胃丁酸盐浓度。随着苎麻含量的增加,大多数瘤胃微生物群的组成和相对丰度保持不变,苎麻对瘤胃发酵和瘤胃微生物群没有损害,但 40% 苎麻饲料会使山羊日采食量减少,通过采取一定措施提高苎麻对山羊的适口性,可以有较好的预期应用效果。

苎麻与紫花苜蓿相比具有更高的营养价值。因此,用苎麻部分替代苜蓿,有助于解决畜牧业优质牧草数量不足的问题。Tang 等研究了在山羊日粮中增加苎麻替代苜蓿比例所引起的养分消化率、瘤胃苎麻发酵、血清生化参数和生产性能的变化。评估了苎麻替代苜蓿后的消化率和动物性能。结果发现,苎麻替代苜蓿的适宜替代比例不超过 35%。用苎麻代替紫花苜蓿会导致钙的流失,苎麻作为反刍动物饲料来源时,应考虑钙的消化代谢。

第四节　营养食物和药物

一、食物

我国很多地方都有用新鲜苎麻叶制作小吃的传统,福建省龙岩市武平县的"苎叶粄"、广东省潮州市潮安县凤凰镇的"苎叶粿"以及每年清明时节,客家地区食用的"清明粄"等都是利用苎麻叶制作的传统美食。目前,利用苎麻叶制作小吃,还仅是一种民间的传统习俗,大规模的开发利用鲜有报道。进行传统苎麻小吃选材和制作方面的科学研究对继承和弘扬传统文化以及拓宽苎麻多用途的研究领域极具意义。

专利 CN105831195A 公开的一种苎麻叶面点,用苎麻叶粉(7%~15%)与面粉(35%~45%)和其他配料大米粉(10%~15%)、甘露聚糖(4%~7%)等制成,具有营养丰富、鲜美可口等特点,还具有凉血止血、散瘀消肿、解毒、除热止渴、补中益气、补脾养胃等保健功效,适合各个年龄层次的人群食用。另一中国专利(申请号201410570557.9)公开的"苎麻嫩叶保健面条及其制作方法",该面条以特定生长时期的苎麻之嫩叶、高筋小麦面粉为主要原料,经过杀青、粉碎、和面、辊压、切割制成苎麻嫩叶保健面条。中国专利(申请号200910191769.5)公开的"益气养胃面包",是由面粉、生山药、川断、杜仲、苎麻根、糖、发酵粉原料制成。专利 CN103598487A 介绍的"一种苎麻叶米粿食品的制备方法",是用糯米、大米和苎麻叶制成的苎麻叶米粿食品,具有独特的苎麻香味,比起面食类产品而言,特别有嚼劲和美味;因为苎麻叶的营养成分使得该发明苎麻叶米粿不仅美味而且营养。

专利 CN107156394A 提供了一种苎麻叶茶的制备工艺。专利 CN105638961A 还提供了一种具有增强免疫功能的含有苎麻叶的黑茶组合物及其制备方法。

二、药物

苎麻是我国重要的经济作物,随着时间的推移,苎麻在医学领域,特别是在中医学领域,变得越来越重要。苎麻根最早记载于 6 世纪的一部中草药名著《别录》。明朝,李时珍的医学著作《本草纲目》中,对苎麻的部分药用功能做了详细的记载和阐述。现代医学也对苎麻的药用功能、药效成分等进行了一些研究,发现苎麻的根和叶具有较高的医疗保健和药用开发价值。

(一)苎麻药用成分

许多研究表明植物酚类物质在预防心血管、糖尿病和神经退行性疾病等慢性疾病方面的作用。近年来,研究发现,苎麻叶的多种保健功效,如抗氧化、抗癌、抗炎、减肥、抗菌、降血糖和降血脂作用,这些都可能归因于具有生物活性的酚类化合物。除叶外,苎麻根还被列入中国药典,因其具有清热解毒、止血、防止流产的药用功能。此外,苎麻中的酚类物质可能有助于提高这种植物在工业应用中的优良品质,例如,抗生物降解、抗菌和防霉活性。Wang 等较为系统地对苎麻根、木质部、韧皮部、叶柄、叶和芽(图 8-2)的药用成分进行了研究,表 8-2 列出苎麻不同部位的酚类成分含量。

(a)　　　　　　　　　(b)　　　　　　　　　(c)

(d)　　　　　　　　　(e)　　　　　　　　　(f)

图 8-2　苎麻各部分营养器官

表 8-2　苎麻不同部位的酚类成分含量(μg/g)

植物部分	酚酸						类黄酮			
	绿原酸	咖啡酸	对香豆酸	阿魏酸	没食子酸	苯甲酸	表儿茶素	芦丁	异槲皮素	金丝桃苷
根	57.58± 1.78	102.7± 1.8	2148± 56	36.80± 2.35	22.64± 3.79	7.34± 1.16	—	48.00± 5.16	31.61± 2.86	48.32± 2.75
木质部	1799± 25	9.23± 0.67	4155± 52	79.31± 1.06	1.92± 0.39	94.12± 3.16	2540± 61	29.60± 0.53	42.59± 4.7	30.09± 0.50
韧皮部	752.7± 24.8	199.2± 2.5	166.4± 2.1	84.18± 1.12	5.41± 0.56	—	1459± 79	30.67± 1.31	—	—
叶柄	87.35± 2.17	11.98± 0.42	344.1± 3.7	129.1± 3.7	—	—	—	18.82± 0.64	10.53± 0.12	—

续表

植物部分	酚酸						类黄酮			
	绿原酸	咖啡酸	对香豆酸	阿魏酸	没食子酸	苯甲酸	表儿茶素	芦丁	异槲皮素	金丝桃苷
叶	121.0±2.6	16.19±0.80	429.9±1.8	98.13±4.33	—	—	2.03±0.37	257.4±9.69	101.0±4.2	2.04±0.18
芽	1592±30	147.8±2.9	1003±11	99.75±4.33	2.68±0.6	82.23±0.96	3.47±0.33	144.3±8.4	163.2±12.7	—

1. 绿原酸

绿原酸(CGA)是苎麻叶的主要药用成分,在杜仲、橄榄、金银花等植物中也有发现。在苎麻的各个部位中,除叶片外,在木质部、韧皮部和芽的游离部分中,绿原酸也是含量最丰富的酚酸。绿原酸具有抗氧化、抗糖尿病、降血脂、减轻肝脏炎症和纤维化、保护人脐静脉内皮细胞免受毒性损伤等多种医学功效,可广泛应用于医学、保健、食品、化妆等领域。

绿原酸是由咖啡酸与奎宁酸生成的缩酚酸,是植物体在有氧呼吸过程中产生的一种苯丙素类化合物。根据咖啡酰在奎宁酸上的结合部位和数目不同,从理论上讲,单咖啡酰奎宁酸和二咖啡酰奎宁酸所组成的绿原酸异构体共有 10 种。图 8-3 是咖啡酸(CA)、奎宁酸(QA)、CGA 或其异构体,包括隐绿原酸(crypto-CGA)、异绿原酸 A(iso-CGA A)和异绿原酸 B(iso-CGA B)的分子结构图。

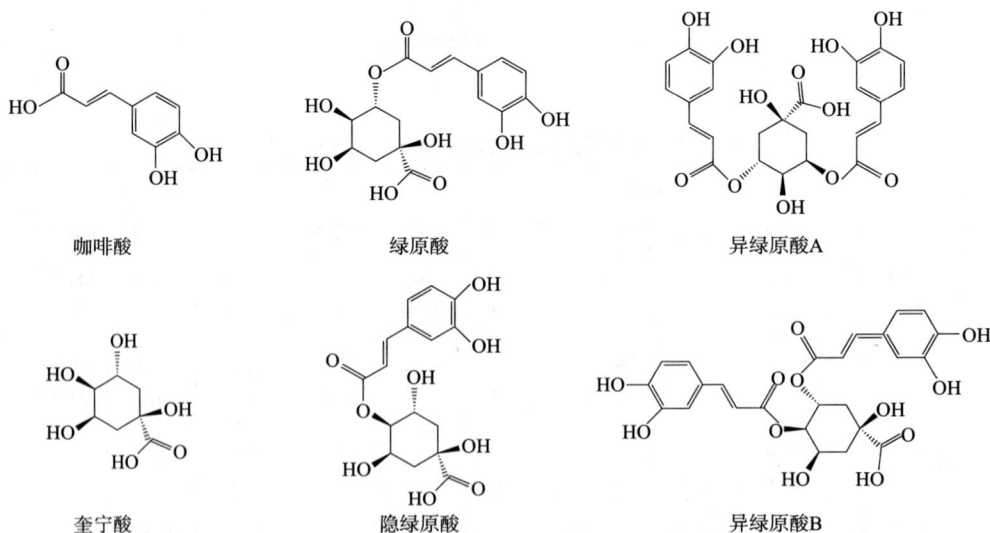

咖啡酸　　　　　　　　绿原酸　　　　　　　　异绿原酸A

奎宁酸　　　　　　　　隐绿原酸　　　　　　　异绿原酸B

图 8-3　绿原酸及其异构体的化学结构

　　杜晓华等研究了国内不同种质苎麻嫩茎叶中绿原酸的产量及其产量的影响因素。结果表明,各种质苎麻叶中绿原酸产量差异较明显,其中产量较高的是湘潭青皮麻和四川洪县园麻,较低的是长宁青脚麻、安仁黄家麻、绥宁青麻、沅江青麻、安仁黄水麻等几个种质材料(表8-3)。绿原酸产量的最大影响因素是苎麻叶干物质产量,其次是苎麻叶中绿原酸的含量,同时,苎麻各种质的农艺性状对绿原酸的最终产量也产生着综合影响。

表 8-3　不同种质苎麻叶的绿原酸平均含量及总产

种质	绿原酸含量/%	叶干质量/(kg/hm^2)	绿原酸产量/(kg/hm^2)
绥宁青麻	0.263	697.112	1.833
资溪麻	0.282	1073.696	3.028
安仁黄家麻	0.103	2041.720	2.103
四川洪县园麻	0.413	4046.944	16.714
安仁黄水麻	0.058	2186.040	1.268
宁远苎麻	0.715	1350.176	9.654
宁乡冲天炮	0.294	2599.720	7.643
安仁苑麻	0.444	2559.488	11.364
沅江青麻	0.237	768.416	1.821
涟源黄叶麻	0.404	3075.408	12.424
长宁青脚麻	0.264	830	2.191
四川青苎麻	0.375	2755.040	10.334
邵阳青麻	0.494	1184.320	5.851
沅江黄壳早	0.489	2431.776	11.891
沅江白里子清	0.217	2131.432	4.625
湘潭青皮麻	0.43	4606.632	19.809
沅江柴火麻	0.416	2736.520	11.384

2. 黄酮类化合物

　　黄酮类化合物在植物界分布很广,在植物体内大部分与糖结合成苷类或碳糖基的形式存在,也有的以游离形式存在。黄酮类化合物中有药用价值的化合物很多,这些化合物用于防治心脑血管疾病,如能降低血管的脆性、降低血脂和胆固醇;防治老年高血压、脑溢血、冠心病、心绞痛。许多黄酮类成分具有止咳、祛痰、平喘等作用及抗菌的活性,同时具有护肝、抗真菌、治疗急/慢性肝炎、肝硬化及抗自由基和抗氧化作用。在畜牧业动物生产上,黄酮类化合物的应用能显著提高动物生产性能,提高动物机体抗病力,改善动物机体免疫机能。苎麻属植物自古以来即为中药配方,其中,它们的多种重要药用功能和黄酮类化合物有紧密关系。

　　根据其分子结构,类黄酮分为六类:黄酮类、黄烷酮类、黄酮醇类、异黄酮类、花青素类和黄烷醇类(或儿茶素类)(图8-4)。苎麻属植物中已分离鉴定出了11个黄酮类化合物,大多以糖苷形式存在。

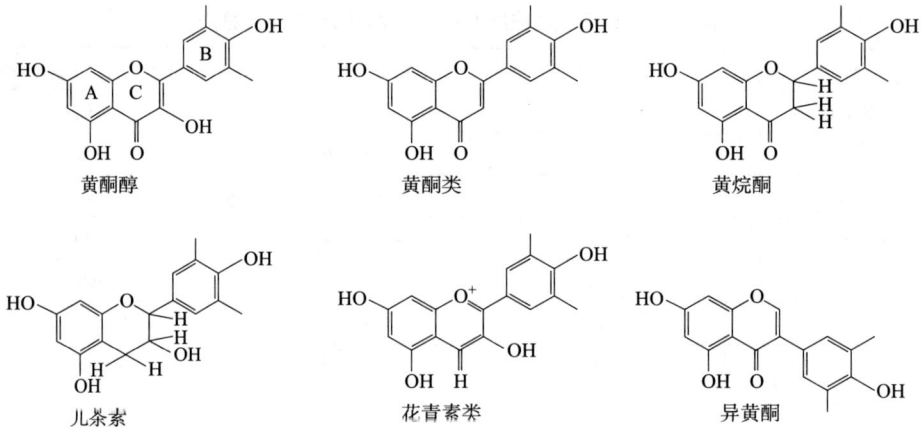

图 8-4　类黄酮分子结构图

　　类黄酮可以通过抗自由基活性、抗脂质过氧化活性和金属螯合活性(图8-5)方式发挥其保健作用。类黄酮是对抗自由基的强大抗氧化剂,因为它们起到"自由基清除剂"的作用。这种活性归因于它们的供氢能力。事实上,黄酮类化合物的酚类基团可以提供"H"原子,因此,体系中的自由基可以在类黄酮结构上离域。类黄酮的化学性质取决于其结构类别、羟基化程度、其他取代基、共轭以及聚合程度。

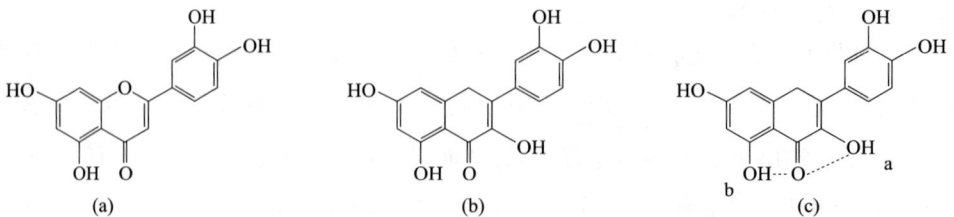

图 8-5　具有高抗氧化能力的类黄酮结构官能团

3. 提取方法

（1）超声波。人们常用乙醇加热回流法、酶辅助提取法、超声波提取法等从苎麻中提取黄酮，其中超声波提取法使用最多。张运鹏等探讨了苎麻生物脱胶过程中回收利用黄酮的可行性及最佳工艺。结果表明，苎麻韧皮经过机械敲麻后，乙醇—超声波法提取黄酮的得率可达到 1.384%，这些处理过程不仅没有给后续脱胶带来不利影响，还大大缩短了脱胶时间。

（2）离子液体。ILs 是熔点低于 100℃ 的有机熔盐，具有许多独特的特性，如蒸气压可忽略不计、热稳定性和化学稳定性高、易燃性低和潜在可回收性。它们的性质可以通过阳离子、阴离子或官能团的修饰来调节，从而具有特定的物理和化学性质。离子液体作为一种绿色溶剂，在萃取领域成为传统挥发性有机溶剂的替代品。Yang 等采用离子液体辅助提取苎麻叶中的绿原酸（CGA）。离子液体基超声辅助萃取（IL-UAE）与离子液体基双水相体系（IL-ATPS）联用可有效地从苎麻叶中提取纯化 CGA。优化条件下提取率最高可达 96.18%，采用正丁醇进行反萃取实验，反萃取效率达 74.79%。抗菌试验表明，IL-ATPS 制备的CGA 具有良好的抗菌活性。该方法简便、绿色、有效，可用于苎麻叶中 CGA 的提取和纯化。

（3）双水相体系。双水相体系（ATPS）是一种液—液分离体系，在各种物种的提取、纯化和富集方面具有巨大的潜力。常见的 ATPS 包括聚合物、聚合物盐、离子液体盐、深共晶溶剂（DES）盐和醇盐体系。与其他 ATPS 相比，醇盐 ATPS 具有成本低、黏度低、相组分易回收、易于放大、沉降时间短等优点。到目前为止，醇盐ATPS 已广泛应用于从药用植物中提取和纯化许多生物活性成分，如芦荟中的蒽醌衍生物、金银花的黄酮和糖、紫甘薯的花青素、苎麻叶中的 CGA 等。

Huang 等构建了一系列由六氟异丙醇（HFIP）和各种盐组成的新型醇盐 AT-PSs，将 HFIP 盐 ATPSs 应用于苎麻叶中 CGA 的提取和纯化。由于 CGA 具有较强的亲水性，将 CGA 萃取到富盐相，大多数杂质进入 HFIP 相。最后，通过脱盐和半制备液相色谱（LC）进一步纯化富盐相提取 CGA。在最佳提取条件下，CGA 的提取率为 99.3%。用 HFIP NaCl-ATPS 从苎麻叶粗提液中提取 CGA 后，半制备液相色谱除盐法可得到纯度为 91.0% 的 CGA 产品。Tan 等采用醇盐 ATPS 一步法从苎麻叶中提取纯化 CGA。最佳提取条件下提取率最高可达 95.76%。

(二)苎麻药理作用

1. 保胎作用

苎麻有助于预防流产。自古以来,人们就发现这种草药在预防流产方面具有临床效果。最近的研究表明,苎麻根和茎中的黄酮苷可以抑制哺乳动物妊娠子宫收缩,而苎麻中的绿原酸具有止血作用。Tian 等进行了一项动物研究,以评估苎麻水提物对胚胎发育的影响,并与老鼠体内致畸剂维生素 A 进行了比较。同时,用体外培养的 ESCs 和 3T3 细胞检测苎麻提取物的细胞毒性。发现苎麻的水提取物不会引起胚胎毒性、胎儿外部或骨骼畸形,也不会导致母体肝、肾或心脏损伤。然而,高剂量的苎麻提取物可能对体外培养的 ESCs 产生细胞毒性。

2. 抗氧化作用

由于有氧代谢的结果,人体细胞和生物体内不断产生自由基和其他活性氧,其中一些是生命所必需的。它们的关键作用是维持氧化剂和抗氧化剂之间的平衡,以维持最佳的生理条件。然而,过量的氧化剂会引起氧化应激,导致生理失衡。氧化应激可导致生物大分子(脂质、蛋白质和 DNA)的氧化损伤,最终导致许多慢性疾病的发展,如癌症、心血管疾病和神经退行性疾病。抗氧化剂可以通过调节活性氧化剂的作用来保护组织免受氧化损伤。酚类化合物和黄酮类化合物是一类具有生物活性的植物化合物,具有很强的抗氧化活性。

苎麻叶含有丰富的酚类和黄酮类化合物,对人体健康有益。Chen 等为了评估苎麻叶对癌细胞生长的影响,研究了其对肝癌细胞增殖的影响。发现苎麻鲜叶中的大部分化学成分是可溶的,以游离形式存在的。不同品种苎麻叶的植物化学成分含量和抗氧化活性存在显著差异。苎麻叶提取物表现出抑制癌细胞增殖的活性,其机制可能是苎麻叶提取物增强抗癌细胞因子活性。苎麻叶作为抗癌药物在食品和医药领域具有潜在的应用前景。

氧化应激可导致肠道运动障碍,在便秘动物、结直肠癌和其他与便秘相关的慢性疾病患病动物中都有观察到。Lee 等研究了苎麻叶乙醇提取物(RLE)对洛哌丁胺诱导的大鼠便秘和氧化应激的保护作用。结果表明,RLE 治疗对洛哌丁胺中毒引起的氧化应激有明显的保护作用。RLE 中的酚类化合物和膳食纤维可能在所观察到的抗凝血和抗氧化作用中起关键作用。因此,苎麻叶提取物具有通便和抗氧化作用。

3. 抗炎作用

活性氧/自由基的细胞毒性是引起各种病理状况的重要原因。不饱和脂肪酸通过自由基产生的脂质过氧化物引起组织毒性,并以链式反应方式促进额外自由基的形成。人们认为,如果体内酶或清除剂的活性不足以抑制这些自由基,就会导致各种疾病,如动脉硬化、肝病、糖尿病、炎症、肾衰竭或加速衰老。

Lin 等探讨了苎麻的药理作用与抗氧化作用的关系。采用大鼠肝毒性试验研究其肝保护作用。通过生化研究和组织病理学检查评估肝损伤。通过试验评估了苎麻药物提取物的抗氧化作用。苎麻水提物对肝脏具有保护作用,并具有抗脂质过氧化和自由基清除作用。Lin 等还采用角叉菜胶致大鼠足跖肿胀、对乙酰氨基酚(APAP)和 D-半乳糖胺(D-GalN)致大鼠肝毒性试验研究了苎麻对大鼠足跖肿胀、对乙酰氨基酚和 D-半乳糖胺的抑制作用。发现苎麻的水提物对角叉菜胶引起的水肿有明显的抗炎作用,对 D-GalN 引起的肝毒性有保护作用。

张宏岐等认为苎麻叶酚酸组分具有抗炎、镇痛、改善微循环和血液流变学等多种作用,对急性软组织损伤具有良好的修复作用。其主要的作用机制是降低毛细血管通透性,加强损伤处丢失和渗出细胞的吸收,使血液凝聚状态减轻,瘀血减少,促进局部血液循环。

4. 治疗糖尿病

Ⅱ 型糖尿病的根源是激素失衡。抑制哺乳动物 α-葡萄糖苷酶,可减少淀粉水解成葡萄糖,降低葡萄糖摄取量,使餐后血糖浓度正常化。具有更高抗氧化活性的草药和药用植物的酚类生物活性可用于慢性疾病治疗,包括 Ⅱ 型糖尿病。Wang 等对我国 10 个广泛种植的苎麻叶提取物的酚类化合物进行了鉴定,并对其抗氧化能力和 α-葡萄糖苷酶抑制活性进行了研究。不同品种苎麻叶的抗氧化能力和 α-葡萄糖苷酶抑制能力表现不同。该实验表明,黔江仙马和芦竹青两个苎麻品种的总酚、总黄酮含量最高,抗氧化和 α-葡萄糖苷酶抑制活性最好。因此,苎麻叶可作为潜在的抗糖尿病药物的新来源。

第五节　水土保持

苎麻适宜在温带及亚热带地区,土壤 pH 为 5.5~6.5,土层深厚、疏松、有机质含量高、保水、保肥、排水性好的土壤种植。我国主要产地分布在北纬 19°~39°,南起海南北至陕西,分为长江流域麻区(包括湖南、四川、湖北、江西、安徽等)、华南麻区(包括广西、广东、福建、云南、台湾等)、黄河流域麻区(包括陕西、河南等及山东省的南部)。其中长江流域麻区是我国的主要产麻区,其栽培面积及产量占全国总栽培面积及总产量的90%以上。我国坡耕地分布广、面积大、产沙量高。苎麻在南方坡耕地种植已有悠久的历史,由于其枝繁叶茂、根系发达,可有效降低土壤侵蚀量和地表径流量,改善土壤物理性状,提高土壤渗透能力,减少地表径流的冲刷和防止土壤岗崩,治理水土流失的效果显著,是一种优良的水土保持植物。

一、苎麻水土保持机理

对苎麻水土保持的研究,主要集中在应用苎麻进行水土流失治理和生态恢复中水土保持效果等方面,对水土保持机理研究不多。研究苎麻的水土保持机理,需要从其根系生长和耕作模式深入研究。

(一)苎麻根系

苎麻根蔸发达,在土壤中盘根错节,固土能力强;植株生长速度快,根蔸新陈代谢迅速,且具有"换蔸"的生长特性,增加了土壤覆盖度和土壤孔隙率,能蓄留雨水,减少地表径流。

1. 根系发达

苎麻根系由萝卜根、侧根、细根等组成,萝卜根粗壮,含有大量淀粉粒和水分,入土深度50cm以上,细根主要分布在35cm左右的耕作层内,根群大部分分布在30~50cm深的土层中,根系入土深可超过2m。苎麻还具有发达的根状地下茎,地下茎经多次分枝,向四周和上方扩展,并逐渐变粗。苎麻的地下茎具有良好的木栓组织,并有丰富的储藏物质,能够保持高度的持水性和营养稳定。根系与地下茎组成苎麻根蔸,苎麻根蔸十分发达,在土壤耕作层中相互交叉、盘根错节,像一张密集的大网,将麻园内分散的土壤连结成为整体。发达的苎麻根蔸具有强大的固土能力,即使在坡地也可抵御一般的雨水冲刷,能有效地防治水土流失。

2. 换蔸现象

苎麻地上部分生长很快,为了维持地上部分的生长,根蔸的新陈代谢迅速,新的根蔸不断向土壤周围和深处延伸,不断增大,起到了疏松土壤的作用,降雨时能增加渗透量;另外,干旱时根蔸吸水蒸发使土壤水分含量变低,也增加了降雨时的渗透量。苎麻根蔸的"换蔸"现象是指出现衰老的地下根茎大量死亡,新的地下根茎还没有大量产生,及时采取栽培管理措施后,新根蔸又会大量产生,恢复正常。

大量死亡的根茎增加了土壤有机质,并形成土壤大孔隙,增加了土壤孔隙率和土壤透气性、透水性,降雨时能增加渗透量,减少地表径流。

(二)耕作模式

应用苎麻保护性耕作模式即覆盖栽培、免耕栽培和休闲、轮作栽培,可以实现抑蒸抗旱、保水保肥固土的功能。

1. 覆盖栽培

覆盖栽培指苎麻绿色覆盖和残茬覆盖。苎麻分蘖力强,密度高,而且叶宽大,数量多,厚重密集,覆盖度可达100%;覆盖时间长,一般为每年9个月左右。地表覆盖达到50%时可减少土壤流失95%。覆盖栽培能增加地表的粗糙度,减缓径流的速度,增加径流水滞留地表的时间,提高渗透量;防止暴雨直接打击地表和冲刷表土,减少水土流失;同时,截留较大雨量,利于保持土壤水分。

2. 免耕栽培

免耕栽培是利用生物松土替代机械松土。土壤自身的浆融或干湿变化带来耕层自然疏松,以及土壤对容重、养分、土壤微生物和孔隙度的自调能力。免耕栽培可以维持土壤的自然结构和孔隙呈有序分布,保持土体的原状稳态结构,稳定和协调土壤肥力,有效地减少水土流失和土壤风蚀,改善生态环境。苎麻栽培只在栽苗时深翻耕麻地,此后每年每季麻收获后不耕或只进行中耕。中耕一般只除草,不深翻地,并将杂草、麻秆和落叶一道埋入麻地行间,既可提供苎麻生长所需的有机肥料,又能促使土壤疏松透气,提高保水保肥能力。免耕栽培有良好的水土保持效果,可使地表径流量减少50%,土壤流失量减少85%,土壤蓄水能力提高10%左右。

3. 冬季休闲和轮作栽培

苎麻冬季休闲栽培有利于麻地蓄水保水。苎麻每年的生长期约9个月,冬季的3个月时间苎麻进入休眠状态。冬季土层比较干燥,有强大的吸收降雨能力;表土层渗透力较好,不易形成结皮;雨量小,次数多时,有利于雨水渗透,土壤、气候条件有助于水分的储存。同时,实行轮作,种植豌豆、紫云英等豆科作物,豆科作物经翻埋腐烂后形成的活性腐殖质具有很强的胶结、团聚能力,可使麻地土壤形成良好的团粒结构,提高土壤保水保肥性能。

二、影响苎麻水土保持的因素

苎麻的叶面积指数、茎叶截留效应、枯落物持水能力、地下根系分布等都会影响水土保持能力。康万利等研究认为,苎麻水土保持效果好,主要是其根系入土深、主根发达、根系分布广、覆盖时间长、叶面积指数大。植被叶面积指数与土壤侵蚀量大小密切相关,植被叶面积指数大,可以极大地减少降雨对地表的直接冲刷。地上部茎叶通过截留作用能有效地降低到达地表的有效降雨量,减弱雨滴的动能,有效地减弱降雨对土壤的侵蚀。地表枯落物的蓄持效应对防止溅蚀、延缓地表径流有重要作用。植物地下根系可提高土壤抗蚀能力,不同类型的根系对土壤的固定能力差异比较大,须根和细根固定表层土壤能力强,粗壮的主根可固定深层土。苎麻根系深度可达 60cm,玉米根系深度只有 30cm。根系在土壤中的分布与根系固土能力密切相关。

第六节　土壤修复

重金属在土壤中不可降解,治理起来成本较高。污染土壤的修复指利用物理、化学和生物等方法将土壤中的重金属清除或降低其有效性,减少土壤中重金属存在的健康风险,主要包括两种途径:一是去除,二是固定。生物修复是通过植物、微生物和动物来去除土壤中的重金属。植物修复技术是指植物忍耐和超量积累某种或某些污染物,利用植物及其共存微生物体系清除环境中污染物的一种环境污染治理技术。与传统土壤修复法相比,植物修复技术具有修复成本低、二次污染少、适用范围广等特点,是一种发展前景广阔的修复手段。

苎麻可以生长在不同的重金属矿区。由于其生物量高(约 2m 高)、生长速度快(每个完整生长周期 50~90 天)以及每年可收割 3 次的能力,它在重金属污染土壤植物修复方面具有很高的潜力。Yang 等报道,每公顷苎麻地上部分的年平均金属积累量可达锌 3852g、铜 1024g、砷 712g、铅 560g、镉 34g。在湖南省的锑矿区进行的一项研究中,苎麻积累了 4029mg/kg 锑。苎麻(湘竹 7 号)也可作为铀污染植物修复的一种有前景的植物物种。此外,经 β-环糊精/聚(L-谷氨酸)修饰的苎麻生物炭可增强六价铬 Cr(Ⅵ)的吸附。根据 Gong 等的研究,从植物修复后的苎麻残渣中获得的热解产物可用于染料吸附。

一、吸收镉

镉（Cd）在环境中的自然含量很低，由于采矿、冶炼以及农业中过量使用磷肥和污水污泥，镉往往会累积到有毒浓度。过量的镉很容易被根系吸收，并在植物系统中大量积累。镉作为一种非氧化还原金属，不能通过 Haber-Weiss 反应直接生成活性氧（ROS）。植物体内 ROS 的过量产生和氧化应激的发生可能是 Cd 毒性的间接结果。其机制包括与抗氧化系统相互作用、破坏电子传递链或干扰必需元素的代谢。镉最有害的作用之一是脂质过氧化，可直接导致生物膜的退化。

有研究认为，苎麻对 Cd 的耐受性和解毒机制可以用 Cd 在亚细胞水平上的分布模式和化学形态解释。在苎麻叶和根细胞中，50%左右的 Cd 与细胞壁结合，细胞质中的 Cd 含量次之，约占 34%左右，而细胞器中 Cd 含量最少，这种细胞壁的高结合能力是保护苎麻细胞原生质体免受 Cd 毒害的避逆屏障。试验表明，与蛋白质或果胶酸相结合以及形成磷酸盐沉淀是 Cd 在苎麻细胞中存在的主要形态。在一定程度 Cd 污染胁迫下，苎麻的叶绿素、类胡萝卜素和可溶性蛋白质含量均有不同程度的增加，同时，机体通过加速抗坏血酸—谷胱甘肽循环来清除多余的活性氧，使植株避免受到氧化伤害。符慧琴等研究了苎麻不同细度品种对重金属 Cd 耐受性的差异。发现中、高细度品种苎麻的 Cd 耐受性大于低细度品种。大竹黄白麻、宁乡冲天炮、浏阳大叶青、邻水青顶家麻、川苎八号、中苎一号、武岗红皮麻、湘饲纤兼用一号等苎麻品种的耐 Cd 阈值是 75mg/kg。湘苎三号、多倍体一号、资兴麻、厚皮种一号等苎麻品种的耐 Cd 阈值是 150mg/kg。

植物从根部吸收的重金属离子经过木质部运输到茎、叶、果实等器官，在同一植物体的不同组织、器官之间，镉的分布一般存在显著差异，镉优先积累到薄壁组织和芽孢胚中。苎麻体内镉累积量分布趋势为：根>茎>叶，且 65%~90%以上的镉都滞留在根部。镉在苎麻不同器官的分布为：麻壳>根>麻>骨>叶>原麻。苎麻的麻壳主要由次生韧皮部的周皮和薄壁细胞组成，活细胞多，代谢旺盛，镉分布最多；麻骨由已经降解的髓腔和木质部组成，主要成分是死细胞和导管构成的木纤维，细胞代谢没有麻壳活跃，镉分布次之；苎麻叶片代谢速度快，但由于生命周期短于茎和根，且一段时间后老叶会掉落，并被新叶取代，故而通过地上部取样测得的镉含量较低；原麻纤维由已经死亡的细胞构成，其液泡、原生质、膜结构已被降解，因此，镉含量最低。

也有人认为,在利用苎麻进行重金属污染土壤的修复过程中,未经调控的土壤中重金属的有效态含量和植物的提取能力相比较低,限制了植物修复技术的发展与应用,而且土壤中的有效态重金属是一个缓释过程,不能够满足植物短期内快速吸收提取的要求。因此,需要进一步添加螯合剂,提高重金属的有效性,提升植物修复措施的效率。刘金等比较了常用螯合剂乙二胺四乙酸(EDTA)和易生物降解的螯合剂乙二胺二琥珀酸(EDDS)的修复效果,以及它们对苎麻生长的影响。相比单独利用苎麻进行植物修复,螯合剂的施用会促进土壤中镉、铅的酸可提取态含量增加,促进苎麻各部分对镉、铅的吸收累积,有较好的诱导作用。随着螯合剂浓度的升高,苎麻各部位镉、铅的含量增加,且镉含量表现为根>茎>叶,铅含量表现为根>叶>茎。在促进苎麻各部位吸收镉、铅的同时,施加螯合剂使得苎麻生物量降低,叶片中丙二醛含量增加,对苎麻植株生长产生不利影响。低浓度(1.5mmol/kg)乙二胺二琥珀酸不会对苎麻产生不利影响。在实际使用中,应充分考虑土壤重金属类型和螯合剂可能对环境造成的二次污染,优先选择螯合剂施用量进行螯合剂与苎麻的联合修复。

二、吸收铅

铅(Pb)是生物非必需元素和毒性最强的重金属之一,其污染主要来自于重金属矿区冶炼过程中产生的"三废",植物吸收后表现为抑制生长、失绿、枯死等毒害症状,并导致一些农作物减产和绝收。

黄闺等研究了不同铅浓度胁迫条件下苎麻修复重金属污染效果。研究表明,低浓度铅胁迫处理对苎麻生长及生物量无明显影响,而高浓度铅处理对植株产生明显抑制作用,生长受阻及生物量减少,但无严重毒害症状,表明苎麻植株对重金属铅污染土壤具有一定的耐受性。苎麻体内铅含量和土壤处理浓度有密切相关性,植株体内的铅吸收量总体上随土壤胁迫处理浓度增加而上升,且地上部含量明显少于根部含量,说明重金属铅被麻株吸收后先大部分固定于根部保存起来,然后再通过植株生长转运到地上部。苎麻对重金属铅的富集能力有限,但转运能力较好。鉴于苎麻植物根系发达、生物群体大和保水固土能力强等特点,可作为修复铅及其复合污染的理想植物。

污染土壤中施加不同改良剂(有机肥、石灰和海泡石等),主要利用其对土壤重金属的沉淀、吸附和拮抗作用,以降低重金属的移动性和生物有效性。有研究表明,改良剂应用能促进苎麻对重金属铅及镉污染土壤修复。重金属污染土壤实施改良剂后能有效降低土壤有效态 Cd、Pb,从而减少苎麻对重金属的吸收。同时,改良剂处理改善了土壤理化性质,促进苎麻植株生长发育,苎麻根系及地上部生物量明显增多,以致其全株重金属的吸收量也有所增加,所以,改良剂处理能有效地促进苎麻对重金属镉、铅污染土壤修复。

朱守晶等以种植于临湘镉、铅复合污染农田中的 7 个苎麻栽培品种为材料,研究不同苎麻品种在污染农田中的生长情况和重金属富集差异。研究表明,铅吸收进入苎麻植株后大部分积累在根系,苎麻对铅的富集系数和转运系数均较低,其原因可能是土壤中铅的植物可利用性较低。铅在根系中主要以磷酸盐、碳酸盐等沉淀形式存在,由于吸附、钝化或沉淀作用,根系中的铅很难向地上部转运。此外,镉、铅之间还存在着交互作用。在镉、铅复合污染土壤中,镉的吸收和转运能力高于铅,镉抑制了铅的吸收。

铅在苎麻各个部位的分配与镉有所不同,麻壳、根和叶中的铅含量较高,而麻骨和原麻中的铅含量较低。大多数重金属通过植物的根系吸收作用得到,还有一部分来自空气,有些元素如铅、汞和锌等,主要是通过植物叶片的吸收作用得到。苎麻叶片和根部铅含量较高,其中叶片铅含量高的原因可能是因为含铅粉尘落在苎麻叶片上,进而被叶片吸收,由于铅在苎麻体内的移动性较弱,因而导致叶片铅含量较高。

三、吸收铜

江西德兴铜矿区土壤以铜污染最为严重,给当地居民的生产、生活带来一定的影响与危害。苎麻在当地生长旺盛,说明苎麻具有很强的耐铜能力。重金属在铜矿区土壤及苎麻体内含量分布从高至低依次为铜>铅>镉;苎麻地上部重金属含量低于地下部含量,苎麻植株体内重金属含量在根中最高,叶片中最低。简敏菲等认为主要原因是根、茎较叶片的生长期更长,且根系分泌物能更有效地与重金属结合,储存在根中,例如,根分泌的碳水化合物、有机酸、氨基酸、糖类物质、蛋白质、核酸及大量其他物质能提高土壤重金属生物有效性,根系微生物能产生有益代谢产物,改变根系缺氧状态并促进土壤重金属溶解。

铜矿区苎麻对重金属的富集和转移系数为:镉>铅>铜。苎麻体内铜含量最高,但富集转移系数最低;镉含量最低,但富集转移系数最高。这可能是不同重金属诱导植物螯合素(PCs)合成的能力差别很大,PCs在降解镉毒过程中能起到重要作用,PCs-Cd复合物是镉由细胞质进入液泡的主要形式。另外,植被的分布情况也可能影响苎麻对重金属的富集能力,已有研究表明,芒草对镉的富集系数大于1,且狗尾草与淡竹叶对镉均有一定的富集能力。芒草、狗尾草、淡竹叶、苎麻为矿区共同分布的植物,4种植物对镉的富集存在协同作用。

生物淋滤被认为是减少污泥中金属的最有希望的方法。然而,生物淋滤过程中会产生大量含重金属的酸性废水,对环境造成危害。如果将酸性废水用于连续生物浸出,可大大缩短生物浸出周期,节约成本。然而,酸性废水中的重金属在后续的生物淋滤过程中严重削弱了淋滤效率,这使得连续生物浸出的研究和应用非常困难。去除酸性废水中的重金属有助于保持连续生物浸出过程中重金属的浸出效率在较高水平。苎麻骨可用于从酸性废水中吸附铜、铅、铬重金属。酸性废水经吸附后回用,缩短了生物浸出周期,保持了较高的金属浸出率,实现了连续间歇生物浸出。

总之,土壤中重金属的增加导致苎麻对金属的吸收增加。然而,韧皮纤维中的金属浓度相当低,仅占植物地上部分的3%左右。因此,纤维中所含金属含量与整个植物中金属含量的比例可以忽略不计。金属对其苎麻纤维数量和质量没有显著的负面影响,收获的纤维可用于工业用途,而不必考虑所含重金属的水平。苎麻的另一个环保方面是它对土壤有机质库的逐渐影响。Di Bene等发现,经过13年的苎麻种植,土壤有机质、氮和磷的储量显著增加。在苎麻作物的施肥计划中,可以通过添加苎麻堆肥来补充一半的氮肥,这种处理有效地维持了纤维的生长和产量。

第七节　麻骨综合利用

苎麻是我国传统纤维作物,2020年,我国苎麻种植面积50万亩左右。而占生物学产量60%左右的麻茎秆除少部分用于压制纤维板或制浆造纸外,大部分被当作柴烧或废弃,生物利用率低,并造成资源的极大浪费。苎麻骨可作造纸原料,或者是制作家具和板壁等的纤维板。麻骨还可酿酒、制糖、提取纤维素纳米晶,做培养基、吸附和可降解材料使用。由于麻骨中富含纤维素,因此,有望用于转化生产燃料乙醇。

一、制纤维板

苎麻骨能生产与阔叶树种质量相似的硬质纤维板和中密度纤维板,用苎麻骨生产人造板对生产设备没有特殊要求。每年每亩苎麻可产麻骨450kg左右,用2000kg麻骨可生产1m³硬质纤维板或1.3m³中密度纤维板,不仅可以提高经济效益,还可节约木材,保护生态平衡。以苎麻骨、壳为基料,加入适量添加剂,还可作为栽培食用菌的培养基。

专利CN110509388A公开了一种基于苎麻骨的高强度耐候彩色板材制备方法,包括苎麻骨预处理、深度单色染色、混色施胶、温压成形、后处理五个步骤,用于大规模生产彩色板材。制备的板材色泽艳丽、强度高、抗磨损、耐候性好,用途广泛,是一种实现苎麻骨等麻类作物剩余物高值清洁利用的有效途径。

二、制乙醇

利用苎麻骨生产乙醇主要包括原料的预处理、酶解、发酵和蒸馏四个步骤,其中纤维素酶将纤维素降解成可发酵糖是重要一步,但由于天然木质纤维素结构致密,直接进行酶解,纤维素的转化率很低,所以,酶解前需要对木质纤维素原料进行预处理。郭芬芬等采用碱性预处理苎麻秆和红麻秆,经过分批补料半同步糖化发酵工艺,在补料至底物浓度为20%时,乙醇浓度达到63g/L,转化率分别为77%和79%。以木质素含量低的苎麻作为原料,通过酶降解生产燃料乙醇,苎麻韧皮总糖转化率达到67%,糖醇转化率达到44%。经过进一步优化工艺,可望进一步提高乙醇产量。

三、制包装产品

植物纤维餐具生产过程无污染,产品绿色环保,原料来源广泛。植物纤维餐具的出现也顺应了当今社会可持续发展的时代潮流。苎麻骨纤维素含量和纤维形态类似阔叶树种,理论上是理想的植物纤维餐具的制备原料。将玉米粒和苎麻麻骨粉碎成粒度为80~100目的物料,苎麻骨和玉米粉的混合物中加入不同比例的添加剂,在混料机中充分混合,再经热压处理、磨边之后消毒干燥得到苎麻骨植物纤维餐具。液态石蜡比硬脂酸更适合作为苎麻骨植物纤维餐具的防水剂;加入碳酸钙、滑石粉或高岭土三种填充剂都可以在一定程度上增强苎麻骨植物纤维餐具的使用性能和餐具耐油性能。

专利CN105924678A提供了一种苎麻骨可降解移栽盆,苎麻骨可降解移栽盆的原料中苎麻骨粉纤维含量较高,质地疏松,易于粉碎,成型性能好,并且易降解,原料来源较广,苎麻骨可降解移栽盆成本低,最快在16周内完全降解。专利CN103214694A涉及一种苎麻骨可降解餐具及其制造方法。其组分有苎麻骨粉30%~60%,淀粉20%~60%,增塑剂4%~10%和水,工艺流程简单,成本低,产品可完全降解;同时,它还具有无毒无异味、生产过程无"三废"等优点。

四、其他用途

专利CN106380613A公开了一种苎麻骨纤维素纳米晶自组装结构色薄膜的制备方法,制备方法简单,且纤维素纳米晶尺寸可控,得到的纤维素纳米晶薄膜可用于生物医学及高分子材料领域。

专利CN105166324B提供了一种利用苎麻骨培养基菌糠制作饲料的方法,制作步骤简便,既提高了苎麻骨培养基菌糠的营养价值,又消减了苎麻骨培养基菌糠中的抗营养因子,作为饲料原料在动物饲粮中使用可一定程度上降低饲料成本。

专利CN103272569A公开了一种用作吸附剂的苎麻骨吸附剂及其制备方法,原料成本极低,而且原材料比较环保。经过试验对染料溶液的吸附率达到99%,吸附量较大,吸附效果好,吸附能力较强。专利CN101734974A涉及含苎麻骨粉的秀珍菇培养基及秀珍菇栽培方法,专利CN101411289A利用苎麻骨培育金针菇,专利CN101411288A利用苎麻骨培育平菇。具有育菇成本低,增产明显、周期短,能够解决苎麻骨还田难及焚烧污染环境等优点。

参考文献

[1] NI J-L,ZHU A-G,WANG X-F,et al. Genetic diversity and population structure of ramie(Boehmeria nivea L.)[J]. Industrial Crops and Products,2018,115:340-347.

[2] LIU L-J,LAO C-Y,ZHANG N,et al. The effect of new continuous harvest technology of ramie(Boehmeria nivea L. Gaud.)on fiber yield and quality[J]. Industrial Crops and Products,2013,44:677-683.

［3］ZHOU W,CHEN J,QI Z,et al. Effects of applying ramie fiber nonwoven films on root－zone soil nutrient and bacterial community of rice seedlings for mechanical transplanting ［J］. Scientific Reports,2020,10(1):3440.

［4］王朝云,易永健,周晚来,等. 秧盘垫铺麻育秧膜对水稻机插秧苗根系发育及产量的影响 ［J］.中国农机化学报,2013,34(6):84-88.

［5］方昭. 农业地膜残留污染现状及防治措施 ［J］.绿色科技,2019,22:113-114.

［6］杜兆芳,曹建飞,袁金龙,等. 非织造布地膜与塑料地膜对土壤及花生发芽率的影响 ［J］.安徽农业大学学报,2007,34(1):138-140.

［7］石磊,王朝云,易永健,等. 大棚内麻地膜覆盖栽培对土壤环境和大豆产量的影响 ［J］.作物杂志,2010,3:90-93.

［8］谢丕江,邹如戈,李玉华,等. 苎麻地膜在桃源县棉花上的应用试验 ［J］.棉花科学,2017,39(5):24-26.

［9］徐建俊,李彪,马洁,等. 苎麻全秆栽培平菇和秀珍菇的比较试验 ［J］.中国食用菌,2012,31(05):63-64.

［10］张兴,熊杵林,揭雨成. 机械剥制苎麻副产物栽培平菇的研究 ［J］.作物研究,2013,5:457-460.

［11］李智敏,胡镇修,朱作华,等. 利用苎麻副产品栽培刺芹侧耳技术初步研究 ［J］.食用菌学报,2012,19(3):49-53.

［12］XIE C,LUO W,LI Z,et al. Secretome analysis of Pleurotus eryngii reveals enzymatic composition for ramie stalk degradation ［J］. Electrophoresis,2016,37(2):310-20.

［13］XIE C,GONG W,ZHU Z,et al. Comparative secretome of white－rot fungi reveals co-regulated carbohydrate－active enzymes associated with selective ligninolysis of ramie stalks ［J］. Microbial Biotechnology,2021,14(3):911-922.

［14］XIE C,GONG W,YAN L,et al. Biodegradation of ramie stalk by flammulina velutipes:mushroom production and substrate utilization ［J］. AMB Express,2017,7(1):171.

［15］KIPRIOTIS E,HEPING X,VAFEIADAKIS T,et al. Ramie and kenaf as feed crops ［J］. Industrial Crops and Products,2015,68:126-130.

［16］REHMAN M,GANG D,LIU Q,et al. Ramie,a multipurpose crop:potential applications, constraints and improvement strategies [J]. Industrial Crops and Products, 2019,137:300-307.

[17]SURYANAH S, ROCHANA A, SUSILAWATI I, et al. Ramie (Boehmeria nivea) plant nutrient quality as feed forage at various cut ages [J]. Animal Production, 2017,19(2):111-118.

[18]DINH V, PHAM B, HOANG V. Evaluation of ramie (Boehmeria nivea) foliage as a feed for the ruminant[C].//Preston R, Ogle B. Proceedings MEKARN Regional Conference. F,2007.

[19]JANG M-S, YOON S-J. Characteristics of quality in Jeolpyun with different amounts of ramie [J]. Korean journal of food and cookery science,2006,22(5):636-641.

[20]SPOLADORE D S, BENATTI JúNIOR R, TEIXEIRA J P F, et al. Chemical composition of leaves and wood fiber dimension in ramie stalk [J]. Bragantia,1984,43(1):229-236.

[21] RAMíREZ - TORRES O, ARROYO - AGUILú J, SEMIDEY - LARACUENTE N. Preliminary evaluation of ramie (boehmeria nivea (l.) gaudich) as a forage source for livestock feeding [J]. The Journal of Agriculture of the University of Puerto Rico,1981,65(3):274-281.

[22]KEARL L, HARRIS L. The international network of feed information centers: Proceedings of the 4 Conferencia Mundial de Produccion Animal [C]. Bs As(Argentina),1978:21-26.

[23]COUNCIL N R. Nutrient Requirements for Rabbits: A Report of the Committee on Animal Nutrition [M]. National Academies,1944.

[24]CLEASBY T, SIDEEK O E. A Note on the nutritive value of ramie leaves (Boehmeria nivae) [J]. The East African Agricultural Journal,1958,23(3):203-205.

[25]DE TOLEDO G, DA SILVA L, DE QUADROS A, et al. Productive performance of rabbits fed with diets containing ramie (Boehmeria nivea) hay in substitution to alfalfa (Medicago sativa) hay[C]. Proceedings of the 9th World Rabbit Congress. Verona-Italy,2008.

[26]欧阳西荣,唐守伟. 苎麻高产高效栽培与综合利用技术综述 [J]. 中国麻业科

学,2008,30(2):84-88.

[27]刘佳杰,龙超海,马兰,等. 我国饲用苎麻青贮加工技术与加工机械研究现状及发展趋势 [J]. 饲料工业,2016,37(21):18-21.

[28]MU L,CAI M,WANG Z,et al. Assessment of ramie leaf (Boehmeria nivea L. gaud) as an animal feed supplement in P. R. China [J]. Tropical Animal Health and Production,2020,52(1):115-121.

[29]庹年初,李莉,吴胜强,等. 苎麻副产物饲喂夏南牛试验初报 [J]. 中国麻业科学,2014,36(02):85-88.

[30]杨雪海,付聪,魏金涛,等. 不同来源的粗饲料对育肥牛牛肉氨基酸及脂肪酸组成的影响 [J]. 饲料工业,2017,38(1):42-46.

[31]DAI Q,HOU Z,GAO S,et al. Substitution of fresh forage ramie for alfalfa hay in diets affects production performance,milk composition,and serum parameters of dairy cows [J]. Tropical Animal Health and Production,2019,51(2):469-472.

[32]LI Y,LIU Y,LI F,et al. Effects of dietary ramie powder at various levels on carcass traits and meat quality in finishing pigs [J]. Meat Science,2018,143:52-59.

[33]GUO Q,RICHERT B T,BURGESS J R,et al. Effects of dietary vitamin E and fat supplementation on pork quality1 [J]. Journal of Animal Science,2006,84(11):3089-3099.

[34]LIOTTA L,CHIOFALO V,D' ALESSANDRO E,et al. Supplementation of Rosemary extract in the diet of Nero Siciliano pigs:evaluation of the antioxidant properties on meat quality [J]. Animal,2015,9(6):1065-1072.

[35]LI Y,LIU Y,LI F,et al. Effects of dietary ramie powder at various levels on growth performance,antioxidative capacity and fatty acid profile of finishing pigs [J]. Journal of Animal Physiology and Animal Nutrition,2019,103(2):564-573.

[36]高钢,熊和平,陈平,等. 饲喂苎麻嫩茎叶青贮料对山羊育肥效果及肌肉品质的影响 [J]. 饲料工业,2016,37(19):20-23.

[37]ZHANG H,HE Y,YU L,et al. The potential of ramie as forage for ruminants:Impacts on growth,digestion,ruminal fermentation,carcass characteristics and meat quality of goats [J]. Animal Science Journal,2019,90(4):481-492.

[38]WEI J,GUO W,YANG X,et al. Effects of dietary ramie level on growth perform-

ance, serum biochemical indices, and meat quality of Boer goats [J]. Tropical Animal Health and Production, 2019, 51(7):1935-1941.

[39] DU E, GUO W, CHEN F, et al. Effects of ramie at various levels on ruminal fermentation and rumen microbiota of goats [J]. Food Science & Nutrition, 2020, 8 (3):1628-1635.

[40] TANG S X, HE Y, ZHANG P H, et al. Nutrient digestion, rumen fermentation and performance as ramie (Boehmeria nivea) is increased in the diets of goats [J]. Animal Feed Science and Technology, 2019, 247:15-22.

[41] YOU G, WANG X, CAI Z, et al. One kind of ramie leaf pastry:CN105831195A[P]. 2016.

[42] HUANG L. Ramie leaf rice cake food preparation method:CN103598487A [P]. 2014.

[43] LIU Y. One kind of ramie leaf tea preparation process:CN107156394A[P]. 2017.

[44] HE Z. Dark tea composition containing boehmeria nivea leaves and preparation method:CN105638961A[P]. 2016.

[45] WANG H, QIU C, CHEN L, et al. Comparative Study of Phenolic Profiles, Antioxidant and Antiproliferative Activities in Different Vegetative Parts of Ramie (Boehmeria nivea L.) [J]. Molecules, 2019, 24(8):1551.

[46] LIN M, GONG W, WANG Y, et al. Structure-Activity Differences of Chlorogenic Acid and Its Isomers on Sensitization via Intravenous Exposure [J]. International Journal of Toxicology, 2012, 31(6):602-610.

[47] 杜晓华, 胡项绩, 揭雨成, 等. 不同种质苎麻嫩叶中绿原酸产量比较 [J]. 草业科学, 2012, 29(5):837-840.

[48] PETERSON J, DWYER J. Flavonoids:Dietary occurrence and biochemical activity [J]. Nutrition Research, 1998, 18(12):1995-2018.

[49] 肖呈祥, 崔国贤, 孙敬钊, 等. 苎麻属植物黄酮类化合物研究进展 [J]. 作物研究, 2014, 28(03):324-327.

[50] BURDA S, OLESZEK W. Antioxidant and Antiradical Activities of Flavonoids [J]. Journal of Agricultural and Food Chemistry, 2001, 49(6):2774-2779.

[51] MAJO D D, GIAMMANCO M, GUARDIA M L, et al. Flavanones in Citrus fruit:

Structure‐antioxidant activity relationships［J］. Food Research International, 2005,38(10):1161-1166.

［52］CALABRò M L,GALTIERI V,CUTRONEO P,et al. Study of the extraction procedure by experimental design and validation of a LC method for determination of flavonoids in Citrus bergamia juice［J］. Journal of Pharmaceutical and Biomedical Analysis,2004,35(2):349-363.

［53］RICE‐EVANS C A,MILLER N J,PAGANGA G. Structure‐antioxidant activity relationships of flavonoids and phenolic acids［J］. Free Radical Biology and Medicine,1996,20(7):933-956.

［54］张运鹏,陈洪高,方刚,等. 一种兼顾黄酮提取的苎麻生物脱胶预处理方法［J］. 应用化工,2016,45(7):1251-1254,1257.

［55］YANG Z,TAN Z,LI F,et al. An effective method for the extraction and purification of chlorogenic acid from ramie (Boehmeria nivea L.) leaves using acidic ionic liquids［J］. Industrial Crops and Products,2016,89:78-86.

［56］HUANG A,DENG W,WU D,et al. Hexafluoroisopropanol‐salt aqueous two‐phase system for extraction and purification of chlorogenic acid from ramie leaves［J］. Journal of Chromatography A,2019,1597:196-201.

［57］TAN Z,WANG C,YI Y,et al. Extraction and purification of chlorogenic acid from ramie (Boehmeria nivea L. Gaud) leaf using an ethanol/salt aqueous two‐phase system［J］. Separation and Purification Technology,2014,132:396-400.

［58］TIAN X Y,XU M,DENG B,et al. The effects of Boehmeria nivea (L.) Gaud. on embryonic development:In vivo and in vitro studies［J］. Journal of Ethnopharmacology,2011,134(2):393-398.

［59］LIU R H. Potential synergy of phytochemicals in cancer prevention:Mechanism of action1［J］. The Journal of Nutrition,2004,134(12S):3479S-3485S.

［60］CHEN Y,WANG G,WANG H,et al. Phytochemical profiles and antioxidant activities in six species of ramie leaves［J］. PLOS ONE,2014,9(9):e108140.

［61］LEE H‐J,CHOI E J,PARK S,et al. Laxative and antioxidant effects of ramie (Boehmeria nivea L.) leaf extract in experimental constipated rats［J］. Food Science & Nutrition,2020,8(7):3389-3401.

[62] LIN C-C, YEN M-H, LO T-S, et al. Evaluation of the hepatoprotective and antioxidant activity of Boehmeria nivea var. nivea and B. nivea var. tenacissima [J]. Journal of Ethnopharmacology, 1998, 60(1):9-17.

[63] LIN C C, YEN M H, LO T S, et al. The antiinflammatory and liver protective effects of Boehmeria nivea and B. nivea subsp. nippononivea in rats [J]. Phytomedicine, 1997, 4(4):301-308.

[64] 张宏岐, 邹坤, 汪鋆植, 等. 苎麻叶酚酸组分抗炎作用及其机理研究 [J]. 中国民族医药杂志, 2009, 15(5):29-31.

[65] SALEEM F, SARKAR D, ANKOLEKAR C, et al. Phenolic bioactives and associated antioxidant and anti-hyperglycemic functions of select species of Apiaceae family targeting for type 2 diabetes relevant nutraceuticals [J]. Industrial Crops and Products, 2017, 107:518-525.

[66] WANG Q, REHMAN M, PENG D, et al. Antioxidant capacity and α-glucosidase inhibitory activity of leaf extracts from ten ramie cultivars [J]. Industrial Crops and Products, 2018, 122:430-437.

[67] 土小宁, 陈书春. 南方坡耕地的有效水土保持植物:苎麻 [J]. 国际沙棘研究与开发, 2007, 5(4):45-48.

[68] 黄承建, 赵思毅. 坡耕地苎麻水土保持机理研究 [J]. 中国水土保持, 2013(4):44-46.

[69] 康万利, 揭雨成, 邢虎成. 南方坡耕地种植苎麻水土保持机理研究 [J]. 中国农学通报, 2012, 28(9):66-69.

[70] 符慧琴. 镉胁迫下不同细度品种苎麻耐性比较研究 [J]. 中国农学通报, 2017, 33(15):1-9.

[71] YANG B, ZHOU M, SHU W S, et al. Constitutional tolerance to heavy metals of a fiber crop, ramie (Boehmeria nivea), and its potential usage [J]. Environmental Pollution, 2010, 158(2):551-558.

[72] LIU Y, WANG X, ZENG G, et al. Cadmium-induced oxidative stress and response of the ascorbate-glutathione cycle in Bechmeria nivea (L.) Gaud [J]. Chemosphere, 2007, 69(1):99-107.

[73] OKKENHAUG G, ZHU Y-G, LUO L, et al. Distribution, speciation and availability

of antimony（Sb）in soils and terrestrial plants from an active Sb mining area［J］. Environmental Pollution,2011,159(10):2427-2434.

［74］WANG W-H,LUO X-G,LIU L,et al. Ramie（Boehmeria nivea）´s uranium bioconcentration and tolerance attributes［J］. Journal of Environmental Radioactivity,2018,184-185:152-157.

［75］GONG X,HUANG D,LIU Y,et al. Pyrolysis and reutilization of plant residues after phytoremediation of heavy metals contaminated sediments:For heavy metals stabilization and dye adsorption［J］. Bioresource Technology,2018,253:64-71.

［76］SRIVASTAVA S,TRIPATHI R D,DWIVEDI U N. Synthesis of phytochelatins and modulation of antioxidants in response to cadmium stress in Cuscuta reflexa:an angiospermic parasite［J］. Journal of Plant Physiology,2004,161(6):665-674.

［77］QADIR S,QURESHI M I,JAVED S,et al. Genotypic variation in phytoremediation potential of Brassica juncea cultivars exposed to Cd stress［J］. Plant Science,2004,167(5):1171-1181.

［78］DONG J,WU F,ZHANG G. Influence of cadmium on antioxidant capacity and four microelement concentrations in tomato seedlings（Lycopersicon esculentum）［J］. Chemosphere,2006,64(10):1659-1666.

［79］孙凯,余永廷,朱涛涛,等. 苎麻在镉污染土壤修复中的研究进展［J］.湖南农业科学,2015,(3):152-154.

［80］朱守晶,史文娟,揭雨成. 不同苎麻品种对土壤中镉、铅富集的差异［J］.江苏农业学报,2018,34(2):320-326.

［81］刘金,殷宪强,孙慧敏,等. EDDS 与 EDTA 强化苎麻修复镉铅污染土壤［J］.农业环境科学学报,2015,7:1293-1300.

［82］黄闰,孟桂元,陈跃进,等. 苎麻对重金属铅耐受性及其修复铅污染土壤潜力研究［J］.中国农学通报,2013,20:148-152.

［83］孟桂元,周静,邬腊梅,等. 改良剂对苎麻修复镉、铅污染土壤的影响［J］.中国农学通报,2012,28(2):273-277.

［84］王新,梁仁禄,周启星. Cd-Pb 复合污染在土壤-水稻系统中生态效应的研究［J］.农村生态环境,2001,17(2):41-44.

［85］王宁,南忠仁,王胜利,等. Cd/Pb 胁迫下油菜中重金属的分布、富集及迁移特

征［J］.兰州大学学报(自然科学版),2012,48(3):18-22.

［86］简敏菲,杨叶萍,余厚平,等.德兴铜矿区优势物种苎麻(Boehmeria nivea)对重金属的富集与积累特性［J］.生态与农村环境学报,2016,32(3):486-491.

［87］BABEL S,DEL MUNDO DACERA D. Heavy metal removal from contaminated sludge for land application:A review［J］. Waste Management,2006,26(9):988-1004.

［88］SUZUKI I. Microbial leaching of metals from sulfide minerals［J］. Biotechnology Advances,2001,19(2):119-132.

［89］PATHAK A,DASTIDAR M G,SREEKRISHNAN T R. Bioleaching of heavy metals from sewage sludge:A review［J］. Journal of Environmental Management,2009,90(8):2343-2353.

［90］WANG B,WANG K. Removal of copper from acid wastewater of bioleaching by adsorption onto ramie residue and uptake by Trichoderma viride［J］. Bioresource Technology,2013,136:244-250.

［91］WANG X,LIU Y,ZENG G,et al. Subcellular distribution and chemical forms of cadmium in Bechmeria nivea(L.) Gaud［J］. Environmental and Experimental Botany,2008,62(3):389-395.

［92］DI BENE C,TAVARINI S,MAZZONCINI M,et al. Changes in soil chemical parameters and organic matter balance after 13 years of ramie［Boehmeria nivea(L.) Gaud.］cultivation in the Mediterranean region［J］. European Journal of Agronomy,2011,35(3):154-163.

［93］WU Q,SONG X,HUO H,et al. Method for preparing high-strength weather-resistant color plate based on ramie stick:CN110509388A［P］. 2019.

［94］郭芬芬,孙婉,李雪芝,等.预处理苎麻秆和红麻秆糖化发酵生产燃料乙醇［J］.生物工程学报,2014,30(5):774-783.

［95］王燕,杨丹,曾庆福,等.添加剂对苎麻骨植物纤维餐具使用性能的影响［J］.武汉纺织大学学报,2014,27(3):8-13.

［96］CUI Y,QIAO L,LI Y,et al. Ramie stem-based degradable transplanting pot and preparation method:CN105924678A［P］. 2016.

［97］ZENG Q,CUI Y,WANG Y,et al. Degradable dishware manufactured from ramie bone and method for manufacturing the same:CN103214694A[P].2013.

[98]CUI Y,LI Y,QIAO L,et al. Preparation method of ramie stalk cellulose nanocrystal self-assembled colored thin film:CN106380613A[P].2017.

[99]DAI Q,JIANG G,WANG H,et al. Method for preparing feed from ramie bone culture medium mushroom residue:CN105166324A[P].2015.

[100]CAI Y,LIN L. Preparation of Boehmeria nivea bone adsorbent:CN103272569A [P].2013.

[101]ZENG Q,CUI Y,CHEN W,et al. Ramie core powder-containing culture medium and method for cultivating pleurotus geesteranus:CN101734974A[P].2010.

[102] CHEN W, CUI Y, ZENG Q, et al. Method for cultivating golden mushroom (jinzhengu,Flammulina velutipes) with ramie straw:CN101411289A[P].2009.

[103]ZENG Q, CUI Y, CHEN W, et al. Method for culturing Pleurotus ostreatu with ramie waste biomass:CN101411288A[P].2009..